Expertenwissen zu Microsoft Dynamics NAV

Microsoft® Dynamics™ NAV 5.0
Microsoft® Dynamics™ NAV 2009 Classic Client

Am Borsigturm 52
D-13507 BERLIN

Tel.:	+49 (0)30 885985-0
Fax:	+49 (0)30 885985-99
E-Mail:	management@kindermann-tcv.de
Internet:	www.kindermann-tcv.de

Herausgeber:	Kindermann TCV GmbH
Autoren:	Kindermann TCV GmbH
	Anke Mohrholz, Dr. Andrea Kindermann
	Jörg Bongé, Ulf Kindermann, Bernd Papendick
	Silke Gießler, Marion Seiler, Thomas Fischer
Verlag:	TEIA AG - Internet Akademie und Lehrbuch Verlag
Titel:	Steenbrink Vormgeving
Druck:	druckhaus köthen GmbH

ISBN-10:	3-939520-29-2
ISBN-13:	978-3-939520-29-0

Expertenwissen

zu

Microsoft Dynamics NAV

- Microsoft® Dynamics™ NAV 5.0
- Microsoft® Dynamics™ NAV 2009 Classic Client

TEIA AG - Internet Akademie und Lehrbuch Verlag

Vorwort

Wir sind mitten in einer Zeit der Veränderung und Chancen. Die Veränderungen erfassen gerade den Mittelstand und erfordern dessen Flexibilität. Chancen entstehen aus neuen Ideen. Um diese Chancen zu nutzen, benötigen Sie eine verlässliche, stabile und zukunftssichere kaufmännische Applikation, in der Sie Ihre heutigen und vor allem auch Ihre künftigen Anforderungen abbilden können.

Unternehmer, Projektleiter und Anwender erhalten mit dem vorliegenden Fachbuch eine umfangreiche Wissenssammlung zu Microsoft® Dynamics™ NAV in den aktuellen Versionen 5.0 / 5.01 / 2009 Classic Client.

Kurze Einführungszeiten, dauerhafte Stabilität, leichte Erweiterbarkeit und geringe Folgekosten sind neben der kaufmännischen Funktionalität die Hauptanforderungen, die uns seit vielen Jahren und in fast allen Projekten begegnen. Microsoft Dynamics NAV stellt Ihnen dafür die ideale Plattform.

Seit 25 Jahren vertreiben und betreuen wir kaufmännische Software der verschiedensten Hersteller. Unser Wissen um die Anforderungen und deren Umsetzungsmöglichkeiten fassen wir seit 1999 nunmehr auch als Autor und Herausgeber von inzwischen acht Fachbüchern zusammen.

Es ist unser Ziel, Sie in die Welt von Microsoft Dynamics NAV zu führen, indem wir Ihnen neben dem Wissen um die Funktionen und deren Zusammenhänge auch die Systemphilosophie näher bringen. Dieses Buch soll Ihnen das Rüstzeug für den dauerhaft erfolgreichen Einsatz von Microsoft Dynamics NAV bieten.

Wir sind überzeugt, dass die durch uns begleiteten Projekte deshalb so erfolgreich verlaufen, weil wir es gemeinsam mit unseren Kunden schaffen, die hohe Flexibilität und leichte Erweiterbarkeit der kaufmännischen Datenbankapplikation Microsoft Dynamics NAV als Chance und gleichzeitig auch als gemeinsame Verantwortung zu sehen.

Gegenüber den Vorgängerversionen 3.xx und 4.xx bietet Microsoft mit der Version 5.xx eine komplett überarbeite und in großen Teilen sogar völlig neu aufgesetzte Applikation mit signifikanten Verbesserungen.

Da Funktionsumfang und Bedienung in den drei aktuellen Versionen, nämlich 5.0, 5.0 SP1 und 2009 Classic Client, de facto identisch sind und sie sich im Wesentlichen nur in der Namensgebung unterscheiden, fassen wir die Versionen in diesem Buch zusammen und sprechen im Folgenden von Microsoft Dynamics NAV.

Im Anhang werden Ihnen die Neuerungen und Funktionserweiterungen innerhalb der einzelnen Versionen (Service Packs) von Microsoft Dynamics NAV dargestellt und beschrieben.

An der Entstehung dieses Buches waren wieder viele Personen aus unserem Hause beteiligt, für deren Engagement wir uns recht herzlich bedanken möchten. Unser spezieller Dank geht dabei auch an die Familien der Autoren, die in den letzen Wochen der Entstehungsphase dieses Buches ihre Partner eher weniger zu Gesicht bekommen haben.

Dipl.-Wirtschaftsinformatikerin (FH) Anke Mohrholz zeichnet verantwortlich für die Aufbereitung der Vorgänge und die unzähligen Tests, die für den hohen Qualitätsanspruch notwendig waren. Sie schlägt die Brücke zwischen der Systemapplikation und ihrer Anwendung in der Praxis.

Dr. oec. Andrea Kindermann hat ihre praktischen Erfahrungen in der Beratung, der Schulung und der Projektbegleitung in dieses Buch einfließen lassen. Sie betreut seit vielen Jahren intensiv Projekte in der Navision Finanzbuchhaltung und im Controlling.

Sommer 2009

Viel Spaß beim Lesen dieses Buches und viel Erfolg und Freude bei Ihrer täglichen Arbeit mit Microsoft Dynamics NAV wünschen Ihnen

Ulf Kindermann
Geschäftsführer

Jörg Bongé
Geschäftsführer

Einleitung

Auf den folgenden Seiten geben wir Ihnen zunächst einen generellen Überblick über Microsoft Dynamics NAV und gehen dann in den einzelnen Kapiteln gezielt auf die Funktionalitäten der jeweiligen Module und deren Besonderheiten und Bedienung ein.

Microsoft Dynamics NAV - Übersicht

Microsoft Dynamics NAV ist eine leistungsstarke, international anerkannte und bewährte Standard ERP (Enterprise-Resource-Planning) Softwarelösung, die speziell für den Einsatz in mittelständischen Unternehmen entwickelt wurde.

Ein wesentlicher Vorteil der Lösung ist die vollständige Integration aller Unternehmensbereiche in einer einzigen Lösung, vom Finanzmanagement über die Warenwirtschaft bis hin zur Unterstützung für Marketing und Vertrieb, für die Projektsteuerung sowie für das Service-Management und die Produktion. So ist Microsoft Dynamics NAV als betriebswirtschaftliche Gesamtlösung ideal geeignet für Handels-, Dienstleistungs- und Fertigungsunternehmen mit 1 bis 150 Dynamics NAV Arbeitsplätzen.

Microsoft Dynamics NAV bietet Ihnen die volle Transparenz und Kontrolle über alle Geschäftsprozesse und erfüllt die Anforderungen des Gesetzgebers an die Ordnungsmäßigkeit der Abläufe. Eine leicht zu erlernende Benutzeroberfläche, hoher Funktionsumfang und die individuelle Anpassbarkeit der Software an unternehmensspezifische Geschäftsabläufe ermöglichen eine schnelle und effiziente Implementierung und sorgen vom Projektstart an für eine hohe Akzeptanz bei den Anwendern. Werden neue Märkte erschlossen, ändern sich Geschäftsfelder oder Unternehmensausrichtung, so kann die Lösung flexibel daran angepasst werden. Das schützt die Investition und stärkt die Wettbewerbsposition auf viele Jahre - ein unschätzbarer Vorteil in einem dem ständigen Wandel unterliegenden Marktumfeld.

Microsoft Dynamics NAV ist mehrsprachig und unterstützt die international anerkannten Bilanzierungsstandards und Abschlussmethoden nach HGB, IAS, IFRS und US-GAAP. Ebenso können mehrere Mandanten, mehrere Währungen sowie mehrere Unternehmensstandorte im System abgebildet werden.

Aufbauend auf der Standardfunktionalität steht eine Vielzahl von Branchen- und Speziallösungen für die Abbildung branchenspezifischer Anforderungen zur Verfügung. Diese Zusatz-Lösungen fügen sich nahtlos in Microsoft Dynamics NAV ein und machen die Lösung damit zu einer der flexibelsten Business-Softwarelösungen für mittelständische Unternehmen überhaupt.

Navision wurde vor mehr als 20 Jahren von dem dänischen Unternehmen Navision Software A/S entwickelt und erfolgreich international vertrieben. Im Jahr 2002 wurde Navision dann von Microsoft übernommen und in den neu geschaffenen Unternehmensbereich „Business Solutions“ integriert.

Bisherige Produktversionen sind bekannt unter den Bezeichnungen: Navision, Navision Financials, Navision Attain, Microsoft Business Solutions Navision sowie Microsoft Dynamics NAV.

Die derzeit aktuellen Versionen sind Microsoft Dynamics NAV 5.0 / 5.01 / 2009. Dabei ist zu beachten, dass Microsoft Dynamics NAV 2009 in zwei technologisch unterschiedlichen Versionen angeboten wird. Einerseits als Classic Client, dieser reiht sich nahtlos in die Technologie der bisherigen Client/Server-Applikationen ein. Andererseits als neuer Rollen-basierter-Client, dieser stellt eine technologische Revolution und einen Ausblick in die Zukunft integrierter, kaufmännischer Datenbankapplikationen dar.

Mit weltweit mehr als 62.000 Installationen, 16.500 davon allein in Deutschland und weltweit über 1 Million aktiven Nutzern zählt Microsoft Dynamics NAV zu den führenden ERP-Systemen für den Mittelstand.

Anpassung der Lösung an spezielle Kundenanforderungen

Anpassungen und Programmierungen werden in der Regel durch den betreuenden Microsoft Partner realisiert. Optional können Kunden auch die Entwickler-Lizenz erwerben, um ihre Lösung damit eigenständig weiter zu entwickeln.

Durch die Verwendung sogenannter Style-Guides, das sind Programmierkonventionen in Microsoft Dynamics NAV, ergibt sich für den Anwender, trotz Anpassungen, eine Lösung wie aus einem Guss.

Damit erhält jedes Unternehmen die Sicherheit einer international etablierten Standard ERP-Lösung gepaart mit der Funktionalität und Flexibilität einer speziell auf seine Anforderungen angepassten Individuallösung.

Microsoft Dynamics NAV verfügt in der Basisversion über einen hohen Funktionsumfang: Etwa 70 % bis 90 % aller Kundenanforderungen werden durch die vorhandene Grundfunktionalität abgedeckt. 10 % bis 30 %, die sich aus kundenindividuellen Anforderungen und Besonderheiten der Geschäftstätigkeit ergeben, können durch Anpassungen und Programmierungen zusätzlich realisiert werden. Die Lösung kann damit an jedes Geschäftsmodell angepasst werden. Das ist der ideale Weg, denn jedes Unternehmen erhält damit eine Softwarelösung, die genau seine speziellen Anforderungen zu 100 % abdeckt.

Der betreuende Microsoft Partner hat dafür Zugriff auf den gesamten Quelltext der Software und kann die notwendigen Anpassungen an allen Modulen, Funktionen, Eingabemasken und Berichten vornehmen. Ein Punkt ist dabei unbedingt zu beachten: Veränderungen an Buchungsroutinen innerhalb der Finanzbuchhaltung sollten in jedem Fall gut überlegt sein, da dies unter Umständen zum Verlust der Zertifizierung führen kann.

Bewährte Technologien

Microsoft Dynamics NAV ist die konsequente Weiterentwicklung und Optimierung der bisherigen ERP-Lösungen aus dem Hause Navision. Die Lösung beinhaltet eine Vielzahl einzigartiger Technologien und Funktionen, die so in keiner anderen ERP-Lösung existieren.

Als ein Beispiel dafür sei hier die so genannte SIFT-Technologie (SumIndex Field Technology oder SumIndexed Flow Technology) genannt. Diese patentierte Technologie ermöglicht es, Summen aus beliebig großen Datenmengen zu bilden – auf Knopfdruck, in Echtzeit und zu jeder Zeit aktuell. Dabei werden die Summen nirgendwo im System gespeichert sondern sie werden auf Anforderung, also immer dann wenn sie abgerufen werden, aus allen gebuchten Posten gebildet.

Module und Funktionsbereiche

Microsoft Dynamics NAV bietet eine Vielzahl integrierter Module und Funktionen für die Abbildung typischer Geschäftvorfälle. Die Module befinden sich im übersichtlichen und klar strukturierten Menübereich.

Das Herzstück bildet die Finanzbuchhaltung, in die sofort online alle Geschäftsvorfälle einfließen. So werden die wertmäßigen Bestandteile, z.B. aus dem Einkauf, Verkauf und Lager im Bereich Finanzmanagement zusammengeführt und stehen dort sofort für Auswertungen zur Verfügung.

Alle Funktionsbereiche sind auf enge Zusammenarbeit und Vernetzung ausgelegt. So kann der Anwender schnell auf die Ursprungsdaten eines Vorgangs verzweigen und genau die Zahlen und Informationen herausfiltern, die er im jeweiligen Moment benötigt.

Ergonomische Oberfläche und Bedienung

Microsoft Dynamics NAV besitzt eine grafische Benutzeroberfläche, die dem Anwender eine intuitive Bedienung des Systems ermöglicht. Alle Module und Funktionsbereiche sind klar und übersichtlich strukturiert, besitzen den gleichen Aufbau und Bedienkomfort und sind eng miteinander vernetzt. Sie befinden sich im Outlook-ähnlichen Navigationsbereich, der nutzerspezifisch angepasst werden kann.

Mittels sogenannter Shortcuts kann jeder Anwender sein persönliches Menü mit den für ihn notwendigen Funktionen aus Microsoft Dynamics NAV und beliebigen externen Dateien, wie häufig benötigten Excel-Tabellen, zusammenstellen. Ebenso kann die Spalten-Anordnung in den Eingabemasken z.B. in den Fibu-Buchungsblättern oder in den Einkaufs- und Verkaufseingabemasken vom Anwender selbst variabel nach seinen individuellen Vorlieben eingestellt werden.

Zahlreiche Assistenten unterstützen bei der Neuanlage von Stammdaten, wie Sachkonten in der Finanzbuchhaltung sowie von Artikeln, Debitoren und Kreditoren in der Warenwirtschaft. Das erleichtert die Arbeit und minimiert Fehleingaben. Umfangreiche Suchfunktionen beschleunigen das Auffinden von Datensätzen im System und führen auf schnellstem Weg und gezielt zum gewünschten Ergebnis.

Funktionsaufrufe können wahlweise mit der Maus oder über die Tastatur erfolgen. Einfache Tastenkombinationen vereinfachen und beschleunigen die Bedienung und machen Microsoft Dynamics NAV zu einem echten Schnellerfassungssystem, wie es auch in Call-Centern zum Einsatz kommt.

Obwohl das System sehr komfortabel und einfach zu bedienen ist, bedeutet das jedoch nicht, dass auf Schulungen verzichtet werden kann oder sollte. Im Gegenteil: Anwender-Schulungen sind elementarer Bestandteil bei jeder Projekteinführung. Denn nur bestens geschulte Mitarbeiter sind in der Lage, die vielseitigen Möglichkeiten und Potenziale der Software optimal zu nutzen.

Intelligente Filtermöglichkeiten

Dynamics NAV bietet umfangreiche Filter- und Sortiermöglichkeiten, die eine gezielte Sicht auf die Daten im System ermöglichen. So erhält der Anwender stets genau die Informationen, die im jeweiligen Moment für ihn von Bedeutung sind – auf Knopfdruck und immer aktuell.

Lückenlose Protokollierung aller Vorgänge

Microsoft Dynamics NAV protokolliert automatisch alle Vorgänge, wie das Anlegen, Ändern und Löschen von Datensätzen sowie sämtliche Buchungen mit Datum, Uhrzeit und der Nutzer-ID des „Verursachers". So kann jede im System durchgeführte Aktion lückenlos nachvollzogen werden. Zudem werden im Bereich des Angebots- und Auftragsarchivs alle Versionsstände mit den jeweiligen Änderungen vorgehalten.

Bei jeder Buchung im System werden Posten erzeugt, die automatisch im Hintergrund auf die entsprechenden Sachkonten in der Finanzbuchhaltung geschrieben werden. So erzeugt zum Beispiel das Buchen einer Verkaufsrechnung sofort die entsprechenden Posten innerhalb der Finanzbuchhaltung, beim Debitor und im Lager.

Alle Belege und historische Daten bleiben auch über Jahre vollständig und lückenlos im System erhalten. Durch die einzigartige Funktion "Navigate" kann jeder Beleg bis auf Postenebene rückverfolgt werden. Der Anwender erhält auf Knopfdruck alle mit einer Buchung in Zusammenhang stehenden Posten angezeigt. Damit werden selbst komplexeste Geschäftsvorgänge sofort transparent und die Zeit für aufwendiges Suchen in Archiven wird auf ein Minimum reduziert.

Berichtswesen und Auswertungsmöglichkeiten

Microsoft Dynamics NAV bietet ein umfangreiches Berichtswesen sowie vielseitige Analyse- und Auswertungsmöglichkeiten. So kann für alle Geschäftsaspekte jederzeit auf aktuelle und historische Daten zugegriffen werden. Der mitgelieferte Report-Designer erlaubt dem Anwender zudem die eigenständige Erstellung und Modifizierung von Berichten und Auswertungen. Bei Bedarf können die Daten zur weiteren Bearbeitung oder für die grafische Aufbereitung an andere Programme, wie MS Excel oder Jet Reports übergeben werden.

Intelligente Nutzereinrichtung

Dynamics NAV verfügt über ein intelligentes Werkzeug für die Einrichtung und Steuerung von Nutzerrechten. Damit können einzelnen Benutzern, Benutzergruppen und Abteilungen genau die Zugriffsberechtigungen auf Module und Funktionen des Systems erteilt werden, die sie für ihre tägliche Arbeit benötigen. Das ermöglicht eine genaue Abbildung der Mitarbeiter-Struktur und der Hierarchie des Unternehmens und erhöht die Sicherheit im Umgang mit vertraulichen Daten und Informationen.

Schnittstellen

Microsoft Dynamics NAV beinhaltet alle gängigen Schnittstellen für den Export und Import von Daten und den Anschluss von Geräten und Maschinen. Das ermöglicht neben dem Daten- und Informationsaustausch mit Geschäftspartnern auch den Anschluss von Zusatzgeräten für die Dateneingabe, beispielsweise Scanner- und Kassensysteme sowie Geräte für die mobile Datenerfassung. Ebenso ist die Kopplung mit externen Softwarelösungen, wie Shop-Systemen, möglich. Durch den Anschluss einer Telefonanlage können Kunden und Lieferanten automatisch angewählt werden und bei einem eingehenden Anruf werden die in Dynamics NAV hinterlegten Kontaktdaten des Anrufenden auf dem Bildschirm angezeigt.

Integration in die Microsoft Office-Welt

Microsoft Dynamics NAV arbeitet mühelos mit anderen Microsoft-Lösungen zusammen: Auf Knopfdruck können Daten aus Dynamics NAV nach MS Word und MS Excel übergeben werden. So können Angebote bequem in Word nachbearbeitet oder Kalkulationen, Auswertungen oder grafische Aufbereitung in Excel durchgeführt werden. Angebote, Auftragsbestätigungen, Bestellungen und andere Dokumente lassen sich mit Microsoft Office Outlook per E-Mail verschicken. Und Anwender, die unterwegs mit Outlook arbeiten, können ihre Geschäftsdaten mithilfe der Outlook-Synchronisation mit Dynamis NAV abgleichen und aktualisieren.

Microsoft Dynamics NAV fügt sich damit nahtlos in die Office-Welt ein und bietet dem Anwender die Möglichkeit der Arbeit in ihrer vertrauten Office-Umgebung. Ermöglicht wird dies durch das Open XML-Dateiformat, dem neuen Industriestandard für einen problemlosen Datenaustausch.

Dokumenten-Management-System mittels Datensatzverknüpfung

Microsoft Dynamics NAV schließt die Lücke zwischen strukturierten und unstrukturierten Daten: Beliebige Daten, wie PDF-Dokumente, Excel-Kalkulationen, Word-Dokumente oder SharePoint URLs können per Mausklick mit einem beliebigen Vorgang im System verlinkt werden.

So können Produktbeschreibungen, Dokumentationen oder Bilder mit Artikeln, Kalkulationsgrundlagen mit Angeboten und Aufträgen oder Vertrags-Dokumente mit Debitoren verknüpft werden. Dem Anwender stehen damit jederzeit ergänzende Informationen und Dokumente auf Knopfdruck am jeweiligen Vorgang in Dynamics NAV zur Verfügung.

Das erhöht die Transparenz und verringert die Zeit für Nachfragen und aufwendiges Suchen.

Online Map-Anbindung

Die Integration von Online Map beispielsweise mit der Kontaktkarte eines Unternehmens stellt auf Knopfdruck den Standort dar und liefert eine konkrete Wegbeschreibung mit Angabe der Entfernung und der geschätzten Anfahrtszeit. So kann der Außendienst seine Kundenbesuche bequem an Bildschirm planen.

Finanzmanagement

Die Finanzbuchhaltung ist das zentrale Modul von Microsoft Dynamics NAV. Dieses Modul ist vollständig mit allen anderen Modulen der Anwendung verbunden. Hier werden alle finanzbuchhalterischen Daten gespeichert, verarbeitet und ausgewertet.

Zentrales Element ist der Kontenplan mit seinen stets aktuellen Salden und Bewegungsdaten. Die integrierte Banksteuerung erlaubt es, beliebig viele Bankkonten in der Mandantenwährung oder in einer Fremdwährung zu führen.

Ebenso können in- und ausländische Tochtergesellschaften in Abhängigkeit ihrer Konzernstruktur konsolidiert werden.

Budgets können für einzelne Konten, Geschäftseinheiten und Kostenträger, über alle vorgegebenen Zeitintervalle – täglich, wöchentlich, monatlich oder jährlich – geplant werden. Auswertungen von Budgets sind nach Periode, Kostenstelle, Kostenträger und Konzernmandant möglich.

Über eine Vielzahl von Berichten können die Finanzdaten des laufenden Jahres und aller vorhergehenden Geschäftsjahre analysiert und miteinander verglichen werden.

Marketing

Der Bereich des Marketings ist die zentrale Kontaktverwaltung in Microsoft Dynamics NAV. Hier werden alle Geschäftskontaktinformationen strukturiert an einem Ort erfasst. Auf Knopfdruck kann aus einer Kontaktadresse ein Debitor, ein Kreditor oder beides erstellt werden. So wird der Erfassungsaufwand für Stammdaten minimiert und Fehlerquellen beim mehrmaligen Anlegen von Stammdaten minimiert.

Außerdem muss bei Umfirmierungen oder Adressänderungen nur an einer zentralen Stelle im System geändert werden - die Änderungen werden automatisch an den verbundenen Debitoren oder Kreditoren übergeben.

Im Marketing-Modul stehen umfangreiche Funktionen für die Planung, Durchführung und Auswertung von Marketingkampagnen sowie zur Steuerung aller Vertriebsaktivitäten zur Verfügung.

Dabei können die Kampagnen zielgruppenorientiert nach Interessengruppen und Branchencodes durchgeführt werden.

Im Bereich Marketing erfolgt zudem die zentrale Verwaltung von Aktivitäten und Aufgaben für einzelne Verkäufer oder Verkaufsteams.

Verkaufs- und Einkaufssteuerung

Die Module Verkauf & Marketing und Einkauf bilden die Umgebung für die Abwicklung der warenwirtschaftlichen Aktivitäten in Microsoft Dynamics NAV. In diesem Bereich erfolgt die Verwaltung von Kunden und Lieferanten sowie allen im Zusammenhang stehenden Vorgängen.

Wie in allen anderen Modulen wird auch hier besonderes Augenmerk auf schnelle und einfache Bedienung und ein Höchstmaß an Transparenz gelegt. Auf Knopfdruck stehen alle relevanten Informationen zur Verfügung. So genügt ein Klick auf die Debitorenstammkarte und der Anwender erfährt, welche offenen Angebote und Aufträge für den Kunden bestehen, was der Kunde wann in welchen Mengen und zu welchen Preisen gekauft hat, welche Rechnungen offen sind, wie sein Zahlungsverhalten ist und welche individuellen Vereinbarungen zu beachten sind.

Ebenso können individuelle Preise und Rabatte, mehrere Lieferadressen sowie das Kreditlimit hinterlegt werden. Zudem stehen alle historischen Belege, wie archivierte Angebote und Aufträge mit allen archivierten Versionen sowie gebuchte Rechnungen und Gutschriften direkt und auf Knopfdruck zur Verfügung. Umfangreiche Statistiken geben Aufschluss über Umsätze und Deckungsbeiträge.

Beim Anlegen eines Kundenauftrags werden automatisch Kreditlimit, kundenindividuelle Preise und Informationen überprüft. Zudem informiert das System in Echtzeit über die Artikelverfügbarkeit in verschiedenen Lagerorten sowie über offene Lieferantenbestellungen und unterstützt so bei der Lieferterminsteuerung und der zuverlässigen Zusage von Lieferterminen.

Microsoft Dynamics NAV beinhaltet die Intercompany-Funktionalität. Diese ermöglicht die interne Kommunikation mit Niederlassungen und verbundenen Unternehmen. Mithilfe der Intercompany-Funktionalität können Ein- und Verkäufe intern abgewickelt und es können Informationen und Dokumente direkt ausgetauscht werden.

Ein wesentlicher Vorteil, denn der manuelle Erfassungsaufwand und Fehleingaben, die durch die doppelte Auftragserfassung beim zwischenbetrieblichen Handel entstehen können, werden auf ein Minimum reduziert.

Beleg-Genehmigung im Verkauf und im Einkauf

Verkaufs- und Einkaufs-Vorgänge können die Freigabe und Genehmigung durch autorisierte Personen erforderlich machen. Microsoft Dynamics NAV bietet dafür einen automatischen Genehmigungsdurchlauf mit Überwachung der termingerechten Abarbeitung. Dabei werden die verantwortlichen Personen im Unternehmen per E-Mail über die Genehmigungsanfrage informiert und können ihre Bestätigung bzw. Ablehnung mit ergänzenden Kommentaren auf gleichem Wege an den Anfragenden zurücksenden.

Lager und Artikelverwaltung

Im Lagermodul von Microsoft Dynamics NAV werden alle Artikel mit deren Zu- und Abgängen sowie Umlagerungen verwaltet. Hier wird der Anwender über Lagerbestände, Lagerbewegungen und die Lagerbewertung informiert. Das System unterstützt alle gängigen Lagerabgangsmethoden, kann mehrere Lagerorte und Lagerfächer verwalten und informiert umfassend über die Artikelpreisentwicklung.

Beim Klick auf die Artikelstammkarte erfährt der Anwender, welche offenen Angebote und Aufträge für diesen Artikel existieren, bei welchen Lieferanten er in welchen Mengen bestellt ist, in welchen Fertigungsaufträgen er verwendet wird und wann welcher Kunde den Artikel in welchen Mengen zu welchem Preis gekauft hat. Ebenso können mengenabhängige Einkaufspreise, mehrere Lieferanten und voraussichtliche Lieferzeiten hinterlegt werden. Stücklisten, Textbausteine und Bilder sowie Bemerkungen und angehängte Dokumentationen geben ergänzende Hinweise. Umfangreiche Auswertungen und Statistiken, bezogen auf Zeiträume, Lieferanten und Kunden, informieren über alle Einkäufe, Verkäufe und Deckungsbeiträge.

Projekt-Management

Microsoft Dynamics NAV bietet mit dem Modul Projekte eine Möglichkeit zum Planen, Überwachen und Nachverfolgen von Projekten und des damit verbundenen Material- und Zeitaufwands. Dabei können Projekte in über- und untergeordnete Projekte unterteilt werden.

Es stehen umfangreiche Berichte sowie Auswertungs- und Analysemöglichkeiten zur Verfügung, die dem Anwender auf Knopfdruck zu jeder Zeit einen kompletten Überblick über alle Aktivitäten zu seinem Projekt verschaffen.

Service-Management

Das Modul Service ermöglicht die Planung, Nachverfolgung und Analyse von Servicevorgängen in Microsoft Dynamics NAV. Dabei unterstützen spezielle Serviceaufträge und -vereinbarungen sowie die Zuordnung von Serviceaufträgen zu Technikern eine Optimierung der Serviceprozesse und damit eine Effizienzsteigerung im Unternehmen.

Anforderungen an Hardware und Infrastruktur

Microsoft Dynamics NAV ist im Zusammenspiel mit der nativen Datenbank hinsichtlich der Serverausstattung genügsam: Empfehlenswert ist ein Serversystem mit einem gängigen Intel- oder AMD-Prozessor, 2 GB Hauptspeicher, zwei gespiegelten Festplattenpaaren - jeweils eines für das Server-Betriebssystem MS Windows ab der Version 2003 und für die Microsoft Dynamics NAV Datenbank - und einem RAID-Controller. Wichtig und unbedingt zu beachten ist, dass auf dem Server ausschließlich Microsoft Dynamics NAV installiert werden sollte.

Als Arbeitsplatz-Systeme können alle PCs und Notebooks eingesetzt werden, auf denen MS Excel ab der Version 2003 performant betrieben werden kann. Hier werden Microsoft Betriebssysteme ab MS Windows XP unterstützt.

Als Bildschirme sind TFT Flachbildschirme mit einer Bildschirmdiagonale von 20“ bzw. 21“ und einer Auflösung von 1.280 x 1.024 Bildpunkten empfehlenswert.

Microsoft Dynamics NAV arbeitet mit allen gängigen Laserdruckern zusammen, die von Windows-Druckertreibern unterstützt werden. Besteht die Anforderung Formularsätze, wie Lieferscheine, mit Durchschlägen zu bedrucken, so ist der Einsatz von Nadeldruckern unumgänglich. Hierbei ist die Ansteuerung der Drucker mit speziellen Treibern zu beachten.

Start in kleinen Schritten möglich

Microsoft Dynamics NAV kann in Teilprojekten, also funktions- oder abteilungsbezogen, eingeführt werden. So können beispielsweise in der ersten Phase die Module Finanzbuchhaltung und Handel eingeführt werden und mit zunehmendem Unternehmenswachstum weitere Module wie Projektsteuerung und Produktion.

Inhaltsverzeichnis

Zeichen- und Syntax – Erläuterung

BEISPIEL AUS DEM TEXT	ERLÄUTERUNG
	Gibt Hintergrundinformationen, die in dieser Form nicht in den Handbüchern stehen. Die Informationen können die Arbeit mit Microsoft Dynamics NAV erleichtern, sind jedoch nicht unbedingt erforderlich, um das Programm korrekt zu bedienen.
	Gibt Hinweise auf mögliche Probleme und Bedienungsfehler, die an dieser Stelle auftreten können.
	Gibt einen Tipp, der die Arbeit mit Microsoft Dynamics NAV erleichtert.
„Verantwortlich“ oder „Name“ „Debitor“ oder „Fakturierung“	Bezeichnet ein Feld eines Karten- oder eine Spalte eines Tabellenformulars.
<Immer> oder <Nie>	Bezeichnet eine Option eines Optionsfeldes.
Ansicht / Spalte anzeigen…	Bezeichnet einen Menüpunkt / Untermenüpunkt, entweder aus der Menüleiste von Microsoft Dynamics NAV oder aus dem Hauptmenü.
Funktion ▼ / *Debitor erstellen...*	Bezeichnet den Menübutton eines Formulars und das entsprechende Untermenü.
F9 oder **Strg** + **A**	Bezeichnet eine Funktionstaste auf der Tastatur, die eine spezielle Belegung in Microsoft Dynamics NAV hat.

1 Einführung in Microsoft Dynamics NAV

In diesem Kapitel wird die grundlegende Bedienung von Microsoft Dynamics NAV dargestellt. Dieses Kapitel richtet sich nicht nur an Leser mit geringer Erfahrung in der Arbeit mit Microsoft Dynamics NAV. Für erfahrene Anwender sind vor allem die Tipps und Hintergründe interessant.

1.1 Grundlagen

Im folgenden Abschnitt wird das Grundlagenwissen für die An- und Abmeldung an der Datenbank vermittelt. Darüber hinaus wird gezeigt, wie man sich mit Hilfe der Tastatur und der Maus durch das System navigieren kann.

1.1.1 Anmelden, Abmelden, Benutzerzugriffssystem

Microsoft Dynamics NAV verfügt über ein Benutzerzugriffssystem, mit dem detailliert die Berechtigungen für den Zugriff einzelner Daten und Funktionen gesteuert werden kann. Wenn das Zugriffssystem eingerichtet ist, so erscheint beim Start von Microsoft Dynamics NAV folgendes Anmeldefenster:

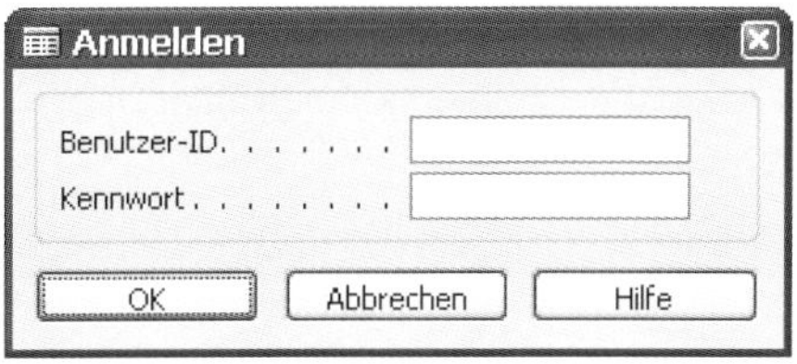

Erst nach der Eingabe von Benutzer ID und Kennwort wird das Hauptmenü geöffnet. Alternativ kann das Anmeldesystem von Windows 2000 genutzt werden, dann entfällt die gesonderte Anmeldung an Microsoft Dynamics NAV.

Das Zugriffssystem wird aktiviert, sobald man einen Benutzer anlegt. Vergisst man anschließend das Kennwort oder die Benutzer ID, gibt es keine Möglichkeit mehr, auf die Datenbank zuzugreifen.

Beim Starten von Microsoft Dynamics NAV können Parameter angegeben werden, die das Verhalten des Systems beeinflussen. Darunter ist auch der Parameter ID = *Bezeichnung*. Wird dieser verwendet, erstellt Microsoft Dynamics NAV eine Datei *Bezeichung*.zup, in der alle benutzerspezifischen Einstellungen gespeichert werden. Wird keine ID angegeben so werden diese Daten in der *fin*.zup gesichert.

1.1.2 Mandanten auswählen, Mehrmandantenfähigkeit

Unter einem Mandanten versteht man in Microsoft Dynamics NAV ein Unternehmen mit seinen sämtlichen betriebswirtschaftlichen Daten. Eine Datenbank kann einen oder mehrere Mandanten enthalten.

Die zuletzt geöffneten Mandanten werden in der Menüleiste unter dem Menüpunkt Datei aufgelistet und können von hier ebenfalls ausgewählt werden. Der zuletzt geöffnete Mandant kann schnell mit der Tastenkombination **Alt** + **D** + **1** geöffnet werden.

Die tägliche Arbeit eines Anwenders wird immer in einem Mandanten ausgeführt. Alle Stammdaten und Bewegungsdaten werden mandantenspezifisch gespeichert. Dabei ist zu beachten, dass niemals gleichzeitig auf die Daten von zwei verschiedenen Mandanten zugegriffen werden kann.

Allerdings gibt es auch mandantenübergreifende Daten in einer Datenbank, die von allen Mandanten genutzt werden können. Solche Daten sind in Microsoft Dynamics NAV z.B. die Postleitzahlen, die Benutzer und Benutzergruppen sowie die Druckerauswahlen.

In Microsoft Dynamics NAV kann eine unbegrenzte Anzahl von Mandanten eingerichtet werden. Wird eine Datenbank mit mehreren Mandanten zum ersten Mal aufgerufen, so muss nach der Anmeldeprozedur zunächst ein Mandant ausgewählt werden, bevor mit der Arbeit begonnen werden kann. Später „merkt" sich Microsoft Dynamics NAV in der *.zup-Datei, in welchem Mandanten zuletzt gearbeitet wurde.

Für Übungszwecke kann ein zusätzlicher Mandant mit dem Namen „Cronus" eingerichtet werden. Hierfür fallen keine zusätzlichen Lizenzgebühren an. Dieser Mandant unterliegt dann allerdings den gleichen Einschränkungen wie eine Demolizenz, z.B. sind Buchungen nur zwischen den Monaten November und Februar möglich.

1.1.3 Online Hilfe

Microsoft Dynamics NAV bietet verschiedene Möglichkeiten, direkt am Bildschirm Hilfe anzufordern:

1. Über den Menüpunkt *? / Microsoft Dynamics NAV-Hilfe* kann das Startmenü der Hilfe aufgerufen werden.

2. Eine kontextsensitive Hilfe wird über die Funktionstaste **F1** aufgerufen. In diesem Fall wird das Hilfethema angezeigt, das in der augenblicklichen Lage am besten geeignet erscheint.

3. Um Informationen zu bestimmten Schaltflächen oder Texten zu erhalten, die wegen ihrer Länge nicht vollständig angezeigt werden können, kann der Mauszeiger über die entsprechende Schaltfläche bzw. das Feld geführt werden. In diesem Fall wird die Funktion bzw. der vollständige Feldinhalt als „Tool - Tip“ angezeigt.

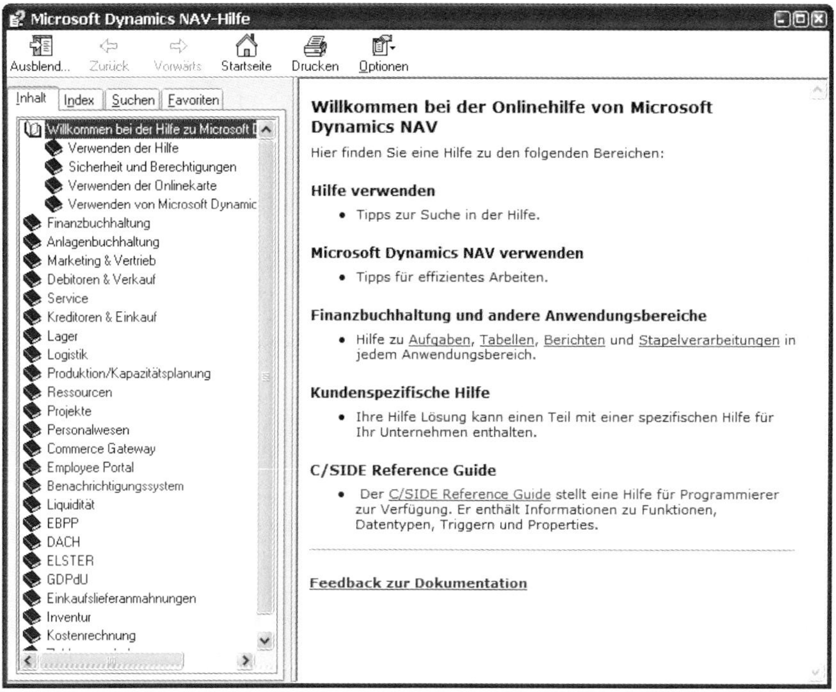

Innerhalb der Online-Hilfe können die gesuchten Informationen über das Inhaltsverzeichnis (Register Inhalt) unter dem entsprechenden Themengebiet, über Schlagwörter (Register Index) oder über eine Volltextsuche (Register Suche) recherchiert werden. Themengebiete die häufiger benötigt werden, können als Favoriten gespeichert werden, indem in der Online-Hilfe das gewünschte Thema aufgerufen wird und anschließend im Register Favoriten die Schaltfläche Hinzufügen gedrückt wird.

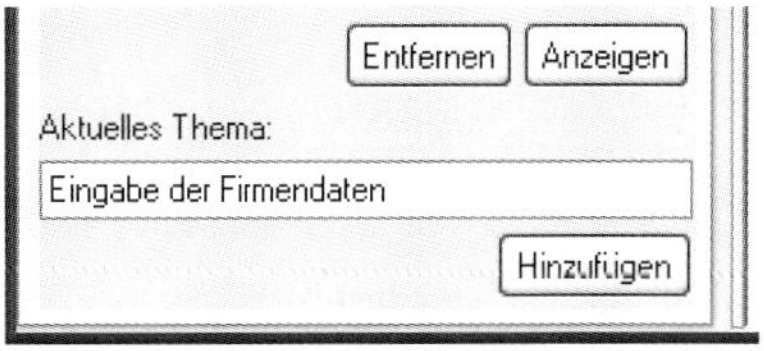

1.1.4 Arbeiten mit mehreren Fenstern

Wie in den meisten Windows - Anwendungen können auch in Microsoft Dynamics NAV mehrere Fenster gleichzeitig geöffnet werden. Um von einem Fenster in ein anderes zu wechseln, stehen grundsätzlich drei Möglichkeiten zur Verfügung:

1. Aufrufen des Menüpunktes *Fenster* und Auswählen des Fensters aus der Fensterliste.
2. Mit der Maus in das Fenster klicken, das geöffnet werden soll.
3. Über die Tastenkombination **Strg** + **Tab** kann zum jeweils nächsten Fenster gewechselt werden.

Ist ein Fenster (Formular) aktiviert, so kann mit der Funktionstaste **F12** das Hauptmenü für die weitere Navigation aktiviert werden. Das Hauptmenü ist jederzeit am linken Rand eingeblendet und wird auch nicht durch offene Formulare verdeckt. Es kann über *Ansicht / Navigationsbereich* oder über die Tastenkombination **Alt** + **F1** ausgeblendet und wieder eingeblendet werden.

1.1.5 Tastatur- und Mausbedienung

Grundsätzlich können alle Funktionen und Fenster in Microsoft Dynamics NAV auch mit der Tastatur aufgerufen werden. Wenn dies eine Weile geübt und konsequent praktiziert wurde, wird man feststellen, dass so wesentlich schneller gearbeitet werden kann als bei der Verwendung der Maus. Mit der Tastatur ist man bis zu drei Mal schneller als mit der Mausbedienung. Das kann pro Tag bis zu einer Stunde Zeit einsparen!

In den Menüs und Schaltflächen in Microsoft Dynamics NAV ist ein Buchstabe unterstrichen. Das Menü wird aufgerufen, indem zuerst die **Alt**-Taste und anschließend der unterstrichene Buchstabe gedrückt wird. Öffnet sich daraufhin ein weiteres Menü, können die Untermenüs durch einfaches Drücken des unterstrichenen Buchstabens ausgewählt werden (also ohne die **Alt**-Taste gedrückt zu halten).

Erscheinen die unterstrichenen Buchstaben nur wenn **Alt** gedrückt ist, so kann über die Windows-Einstellung *Start / Einstellungen / Systemsteuerung / Anzeige* im Register Effekte die Option <Tastaturnavigationsanzeige ausblenden> deaktiviert werden.

Darüber hinaus gibt es an diversen Stellen direkte Tastenkombinationen, die ein Fenster bzw. eine Funktion direkt starten. Diese Tastenkombinationen werden neben dem Menübefehl angezeigt. So kann aus einem Kartenfenster durch Drücken der Funktionstaste **F5** das Übersichtsfenster aufgerufen werden.

Mit der Tastenkombination **Alt Gr** + **F1** kann man sich alle im aktuellen Zusammenhang möglichen Tastenkombinationen anschauen. Beim Drücken der Tasten **Groß** oder **Strg** werden die im Zusammenhang mit diesen Tasten möglichen Befehle angezeigt.

1.1.6 Spracheinstellungen

In Microsoft Dynamics NAV kann die Applikationssprache während des laufenden Betriebs und individuell für jeden Arbeitsplatz geändert werden. In der Basisversion steht neben Deutsch auch Englisch zur Verfügung. Darüber hinaus können weitere Sprachen erworben werden.

Die Sprache kann über den Menüpunkt *Extras / Sprache...* geändert werden.

Wenn die Mehrsprachigkeit auch für individuelle Erweiterungen gewünscht wird, so sollte dies explizit mit dem betreuenden Microsoft Dynamics Partner vereinbart werden.

1.2 Felder und Schaltflächen

Über Felder und Schaltflächen wird man in Microsoft Dynamics NAV durch das Programm geführt. Sie sind der Schlüssel für das Verzweigen in Untermenüpunkte. An manchen Feldern können ebenfalls Schaltflächen mit weiteren Funktionen angefügt werden.

1.2.1 Menü-, Symbol- und Statusleiste

Die Symbol- und die Menüleiste sind am oberen Rand des Microsoft Dynamics NAV Fensters angeordnet. Sie erleichtern dem Anwender die Arbeit mit der Maus, sodass Arbeitsschritte automatisiert werden können.

Die Statusleiste hingegen wird am unteren Fensterrand angezeigt und enthält Informationen, die rein informativen Charakter für den Nutzer haben und die für die tägliche Arbeit sehr nützlich sind.

Die Menüleiste

Die Menüleiste in Microsoft Dynamics NAV enthält 6 Menüpunkte: Datei, Bearbeiten, Ansicht, Extras, Fenster und ?. Jeder dieser Menüpunkte hat weitere Untermenüpunkte. Hier sind die Funktionen verfügbar, die unabhängig vom gerade geöffneten Fenster genutzt werden können. Allerdings können nur die Funktionen ausgeführt werden, die aktiv in schwarz dargestellt sind. Gibt es zu dem Untermenüpunkt eine Tastenkombination, so wird diese im geöffneten Menü neben dem Menüeintrag angezeigt.

Mit der Taste **Alt** kann die Menüleiste aktiviert bzw. deaktiviert werden, sodass nun mit den unterstrichenen Buchstaben weiter ohne Maus, also direkt über die Tastatur, navigiert werden kann.

Die Symbolleiste

Die Symbolleiste enthält Symbole, die mit einem Mausklick oft verwendete Funktionen ausführt. Eine kurze Information (Quickinfo) über die auszuführende Funktion wird angezeigt, wenn der Mauszeiger über die Schaltfläche geführt wird.

Symbolleiste im Windows XP-Design

Symbolleiste im klassischen Windows-Design

Über den Menüpunkt *Ansicht / Symbolleiste...* können Einstellungen für die Symbolleiste vorgenommen werden.

Die Statusleiste

Die Statusleiste ist in mehrere Bereiche aufgeteilt. Diese Bereiche werden je nach Benutzereingaben vom System gefüllt und können durch den Benutzer nicht direkt geändert werden. Dennoch ist es für den Benutzer hilfreich, sich die Informationen in dieser Statusleiste näher anzuschauen, wenn Eingaben im System vorgenommen werden. Die Statusleiste enthält folgende Informationen:

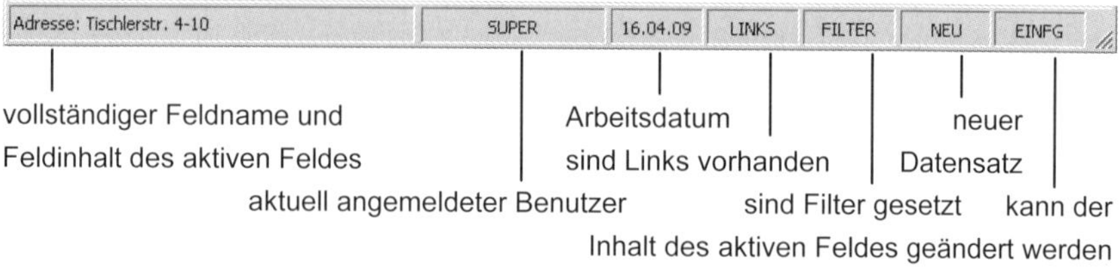

1.2.2 Feldtypen

Zur Darstellung und Eingabe von Daten in Formularen werden in Microsoft Dynamics NAV unterschiedliche Feldtypen verwendet:

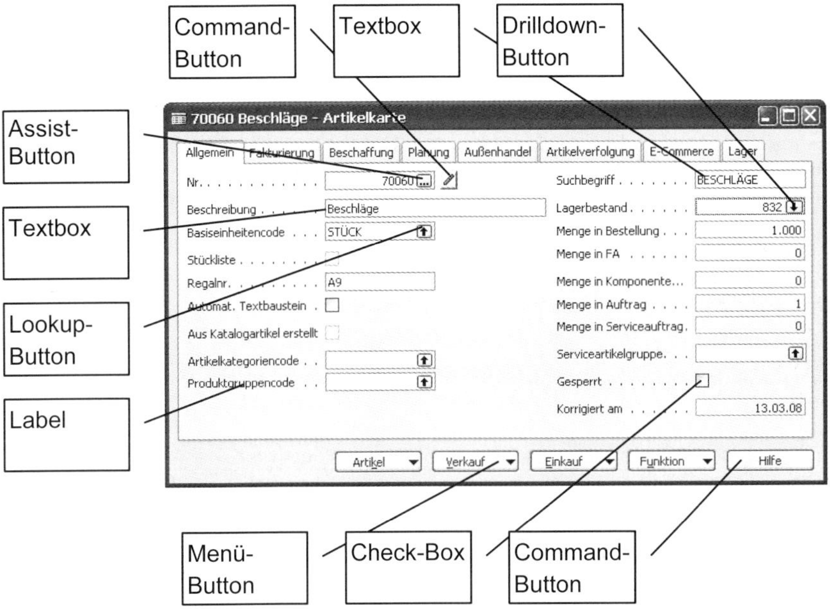

Ein **Label** gibt die Bezeichnung des daneben angezeigten Feldes an.

Eine **Textbox** wird zur Eingabe und Darstellung von Text und Zahlen verwendet. Wenn eine Textbox grau hinterlegt ist, sind keine Eingaben in dieses Feld möglich. Zusätzlich kann am rechten Rand einer Textbox eine der folgenden Schaltfläche sein:

Ein **Assist-Button** [...] dient zur Anwahl einer Eingabehilfe, die den Anwender durch einen oder mehrere Schritte begleitet.

Ein **LookUp-Button** [↑] öffnet eine Auswahl möglicher Eingabewerte aus einer anderen Datenbanktabelle.

Ein **DrillDown-Button** [↓] ermöglicht die Auflösung einer Zahl in die Einzelwerte, aus der sie gebildet wurde. Drückt man z.B. auf dem Feld „Lagerbestand" der Artikelkarte den DrillDown-Button, so erhält man eine Aufstellung aller Artikelposten, die zu diesem Wert geführt haben.

Bei allen Feldern, die eine solche Schaltfläche enthalten, kann die Auswahl mit **F6** geöffnet werden.

Eine **Check-Box** dient zur Anzeige boolescher Werte (Ja-Nein-Felder). Der Haken kann in eine Check-Box durch einen einfachen Mausklick oder über die Leertaste der Tastatur gesetzt werden.

Ein **Command-Button** führt eine Funktion aus. Dies kann z.B. der Aufruf eines Berichtes, eines Formulars oder der Hilfe-Funktion sein. Ein Command-Button kann über Text oder eine Grafik beschrieben werden. Über einen **Menü-Button** gelangt man in ein Menü zur Auswahl verschiedener Funktionen.

Optionsfelder bieten eine definierte, nicht veränderbare Auswahl von Eingabewerten. Optionsfelder können entweder über Radio-Buttons (links) oder Textboxen (rechts) dargestellt werden. Bei Optionsfeldern ist keine Mehrfachauswahl möglich.

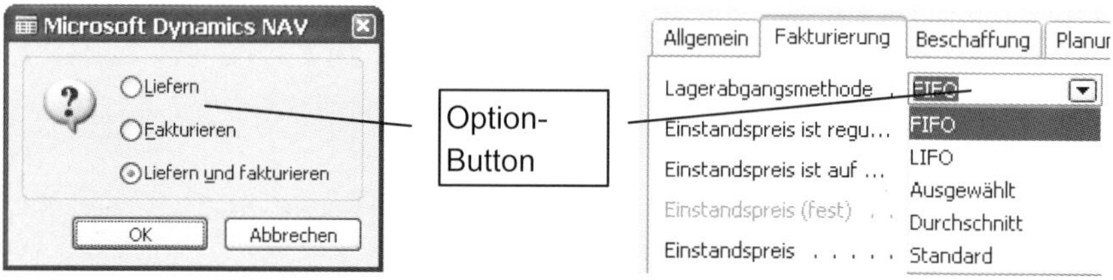

1.2.3 Kalkulierte Felder (FlowFields)

Bestimmte Informationen werden in Microsoft Dynamics NAV nicht als fester Wert gespeichert, sondern genau in dem Moment berechnet, in dem der Wert angezeigt wird. So wird z.B. an keiner Stelle der Datenbank ein Wert für den aktuellen Debitorensaldo gespeichert. Trotzdem wird der Saldo beim Aufruf der Debitorenkarte angezeigt.

Dies erreicht Microsoft Dynamics NAV dadurch, dass beim Aufruf des Fensters die Restbeträge aller Debitorenposten addiert werden. Dabei spielt es für die Verarbeitungsgeschwindigkeit keine Rolle, wie viele Einzelwerte dazu addiert werden müssen. Ermöglicht wird dies durch die patentierte SIFT® Sum-Index-Flow-Technologie der Microsoft Dynamics NAV - Datenbank.

FlowFields besitzen fast immer einen DrillDown-Button, um die hinter dem Wert liegenden Einzelwerte anzuzeigen und sind in der Regel nicht editierbar.

1.2.4 Spalten ein- und ausblenden

In Fenstern, die viele Datensätze in Zeilen anzeigen, so genannte Übersichten, können die angezeigten Spalten vom Anwender selbst ausgewählt werden. Dabei kann nicht auf alle darstellbaren Spalten (Felder der Tabelle) sondern nur auf eine übersichtliche Vorauswahl zurückgegriffen werden. Alle Werte eines

Datensatzes können mit Hilfe der Zoom-Funktion (*Extras / Zoom*) eingesehen werden.

Beim Beenden von Microsoft Dynamics NAV wird benutzerspezifisch gespeichert, welche Spalten ein- und ausgeblendet waren, sodass das Fenster beim nächsten Aufruf genau so aussieht, wie vor dem Beenden.

Die Auswahl der anzuzeigenden Spalten kann wahlweise durch Aufruf des Menüpunkts *Ansicht / Spalten anzeigen…* erfolgen oder indem mit der rechten Maustaste in die Spaltenüberschriften geklickt und anschließend der Menüpunkt *Spalten anzeigen…* ausgewählt wird:

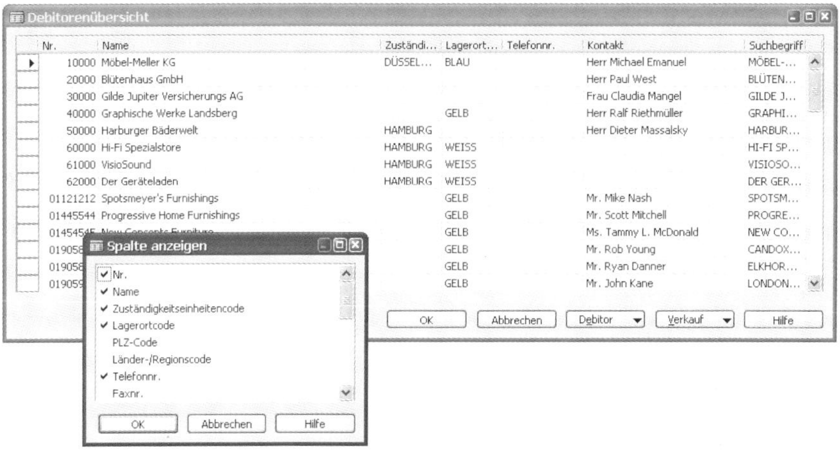

Die gewünschten Spalten können durch Setzen bzw. Entfernen des Hakens neben dem Spaltennamen ausgewählt werden. Es ist wichtig, das Fenster nach der Auswahl mit der OK-Schaltfläche zu verlassen, da die Auswahl sonst ignoriert wird.

1.2.5 Spaltenanordnung und -breite ändern

Neben der Frage welche Spalten angezeigt werden, kann auch deren Anordnung und Breite vom Anwender selbst geändert werden.

Eine Spalte wird verschoben, indem mit der linken Maustaste in die Spaltenüberschrift geklickt und diese gehalten wird. Der Cursor verändert sich in diesem Fall zu einer Hand. Während die linke Maustaste gedrückt bleibt, kann jetzt die Spalte an die gewünschte Stelle geschoben werden.

Die Spaltenbreite wird verändert, indem die Maus in den rechten Zwischenraum zur nächsten Spaltenüberschrift bewegt wird. Der Cursor verandert sich zu einer vertikalen Linie mit zwei Pfeilen nach rechts und links. Durch Drücken der linken

Maustaste und Bewegen des Cursors kann die Spalte auf die gewünschte Breite verändert werden.

Wird eine Spalte auf eine Größe von 0 verkleinert indem die Maus über den linken Rand der Spalte gezogen wird, so wird diese Spalte ausgeblendet.

Soll die am weitesten rechts liegende Spalte vergrößert werden, ist es am besten sie kurzzeitig nach links zu verschieben, dann zu vergrößern und anschließend wieder zurückzuschieben.

1.2.6 Export nach Microsoft Excel und Microsoft Word

Microsoft Dynamics NAV 5.0 arbeitet mühelos mit anderen Microsoft-Lösungen zusammen: Auf Knopfdruck und ohne Copy & Paste können Daten aus Dynamics NAV nach MS Word und MS Excel übergeben werden. So können Angebote bequem in Word nachbearbeitet oder Kalkulationen, Auswertungen oder grafische Aufbereitungen in Excel durchgeführt werden. Angebote, Auftragsbestätigungen, Bestellungen und andere Dokumente lassen sich mit Microsoft Office Outlook per E-Mail verschicken. Microsoft Dynamics NAV fügt sich damit nahtlos in die Office-Welt ein und bietet damit die Möglichkeit der Arbeit in der vertrauten Office-Umgebung.

Dazu sind Funktionsschaltflächen  in der Menüleiste integriert, die mit einem einfachen Mausklick die Daten nach Microsoft Word, Microsoft Excel oder in andere dafür eingerichtete Programme übermitteln.

Die Integration des Datenexportes aus Microsoft Dynamics NAV nach Microsoft Word und Microsoft Excel basiert auf dem herkömmlichen XML Format. Die notwendigen Formatvorlagen für den Export können durch den Microsoft Dynamics Partner erweitert werden.

Voraussetzung für die Nutzung dieser Funktionalität ist jedoch, dass die eingesetzten Office-Versionen XML-fähig sind, d.h. die Dateien aus diesem Programm müssen als XML-Datei gespeichert werden können.

Um mit dieser Funktion z.B. eine Artikelübersicht in Microsoft Excel darzustellen, ist diese über das Menü *Lager / Planung & Ausführung / Artikel* und **F5** anzuzeigen. In dieser Übersicht kann nun, wenn notwendig und gewünscht, ein Filter gesetzt werden, z.B. auf bestimmte Artikel. Anschließend ist das Excel-Symbol in der oberen Menüleiste anzuklicken.

Als Ergebnis wird die Artikelübersicht in Microsoft Excel dargestellt. Für den Export der Daten nach Microsoft Word, ist analog vorzugehen.

Artikelübersicht.xml

	A	B	C	D	E	F	G	H	I	J	K
1	Artikelübersicht										
2	Nr.	Beschreibung	Ersatzartikel vorhanden	Stückliste	Fert.-Stücklistennr.	Arbeits plannr.	Basiseinheiten code	Einstandspreis ist reguliert	Einstandsp reis	VK-Preis	Kreditoren nr.
3	1000	Tourenrad	Nein	Nein	1000	1000	STÜCK	Nein	350,594	4000	
4	1001	Rennrad	Nein	Nein	1000	1000	STÜCK	Nein	350,594	4000	
5	1100	Vorderrad	Nein	Nein	1100	1100	STÜCK	Nein	129,671	1000	20000
6	1110	Felge	Nein	Nein			STÜCK	Ja	1,05	0	01587796
7	1120	Speichen	Nein	Nein			STÜCK	Ja	2	0	01587796
8	1150	Nabe vorn	Nein	Nein	1150	1150	STÜCK	Ja	12,441	500	
9	1151	Vorderachse	Nein	Nein			STÜCK	Ja	0,45	0	32456123
10	1155	Laufbuchse vorn	Nein	Nein			STÜCK	Ja	0,77	0	32456123
11	1160	Mantel	Nein	Nein			STÜCK	Ja	1,23	0	01587796
12	1170	Schlauch	Nein	Nein			STÜCK	Ja	1,75	0	01587796
13	1200	Hinterrad	Nein	Nein	1200	1200	STÜCK	Nein	129,6815	1200	
14	1250	Nabe hinten	Nein	Nein	1250	1150	STÜCK	Ja	12,4515	1100	
15	1251	Hinterradachse	Nein	Nein			STÜCK	Ja	0,33	0	01587796
16	1255	Laufbuchse hinten	Nein	Nein			STÜCK	Ja	0,9	0	01587796
17	1300	Kette komplett	Nein	Nein	1300		STÜCK	Nein	13,1565	800	
18	1310	Kette	Nein	Nein			STÜCK	Ja	1,99	0	32456123
19	1320	Zahnrad vorn 32 Zähne	Nein	Nein			STÜCK	Ja	4,66	0	32456123
20	1330	Zahnrad hinten 18 Zähne	Nein	Nein			STÜCK	Ja	5,88	0	32456123
21	1400	Schutzblech vorn	Nein	Nein			STÜCK	Nein	3,9	0	32456123
22	1450	Schutzblech hinten	Nein	Nein			STÜCK	Nein	3,9	0	32456123
23	1500	Beleuchtungsanlage komplett	Nein	Nein			STÜCK	Nein	5,2	0	45774477
24	1600	Klingel	Nein	Nein			STÜCK	Nein	2,7	0	32456123

Artikelübersicht1

Die Formularinhalte werden 1:1 an Microsoft Excel bzw. Microsoft Word übergeben. Dabei können die Sortierung, die Auswahl der Daten über Filter und die Felder vor dem Export beliebig angepasst werden. Die exportierten Daten können anschließend in Excel bzw. Word individuell weiter bearbeitet werden.

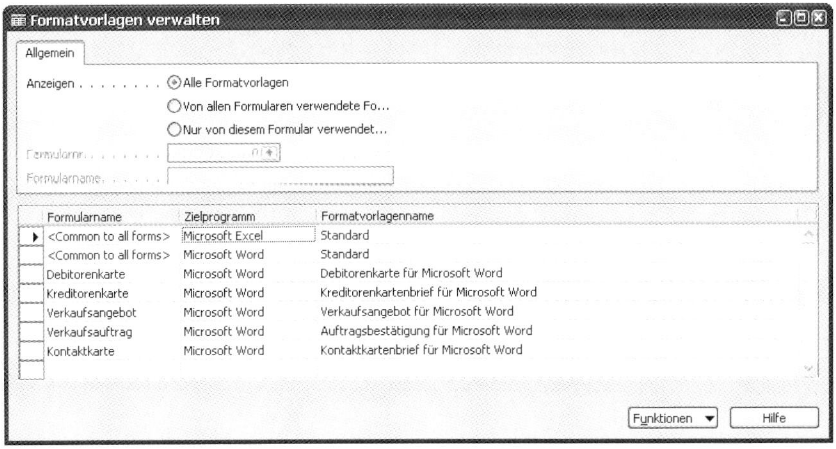

Ein versierter Anwender kann in der Menüleiste unter *Extras / Formatvorlagen verwalten…* eigene Formatvorlagen in die Datenbank einbinden bzw. die vorhandenen Vorlagen einsehen. Standardmäßig können Datensätze nach Microsoft Excel und Microsoft Word ausgegeben werden.

Exportieren von Datensätzen per Copy & Paste

Mit Copy & Paste (Strg + C, Strg + V) können ganze Tabellen oder Teile davon in die Zwischenablage kopiert und in einer anderen Applikation eingefügt werden. Wenn zum Beispiel die Daten aus der Debitorenübersicht oder den Debitorenposten in Microsoft Excel weiterverwendet werden sollen, so können diese mit Kopieren und Einfügen in eine neue Exceltabelle exportiert werden.

Hierbei werden nur die angezeigten Spalten und deren Daten kopiert. Inhalte aus ausgeblendeten Spalten müssen zuerst durch die Funktion *Spalten anzeigen...* im Formular sichtbar gemacht werden.

1.3 Das Hauptmenü

Microsoft Dynamics NAV besitzt eine grafische Benutzeroberfläche, die eine intuitive Bedienung des Systems ermöglicht. Alle Module und Funktionsbereiche sind klar und übersichtlich strukturiert, besitzen den gleichen Aufbau und Bedienkomfort und sind eng miteinander vernetzt. Sie befinden sich im Outlook-ähnlichen Hauptmenü (Navigationsbereich), der nutzerspezifisch angepasst werden kann.

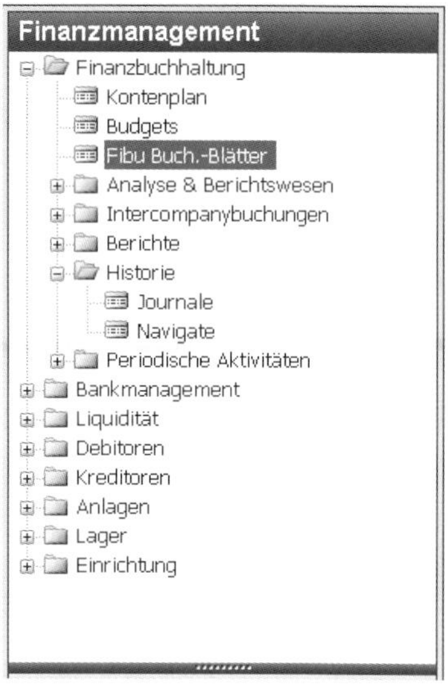

Die einzelnen Menüpunkte sind nach Unternehmensbereichen, wie Finanzmanagement, Verkauf & Marketing, Einkauf, Lager usw. gruppiert, die als Hauptmenüpunkte dargestellt werden. In den jeweiligen Bereichen befinden sich weitere Untermenüs und Inhaltspunkte, die auf die jeweiligen Arbeitsbereiche verzweigen.

Im Bereich Finanzmanagement können z.B. Buchungen über die Buch.-Blätter, die Stammdatenpflege der Debitoren, Kreditoren und Anlagen, bis hin zur Stapelverarbeitung *Lagerreg. buchen* durchgeführt werden.

Das Hauptmenü ist prozessorientiert aufgebaut. Das beinhaltet auch, dass ein und derselbe Menüpunkt in mehreren Hauptmenüpunkten zu finden ist. Damit ist ein ständiger Wechsel zwischen den Bereichen nicht erforderlich.
Um die einzelnen Hauptmenüpunkte schnell zu aktivieren, kann die Tastenkombination **Strg** + **1** bis **Strg** + **9** verwendet werden. Sobald mehr als 9 Hauptmenüpunkte angezeigt werden, kann mit der Tastenkombination **AltGr** + **↑** bzw. **AltGr** + **↓** zwischen den einzelnen Bereichen gewechselt werden.

1.3.1 Aufbau und Handhabung

Das Hauptmenü (der Navigationsbereich) ist in verschiedene Bereiche eingeteilt. Zur besseren Verständigung werden folgende Begrifflichkeiten verwendet:

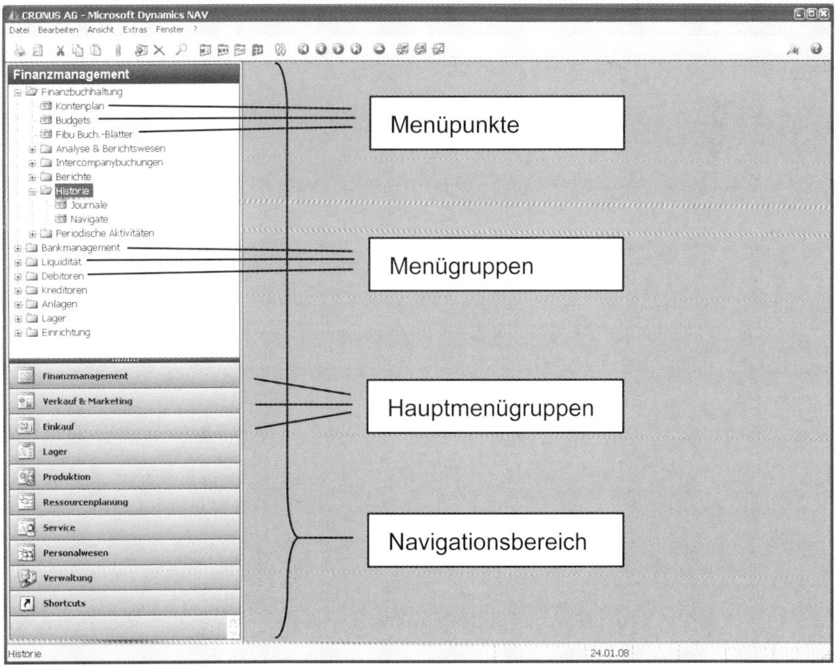

Navigationsbereich:
Der Bereich links neben dem Hauptfenster von Microsoft Dynamics NAV, in dem die Hauptmenüpunkte und die Shortcuts enthalten sind.

Hauptmenügruppen:
Die Schaltfläche am unteren Rand des Navigationsbereichs mit der ausgewählt werden kann, welches Menü für welchen Bereich angezeigt wird.

Menügruppe:
Die Menügruppen sind ein Teil eines Menüs, das Menüpunkte und/oder weitere Menügruppen enthält. Um die Menüpunkte in der Menügruppe anzuzeigen, ist diese mit der linken Maustaste anzuklicken.

Menüpunkte:
Die Menüpunkte sind Verknüpfungen zu Formularen oder Berichten in Microsoft Dynamics NAV. Um ein Formular oder einen Bericht zu starten, ist dieser mit der linken Maustaste anzuklicken.

Über die Tastatur kann in den Menügruppen und Menüpunkten über die Pfeil-Tasten navigiert werden.

Wenn mit der linken Maustaste auf einen Menüpunkt für einen Bericht oder eine Stapelverarbeitung geklickt wird, wird immer ein neues Fenster in der Anwendung geöffnet. Ist das entsprechende Fenster eines Formulars von diesem Menüpunkt bereits geöffnet worden, so wird kein neues Fenster geöffnet, sondern das bereits geöffnete wird aktiviert.

Wenn mit der rechten Maustaste auf den Menüpunkt geklickt wird, erscheint ein weiteres Auswahlmenü mit folgenden Punkten:

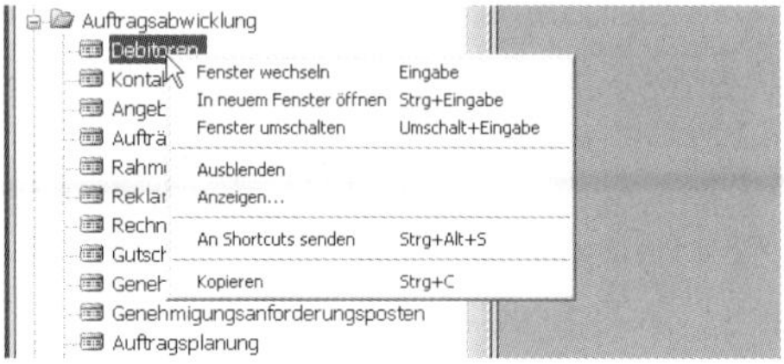

Fenster wechseln:
Mit diesem Punkt wird das entsprechende Formular aktiviert. Wenn der Punkt mehrmals angeklickt wird, werden alle für den Menüpunkt geöffneten Fenster nacheinander aktiviert.

In neuem Fenster öffnen:
Dieser Punkt bewirkt, dass mit jedem Aufruf ein neues Formular geöffnet wird. Es werden dann anschließend mehrere Formulare vom gleichen Menüpunkt angezeigt.

Fenster umschalten:
Sind mehrere Formulare dieses Menüpunktes geöffnet, kann mit diesem Punkt zwischen den geöffneten Formularen gewechselt werden.

1.3.2 Personalisieren des Hauptmenüs

Es ist möglich, das voreingestellte Hauptmenü auf die eigenen Bedürfnisse und Anforderungen anzupassen. Dazu gehören das Aus- und Einblenden von Haupt- und Untermenüpunkten, das Umsortieren der Hauptmenüpunkte und die Shortcuts.

Die so geänderten Einstellungen des Navigationsbereichs werden für jeden Benutzer individuell in seiner *.zup-Datei gespeichert.

Aus- und Einblenden von Menüpunkten

Es ist möglich, einzelne nicht benötigte Menüpunkte, Menügruppen und Menühauptgruppen aus dem Hauptmenü (Navigationsbereich) auszublenden. Dafür ist der entsprechende Punkt mit der *rechten Maustaste* zu öffnen und dort der Punkt *Ausblenden* zu wählen.

Ausgeblendete Punkte können über *rechte Maustaste / Anzeigen...* wieder eingeblendet werden. In dem nun offenen Formular muss vor der entsprechenden Gruppe oder Option in der ersten Spalte ein Haken gesetzt und das Fenster mit OK geschlossen werden.

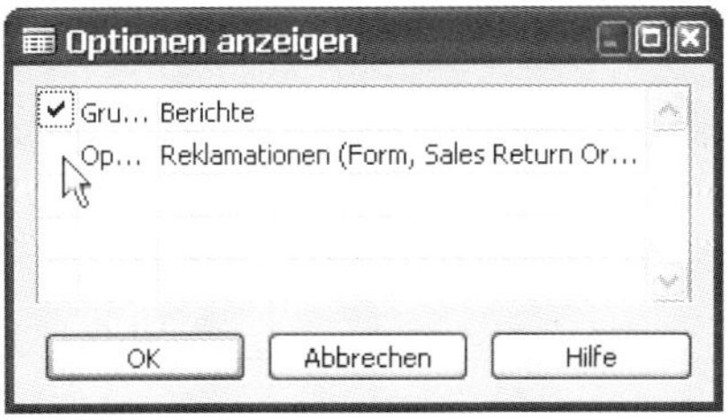

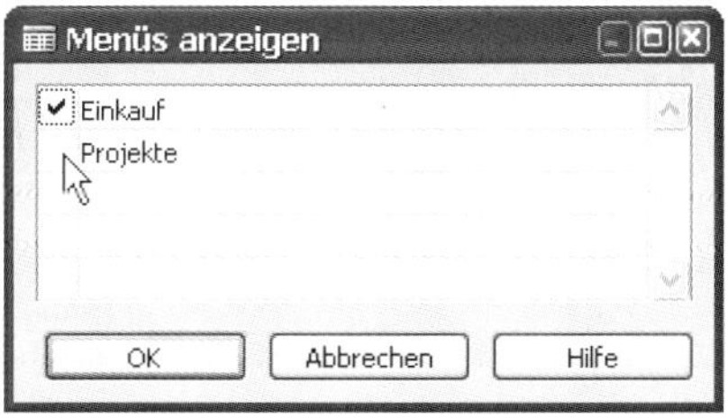

Wurden Hauptgruppen ausgeblendet, so können diese mit einem Klick der *rechten Maustaste* auf die Menühauptgruppen und *Anzeigen...* wieder eingeblendet werden.

Umsortieren der Menüschaltflächen

Es ist auch möglich Menühauptgruppen in ihrer Reihenfolge zu verändern und nicht benötigte Gruppen nach unten zu verschieben. Dazu ist der Mauszeiger auf der entsprechenden Menühauptgruppe zu positionieren und mit der *rechten Maustaste / Nach oben* bzw. *Nach unten* zu verschieben.

1.3.3 Shortcuts

Ein weiterer Punkt, um den Navigationsbereich benutzerspezifisch und individuell einzurichten und damit ein optimal an die eigenen Arbeitsabläufe angepasstes Menü zu gestalten, ist das Einrichten des Hauptmenüpunktes *Shortcuts*. Shortcuts ermöglichen einen schnellen Zugriff auf ausgewählte Menüpunkte, Funktionen und Daten. So können Aufrufe für folgende Punkte beinhaltet sein:

- Menüpunkte und Menügruppen aus anderen Bereichen von Microsoft Dynamics NAV
- spezielle Fenster und Berichte, z.B. gebuchte Verkaufsrechnungen
- einzelne Datensätze, z.B. Debitor 20.000
- externe Dateien, z.B. Excel-Listen, Word-Dokumente oder PDF-Dateien

Das Hauptmenü Shortcuts kann immer mit der Tastenkombination **Strg** + **0** aktiviert werden, egal an welcher Stelle das Menü in der Navigationsleiste angeordnet wurde.

Shortcuts zu Menüpunkten und Menügruppen aus anderen Bereichen

In den Shortcuts können Menüpunkte und Menügruppen aus verschiedenen Bereichen von Microsoft Dynamics NAV hinterlegt werden.

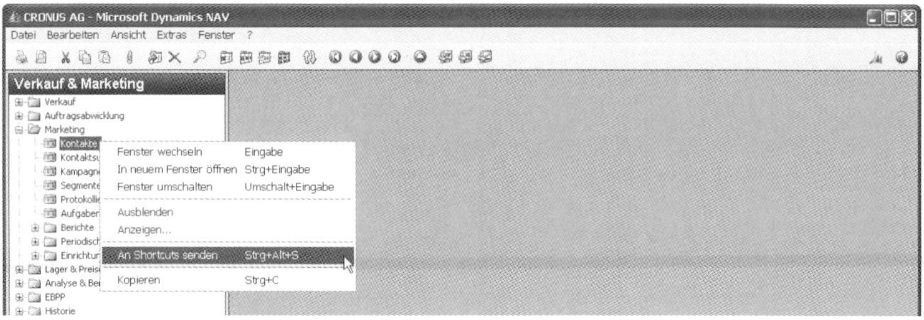

Dazu ist die entsprechende Menügruppe bzw. der entsprechende Menüpunkt im „Original"-Menü zu öffnen und die Funktion mit der *rechten Maustaste / An Shortcuts senden* auszuführen. Anschließend steht dieser Menüpunkt bzw. diese Menügruppe in den Shortcuts zur Verfügung. Die so eingefügten Punkte werden immer in der obersten Ebene der Shortcuts angeordnet. Sollen sie gruppiert dargestellt werden, so müssen neue Gruppen in die Shortcuts eingefügt, die Menüpunkte kopiert und unter der neuen Gruppe wieder eingefügt werden.

Shortcuts zu einzelnen Datensätzen

Soll ein Shortcut zu einem speziellen Datensatz erstellt werden, so muss zuerst der gewünschte Datensatz in dem gewünschten Fenster geöffnet werden. Der Verweis in den Shortcuts wird dann über die Funktion in der Menüleiste *Datei / Senden / Links zu Shortcuts* erstellt.

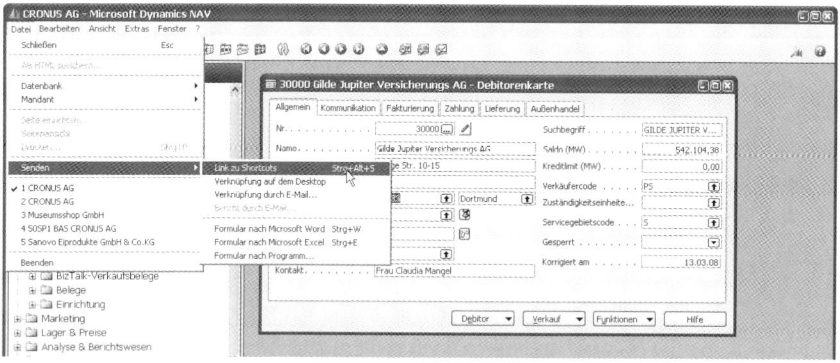

Shortcuts zu externen Dateien

Im Bereich der Shortcuts ist es ebenfalls möglich Verbindungen zu Dateien außerhalb von Microsoft Dynamics NAV, wie z.B. zu Excel-Dateien, zu erzeugen. Dazu muss in den Shortcuts mit der *rechten Maustaste* die Funktion *Shortcut erstellen…* aufgerufen werden.

Im Feld „Öffnen“ ist über den Assist-Button das Auswahlfenster für die Dateisuche zu öffnen. Hier ist die Datei auszuwählen, zu der die Verknüpfung erstellt werden soll und die Auswahl mit Öffnen zu bestätigen. In das Feld „Öffnen“ wird dann der Dateiname mit der vollständigen Pfadangabe eingetragen. Im Feld „Caption“ ist der Name einzutragen der dann in den Shortcuts angezeigt werden soll.

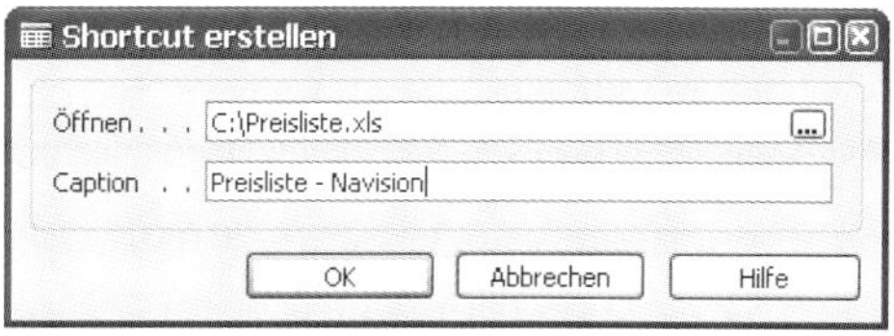

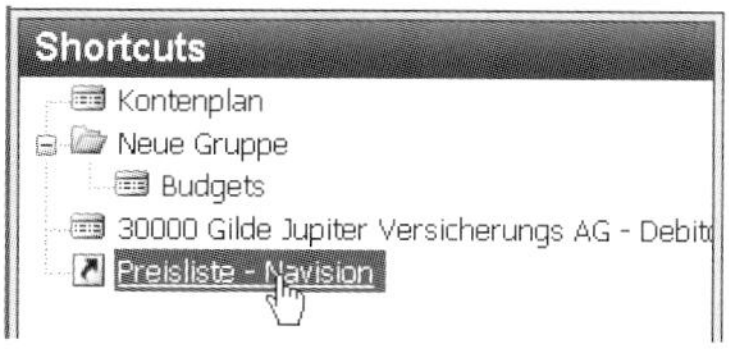

Anordnen der Shortcuts

Neue Punkte werden immer in der obersten Ebene der Shortcuts am Ende der Liste eingefügt. Sollen sie gruppiert werden, müssen neue Gruppen in die Shortcuts über *rechte Maustaste / Gruppe erstellen…* eingefügt, die Menüpunkte über die Tastenkombination **Strg** + **X** ausgeschnitten und unter der neuen Gruppe über Tastenkombination **Strg** + **V** wieder eingefügt werden.

Die Reihenfolge der Menüpunkte kann innerhalb einer Gruppe über die Funktion *rechte Maustaste / Nach oben* bzw. *Nach unten* geändert werden.

Die Bezeichnungen der Shortcuts können über die Funktion *rechte Maustaste / Umbenennen* oder die Funktionstaste **F2** geändert werden. Nicht mehr benötigte Shortcuts können über die Taste **Entf** gelöscht werden.

1.3.4 Navigationsbereich-Optionen

Das Verhalten und die Darstellung des Hauptmenüs kann durch vier Optionen beeinflusst werden. Diese Navigationsbereichs-Optionen können durch Klick auf den Kopfbereich des ersten Menüs mit der rechten Maustaste geöffnet werden.

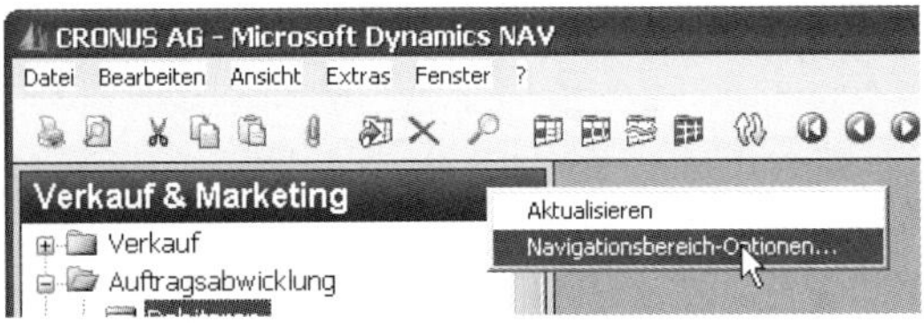

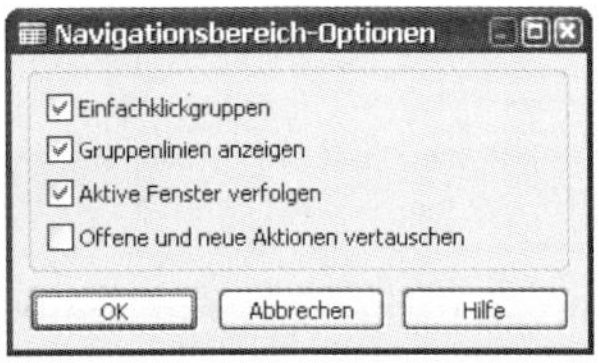

Folgende Einstellungen können hier vorgenommen werden:

<Einfachklickgruppen> Ist in diesem Feld der Haken gesetzt, werden die Untergruppen durch einen einfachen Klick auf das Untermenü geöffnet. Die eigentlichen Formulare, Berichte, usw. werden davon nicht beeinflusst. Sie werden immer durch einen einfachen Klick geöffnet.

<Gruppenlinien anzeigen> Ist in diesem Feld ein Haken gesetzt, so werden zur besseren Orientierung Linien dargestellt, die einzelne Punkte im Menü zusammenfassen.

<Aktive Fenster verfolgen> Ist bei dieser Option ein Haken gesetzt, wird je nachdem welches Fenster gerade aktiv ist, der Punkt im Hauptmenü verfolgt. Die Ansicht im Hauptmenü ändert sich mit Aktivierung der Fenster. Ist der Haken nicht gesetzt, wird der Navigationsbereich nicht durch das aktuell geöffnete Fenster beeinflusst.

<Offene und neue Aktionen vertauschen> Um zu erreichen, dass ein Formular von einem Menüpunkt mehrfach aufgerufen werden kann, ist bei dieser Option ein Haken zu setzen. Dann ist es z.B. möglich, zweimal eine Debitorenkarte von dem Menüpunkt *Verkauf & Marketing / Verkauf / Debitoren* aufzurufen. Ist hier kein Haken gesetzt, muss für das zweite Öffnen einer Debitorenkarte diese aus einem anderen Menüpunkt heraus aufgerufen werden.

1.3.5 Tastenkombinationen für den Navigationsbereich

In der folgenden Aufstellung werden die Tastenkombinationen, die im Zusammenhang mit dem Navigationsbereich stehen, übersichtlich in einer Tabelle zusammengefasst. Dabei werden globale und lokale Tastenkombinationen unterschieden. Globale Tastenkombinationen sind unabhängig vom aktiven Bereich von Microsoft Dynamics NAV. Die lokalen Tastenkombinationen sind nur verfügbar, wenn der Navigationsbereich aktiv ist.

Ausgewählte globale Tastenkombinationen

Tasten-kombination	**Erläuterung**
F12	Navigationsbereich aktivieren Ist ein Formular aktiv, so kann mit der Taste F12 das Hauptmenü für die weitere Navigation aktiviert werden.
Strg + F12	Arbeitsbereich aktivieren Ist der Navigationsbereich aktiv, so kann mit dieser Tastenkombination der Arbeitsbereich wieder aktiviert werden.
Alt + F1	Navigationsbereich ein- / ausschalten Um einen größeren Arbeitsbereich zu haben, kann mit dieser Tastenkombination der Navigationsbereich aus- bzw. wieder eingeblendet werden.
Strg + 0	Direktes Aufrufen der Shortcuts Die Shortcuts können immer mit der Tastenkombination Strg + 0 aktiviert werden, egal an welcher Stelle das Menü in der Navigationsleiste angeordnet wurde.
Strg + 1 … Strg + 9	Direktes Aufrufen der Hauptmenüpunkte Über diese Tastenkombinationen können die ersten 9 Hauptmenüpunkte direkt aufgerufen werden. Diese Tasten sind unabhängig von der Reihenfolge der Hauptmenüpunkte.
Alt Gr + ↓ Alt Gr + ↑	Blättern zwischen den Hauptmenüpunkten Werden mehr als 9 Hauptmenüpunkte angezeigt, kann ebenfalls mit den Tastenkombinationen AltGr + ↑ bzw. ↓ zwischen den einzelnen Bereichen gewechselt werden.

Ausgewählte lokale Tastenkombinationen

Tasten-kombination	Erläuterung
Pos1	Ersten Eintrag in der Hauptmenügruppe aktivieren Um schnell zum ersten Eintrag innerhalb der geöffneten Hauptmenügruppe zu gelangen, kann diese Taste genutzt werden.
Ende	Letzten Eintrag in der Hauptmenügruppe aktivieren Analog zur vorherigen Taste kann diese Taste dazu genutzt werden, um schnell zum letzten Eintrag innerhalb des geöffneten Hauptmenüs zu gelangen.
↓ bzw. ↑	Nächsten / vorhergehenden Eintrag in der Hauptmenügruppe aktivieren Mit diesen beiden Tasten ist die schrittweise Navigation zwischen den Menüpunkten mit der Tastatur möglich.
→ bzw. ←	Menügruppe auf- / zuklappen Gelangt man bei der Navigation mit den beiden vorhergehenden Tasten auf eine Menügruppe, kann diese mithilfe der Cursortasten nach rechts bzw. links geöffnet bzw. geschlossen werden.
Strg + Groß + ↑ Strg + Groß + ↓	Verschieben einzelner Menüpunkte Soll der aktive Menüpunkt innerhalb der Hauptmenügruppe verschoben werden, so können diese Tastenkombination dazu verwendet werden, um diesen Punkt schrittweise nach oben bzw. nach unten zu verschieben.
F2	Menüpunkt umbenennen (**nur Shortcuts**) In der Hauptmenügruppe der Shortcuts können die einzelnen Menüeinträge mit F2 umbenannt werden.
Entf bzw. Einf	Menüpunkt löschen bzw. neu erstellen (**nur Shortcuts**) Nur in den Shortcuts können mit diesen beiden Tasten neue Menüpunkte erstellt bzw. vorhandene gelöscht werden.
Strg + Einf	Menügruppe erstellen (**nur Shortcuts**) Wird die Strg-Taste zum Einfügen mit verwendet, wird eine neue Menügruppe erstellt. Diese Tastenkombination steht nur in den Shortcuts zu Verfügung.

1.4 Stamm- und Bewegungsdaten

Alle Daten werden in Microsoft Dynamics NAV in einer Datenbank gespeichert. Diese Datenbank besteht aus einzelnen Tabellen. Jede Tabelle besteht wiederum aus Zeilen (Datensätzen) und Spalten (Feldern). In der Debitorentabelle sind z.B. die einzelnen Debitoren die Datensätze und die Informationen über diese Debitoren (Nummer, Name, Adresse, usw.) die Felder.

Die Daten in einer Datenbank werden nach ihrer Änderungshäufigkeit unterschieden. Stammdaten bleiben oftmals über einen längeren Zeitraum unverändert bestehen. Bewegungsdaten entstehen immer wieder neu durch betriebliche Vorgänge. Bewegungsvorgänge werden auch als Transaktionen bezeichnet.

1.4.1 Einfügen und Löschen

Neue Datensätze, egal ob Stamm- oder Bewegungsdaten, werden angelegt indem eine der folgenden Aktionen ausgeführt wird:

1. Die Funktionstaste **F3** wird gedrückt („Alles neu macht F3")
2. Die Schaltfläche  bzw.  in der Symbolleiste wird gedrückt
3. Der Menüpunkt *Bearbeiten / Datensatz einfügen* wird aufgerufen

Ein Datensatz kann gelöscht werden, indem eine der folgenden Aktionen ausgeführt wird:

1. Die Funktionstaste **F4** wird gedrückt
2. Die Schaltfläche  bzw.  in der Symbolleiste wird gedrückt
3. Der Menüpunkt *Bearbeiten / Datensatz löschen* wird aufgerufen
4. Der Datensatz wird markiert und mit der **Entf**-Taste gelöscht
   (Nur bei der tabellarischen Darstellung)

1.4.2 Navigieren

Mit der Maus kann über die Symbolleiste  der jeweils erste, vorherige, nächste und letzte Datensatz aufgerufen werden.

Über die Tastatur wird der erste Datensatz mit **Strg** + **Pos1**, der vorherige mit **Bild↑** bzw. **↑**, der nächste mit **Bild↓** bzw. **↓** und der letzte mit **Strg** + **Ende** aufgerufen.

1.4.3 Markieren

Datensätze können markiert werden, indem mit der Maus in den vorderen Bereich der Datensatzliste geklickt wird:

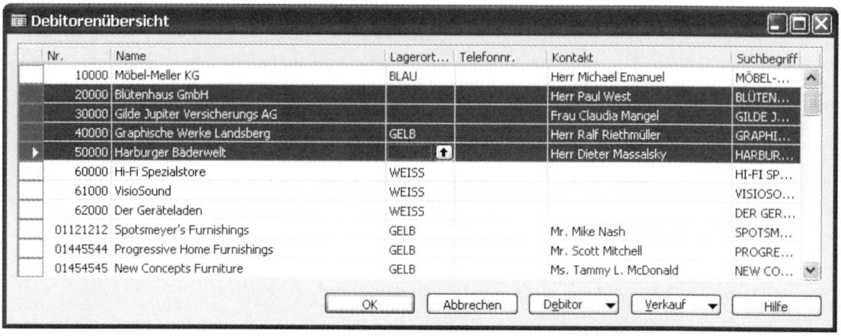

Dabei kann man auch die linke Maustaste gedrückt halten und über die Datensätze „entlangziehen", um mehrere Datensätze zu markieren. Alle Datensätze können mit der Tastenkombination **Strg** + **A** oder mit einem Klick in das oberste linke graue Kästchen (im Bild links von der Spalte „Nr.") markiert werden.

Wenn mehrere Datensätze hintereinander markiert werden sollen, kann man auch den ersten Datensatz markieren, die **Groß**-Taste gedrückt halten und anschließend den letzten Datensatz markieren. In diesem Fall werden alle Datensätze dazwischen markiert. Hält man die **Strg**-Taste gedrückt, dann können auch mehrere Datensätze markiert werden, die nicht hintereinander liegen.

1.4.4 Kopieren und Einfügen

Markierte Datensätze kann man auf eine der drei folgenden Arten in die Windows-Zwischenablage kopieren:

1. Drücken der Tastenkombination **Strg** + **C**
2. Drücken der Schaltfläche bzw.
3. Aufrufen des Menüpunktes *Bearbeiten / Kopieren*

Um Datensätze aus der Zwischenablage wieder einzufügen, gibt es auch hierfür drei Möglichkeiten:

1. Drücken der Tastenkombination **Strg** + **V**
2. Drücken der Schaltfläche bzw.
3. Aufrufen des Menüpunktes *Bearbeiten / Einfügen*

Innerhalb von Microsoft Dynamics NAV kann man nur innerhalb einer Tabelle oder innerhalb von Tabellen mit identischen Strukturen kopieren. So kann man z.B. Bemerkungen von einem Debitor in einen anderen Debitor kopieren. Bei bestimmten Datensätzen ist das Einfügen in Microsoft Dynamics NAV auch unterbunden, da dies zu Fehlern führen könnte. So kann man z.B. keine Verkaufszeile über die Zwischenablage aus einem Auftrag in einen anderen kopieren.

Datensätze, die in die Zwischenablage kopiert wurden, können in anderen Programmen wieder über die Zwischenablage eingefügt werden. Dabei werden beispielsweise in Microsoft Excel auch die Spaltenüberschriften automatisch mit übernommen!

1.4.5 Satzmarkieren

Neben der gewohnten Markierung ermöglicht Microsoft Dynamics NAV noch eine andere Form der Markierung: Die Satzmarke. Die Satzmarke wird mit der Tastenkombination **Strg** + **F1** oder über *Bearbeiten / Satzmarke ein/aus* gesetzt bzw. entfernt. Ob ein Datensatz satzmarkiert ist, erkennt man in Tabellenfenstern an einer Raute im vorderen Bereich der Datensätze:

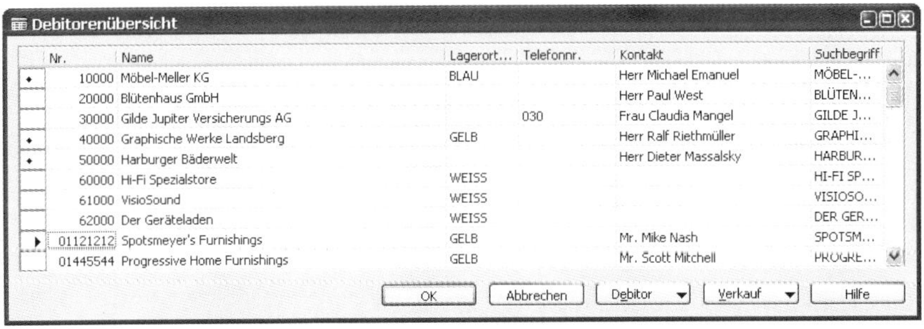

Die Verwendung der Satzmarke ist vor allem dann sinnvoll, wenn eine Vielzahl von Datensätzen selektiert und auf die markierten Datensätze abgegrenzt werden soll, ohne die gesetzte Markierung durch einen unbedachten Klick wieder zu verlieren. Mit dem Befehl *Ansicht / Nur Satzmarkierte* zeigt Microsoft Dynamics NAV nur noch die Datensätze, bei denen die Satzmarke gesetzt ist.

Sowohl die gesetzten Satzmarken als auch die Einstellung „Nur Satzmarkierte anzeigen“ werden beim Schließen des Formulars gelöscht!

Wenn mehrere Datensätze hintereinander satzmarkiert werden sollen, kann zunächst „normal“ z.B. mit der Maus markiert und anschließend einmal **Strg** + **F1** gedrückt werden, um bei allen markierten Datensätzen die Satzmarke zu setzen.

1.4.6 Zoom

In den Masken von Microsoft Dynamics NAV werden nur die Felder zur Anzeige gebracht, die für die aktuelle Bearbeitung benötigt werden. Über den Menüpunkt *Extras / Zoom* oder über die Tastenkombination **Strg** + **F8** können jedoch alle Felder eines Datensatzes angezeigt werden. Gerade in der Anfangsphase des Einsatzes von Microsoft Dynamics NAV kann die Funktion auch dazu genutzt werden, alle vorhandenen Felder zu entdecken und zu erkennen, wie diese in unterschiedlichen Situationen gefüllt werden.

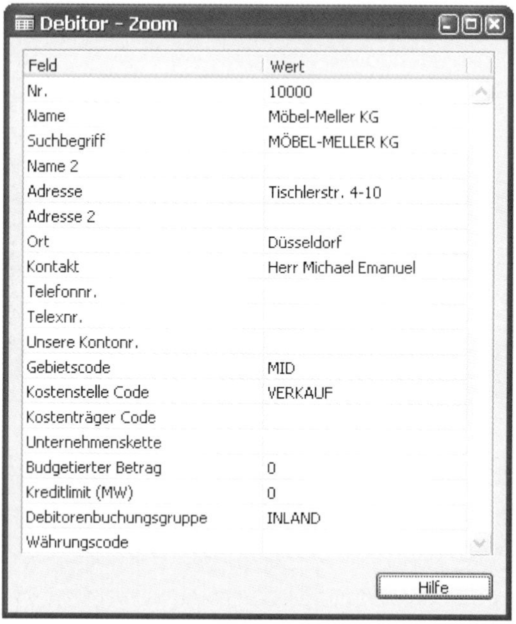

Der Zoom zu einem Datensatz kann nur aufgerufen werden, wenn dem Anwender die Benutzerrechte dafür explizit zugewiesen wurden.

1.4.7 Verknüpfungen (Links)

In bestimmten Situationen ist es überaus praktisch das aktuell geöffnete Fenster oder den Berichtsaufruf als Link abspeichern zu können.

Zusätzlich können auch Verknüpfungen zu anderen Dokumenten bzw. Dateien in Microsoft Dynamics NAV integriert werden. Beliebige Daten, wie PDF-Dokumente, Excel-Kalkulationen, Word-Dokumente oder SharePoint URLs können per Mausklick mit einem beliebigen Vorgang im System verlinkt werden. So können Produktbeschreibungen, Dokumentationen oder Bilder mit Artikeln,

Kalkulationsgrundlagen mit Angeboten und Aufträgen oder Vertrags-Dokumente mit Debitoren verknüpft werden. Damit stehen jederzeit ergänzende Informationen und Dokumente auf Knopfdruck am jeweiligen Vorgang in Dynamics NAV zur Verfügung. Das erhöht die Transparenz und verringert die Zeit für Nachfragen und aufwendiges Suchen.

Links zu Microsoft Dynamics NAV

Ein Link wird durch Aufruf des Menüpunktes *Bearbeiten / Link kopieren* in die Zwischenablage kopiert und kann von dort in eine E-Mail oder eine Textdatei kopiert werden.

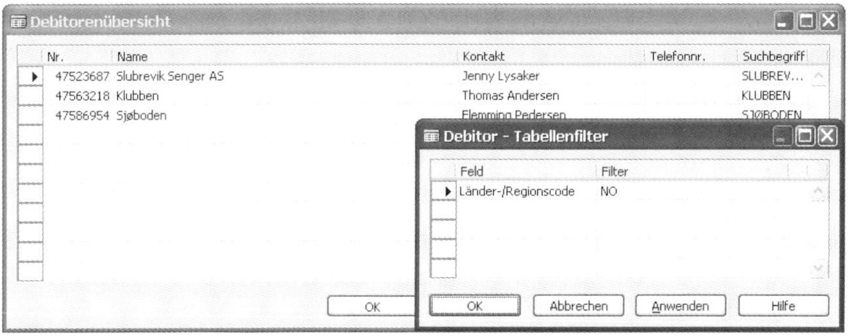

Für die Debitorenübersicht mit einem Filter auf alle Debitoren mit dem Länder-/Regionscode NO wird z.B. folgender Link erzeugt:

navision://client/run?database=c:%5Cnav50%5Cdatabase.fdb%26company=CRONUS%20AG%26target=Form%2022%26view=SORTING(Field1)%20WHERE(Field35=1(NO))%26position=Field1=0(47523687)%26servertype=NAVISION

Dieser Text kann per E-Mail weitergeleitet werden. Personen auf deren Rechner ebenfalls Microsoft Dynamics NAV installiert ist und die auf der gleichen Datenbank arbeiten, können durch diesen Link sofort den entsprechenden Datensatz aufrufen.

Verknüpfungen auf Fenster und Berichte können ebenfalls über den Menüpunkt *Datei / Senden / Bericht durch E-Mail...* bzw. *Verknüpfung durch E-Mail...* bzw. *Verknüpfung auf dem Desktop* erzeugt werden.

Die oben genannten Funktionalitäten werden nicht von jedem Web-Browser und E-Mail-Programm unterstützt.

Über die Link-Funktion kann aus E-Mail-Nachrichten, Word-Dokumenten oder anderen Belegen auf sehr einfache Weise direkt zu einem Auftrag, einer Auftragszeile, einem Debitoren, einem Artikel oder zu einer beliebigen Stelle in Microsoft Dynamics NAV verlinkt werden.

Links zu Informationen

In Microsoft Dynamics NAV werden Informationen, z.B. Adressen oder Artikel strukturiert in Belegen wie Angeboten, Aufträgen, Bestellungen, usw. verarbeitet. Neben diesen Informationen fallen in einem Unternehmen weitere Daten, wie E-Mails oder Word-Dokumente an. Solche Informationen können auf einfache Weise mit Microsoft Dynamics NAV verlinkt werden.

Dazu steht in der Symbolleiste die Schaltfläche oder in der Menüleiste der Punkt *Bearbeiten / Links* bzw. die Tastenkombination **Strg** + **L** zur Verfügung.

Links sind möglich zu:

- Belegen
- Verzeichnissen
- Webseiten
- anderen Datensätzen in Microsoft Dynamics NAV

Die Verknüpfungen werden dafür in einem eigenen Formular mit dem Namen „Links" gespeichert. Diese können lokal auf den eigenen Arbeitsplatz, auf zentrale Ablagen wie z. B. einen Server oder auf Webseiten verweisen.

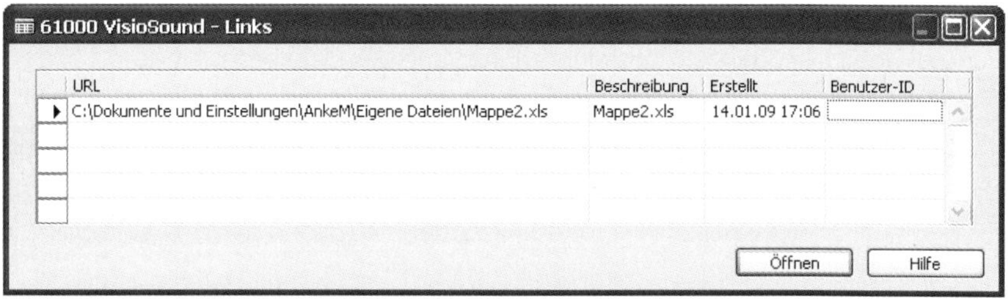

Somit können von Microsoft Dynamics aus, zu E-Mail-Nachrichten, Word-Dokumenten oder anderen Belegen direkte Verknüpfungen zu einem Auftrag, einer Auftragszeile, einem Debitoren oder einem Artikel erstellt werden.

Um ein Dokument, das als Link im Formular Links gespeichert ist, anzuzeigen, ist der Cursor in der entsprechenden Zeile zu positionieren und die Schaltfläche Öffnen anzuklicken.

Die für einen Beleg zugewiesenen Links werden beim Buchen vom Originalbeleg in den gebuchten Beleg kopiert, z.B. von einem Auftrag in eine Rechnung.

Wenn zu einem Beleg bzw. zu einem Datensatz Einträge im Formular Links existieren, so wird am unteren rechten Bildschirmrand der Text LINKS angezeigt.

1.4.8 Online Map

Eine sehr interessante Funktion in Microsoft Dynamics NAV ist die Integration von Microsoft Online Map. Durch die Integration wird auf Knopfdruck der Standort z.B. eines Debitors auf der Landkarte dargestellt und im Online-Routenplaner wird eine Wegbeschreibung vom eigenen Unternehmen mit Angabe der Entfernung und der geschätzten Anfahrtszeit angezeigt.

Die Online Map Integration wird in folgenden Kartenformularen verwendet: Lagerorte, Debitoren, Kreditoren, Firmendaten (Mandantendaten), Ressourcen, Projekte, Lieferadresse, Bank, Kontakte und Mitarbeiter.

Um diese Funktion nutzen zu können, ist ein Online Internet Zugang für eine Verbindung zu MSN Map Point erforderlich. Außerdem sind in Microsoft Dynamics NAV einige Einrichtungen vorzunehmen, die im Folgenden beschrieben werden.

Online Map in Microsoft Dynamics NAV einrichten

Im Formular „Online Map-Einrichtung, das unter *Verwaltung / Anwendung Einrichtung / Allgemein* aufgerufen wird, sind die Felder „Standardsprachcode“, „Karten anzeigen in Sprache“, „Entfernung in“ und „Route“ entsprechend zu definieren.

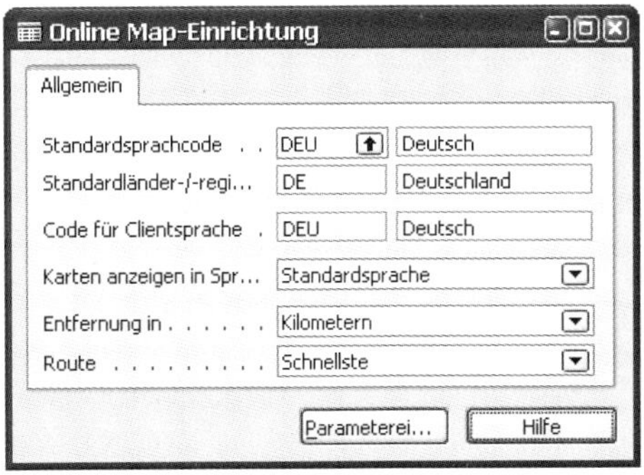

Weitere Einrichtungen sind über die Schaltfläche [Parametereinrichtung] vorzunehmen. In diesem Formular wird festgelegt, wie die Anwendung auf die

MSN Web Seite pro Sprache zugreifen soll. Beim ersten Aufruf sind hier keine Einträge vorhanden. Diese werden automatisch erzeugt, wenn die Schaltfläche Standardwerte angeklickt wird. Damit werden die Spalten „Sprachcode“, „Länder- / Regionscode“, „URL für Ortskarte“ und „URL für die Orts-Wegbeschreibungssuche“ in das Formular kopiert.

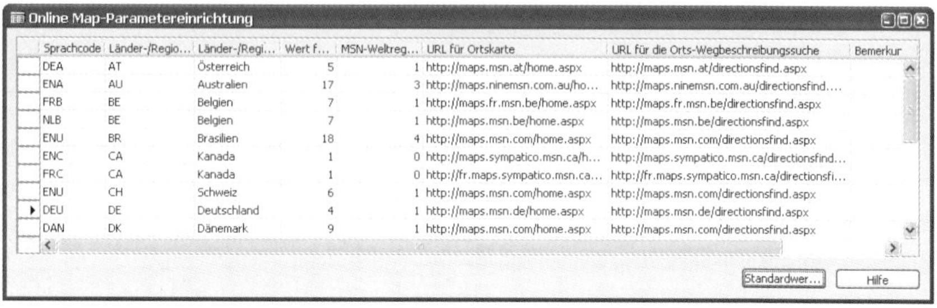
Online Map-Parametereinrichtung

Sprachcode	Länder-/Regio...	Länder-/Regi...	Wert f...	MSN-Weltreg...	URL für Ortskarte	URL für die Orts-Wegbeschreibungssuche	Bemerkur
DEA	AT	Österreich	5	1	http://maps.msn.at/home.aspx	http://maps.msn.at/directionsfind.aspx	
ENA	AU	Australien	17	3	http://maps.ninemsn.com.au/ho...	http://maps.ninemsn.com.au/directionsfind....	
FRB	BE	Belgien	7	1	http://maps.fr.msn.be/home.aspx	http://maps.fr.msn.be/directionsfind.aspx	
NLB	BE	Belgien	7	1	http://maps.msn.be/home.aspx	http://maps.msn.be/directionsfind.aspx	
ENU	BR	Brasilien	18	4	http://maps.msn.com/home.aspx	http://maps.msn.com/directionsfind.aspx	
ENC	CA	Kanada	1	0	http://maps.sympatico.msn.ca/h...	http://maps.sympatico.msn.ca/directionsfind...	
FRC	CA	Kanada	1	0	http://fr.maps.sympatico.msn.ca...	http://fr.maps.sympatico.msn.ca/directionsfi...	
ENU	CH	Schweiz	6	1	http://maps.msn.com/home.aspx	http://maps.msn.com/directionsfind.aspx	
DEU	DE	Deutschland	4	1	http://maps.msn.de/home.aspx	http://maps.msn.de/directionsfind.aspx	
DAN	DK	Dänemark	9	1	http://maps.msn.com/home.aspx	http://maps.msn.com/directionsfind.aspx	

Standardwer... Hilfe

Karten und Routen anzeigen

Jetzt können per Knopfdruck die entsprechenden Karten der Adresse und die entsprechenden Routen angezeigt werden. Voraussetzung ist, dass bei den Stammdaten im Feld „Länder- / Regionscode“ ein Eintrag vorhanden ist, damit Microsoft Dynamics NAV in der Tabelle Online Map-Parametereinrichtung die entsprechende Webseite finden kann.

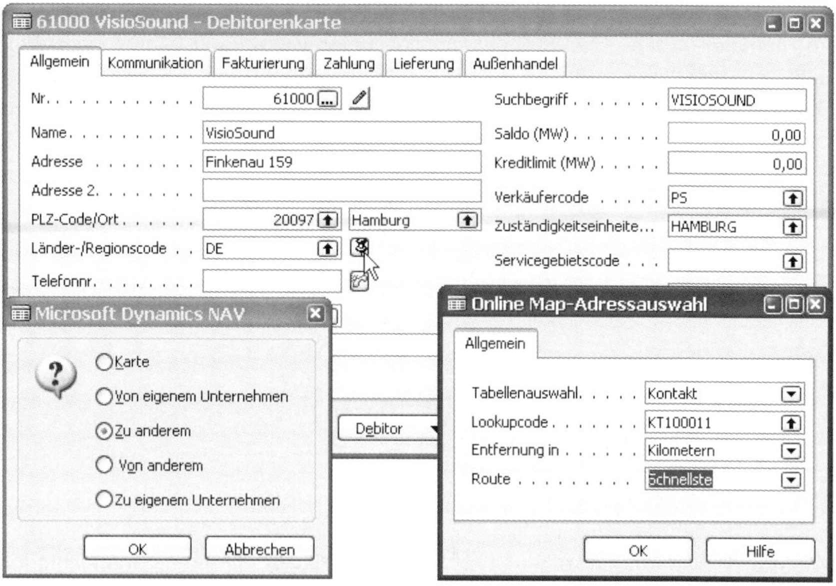

Um die Funktion Online Map zu nutzen, ist z.B. die Debitorenkarte des Debitors zu öffnen zu dem der Weg berechnet werden soll. Anschließend ist das Symbol rechts vom Feld „Länder- / Regionscode“ anzuklicken.

Dieses Icon wird nur angezeigt, wenn das Formular Online Map - Einrichtung ausgefüllt ist.

Nun stehen unterschiedliche Möglichkeiten für die Anzeige der Route im Map zur Verfügung aus denen eine Option ausgewählt werden kann.

<Karte>

Der Standort der gewählten Adresse wird auf der MSN Web Seite angezeigt.

<Von eigenem Unternehmen>

Die Route von der eigenen Firma (aus den hinterlegten Firmendaten) zur Zieladresse wird auf dem MSN Web angezeigt.

<Zu anderem>

Es wird ein weiteres Auswahlformular „Online Map-Adressauswahl“ angezeigt, in dem definiert werden kann, zu welcher Adresse, z.B. zu einer Lieferadresse, die Route von der Zieladresse berechnet werden soll.

<Von anderem>

Hier wird ebenfalls ein Auswahlformular „Online Map-Adressauswahl“ angezeigt, in dem definiert werden kann, von welcher Adresse, z.B. von einer Lieferadresse, die Route zur Zieladresse berechnet werden soll.

<Zu eigenem Unternehmen>

Hier wird die Route von der Zieladresse zur eigenen Firma berechnet und im MSN Web angezeigt.

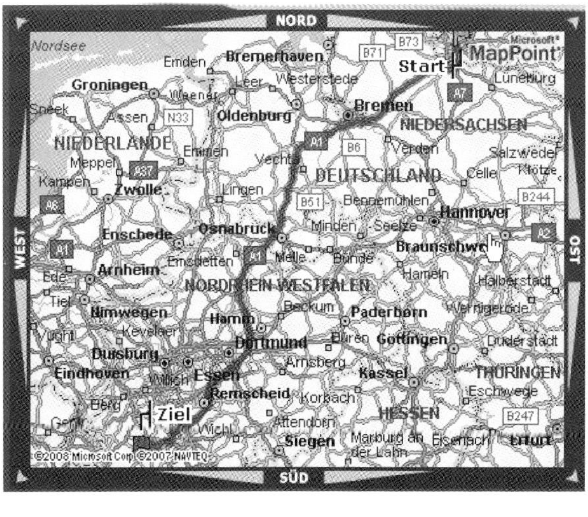

1.5 Eingeben von Daten

Neben der Dateneingabe über die Tastatur stellt Microsoft Dynamics NAV an verschiedenen Stellen auch Eingabehilfen zur Verfügung, mit denen die Arbeit noch wesentlich effizienter gestaltet werden kann. Diese werden nachfolgend beschrieben.

1.5.1 Suchbegriff

Beim Erfassen von Vorgängen in Microsoft Dynamics NAV kann statt der Nummer eines Datensatzes, eines Debitors oder Artikels für die meisten Stammdaten alternativ der Suchbegriff verwendet werden. Dieser kann in den jeweiligen Stammdatensätzen hinterlegt werden. Er besteht nur aus Großbuchstaben und wird standardmäßig mit dem Namen bzw. der Beschreibung vorbelegt.

Um z.B. einen Artikel in eine Verkaufszeile einzutragen, ist der Suchbegriff in die Spalte „Nr." einzugeben und nicht in die Spalte „Beschreibung"! Ebenso verhält es sich bei der Auswahl eines Debitors im Verkaufsauftragskopf, wobei hier der Suchbegriff in das Feld „Verk. an Deb.-Nr." eingetragen werden muss.

Diese Erleichterung der Suche ist überall dort in Microsoft Dynamics NAV zu finden, wo beim Anlegen von Bewegungsdaten Informationen aus den Stammdatensätzen eingefügt werden sollen.

1.5.2 Datumseingaben

Microsoft Dynamics NAV unterscheidet zwischen dem Tagesdatum und dem Arbeitsdatum. Das Tagesdatum ist das Datum des aktuellen Tages, das Microsoft Dynamics NAV vom Betriebssystem des Clients übernimmt.

Das Arbeitsdatum ist das Datum des Tages, an dem die aktuelle Arbeit erledigt wird. Das Arbeitsdatum wird über den Menüpunkt *Extras / Arbeitsdatum...* eingestellt. Im Normalfall ist das Arbeitsdatum mit dem Tagesdatum identisch.

Eine Veränderung des Arbeitsdatums ist immer dann sinnvoll, wenn mehrere Buchungen für einen zurückliegenden Zeitraum durchgeführt werden müssen. Microsoft Dynamics NAV schlägt dann automatisch das entsprechende Arbeitsdatum vor.

Anstelle des Tagesdatums kann auch der Buchstabe „h" (heute) eingegeben werden und anstelle des Arbeitsdatums ein „a". Wird ein vollständiges Datum eingegeben, kann man auf die Punkte zwischen Tag, Monat und Jahr verzichten (z.B. 300809 statt 30.08.09). Gibt man ein Datum innerhalb des aktuellen Jahres (bezogen auf das Arbeitsdatum) ein, so kann auch auf die Angabe der

Jahreszahl verzichtet werden (z.B. 3008). Gleiches gilt für Eingaben innerhalb des aktuellen Monats, hier reicht die Eingabe des Tages aus (z.B. 30).

Jahreszahlen werden in Microsoft Dynamics NAV teilweise zweistellig angezeigt (intern aber immer vierstellig geführt). Alle Datumsangaben zwischen 1930 und 2029 werden nur zweistellig angezeigt. Zum Beispiel wird aus der Datumseingabe 30082009 das Datum 30.08.09.

1.5.3 Datumsperioden

Genauso wie für das einzelne Datum gibt es auch vereinfachte Eingaben für Datumsperioden (Zeiträume). Hierfür stehen folgende Abkürzungen zur Verfügung:

p	für die aktuelle Periode (Monat) - Zum Beispiel kann im August statt 01.08.09..31.08.09 auch nur „p“ eingegeben werden, um den Zeitraum August anzugeben.

j	für das aktuelle Geschäftsjahr - Zum Beispiel kann, wenn das Geschäftsjahr gleich dem Kalenderjahr ist, statt 01.01.09..31.12.09 auch nur „j“ eingegeben werden.

Soll die x. vorhergehende bzw. x. nachfolgende Periode verwendet werden, erreicht man dies durch „p-x“ bzw. „p+x“. Zum Beispiel erzeugt „p+2“ im August 2009 die Periode 01.10.09..31.10.09. Analoges gilt für das Geschäftsjahr.

Soll die 9. Periode des aktuellen Geschäftsjahres angezeigt werden, so kann man auch „p9“ eingeben. Das zweite, in den Buchhaltungsperioden angelegte Geschäftsjahr ruft man über „j2“ auf.

1.5.4 In Zeilen kopieren

Vor allem Massendaten, wie z.B. Buchungssätze und Verkaufspositionen, werden in Microsoft Dynamics NAV zeilenweise erfasst. Hierbei soll in bestimmten Feldern häufig der gleiche oder ein ähnlicher Wert wie in der darüber liegenden Zeile verwendet werden. Mit der Funktionstaste **F8** kann in Tabellenfenstern der Wert aus der darüber liegenden Zeile in das aktuelle Feld kopiert werden.

1.5.5 In-Line-Editing, Trigger neu starten

Wechselt der Anwender mit Hilfe der Tastatur in ein Feld, wird der Inhalt automatisch markiert (weiße Schrift auf blauem Grund). Jede Eingabe in diesem Zustand überschreibt den kompletten Inhalt des Feldes. Soll jedoch nur eine kleine Korrektur vorgenommen werden, kann mit der Funktionstaste **F2** in den Editiermodus geschaltet werden (blinkender Cursor als schmale senkrechte

Linie). Bei einmaliger Betätigung der Funktionstaste F2 steht der Cursor am Beginn des Feldes, bei nochmaliger Betätigung wechselt er zum Ende des Feldes.

Einige Felder in bestimmten Tabellen kann man erst nach Betätigung der Funktionstaste F2 editieren. Hierbei handelt es sich u.a. um die Felder „Fälligkeitsdatum“, „Skontodatum“ und „Skonto möglich“ in den Debitoren- und Kreditorenposten.

Mit der Eingabe eines Wertes in ein Feld wird in Microsoft Dynamics NAV in bestimmten Fällen ein Quellcode (ein so genannter Trigger oder Nachverarbeitungscode) durchlaufen, um die Eingabe zu prüfen, andere Felder in Abhängigkeit der getätigten Eingabe zu ändern oder weitere Befehle auszuführen. Mit Betätigung der Funktionstaste F2 wird dieser Quellcode so durchlaufen, als wäre der Wert neu eingegeben worden.

Diesen Zusammenhang kann man sich an bestimmten Stellen zunutze machen: So kann man in einem Verkaufsauftrag die (falsche) Anschrift des Debitors nach einer Korrektur der Stammdaten aktualisieren, indem man im Feld *Verk. an Deb.-Nr.* auf der Debitorennummer F2 drückt und anschließend das Feld verlässt. In diesem Fall wird der Trigger erneut durchlaufen und somit die Daten aus dem Debitor neu und geändert in den Verkaufsauftragskopf übernommen.

An anderer Stelle kann dies unerwünschte Folgen haben: So gehen z.B. fast alle Änderungen einer Verkaufszeile verloren, wenn man in der Spalte „Nr.“ F2 drückt.

1.5.6 Rechnen in Zeilen

Für viele Eingaben von Zahlen sind vorherige Berechnungen der Werte erforderlich. Um nicht auf ein externes Rechengerät zurückgreifen zu müssen, können die vier Grundrechenarten (Addition „+“, Subtraktion „-“, Multiplikation „*“ und Division „/“) in den Zahlenfeldern Menge, Betrag und Preis von Microsoft Dynamics NAV angewendet werden.

Möchte man z.B. in das Feld VK-Preis auf der Artikelkarte den Verkaufspreis als Nettobetrag eintragen, kennt jedoch nur den Bruttobetrag (119,00 €) und den Steuersatz (19 %), so kann man in das Feld „VK-Preis“ den zu rechnenden Ausdruck 119/1,19 eintragen. Nach dem Verlassen des Feldes berechnet Microsoft Dynamics NAV den richtigen Wert (100,00 €) dann selbständig aus.

1.6 Filtern, Suchen, Sortieren

In Microsoft Dynamics NAV können unzählig viele Datensätze gespeichert werden. Für Übersichten und Auswertungen werden häufig jedoch nur Teilmengen dieser Datensätze benötigt. Durch das Setzen von Filtern kann die Anzeige auf bestimmte Kriterien eingeschränkt werden, so dass nur die gewünschten Ergebnisse angezeigt werden.

Eine Möglichkeit, schnell an eine bestimmte Information zu gelangen, ist das gezielte Suchen eines speziellen Datensatzes. Auch eine Sortierung der Datensätze nach bestimmten Kriterien kann helfen, schnell die benötigten Informationen aus dem System zu erhalten.

1.6.1 Tabellen- und Feldfilter

Die häufigste und effektivste Art sich nur eine Teilmenge aus den Tabellen der Datenbank anzeigen zu lassen (z.B. alle spanischen Debitoren), ist das Setzen geeigneter Filter. Microsoft Dynamics NAV stellt dafür folgende Filterfunktionen zur Verfügung:

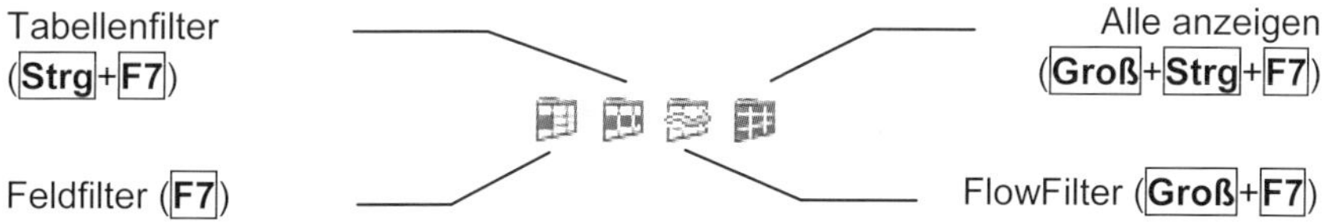

Der Feldfilter (F7) und der Tabellenfilter (Strg+F7) sind von der Funktionsweise her gleich. Es handelt sich dabei nur um unterschiedliche Eingabeformen. Im weiteren Text wird deshalb ausschließlich von Tabellenfiltern gesprochen.

Tabellenfilter grenzen die angezeigten oder zu verarbeitenden Datensätze ein. Hierbei kann auf jedes Feld der Tabelle ein Filter gesetzt werden. Um z.B. alle spanischen Debitoren anzuzeigen, muss in der Debitorenübersicht auf das Feld „Länder-/Regionscode“ der Filter „ES“ für Spanien gesetzt werden. Der Filter wird aktiv, sobald das Filterfenster über OK verlassen oder die Schaltfläche Anwenden gedrückt wird.

Bei Verwendung des Feldfilters wird nur der Filter auf dem aktuellen Feld angezeigt bzw. der Wert des aktuellen Datensatzes vorgeschlagen. Beim Tabellenfilter werden zusätzlich alle bereits gesetzten Filter angezeigt sowie das aktuelle Feld in die Liste der Felder aufgenommen.

Am schnellsten kann man einen Filter setzen, indem man auf dem zu filternden Feld, das bereits den Filterausdruck enthält (z.B. das Feld Ländercode eines spanischen Debitoren) **F7** und **ENTER** drückt. Der Tabellenfilter muss dann verwendet werden, wenn man auf ein Feld filtern will, welches in dem aktuellen Fenster nicht angezeigt wird und nicht über *Ansicht / Spalte anzeigen...* zur Anzeige gebracht werden kann.

Damit wieder alle Datensätze angezeigt werden, müssen die gesetzten Tabellen- bzw. Feldfilter aufgelöst werden. Dies wird durch einen Klick auf die Schaltfläche oder über das Menü *Ansicht / Alle anzeigen* erreicht.

Werden Tabellenfilter gesetzt und anschließend von diesem Formular aus weitere Formulare geöffnet, werden die Filter weitergegeben. Das bedeutet: Wird z.B. ein Filter in der Debitorenkarte auf den Ländercode „ES" gesetzt, so wird dieser Filter an die Debitorenübersicht weitergegeben, wenn diese mit **F5** aufgerufen wird.

Gesetzte Filter werden in der *.zup-Datei benutzerspezifisch gespeichert. Wird also ein Filter gesetzt und anschließend Microsoft Dynamics NAV verlassen, so ist der Filter auch beim nächsten Aufruf des Formulars noch gesetzt.

Wurde ein Filter in einem Formular gesetzt, wird am unteren rechten Rand der Schriftzug FILTER angezeigt.

Neben Filtervorgängen auf konkrete Feldinhalte können auch komplexe Filterausdrücke für das Setzen von Tabellen- und Feldfiltern verwendet werden. Eine Aufstellung der möglichen Ausdrücke ist im Kapitel 1.6.5 aufgeführt.

1.6.2 FlowFilter

Während Tabellenfilter Auswirkungen auf die Anzahl der angezeigten Datensätze haben, wirken FlowFilter nur auf die Werte der FlowFields einer Tabelle.

Ein FlowField wird auf Basis von Einzelwerten berechnet. Ein FlowFilter schränkt die Datensätze ein, die zur Berechnung des Wertes herangezogen werden sollen. Wird z.B. in einem Sachkonto ein Datumsfilter auf das Jahr 2009 gesetzt, so wird im Kontenplan in der Spalte „Bewegung“ der Wert aller Buchungen angezeigt, die im Jahr 2009 stattgefunden haben. Die Anzahl der Konten, die angezeigt werden, bleibt dabei unverändert.

Durch einen zusätzlichen Kostenstellenfilter könnte jetzt der angezeigte Wert auf alle Buchungen im Jahr 2009 in Verbindung mit der angegebenen Kostenstelle weiter eingegrenzt werden.

Nicht alle FlowFields werden von Datumsfiltern gleichermaßen beeinflusst. Generell gilt:

- Bewegungs-Felder berücksichtigen den Datumsfilter
- Saldo-Felder berücksichtigen den Datumsfilter nicht
- Saldo-Bis-Datum-Felder berücksichtigen nur die Ende-Begrenzung des Datumsfilters

FlowFilter können nicht über die Schaltfläche  bzw.  oder über das Menü *Ansicht / Alle anzeigen* aufgelöst werden. Sie müssen über das Löschen der Einträge in der Spalte „Filter“ im FlowFilter-Fenster und der anschließenden Bestätigung mit OK aufgehoben werden.

1.6.3 Suchen

Wie in den meisten Windows-Programmen, steht auch in Microsoft Dynamics NAV eine Suchen- und Ersetzen-Funktion zur Verfügung.

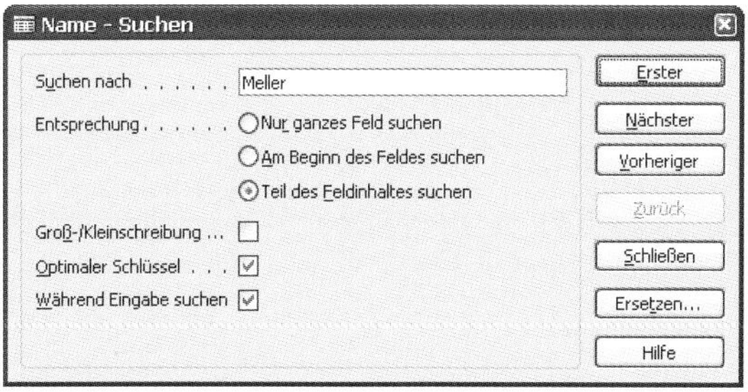

Die Suchfunktion kann mit der Schaltfläche bzw. mit der Tastenkombination **Strg** + **F** oder über das Menü *Bearbeiten / Suchen...* gestartet werden.

Microsoft Dynamics NAV sucht dabei grundsätzlich in dem Feld, in dem man sich beim Aufruf der Suchfunktion befunden hat. Deshalb muss genau darauf geachtet werden, wo sich der Cursor beim Aufruf der Suchfunktion befindet. Der entsprechende Feldname wird zur Orientierung als Formularüberschrift angezeigt.

Die Optionen im Feld „Entsprechung" sind entsprechend den Suchanforderungen zu setzen. Standardmäßig ist hier die Option <Teil des Feldinhaltes> zu empfehlen. Ebenso sollte standardmäßig der Haken im Feld „Groß-/Kleinschreibung beachten" nicht gesetzt sein, um eine höhere Trefferquote bei der Suche zu erzielen.

Die Option <Optimaler Schlüssel> ist nur aktiv, wenn in einem Feld gesucht werden soll, das Teil eines Schlüssels ist. Ein Haken bewirkt, dass das System die Daten intern vor dem Suchen in der optimalen Reihenfolge sortiert. Das beschleunigt den Suchvorgang besonders bei großen Tabellen und sollte im Zweifelsfall immer aktiviert werden.

In nicht editierbaren Feldern wird die Suchfunktion automatisch gestartet, sobald Tastatureingaben erfolgen. Dies kann vor allem sinnvoll in Kombination mit den Optionen <Teil des Feldinhaltes> und <Während der Eingabe suchen> genutzt werden. In diesem Fall erreicht man den gesuchten Datensatz häufig schon bevor der komplette Suchbegriff eingegeben wurde.

Im Ergebnis zeigt Microsoft Dynamics NAV nacheinander die gefundenen Datensätze an, die den Suchkriterien entsprechen. Mit den Schaltflächen [Erster], [Nächster] und [Vorheriger] kann nun zwischen den Suchergebnissen gewechselt werden.

Die Ersetzen - Funktion kann mit der Tastenkombination **Strg** + **H** oder über das Menü *Bearbeiten / Ersetzen...* gestartet werden. Diese Funktion sollte jedoch unbedingt mit Vorsicht genutzt werden, da sich der Vorgang nicht mehr rückgängig machen lässt. Die Verwendung in gefilterten Formularen führt praktisch immer zu Fehlern, wenn Suchen und Ersetzen auf den gefilterten Wert angewendet wird.

1.6.4 Sortieren

Die Datensätze in Microsoft Dynamics NAV können in der Reihenfolge der im System hinterlegten Schlüssel sortiert werden.

Die Sortierung kann geändert werden, indem auf die Schaltfläche bzw. geklickt, die Tastenkombination **Groß** + **F8** eingegeben oder der Menüpunkt *Ansicht / Sortierung…* aufgerufen wird.

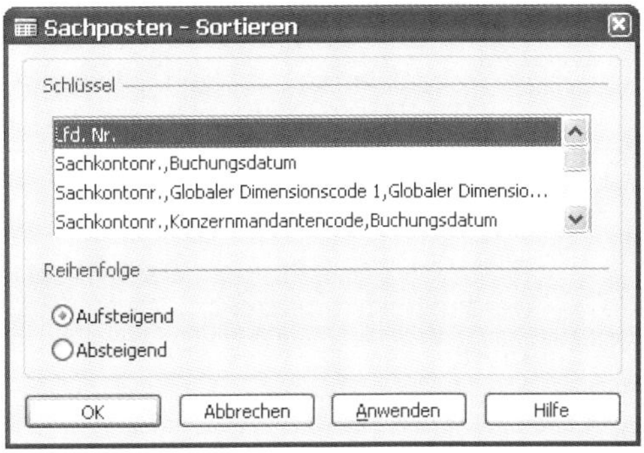

Die Reihenfolge der Sortierung kann <Aufsteigend> oder <Absteigend> erfolgen.

1.6.5 Zeichenfolgen beim Suchen und Filtern

Für die Eingabe von Filterkriterien sind folgende Zeichen in Ergänzung zur eigentlichen Zeichenkette zugelassen:

Zeichen	Bedeutung	Beispiel / Erläuterung
Ohne	Ist gleich	377 Nummer 377
*	Beliebig viele Zeichen (oder auch keines)	*Co* *Co Co* Texte, die die Zeichenfolge "Co" enthalten. Texte, die mit der Zeichenfolge "Co" enden. Texte, die mit der Zeichenfolge "Co" beginnen
@ AltGr + q	Groß/Klein-Schreibung ignorieren	@Kostenstelle Texte wie KOSTENSTELLE, kostenstelle oder Kostenstelle
?	Unbekannter Buchstabe	Hans?n Texte wie z.B. Hansen oder Hanson
..	Intervall	1100 .. 2100 Datensätze von Nummer 1100 bis 2100

<table>
<tr><th>Zeichen</th><th>Bedeutung</th><th>Beispiel / Erläuterung</th></tr>
<tr><td>&</td><td>Und</td><td><2000&>1000
Datensätze mit Nummern, die kleiner als 2000 und größer als 1000 sind (das Zeichen & kann niemals alleine verwendet werden, da kein Datensatz zwei Nummern aufweist)</td></tr>
<tr><td>|
AltGr + <</td><td>Entweder/oder</td><td>1200|1300
Datensätze mit der Nummer 1200 oder 1300. Sind beide vorhanden, werden beide angezeigt</td></tr>
<tr><td><</td><td>Kleiner als</td><td><1200
Datensatznummern kleiner als 1200</td></tr>
<tr><td><=</td><td>Kleiner/gleich</td><td><=1200
Datensatznummern kleiner oder gleich 1200</td></tr>
<tr><td>></td><td>Größer als</td><td>>1200
Datensatznummern über 1200</td></tr>
<tr><td>>=</td><td>Größer/gleich</td><td>>=1200
Datensatznummern ab einschließlich 1200 aufwärts</td></tr>
<tr><td><></td><td>Ungleich</td><td><>0
Alle Datensätze außer der Nummer Null</td></tr>
<tr><td>‘ ‘</td><td>Leere Zeichenkette</td><td></td></tr>
<tr><td>0</td><td>Null</td><td></td></tr>
<tr><td>( )</td><td>Klammerberechnung</td><td>30|(>=10&<=20)
Angaben mit der Zahl 30 oder mit einer Zahl zwischen 10 bis 20 (Ergebnis der Berechnung innerhalb des Klammerausdrucks)</td></tr>
<tr><td colspan="3">Die verschiedenen Filterangaben können auch miteinander kombiniert werden:</td></tr>
<tr><td>| ..</td><td colspan="2">5999|8100 .. 8490
Alle Datensätze mit der Nummer 5999 oder zwischen 8100 bis 8490</td></tr>
</table>

Zeichen	Bedeutung	Beispiel / Erläuterung
.. | ..	..1299|1400.. Alle Datensätze mit Nummern kleiner bzw. gleich 1299 oder mit Nummern größer bzw. gleich 1400, d.h. alle Datensatznummern außer 1300 bis 1399	
> & <	>50&<100 Alle Datensätze mit Nummern größer als 50 und kleiner als 100, d.h. mit Nummern zwischen 51 und 99	
* &	*C*&*D* Texte, die sowohl den Buchstaben C als auch D enthalten	
@ * ?	@*pr?* Texte mit der Zeichenfolge pr., PR., Pr., Preis... (es muss die Zeichenfolge PR, pR, pr oder Pr gefolgt von mindestens einem, jedoch beliebig vielen weiteren Zeichen mit willkürlicher Groß-/ Kleinschreibung vorhanden sein)	

1.7 Berichte

Microsoft Dynamics NAV bietet ein umfangreiches Berichtswesen sowie vielseitige Analyse- und Auswertungsmöglichkeiten. So kann für alle Geschäftsaspekte jederzeit auf aktuelle und historische Daten zugegriffen werden. Der mitgelieferte Report-Designer erlaubt dem Anwender zudem die eigenständige Erstellung und Modifizierung von Berichten und Auswertungen. Bei Bedarf können die Daten zur weiteren Bearbeitung oder für die grafische Aufbereitung an andere Programme, wie MS Excel oder Jet Reports übergeben werden.

Berichte werden in Microsoft Dynamics NAV für drei verschiedene Zwecke genutzt: Für interne Listen und Auswertungen, für Belege, wie z.B. Rechnungen und Lieferscheine und als Stapelverarbeitungen zum Verarbeiten mehrerer Datensätze einer Tabelle.

1.7.1 Anforderungsfenster

Bei den meisten Berichten können vor dem Start Filter und Parameter eingestellt werden, die den Inhalt und das Verhalten des Berichtes beeinflussen. Diese Einstellungen werden im Anforderungsfenster vorgenommen.

Das Anforderungsfenster kann ein oder mehrere Register enthalten, in denen Filter auf die zu druckenden bzw. zu verarbeitenden Datensätze gesetzt werden können. Mit einem Klick auf den nach oben gerichteten Pfeil in der linken unteren Ecke des Registers wird das Ergebnis der gesetzten Filter anzeigt, die für die Tabelle festgelegt wurden.

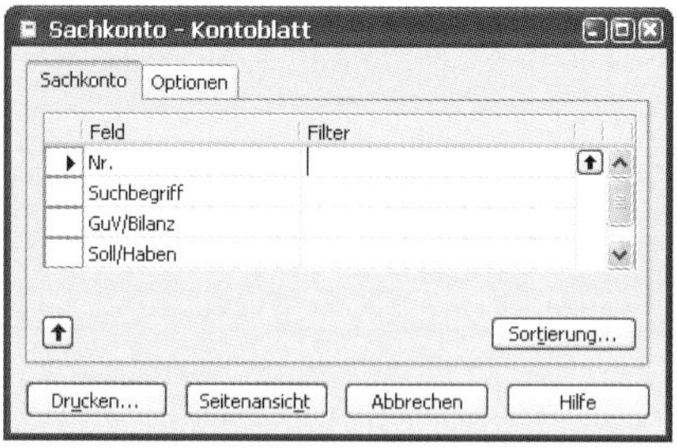

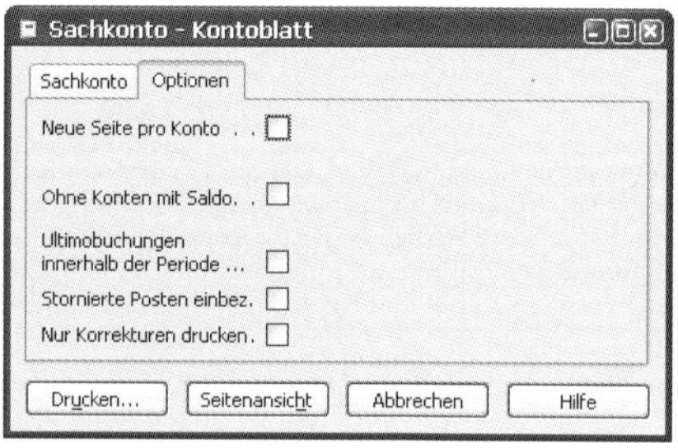

Ist die Sortierreihenfolge der Daten in dem Bericht nicht fest vorgegeben, kann mit der Schaltfläche [Sortierung...] die Reihenfolge der Anzeige beeinflusst werden.

In manchen Berichten gibt es darüber hinaus zusätzlich ein Register Optionen, in dem weitere berichtsspezifische Einstellungen vorgenommen werden können. Dieses Register sollte, wenn es existiert, immer vor dem Druck geprüft werden.

1.7.2 Ausgeben auf dem Drucker

Sobald das Anforderungsfenster erscheint, können über den Menüpunkt *Datei / Seite einrichten...* Einstellungen zur Ausgabe auf dem Drucker getroffen werden:

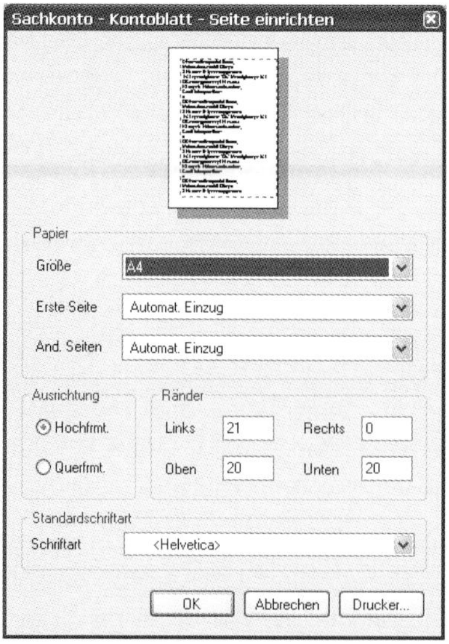

Als Drucker stehen in Microsoft Dynamics NAV alle im Windows-Betriebssystem des lokalen Arbeitsplatzes eingerichteten Drucker zur Verfügung. Wenn ein bestimmter Bericht bei einem Anwender immer automatisch auf einem speziellen Drucker ausgegeben werden soll, kann dies im Menü *Verwaltung / Anwendung Einrichtung / Allgemein / Druckerauswahlen* eingestellt werden.

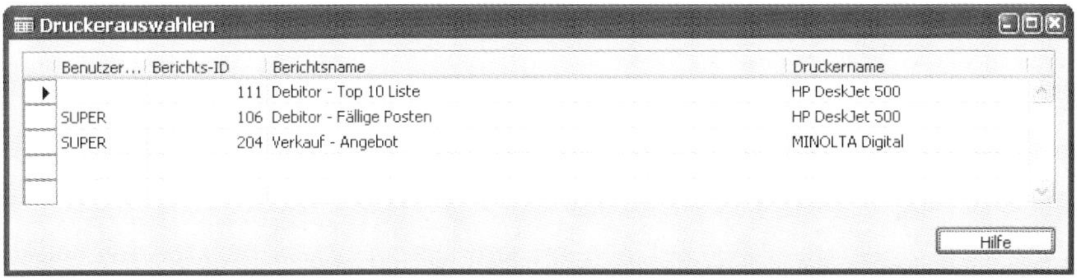

Wird bei den Einstellungen die Spalte „Benutzer-ID“ oder „Bericht ID“ nicht gefüllt, so ist dies gleichbedeutend mit „Alle“.

1.7.3 Berichte als HTML-Datei speichern

Alternativ zum Ausdruck auf einem Drucker können Berichte auch auf dem Bildschirm in der Seitenansicht ausgegeben und/oder als HTML-Datei gespeichert werden.

Dazu wird der Menüpunkt *Datei / Als HTML speichern...* entweder aus dem Anforderungsfenster oder aus der Seitenansicht aufgerufen.

Microsoft Dynamics NAV fragt anschließend ab, wohin die entsprechende Datei gespeichert werden soll.

Eine einfache und effektive Form des Exports beliebiger Berichte nach Microsoft Excel bildet der Export als HTML-Datei und der anschließende Import in Excel. Nach einer Überarbeitung der Formatierung können die Daten dann für weitere Berechnungen oder grafische Darstellungen in Excel verwendet werden.

1.7.4 Mehrsprachigkeit in Belegen

Die Sprachen Deutsch und Englisch sind im Auslieferzustand der Software enthalten. Zusätzlich sind weitere Sprachen als Zusatz-Module für Microsoft Dynamics NAV erhältlich.

Die Ausgabe der Belege in deutscher und englischer Sprache ist bereits vorhanden und wird durch den hinterlegten „Sprachcode“ z.B. am Debitor oder Kreditor gesteuert. Wurde einem Debitoren der „Sprachcode“ ENU (englisch) zugeordnet, werden die Felder und die Feldüberschriften von Standardberichten in Englisch ausgegeben.

Bei Stammdaten, wie z.B. Artikeln und Standardtexten, müssen für die Realisierung der Mehrsprachigkeit die Übersetzungen in einer gesonderten Untertabelle mit dem entsprechenden Sprachcode eingetragen werden.

Sind alle Daten korrekt eingepflegt, werden die Standardbelege automatisch, ohne weitere Beachtung beim Druck, in der entsprechenden Sprache ausgedruckt.

Bei Berichten die nicht über den Sprachcode gesteuert werden, ist eine automatisierte Sprachwahl nicht möglich. Für diese Berichte kann über ein zusätzliches Auswahlfeld für den Sprachcode in der Request-Form diese Möglichkeit nachträglich geschaffen werden.

Zum Test eines Berichtes auf bereits vorhandene englische Übersetzungen kann temporär die Sprachversion des Clients umgestellt werden. Dies bewirkt die Anzeige der Feldnamen in Englisch. So kann auch ermittelt werden, welche Felder und Werte nicht automatisch in Englisch ausgegeben werden.

2 Finanzbuchhaltung Basis

Die Finanzbuchhaltung ist das zentrale Modul von Microsoft Dynamics NAV. Dieses Modul ist vollständig mit allen anderen Modulen der Anwendung verbunden. Hier werden alle finanzbuchhalterischen Daten gespeichert, verarbeitet und ausgewertet.

Zentrales Element ist der Kontenplan mit seinen stets aktuellen Salden und Bewegungsdaten. Die integrierte Banksteuerung erlaubt es, beliebig viele Bankkonten in der Mandantenwährung oder in einer Fremdwährung zu führen. Ebenso können in- und ausländische Tochtergesellschaften in Abhängigkeit ihrer Konzernstruktur konsolidiert werden.

Budgets können für einzelne Konten, Geschäftseinheiten und Kostenträger, über alle vorgegebenen Zeitintervalle – täglich, wöchentlich, monatlich oder jährlich – geplant werden. Auswertungen von Budgets sind nach Periode, Kostenstelle, Kostenträger und Konzernmandant möglich.

Über eine Vielzahl von Berichten können die Finanzdaten des laufenden Jahres und aller vorhergehenden Geschäftsjahre analysiert und miteinander verglichen werden.

2.1 Buchungsblätter

In Microsoft Dynamics NAV erfolgt die Erfassung von Buchungen in der Finanzbuchhaltung über sogenannte Buchungsblätter. Hier können Buchungen schon nach der Eingabe minimaler Buchungsinformationen abgesetzt werden.

Die Buchungsblätter basieren auf Buchungsblattvorlagen, in denen Vorgabewerte für die eigentlichen Buchungsblätter definiert werden können. Für jeden Bereich, Verkauf, Einkauf, Zahlungseingänge, ... gibt es in Microsoft Dynamics NAV eigene Buchungsblattvorlagen.

Da in den meisten Unternehmen mehrere Personen gleichzeitig in der Finanzbuchhaltung buchen, ist es empfehlenswert mehrere Buchungsblätter auf der Basis von einer Buchungsblattvorlage anzulegen. Diese können themenbezogen, z.B. für Kassen-, Bank- oder Jahresabschlussbuchungen oder auch Mitarbeiterbezogen angelegt werden.

Die eigentlichen Buchungszeilen werden von den Mitarbeitern als Buchungsblattzeilen in den Buchungsblättern erfasst. Die Verbindung zwischen den Buchblattvorlagen, Buchungsblättern und Buchblattzeilen wird in der folgenden Grafik veranschaulicht:

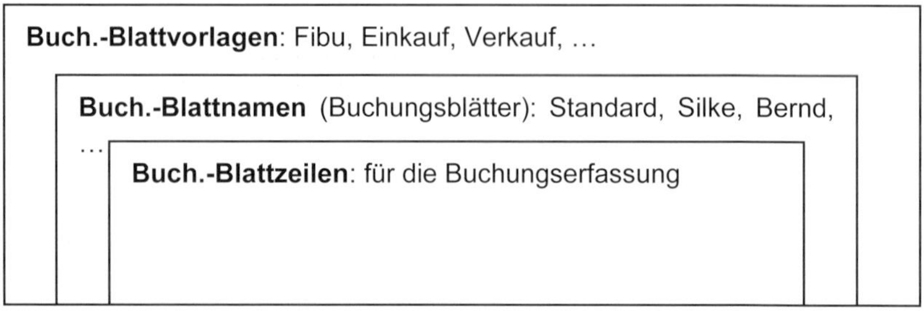

2.1.1 Postenprinzip

Um mit Microsoft Dynamics NAV erfolgreich arbeiten zu können, ist es ratsam, einmal hinter die Kulissen zu schauen und die Philosophie des Programms zu verstehen. Einer dieser „philosophischen Ansätze" ist das Postenprinzip, das im Folgenden näher erklärt wird.

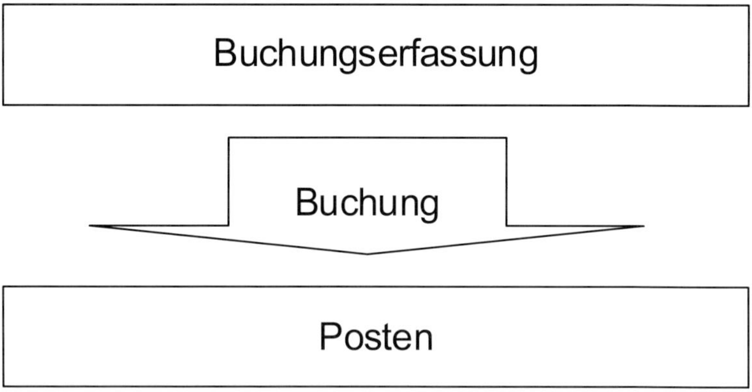

Die zu buchenden Daten in der Finanzbuchhaltung, im Ein- und Verkauf, in der Kostenrechnung usw. werden zunächst in einem Erfassungsbereich erfasst. Die Buchungsblätter sind ein solcher Erfassungsbereich. Solange sich die Daten in diesem Erfassungsbereich befinden, können sie beliebig verändert, erweitert oder gelöscht werden. Eine Erfassung von Buchungsdaten hat also noch keinerlei Auswirkungen auf Buchhaltungsergebnisse.

Erst mit dem Buchen der erfassten Daten werden mittels der Buchungsfunktion die Buchhaltungsergebnisse beeinflusst. Dabei entstehen als Ergebnis einer Buchung so genannte Posten. Einmal erzeugte Posten können nicht mehr verändert oder gelöscht werden. War eine Buchung versehentlich falsch, so muss diese storniert und erneut gebucht werden.

Das Ergebnis einer Buchung in der Finanzbuchhaltung sind Sachposten. Hierbei wird für jedes angesprochene Sachkonto ein Sachposten erstellt. In den Sachkonten befinden sich FlowFields, in denen die Summe der Beträge aller Sachposten mit der gleichen Sachkontonummer berechnet wird. Die Posten auf dem Sachkonto bilden die Grundlage der Saldenberechnung und somit auch die Basis für den Jahresabschluss und die meisten Auswertungen im Buchhaltungsbereich.

Der aktuelle Saldo des Sachkontos wird direkt im Kontenplan angezeigt. So kann auf viele schriftliche Auswertungen verzichtet werden, da die gewünschten Informationen direkt am Bildschirm abgefragt werden können. Weiterhin kann direkt am Bildschirm die DrillDown-Funktionalität der FlowFields genutzt werden, über die kein ausgedruckter Bericht verfügt. Durch diese Funktionalität lassen sich alle Einzelwerte anzeigen, die zum Saldo auf dem Konto führen.

2.1.2 Arten der Buchungsblätter

Buchungsblätter sind eine Möglichkeit der Buchungserfassung in Microsoft Dynamics NAV. Hierfür stehen in den einzelnen Modulen unterschiedliche Buchungsblätter für Buchungen in der Finanzbuchhaltung zur Verfügung:

Finanzmanagement:	Fibu Buch.-Blätter
Verkauf & Marketing:	Verkaufs Buch.-Blätter
Einkauf:	Einkaufs Buch.-Blätter
Bankmanagement:	Zlg.-Eing. Buch.-Blätter Zlg.-Ausg. Buch.-Blätter

Allen oben aufgeführten Buchungsblättern liegt die gleiche Funktionalität zugrunde. Das heißt, egal in welchem Buchungsblatt gearbeitet wird, alle Daten werden in der gleichen Datenbanktabelle, den „Fibu Buch.-Blattzeilen“, erfasst. Beim Buchen werden alle Buchungsblätter über die gleiche Buchungsroutine verarbeitet.

Mit anderen Worten: Man kann alle Buchungen in allen Buchungsblättern absetzen, z.B. den Zahlungseingang eines Debitors in den „Verkaufs Buch.-Blättern“ buchen. Somit stellt sich die Frage, warum Microsoft Dynamics NAV für die gleiche Funktionalität mehrere Erfassungsmasken zur Verfügung stellt.

In den unterschiedlichen oben aufgeführten Buchungsblättern stehen für den jeweiligen Geschäftsvorfall spezifische Spalten zur Verfügung. So benötigt man z.B. zum Buchen von Zahlungen Spalten für den „Offenen-Posten-Ausgleich“. Bei den meisten anderen Buchungen würden diese Spalten eher stören, da sie die Buchungsmaske unübersichtlich machen, ggf. übersprungen werden müssen und damit die Arbeitsgeschwindigkeit bremsen.

Darüber hinaus erhält man die Möglichkeit, sich für jeden der oben aufgeführten Geschäftsvorfälle genau die Spalten ein- bzw. auszublenden und sie in der Reihenfolge anzuordnen, die man für seine individuelle Arbeit benötigt, um effizienter arbeiten zu können.

2.1.3 Aufbau der Buchungsblätter

Die Erfassung der Buchungen erfolgt in den **Fibu Buchungsblattzeilen (Fibu Buch.-Blattzeilen)**. Hierbei werden alle Buchungsblattzeilen eines Buchungsblattes in einem Fenster angezeigt.

Der **Buch.-Blattname** steht hierbei oberhalb der Zeilen. Durch einen LookUp auf dem **Buchungsblattnamen** gelangt man in die Tabelle der möglichen Buch.-Blattnamen und kann dort ein anderes Buchungsblatt (andere Zeilen) auswählen.

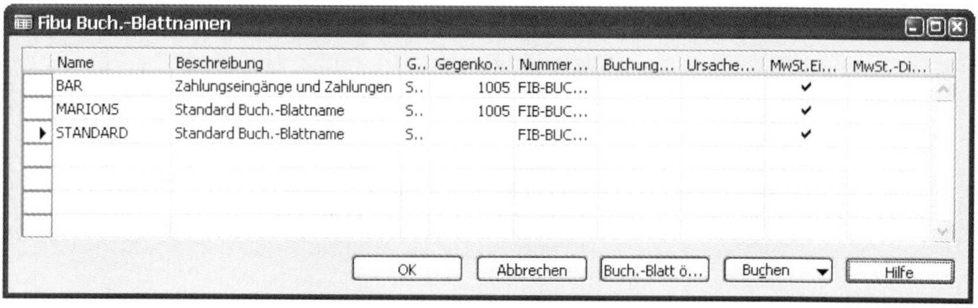

In den Fibu Buch.-Blattnamen können Einstellungen zur Vorbelegung von Gegenkonten, Nummernserien und Ursachencode vorgenommen werden.

Alle Fibu Buch.-Blattnamen sind wiederum einer **Fibu Buchungsblattvorlage (Fibu Buch.-Blattvorlage)** zugeordnet, in der weitere allgemeine Einstellungen vorgenommen werden können. Standardmäßig gibt es für jedes der oben aufgeführten Buchungsblätter eine Fibu Buchungsblattvorlage.

Wenn mehrere Buchhalter gleichzeitig in Microsoft Dynamics NAV arbeiten, sollte jeder ein eigenes Buchungsblatt z.B. mit seinem Namen erhalten, um Konflikte durch gleichzeitiges Erfassen in derselben Zeile zu vermeiden. Darüber hinaus können zusätzliche Buchungsblätter für bestimmte Buchungsarten (z.B. Kasse) eingerichtet werden, in denen bereits das richtige Gegenkonto hinterlegt ist.

2.1.4 Fibu Buch.-Blattzeile

In den Buch.-Blattzeilen werden die Buchungssätze erfasst, die im nächsten Schritt gebucht werden sollen. Hierbei sind Angaben über Kontonummer, Buchungsdatum, Betrag und Gegenkonto erforderlich.

Zusätzlich können weitere Parameter, wie Kostenstelle und Kostenträger bei der Buchung mitgegeben werden. Im Folgenden werden die wichtigsten Felder der **Fibu Buchungsblattzeile** kurz dargestellt:

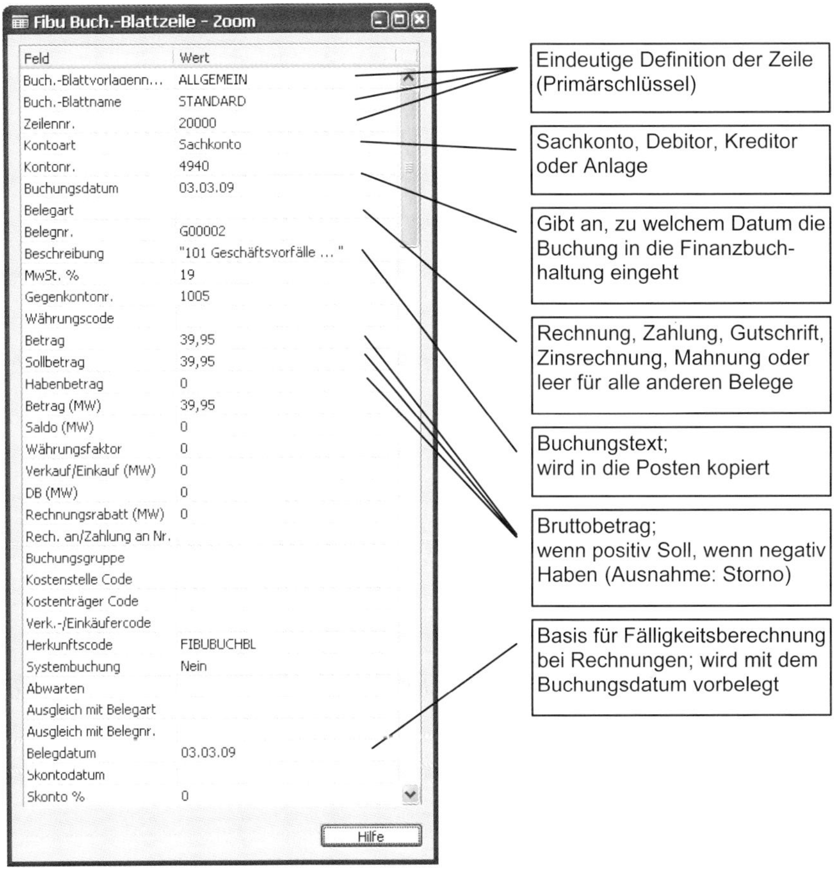

Die Einträge in den Buchungsblattzeilen können beliebig neu erfasst, gelöscht oder bearbeitet werden, solange diese noch nicht gebucht wurden. Die Buch.-Blattzeilen sind der Erfassungsbereich für die ausstehenden Buchungen.

2.1.5 Geldkonten abstimmen

Vor dem Buchen von Geldkonten möchte man häufig wissen, ob der Saldo, den dieses Konto nach der Buchung aufweist, auch mit dem Inhalt der Kasse bzw. dem Saldo des letzten Kontoauszugs übereinstimmt. Aus diesem Grund kann man in Microsoft Dynamics NAV Sachkonten als „Abstimmbar" kennzeichnen. Für diese Sachkonten wird dann beim Aufruf der Funktion *Buchen / Abstimmen* (im Buchungsblatt) der Saldo angezeigt, den diese Konten nach dem Buchen des aktuellen Buchungsblattes aufweisen würden.

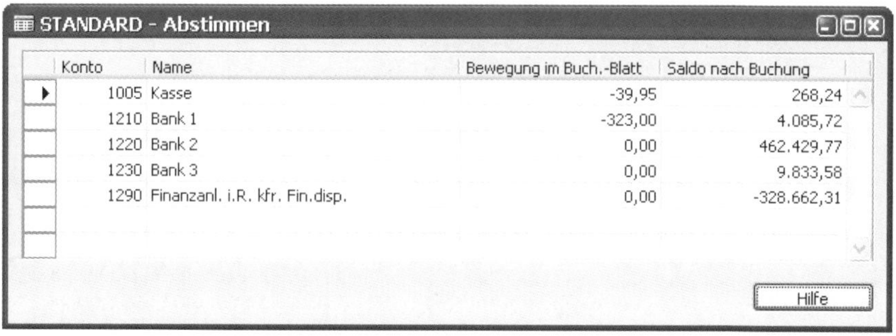

Bei der Funktion Abstimmen werden MwSt.-Konten nicht berücksichtigt, da diese im Rahmen der Buchungsfunktionen nur indirekt angesprochen werden. Es ist aber möglich, für Aufwands- und Erlöskonten, die auf „Abstimmbar" gesetzt wurden, die zu buchenden Nettobeträge anzeigen zu lassen.

Wenn der zu buchende MwSt.-Betrag vor der Buchung überprüft werden soll, so kann man diesen in der jeweiligen Buchungsblattzeile in den Spalten „MwSt.-Betrag" bzw. „Gegenkonto MwSt.-Betrag" ablesen. Diese Spalten müssen über *Ansicht / Spalte anzeigen…* eingeblendet werden.

2.1.6 Einzeiliges Buchen

Für eine einfache Buchung über die Buchungsblätter genügt die Angabe von Konto, Gegenkonto und Betrag.

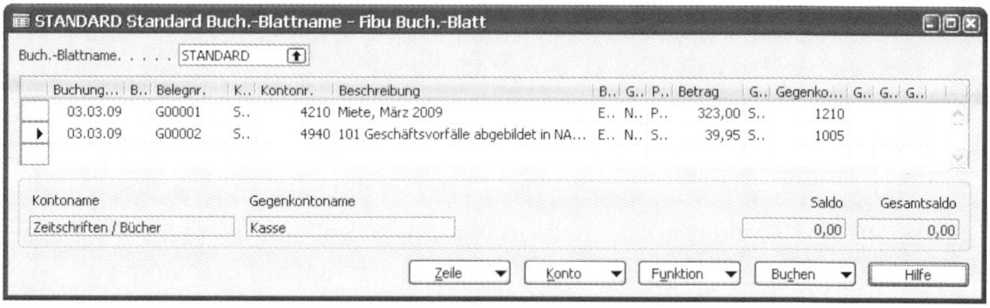

Weitere erforderliche Angaben wie Buchungsdatum, Kontoart und Gegenkontoart werden automatisch aus der vorhergehenden (darüber liegenden) Zeile übernommen.

Die Belegnummer wird ebenfalls aus der darüber liegenden Zeile übertragen, wobei folgende Regel gilt: Ist der Saldo der darüber liegenden Zeilen mit der gleichen (vorhergehenden) Belegnummer null, so wird die Belegnummer um eins erhöht, ansonsten wird die gleiche Belegnummer vorgetragen.

Die Soll- und Habenseite einer Buchung wird in Microsoft Dynamics NAV über das Vorzeichen definiert. Ist der Betrag positiv, so wird das Konto im Soll und das Gegenkonto im Haben gebucht. Ist der Betrag negativ, so wird das Konto im Haben und das Gegenkonto im Soll gebucht.

Einsteigern in die Finanzbuchhaltung von Microsoft Dynamics NAV fällt es zu Beginn häufig schwer, diese Regelung zu akzeptieren. In solchen Fällen kann man sich zunächst damit helfen, grundsätzlich das Sollkonto in die Spalte „Kontonr." einzutragen und mit positiven Beträgen zu arbeiten. Wenn man später geübter im Umgang mit Microsoft Dynamics NAV ist, wird man sich an die Regel gewöhnen und die höhere Flexibilität genießen.

Durch das Einblenden der Spalten „Sollbetrag" und „Habenbetrag" können immer positive Beträge eingegeben werden. Die Vorzeichenregel in der Spalte „Betrag" wird dabei automatisch gesteuert.

2.1.7 Mehrzeiliges Buchen

In Microsoft Dynamics NAV ist man nicht darauf angewiesen, eine Buchung in einer Buchungszeile zu erfassen. Man kann auch zunächst eine oder mehrere Zeilen für die Sollkonten und dahinter eine oder mehrere Zeilen für die Habenkonten in das Buch.-Blatt einfügen.

Dies ist sogar erforderlich, wenn mehr als zwei Konten direkt angesprochen werden sollen oder z.B. eine Aufwandsbuchung auf mehrere Aufwandskonten oder Kostenstellen verteilt werden soll.

2.1.8 Stornierungen und Gutschriften

Wie in jeder Finanzbuchhaltung müssen auch in Microsoft Dynamics NAV Fehlbuchungen korrigiert werden. Es ist angenehm, dass dabei zwischen Stornos und Gutschriften unterschieden werden kann:

Wurde z.B. von Konto A an Konto B eine falsche Buchung abgesetzt, kann diese durch eine Gutschrift oder einen Storno korrigiert werden. Der Unterschied wird in der folgenden Tabelle dargestellt.

S Konto A	H		S Konto B	H
100,00		Fehlbuchung		100,00
	100,00	Gutschrift	100,00	
-100,00		Storno		-100,00

Bei der Gutschrift wird eine entgegengesetzte Buchung erzeugt, die den Saldo der Fehlbuchung ausgleicht. Bei einem Storno werden dagegen negative Soll- und Habenbeträge gebucht. Dadurch wird auch die Summe der gebuchten Soll- und Habenbeträge korrigiert und die Jahresverkehrszahlen bleiben stimmig.

Zum Stornieren steht in den Buchungsblattzeilen eine Spalte „Storno“ zur Verfügung. Ein Haken in dieser Spalte bewirkt, dass statt eines Sollbetrags ein negativer Habenbetrag und umgekehrt gebucht wird.

Die Kennzeichnung der Buchung mit „Storno“ bewirkt nicht nur die Umkehrung des eingegebenen Buchungssatzes sondern auch die Umdrehung des Vorzeichens beim Betrag. Wird nur mit dem Feld „Betrag“ gearbeitet, muss bei Stornobuchungen der Buchungssatz entgegengesetzt zur Fehlbuchung eingegeben werden.

Darüber hinaus können in Microsoft Dynamics NAV komplette Journale automatisch storniert werden, wenn nachfolgende Voraussetzungen erfüllt sind:

- Die Buchungen wurden in einem Fibu Buch.-Blatt erzeugt und das Journal hat somit den Herkunftscode „FIBUBUCHBL“
- Der Gesamtbetrag der Sachposten muss Null ergeben
- Die Sachposten dürfen nicht durch eine automatische Storno-Funktion erzeugt worden sein
- Debitorenposten bzw. Kreditorenposten dürfen nicht ausgeglichen sein
- Bankposten dürfen nicht durch eine Bankkontenabstimmung geschlossen worden sein
- Das Journal darf keine Artikelposten beinhalten

Um ein komplettes Journal zu stornieren, ist über *Finanzmanagement / Finanzbuchhaltung / Historie / Journale* das entsprechende Journal aufzurufen, und die Funktion▼ / *Journal stornieren…* aufzurufen.

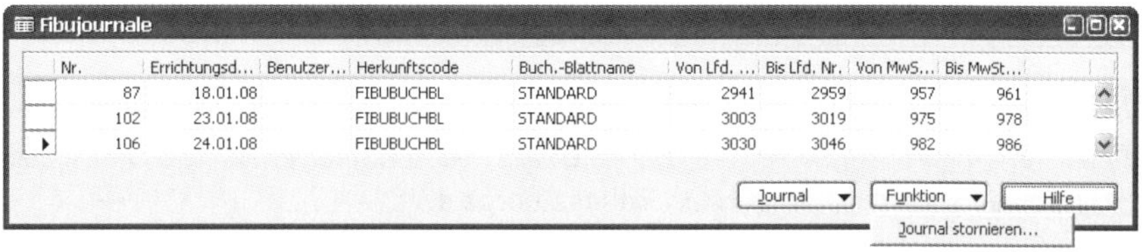

Anschließend werden die mit diesem Journal erzeugten Buchungen in einem gesonderten Formular Journalbuchungen stornieren angezeigt. Hier ist nun die Funktion Stornieren ▼ / *Stornieren und Drucken* aufzurufen. Die anschließende Abfrage ist entsprechend zu bestätigen.

Die Stornofunktion erzeugt mit der gleichen Belegnummer die Stornobuchungen. Im Journal sind solche Buchungen mit dem Herkunftscode „STORNO“ gekennzeichnet.

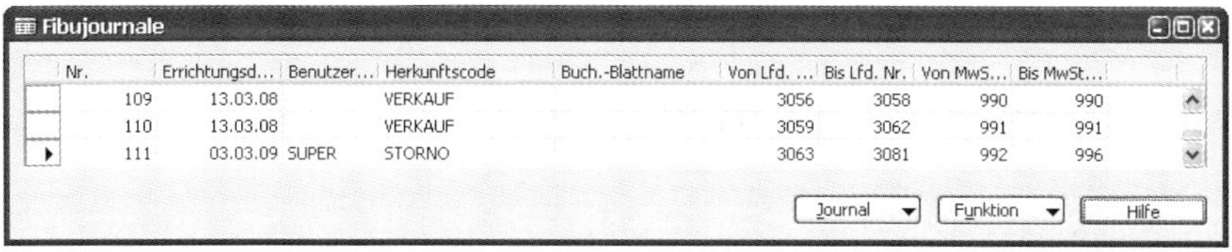

Automatische Stornobuchungen werden beim Druck des Sachkonto-Kontoblattes (*Finanzmanagement / Finanzbuchhaltung / Berichte / Posten / Sachkonto - Kontoblatt*) nicht automatisch mit angezeigt. Sollen diese Buchungen in diesem Bericht mit ausgedruckt werden, so ist im Register Optionen im Feld „Stornierte Posten einbez.“ ein Haken zu setzen.

Wurden im Fibu Buch.-Blatt Kreditoren- und/oder Debitorenposten erzeugt die bereits ausgeglichen worden sind, kann dieses Journal nicht storniert werden. Hier ist jede Transaktion einzeln zu stornieren. Dazu stehen in den jeweiligen Posten die entsprechenden Funktionen zur Verfügung:

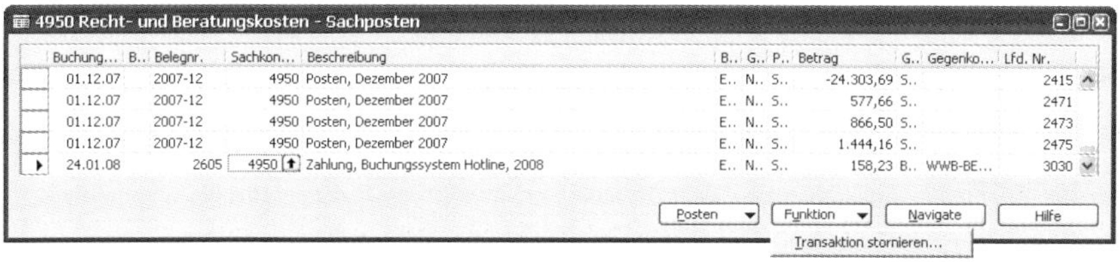

Sachposten: *Finanzmanagement / Finanzbuchhaltung / Kontenplan*
Konto▼ / *Posten* Funktion▼ / *Transaktion stornieren…*

Debitorenposten: *Finanzmanagement / Debitoren / Debitoren*
Debitor▼ / *Posten* Funktion▼ / *Ausgleich aufheben…*
/ *Transaktion stornieren…*

Kreditorenposten: *Finanzmanagement / Kreditoren / Kreditoren*
Kreditor▼ / *Posten* Funktion▼ / *Ausgleich aufheben…*
/ *Transaktion stornieren…*

2.2 Posten und Journale

In Microsoft Dynamics NAV steht eine Reihe von Möglichkeiten zur Verfügung, um die im System vorhandenen Buchungen nachzuvollziehen. Diese Möglichkeiten sollten gerade in der Einarbeitungszeit dazu genutzt werden, die Auswirkungen und Ergebnisse von Buchungen im System zu verstehen und somit ein Gefühl für die Arbeitsweise von Microsoft Dynamics NAV zu entwickeln.

2.2.1 Navigate

Die Funktion Navigate ist ein ganz besonderes Highlight von Microsoft Dynamics NAV: Auf Knopfdruck werden alle Buchungsergebnisse zu einer Belegnummer und/oder einem Buchungsdatum angezeigt.

Je nach Vorgang, der nachvollzogen werden soll, können dabei die unterschiedlichsten Buchungsergebnisse angezeigt werden. Die Funktion gibt somit einen vollständigen und lückenlosen Überblick über die von Microsoft Dynamics NAV erzeugten Posten.

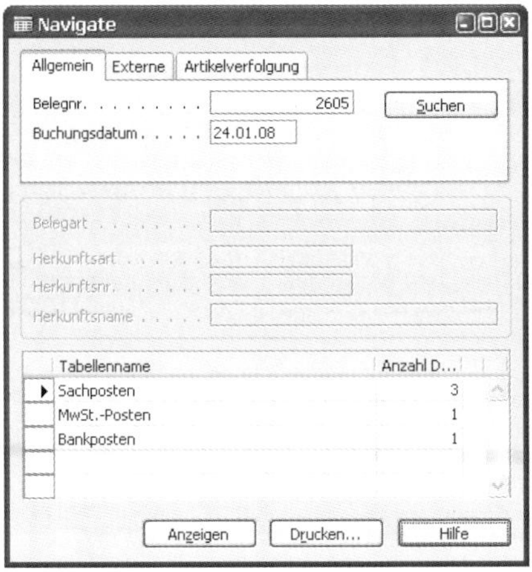

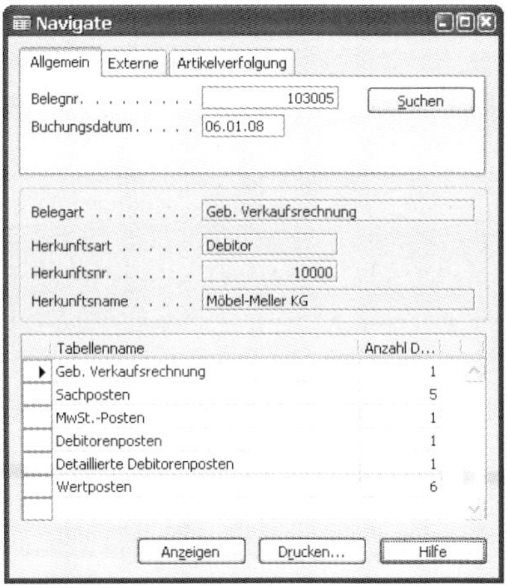

Im Register Externe ist alternativ auch die Suche nach einer externen Belegnummer z.B. der Rechnungsnummer des Kreditors möglich. Des Weiteren ist im Register Artikelverfolgung die Suche nach Vorgängen mit einer bestimmten Seriennr. bzw. Chargennr. im System möglich.

Wenn man die gleiche Belegnummer und das gleiche Buchungsdatum für verschiedene Buchungen verwendet, zeigt Navigate die Ergebnisse aller dieser Buchungen an. Eine anschließende Auflösung in die einzelnen Buchungssätze ist dann nur mit großem Aufwand (über die Transaktionsnummer) möglich.

2.2.2 Journal

Über die verarbeiteten Buchungen wird auch in Microsoft Dynamics NAV ein Journal geführt. Die Vergabe der Journalnummer unterscheidet sich jedoch von anderen Buchhaltungsprogrammen. Für jeden Buchungsvorgang, der angestoßen wird, wird eine Journalnummer angelegt. Dabei ist es unerheblich, wie viele Buchungssätze dabei verarbeitet werden. Wenn z.B. in einem Buchungsblatt zunächst fünf Buchungssätze eingegeben und anschließend gebucht werden, dann entsteht dabei nur ein Journal.

Fibujournal
CRONUS AG

3. März 2009
Seite 1
SUPER

Fibujournal: Nr.: 107..108

Buchung	B	Belegnr.	Sachkonton	Name	Beschreibung	MwSt.-Betrag	B	Ges	Pro	Betrag	Lfd. Nr.
Journalnr.		107									
16.01.08	R	103018	8400	Erlöse 19% USt	Auftrag 6005	-106,40	Ve	NA	RO	-560,00	3047
16.01.08	R	103018	1775	USt 19%	Auftrag 6005	0,00				-106,40	3048
16.01.08	R	103018	8400	Erlöse 19% USt	Auftrag 6005	-859,37	Ve	NA	HA	-4.523,00	3049
16.01.08	R	103018	1775	USt 19%	Auftrag 6005	0,00				-859,37	3050
16.01.08	R	103018	1401	Ford.Lief.u.Leist.Inland	Auftrag 6005	0,00				6.048,77	3051
16.01.08	R	103018	2160	Aufw. a. Kursdiff. real.	Rundungsdifferenz von Be	0,00				0,00	3052
Journalnr.		108									
10.12.07	R	103019	8400	Erlöse 19% USt	Rechnung 1001	-312,80	Ve	NA	HA	-1.646,30	3053
10.12.07	R	103019	1775	USt 19%	Rechnung 1001	0,00				-312,80	3054
10.12.07	R	103019	1401	Ford.Lief.u.Leist.Inland	Rechnung 1001	0,00				1.959,10	3055

Um die Vollständigkeit der Sachbuchungen nachzuweisen, kann die laufende Nummer der Sachposten verwendet werden. Diese wird beim Ausdruck des Journals ebenfalls angezeigt.

Mit Hilfe des Journals kann man nachvollziehen, wer an welchem Tag eine Buchung getätigt hat. Mit Hilfe des Buchungsdatums ist dies nicht möglich, da dieses nicht mit dem Tagesdatum übereinstimmen muss. Um das Datum und den Buchenden zu ermitteln, muss man sich die Nummer des Sachpostens („Lfd. Nr.“) merken und das entsprechende Journal aufsuchen, in dem diese Nummer enthalten ist.

Wenn die Belegnummer nicht ausreicht, um alle Sachposten einer Buchung zu ermitteln, kann die Transaktionsnummer verwendet werden, die alle Posten eines Buchungssatzes zusammenfasst. Diese dient vor allem der internen Verarbeitung und wird in der Regel nicht in den Formularen angezeigt. Um trotzdem damit arbeiten zu können, kann sie über den Zoom (**Strg** + **F8**) ermittelt und mittels des Tabellenfilters auf der Sachpostentabelle darauf abgegrenzt werden.

2.2.3 Felder der Sachposten

Auf einzelne Felder der Sachposten greifen die Auswertungsberichte, wie z.B. die „Summen- und Saldenliste“ oder „Sachkonto - Kontoblatt“ zurück. Gleichzeitig bilden die Sachposten die Grundlage für die Auswertungen über das Kontenschema.

Bereits gebuchte Posten können nicht mehr verändert werden. Wenn ein Posten korrigiert werden muss, muss dieser Posten storniert und der Geschäftsvorfall neu gebucht werden.

Die meisten Felder in den Sachposten werden beim Buchen aus der entsprechenden Buchungsblattzeile bzw. anderen Erfassungsbereichen übertragen und daher im Folgenden nicht mehr erläutert.

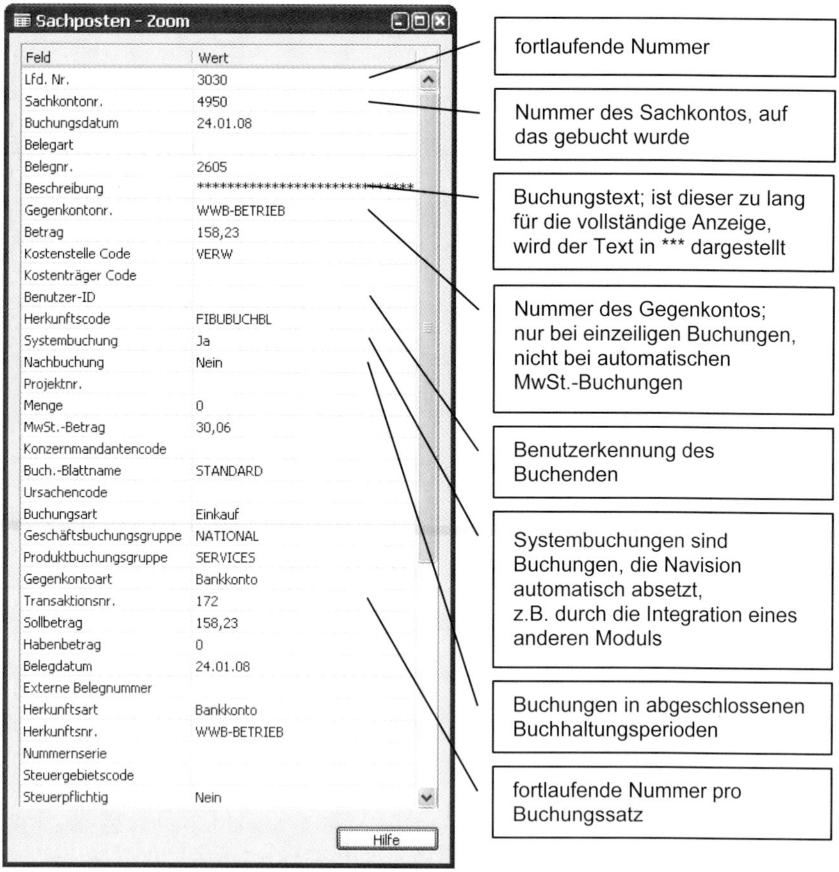

Feld	Wert
Lfd. Nr.	3030
Sachkontonr.	4950
Buchungsdatum	24.01.08
Belegart	
Belegnr.	2605
Beschreibung	******************************
Gegenkontonr.	WWB-BETRIEB
Betrag	158,23
Kostenstelle Code	VERW
Kostenträger Code	
Benutzer-ID	
Herkunftscode	FIBUBUCHBL
Systembuchung	Ja
Nachbuchung	Nein
Projektnr.	
Menge	0
MwSt.-Betrag	30,06
Konzernmandantencode	
Buch.-Blattname	STANDARD
Ursachencode	
Buchungsart	Einkauf
Geschäftsbuchungsgruppe	NATIONAL
Produktbuchungsgruppe	SERVICES
Gegenkontoart	Bankkonto
Transaktionsnr.	172
Sollbetrag	158,23
Habenbetrag	0
Belegdatum	24.01.08
Externe Belegnummer	
Herkunftsart	Bankkonto
Herkunftsnr.	WWB-BETRIEB
Nummernserie	
Steuergebietscode	
Steuerpflichtig	Nein

2.2.4 Felder der MwSt.-Posten

MwSt.-Posten werden immer dann erzeugt, wenn in Microsoft Dynamics NAV eine Buchung erfolgt, bei der automatisch MwSt. gezogen bzw. manuell MwSt. verbucht wird.

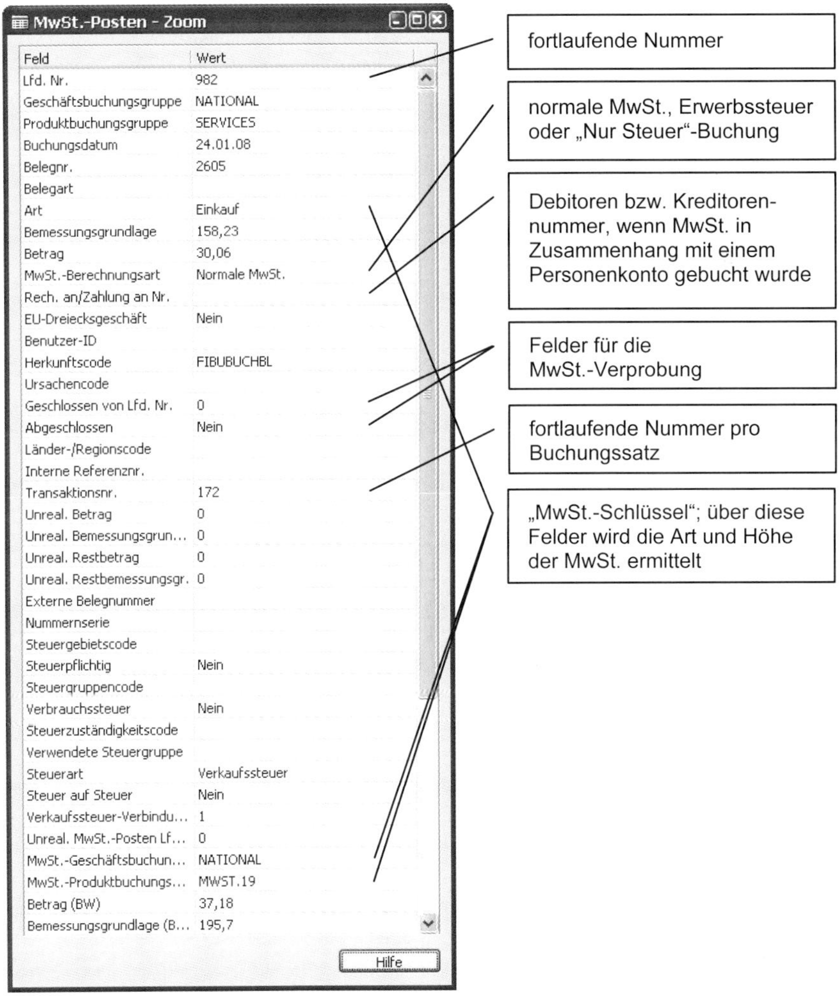

Die entstandenen MwSt.-Posten bilden die Grundlage für die monatliche UStVA an das Finanzamt bzw. für die MwSt.-Abrechnung. Diese Posten werden erst durch das Buchen der MwSt.-Abrechnung geschlossen.

2.3 Kontenplan

Der Kontenplan ist ein zentrales Element in der Microsoft Dynamics NAV Finanzbuchhaltung. Der Kontenplan stellt nicht nur eine Liste der angelegten Sachkonten dar, sondern ermöglicht über FlowFields die direkte Anzeige der Sachkontensalden und der Bewegungen in (über FlowFilter) ausgewählten Perioden. Darüber hinaus können im Kontenplan Sachkonten mehrstufig zusammengefasst werden.

2.3.1 Sachkonten

Die Sachkonten sind die einzelnen Datensätze, die innerhalb des Kontenplans angezeigt werden.

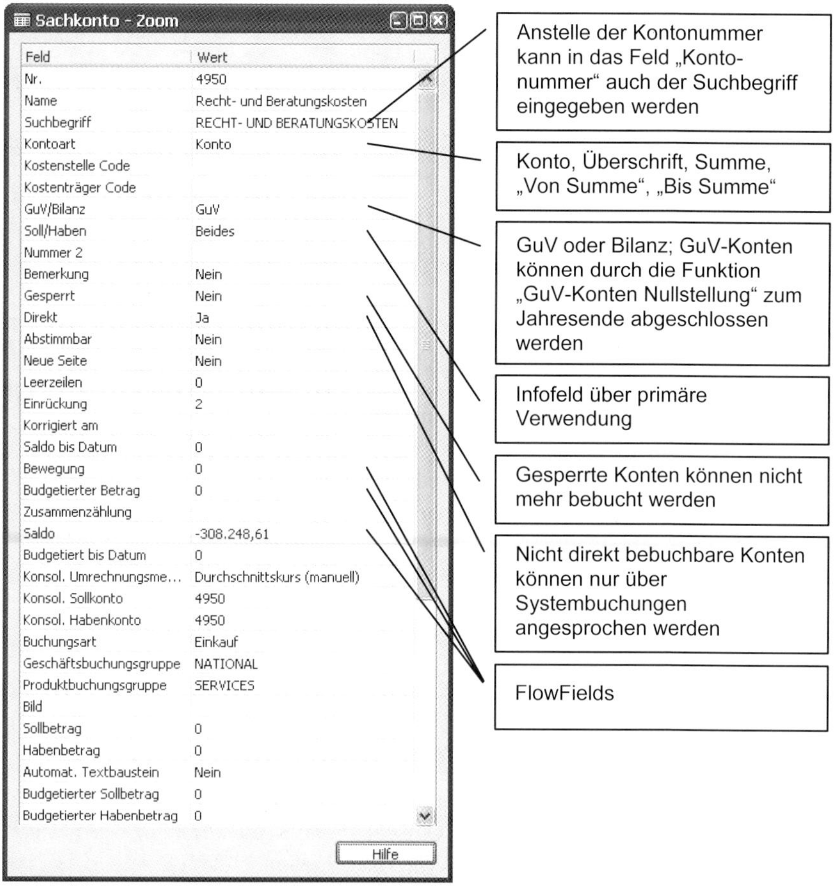

2.3.2 Strukturierung des Kontenplans

Der Kontenplan kann mehrstufig strukturiert werden und stellt damit ein wertvolles Auswertungswerkzeug dar. Zur Strukturierung stehen folgende Kontenarten zur Verfügung:

<Überschrift>
einfache Textzeilen

<Summe>
Summe verschiedener Zeilen im Kontenplan, die nicht notwendigerweise aufeinander folgen müssen

<Von-Summe>
Beginn eines Blocks gleichartiger Sachkonten. Alle dahinter folgenden Konten werden eingerückt.

<Bis-Summe>
Ende eines Blockes gleichartiger Konten. In den FlowFields der <Bis-Summe> werden alle Konten addiert, die zwischen der <Bis-Summe> und der vorhergehenden <Von-Summe> liegen.

<Konto>
Zeilen mit der Kontoart <Konto> sind die eigentlichen Sachkonten, die bei den Buchungsvorgängen in Microsoft Dynamics NAV angesprochen werden können.

Die ersten vier Kontenarten werden im Kontenplan in Fettdruck dargestellt. Auf keine dieser dargestellten Kontenarten können Buchungen abgesetzt werden!

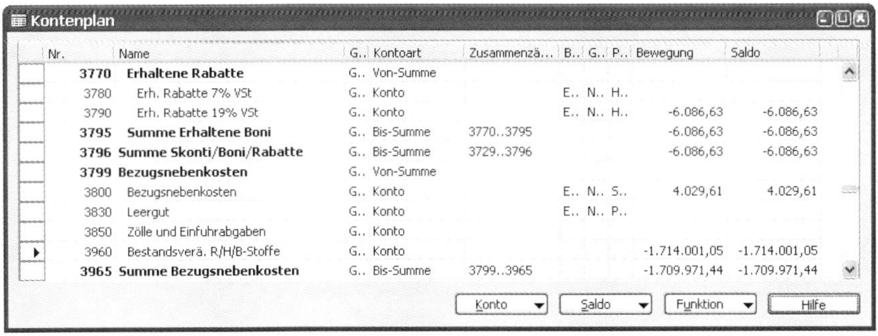
Kontenplan

Nr.	Name	G..	Kontoart	Zusammenzä...	B..	G..	P..	Bewegung	Saldo
3770	**Erhaltene Rabatte**	G..	Von-Summe						
3780	Erh. Rabatte 7% VSt	G..	Konto		E..	N..	H..		
3790	Erh. Rabatte 19% VSt	G..	Konto		E..	N..	H..	-6.086,63	-6.086,63
3795	**Summe Erhaltene Boni**	G..	Bis-Summe	3770..3795				-6.086,63	-6.086,63
3796	**Summe Skonti/Boni/Rabatte**	G..	Bis-Summe	3729..3796				-6.086,63	-6.086,63
3799	**Bezugsnebenkosten**	G..	Von-Summe						
3800	Bezugsnebenkosten	G..	Konto		E..	N..	S..	4.029,61	4.029,61
3830	Leergut	G..	Konto		E..	N..	P..		
3850	Zölle und Einfuhrabgaben	G..	Konto						
3960	Bestandsverä. R/H/B-Stoffe	G..	Konto					-1.714.001,05	-1.714.001,05
3965	**Summe Bezugsnebenkosten**	G..	Bis-Summe	3799..3965				-1.709.971,44	-1.709.971,44

Konto Saldo Funktion Hilfe

Zur internen Berechnung der <Bis-Summe> und <Summe> in den FlowFields verwendet Microsoft Dynamics NAV die Spalte „Zusammenzählung“. In dieser wird angegeben, welche Sachkonten in die Summe einfließen sollen. Dabei kann ein Intervall (z.B. 6150..6195) oder das logische ODER (z.B. 6110|6120) verwendet werden.

Zum Erzeugen der Einrückungen und der Zusammenzählungen in den <Bis Summen> sollte man in jedem Fall die Funktion Funktion ▼ / *Einrückung des Kontenplans* verwenden. Hat man Zusammenzählungen in <Bis-Summen> manuell eingegeben oder geändert, so werden diese durch die Funktion *Einrückung des Kontenplans* überschrieben. In Zeilen der Kontoart <Summe> muss die Spalte „Zusammenzählung" in jedem Fall manuell gefüllt werden.

Die Bildung von Kontenblöcken mit <Von-Summe> und <Bis-Summe> ist in Kontenplänen nach dem Abschlussprinzip, wie z.B. dem SKR04, besonders wirkungsvoll. Sind die Buchungen auf dem aktuellen Stand, können in diesen Kontenplänen auf einen Blick Informationen wie z.B. aktuelles Anlagevermögen, Umlaufvermögen und im aktuellen Jahr erzielter Gewinn abgelesen werden.

2.4 Finanzbuchhaltung Einrichtung

Nachdem bereits erste Kenntnisse im Umgang mit Microsoft Dynamics NAV vermittelt wurden, werden im Folgenden die möglichen Einrichtungsparameter erläutert.

2.4.1 Firmendaten

In den Firmendaten werden allgemeine Informationen zum Unternehmen hinterlegt, wie z.B. Name, Anschrift, Lieferadresse, Kontoverbindung usw.

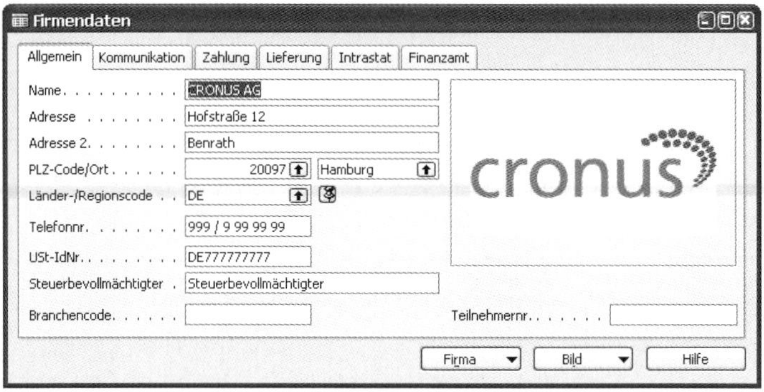

Die dort hinterlegten Informationen werden in Auswertungen und Belegen verwendet. So müssen nicht alle Berichte, wie z.B. Lieferscheine und Rechnungen umgeschrieben werden, wenn sich die Telefonnummer oder Bankverbindung ändert. Ferner kann auf diese Daten in Mehrmandanten-Systemen zugegriffen werden, wenn für mehrere Mandanten die gleichen Belege verwendet werden sollen.

2.4.2 Buchhaltungsperioden

Die Buchhaltungsperioden dienen in Microsoft Dynamics NAV in erster Linie dazu, das Geschäftsjahr zu definieren und dieses abzuschließen. Die Buchhaltungsperioden haben keinen Einfluss auf die Verwendbarkeit eines Datums als Buchungsdatum!

Wenn Microsoft Dynamics NAV neu eingeführt wird, sollte ein Geschäftsjahr früher angelegt werden, als der Startzeitpunkt für den Echtbetrieb ist. Dieses Geschäftsjahr wird dann für Saldenvortragsbuchungen genutzt. Beginnt man zum 01.01.2009 mit dem Echtstart in Microsoft Dynamics NAV, so sollte demnach als erstes Geschäftsjahr im System das Jahr 2008 angelegt werden.

Buchhaltungsperioden werden über *Verwaltung / Anwendung Einrichtung / Finanzmanagement / Buchhaltungsperioden* angelegt. Um Fehler beim Errichten und Abschließen von Geschäftsjahren zu vermeiden und außerdem Zeit zu sparen, sollten in jedem Fall die beiden Funktionen [Jahr erstellen] und [Jahr abschließen] verwendet werden.

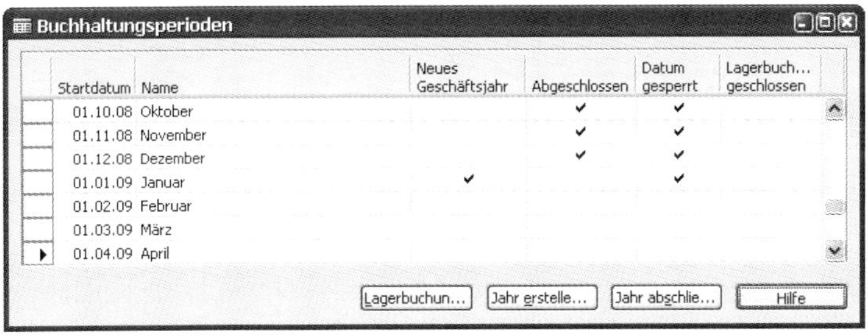

Der Zeitraum zwischen dem 31.12. eines Jahres und dem 01.01. des Folgejahres heißt in Microsoft Dynamics NAV **Ultimodatum**. Das Ultimodatum wird durch ein vorangestelltes U definiert (z.B. U31.12.08). Das Ultimodatum wird automatisch bei der GuV-Konten-Nullstellung vom System erzeugt.

Auch nach Abschluss einer Buchhaltungsperiode können in diesem Zeitraum noch Buchungen abgesetzt werden. Dies ist erforderlich, um z.B. im Rahmen des Jahresabschlusses erforderliche Korrekturbuchungen eingeben zu können. Nachträglich erzeugte Buchungen können über die Spalte „Nachbuchung“ (= „ja“) in den Sachposten identifiziert werden.

Eine Buchhaltungsperiode, die abgeschlossen wurde, kann nicht mehr entfernt oder verändert werden. Schließt man also eine Buchhaltungsperiode zu früh ab oder definiert den Beginn des Geschäftsjahres beim Systemstart falsch und schließt die Periode für Saldenvorträge ab, so kann dies nachträglich nicht mehr korrigiert werden.

2.4.3 Einrichtungsparameter

Beim ersten Aufruf eines Mandanten wird dieser initialisiert. Dabei werden auch die ersten Grundeinstellungen in der Finanzbuchhaltung Einrichtung vorgenommen. Neben den Pflichteinstellungen kann und sollte man noch weitere Parameter setzen.

Die nachfolgende Grafik zeigt ein Beispiel, wie die Finanzbuchhaltung Einrichtung konfiguriert werden kann:

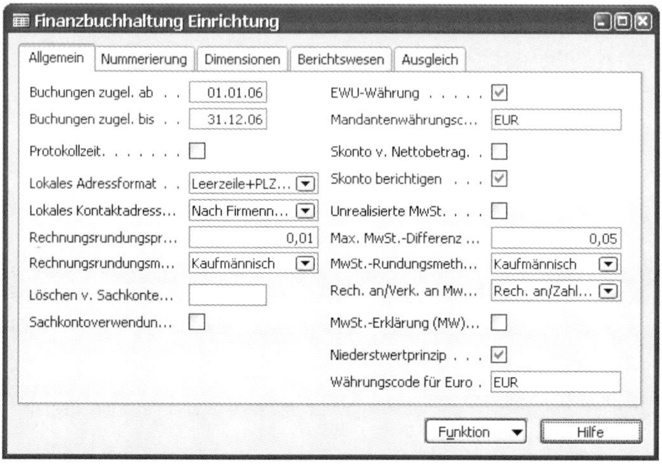

Da in Microsoft Dynamics NAV unabhängig von den eingerichteten Buchhaltungsperioden gebucht werden kann, sollte der zugelassene Buchungszeitraum über die Felder „Buchungen zugel. ab“ und „Buchungen zugel. bis“ eingeschränkt werden.

Eine Einschränkung des Buchungszeitraumes kann auch benutzerspezifisch über *Verwaltung / Anwendung Einrichtung / Benutzer / Benutzer Einrichtung* erfolgen. Hierbei hat die Einstellung in dem Benutzer Vorrang vor der Einstellung in der Buchhaltungs-Einrichtung. Damit können z.B. der kaufmännischen Leitung oder der Leitung Finanzbuchhaltung höhere Rechte für Buchungen eingeräumt werden als anderen Mitarbeitern.

Über die Felder „Rechnungsrundungspräzision“ und „Rechnungsrundungsmethode“ wird eingestellt, wie Rechnungen gerundet werden sollen. Da in Deutschland Rechnungsrundungen nicht üblich sind, wird in der Regel die oben abgebildete Konfiguration verwendet.

Das Feld „EWU Währung“ sollte in jedem Fall aktiviert werden. Seit der Währungsumstellung hat das Feld zwar keine Bedeutung mehr, dies kann sich jedoch mit der Aufnahme weiterer Länder in die EURO-Zone erneut ändern.

In das Feld „Mandantenwährungscode“ sollte der dreistellige Währungscode EUR eingetragen werden. Da Beträge in Mandantenwährung ohne Währungscode eingegeben werden, wird dieses Feld zur Darstellung des Währungscodes in Belegen und Auswertungen verwendet.

Das Feld „Skonto v. Nettobetrag“ muss in Deutschland immer deaktiviert sein; das Feld „Skonto berichtigen“ muss in Deutschland immer aktiviert sein!

Das Feld „Unrealisierte MwSt.“ ist zu aktivieren, wenn in bestimmten Fällen die MwSt. erst zum Zeitpunkt der Zahlung fällig gestellt werden soll. Dies tritt z.B. bei Anzahlungsrechnungen im Bau und Anlagenbau auf.

Über die Einstellungen zur MwSt.-Differenz kann eine Korrektur des errechneten MwSt.-Betrages zugelassen werden.

Der Haken im Feld „Niederstwertprinzip“ sorgt bei der Wechselkursregulierung von Fremdwährungen dafür, dass keine unrealisierten Währungsgewinne gebucht werden. Ein Posten wird maximal mit dem ursprünglichen Wert oder mit dem zwischenzeitlich gesunkenen Wert angesetzt.

Im Register Dimensionen wird festgelegt, welche Dimensionen als Globale und welche als Shortcut-Dimensionen verwendet werden:

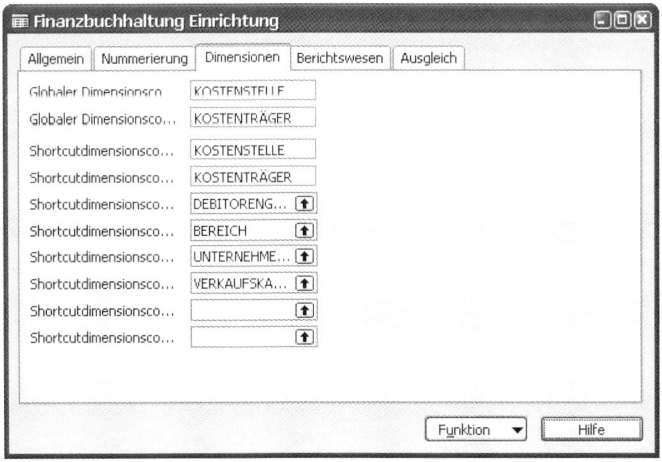

Die globalen Dimensionen werden direkt in die Posten geschrieben, während die Shortcut-Dimensionen in separaten Tabellen gespeichert werden. Daraus ergibt sich als wesentlicher Unterschied, dass für globale Dimensionen ein

FlowFilter gesetzt werden kann. Shortcut-Dimensionen werden einfach in die entsprechenden Felder eingetragen, während globale Dimensionen über eine Stapelverarbeitung (Funktion▼ / *Globale Dimensionen ändern...*) gesetzt werden müssen.

Im Register Ausgleich erfolgen Einstellungen zum Verhalten des Systems mit Abweichungen zu den berechneten Beträgen.

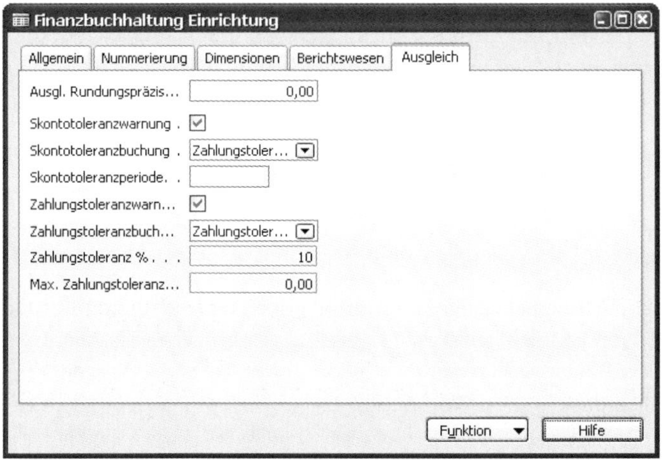

Die Einstellung in „Ausgl. Rundungspräzision“ wird verwendet, wenn ein Debitoren- oder Kreditorenposten in Fremdwährung mit einem Posten in Mandantenwährung ausgeglichen wird. Da Währungen unterschiedliche kleinste Währungseinheiten besitzen können, kann hiermit verhindert werden, dass nach dem Ausgleich Cent-Beträge offen bleiben.

In dem Feld „Zahlungstoleranz %“ wird angegeben, ab welchem prozentualen Restbetrag Microsoft Dynamics NAV vorschlagen soll, den Rest als Skonto auszubuchen. Der Wert kann über eine Stapelverarbeitung (Funktion▼ / *Zahlungstoleranz ändern...*) geändert werden.

Mit dem Feld „Skontotoleranzperiode“ kann die Anzahl der Tage festgelegt werden, die eine Zahlung oder Erstattung über dem Fälligkeitsdatum liegen kann und trotzdem Skonto gewährt wird.

Mit den Optionen in den Feldern „Zahlungstoleranzbuchung“ und „Skontotoleranzbuchung“ wird festgelegt, ob die Toleranzbeträge auf ein eigenes Sachkonto <Zahlungstoleranzkonten> oder als Skonto <Skonto-toleranzbetrag> ausgebucht werden.

2.5 Buchungsmatrix

Über die Einrichtung in den Buchungsmatrizen wird in Microsoft Dynamics NAV die gesamte Integration der angeschlossenen Module sowie die automatischen Steuerbuchungen realisiert.

2.5.1 Buchungsgruppen

Die automatischen Buchungen in der Finanzbuchhaltung werden in Microsoft Dynamics NAV über Buchungsgruppen gesteuert. Dabei werden in einer Buchungsgruppe ein oder mehrere Sachkonten hinterlegt, die bei einem Geschäftsvorfall angesprochen werden sollen. Die Buchungsgruppe wiederum wird in den Stammdaten hinterlegt.

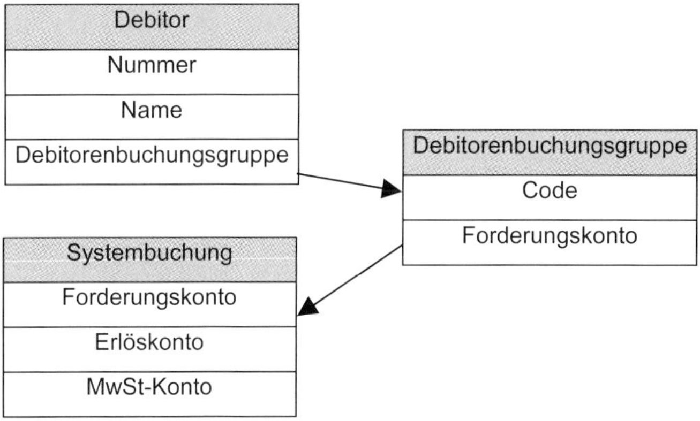

Erhält z.B. ein Debitor eine Rechnung oder tätigt eine Zahlung, so können diese direkt auf den Debitor gebucht werden („Kontoart“ = <Debitor>). Parallel dazu ist in der Hauptbuchhaltung das richtige Forderungskonto zu bebuchen. Dazu ist in den Stammdaten des Debitors eine Debitorenbuchungsgruppe hinterlegt. Diese Debitorenbuchungsgruppe wiederum ist mit einem Forderungskonto verbunden, welches zur Buchung herangezogen wird.

2.5.2 Buchungsmatrix Einrichtung

Im prozessorientierten Ansatz besteht ein Verkauf von Ware an einen Debitor nicht aus einer Buchung von Erlösen, Forderungen und MwSt., sondern aus einem Debitoren und einem Artikel. Ein Verkauf wird also in Microsoft Dynamics NAV erfasst, indem man einem konkreten Debitor einen konkreten Artikel verkauft. Aus diesen Informationen erstellt Microsoft Dynamics NAV im

Hintergrund alle erforderlichen Sachbuchungen und bestimmt dabei auch, ob und in welcher Höhe die MwSt. gebucht werden soll.

Dazu müssen im System folgende Informationen generiert werden:

- Erlöskonto (siehe unten)
- Forderungskonto (siehe Kapitel 2.5.1)
- MwSt.-Satz (siehe Kapitel 2.5.3)
- MwSt.-Konto (siehe Kapitel 2.5.3)

Bei der Ermittlung des Erlöskontos müssen dabei die wesentlichen Gliederungsprinzipien von Erlöskonten anwendbar sein. Diese können nach Debitorengruppen (z.B. Inland, EU, Drittland), nach Produktgruppen (z.B. Computer, Software, Dienstleistungen) oder nach beiden Kriterien gegliedert werden. Mit anderen Worten, es muss nach Debitoren, Produkten oder bei dem differenziert werden können. Damit ist es nicht mehr möglich, mit einer einzelnen Buchungsgruppe das richtige Erlöskonto zu bestimmen, da sich dieses nur aus der Kombination von Debitor und Produkt ergibt.

Erlöskonten	Inland	EU	Drittland
Hardware	4210	4220	4230
Software	4310	4320	4330
Dienstleistungen	4410	4420	4430

Man erkennt, dass sich im vorliegenden Beispiel aus Debitorengruppen und Produktgruppen eine Matrix gebildet hat, über die eindeutig bestimmt werden kann, welches Erlöskonto zu verwenden ist.

In Microsoft Dynamics NAV werden die Debitorengruppen **Geschäftsbuchungsgruppen** und die Produktgruppen **Produktbuchungsgruppen** genannt. Die Matrix, in der den einzelnen möglichen Kombinationen Erlöskonten zugeordnet werden, heißt **Buchungsmatrix**. Die Kombinationen werden im Formular Buchungsmatrix Einrichtung (*Finanzmanagement / Einrichtung / Buchungsgruppen / Allgemein / Buchungsmatrix Einrichtung*) eingetragen. Für die Einkaufsseite gilt das analog. Auch den Kreditoren kann eine Geschäftsbuchungsgruppe zugeordnet werden.

In Microsoft Dynamics NAV werden in der Buchungsmatrix Einrichtung neben den Erlös- und Aufwandskonten noch weitere Konten hinterlegt. Aus diesem Grund wird die Matrix zeilenweise dargestellt.

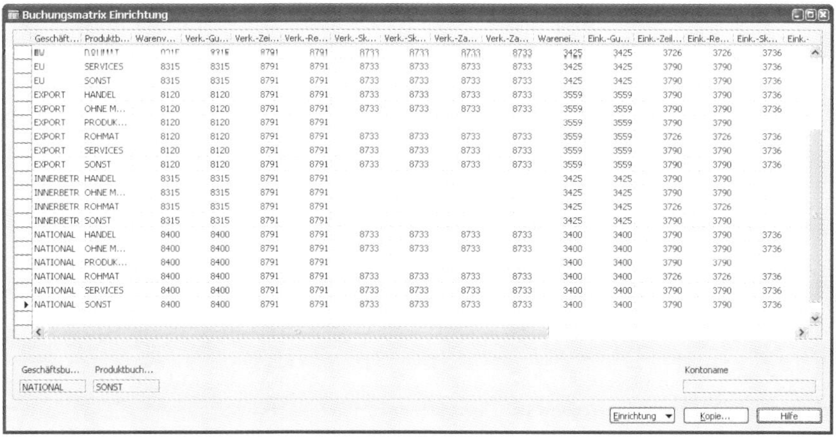

Buchungsmatrix Einrichtung

Geschäft...	Produktb...	Warenv...	Verk.-Gu...	Verk.-Zei...	Verk.-Re...	Verk.-Sk...	Verk.-Sk...	Verk.-Za...	Verk.-Za...	Warenei...	Eink.-Gu...	Eink.-Zeil...	Eink.-Re...	Eink.-Sk...	Eink.-
EU	ROHMAT	8315	8315	8791	8791	8733	8733	8733	8733	3425	3425	3726	3726	3736	
EU	SERVICES	8315	8315	8791	8791	8733	8733	8733	8733	3425	3425	3790	3790	3736	
EU	SONST	8315	8315	8791	8791	8733	8733	8733	8733	3425	3425	3790	3790	3736	
EXPORT	HANDEL	8120	8120	8791	8791	8733	8733	8733	8733	3559	3559	3790	3790	3736	
EXPORT	OHNE M...	8120	8120	8791	8791	8733	8733	8733	8733	3559	3559	3790	3790	3736	
EXPORT	PRODUK...	8120	8120	8791	8791					3559	3559	3790	3790		
EXPORT	ROHMAT	8120	8120	8791	8791	8733	8733	8733	8733	3559	3559	3726	3726	3736	
EXPORT	SERVICES	8120	8120	8791	8791	8733	8733	8733	8733	3559	3559	3790	3790	3736	
EXPORT	SONST	8120	8120	8791	8791	8733	8733	8733	8733	3559	3559	3790	3790	3736	
INNERBETR	HANDEL	8315	8315	8791	8791					3425	3425	3790	3790		
INNERBETR	OHNE M...	8315	8315	8791	8791					3425	3425	3790	3790		
INNERBETR	ROHMAT	8315	8315	8791	8791					3425	3425	3726	3726		
INNERBETR	SONST	8315	8315	8791	8791					3425	3425	3790	3790		
NATIONAL	HANDEL	8400	8400	8791	8791	8733	8733	8733	8733	3400	3400	3790	3790	3736	
NATIONAL	OHNE M...	8400	8400	8791	8791	8733	8733	8733	8733	3400	3400	3790	3790	3736	
NATIONAL	PRODUK...	8400	8400	8791	8791					3400	3400	3790	3790		
NATIONAL	ROHMAT	8400	8400	8791	8791	8733	8733	8733	8733	3400	3400	3726	3726	3736	
NATIONAL	SERVICES	8400	8400	8791	8791	8733	8733	8733	8733	3400	3400	3790	3790	3736	
NATIONAL	SONST	8400	8400	8791	8791	8733	8733	8733	8733	3400	3400	3790	3790	3736	

Jede Zelle einer Matrix entspricht hier einer Zeile. Darin werden neben den Erlös- und Aufwandskonten auch Konten für Gutschriften, Rabatte, Skonti und Bestandsveränderungen hinterlegt.

Bedenkt man, dass Einkaufs- und Verkaufskonten in einer Buchungsmatrix-Zeile stehen, reicht beim Buchen die Kombination von Produkt- und Geschäftsbuchungsgruppe allein nicht aus, um das richtige Konto zu finden. Zusätzlich muss angegeben werden, ob es sich um einen Einkauf oder einen Verkauf handelt. Diese Information wird in den Buchungsblattzeilen in den Spalten „Buchungsart" bzw. „Gegenkonto Buchungsart" gespeichert.

In manchen Unternehmen sind die Erlöskonten anders strukturiert als die Aufwandskonten. Daraus kann sich die Notwendigkeit ergeben, spezielle Geschäfts- und/oder Produktbuchungsgruppen nur für die Erlös- bzw. Aufwandsseite zu definieren. In diesen Zeilen werden dann auf der Verkaufs- bzw. Einkaufsseite keine Konten hinterlegt.

2.5.3 MwSt.-Buchungsmatrix Einrichtung

Bei der Ermittlung des MwSt.-Satzes und der MwSt.-Konten ist ein ähnliches Vorgehen erforderlich wie bei der Ermittlung der Erlös- und Aufwandskonten. Ob und wie viel MwSt. berechnet wird, hängt von zwei Faktoren ab:

1. Dem verkauften Produkt (normale MwSt., ermäßigte MwSt., keine MwSt.)

2. Dem Geschäftssitz des Geschäftspartners (Inland, EU, Drittland)

Für den produktabhängigen Faktor werden **MwSt.-Produktbuchungsgruppen**, für den geschäftspartnerabhängigen Faktor **MwSt.-Geschäftsbuchungsgruppen** definiert.

Daraus ergibt sich erneut eine Matrix, die **MwSt.-Buchungsmatrix.** Die Kombinationen werden im Formular MwSt.-Buchungsmatrix Einr. (*Finanzmanagement / Einrichtung / MwSt.-Buchungsgruppen / Buchungsmatrix Einrichtung*) hinterlegt.

Steuersatz	Inland	EU	Drittland
normale MwSt.	19%	19% Erw.St.	0%
ermäßigte MwSt.	7%	7% Erw.St.	0%
keine MwSt.	0%	0%	0%

In den Zeilen der oben stehenden Matrix stehen die MwSt.-Produktbuchungsgruppen, in den Spalten die MwSt.-Geschäftsbuchungsgruppen. Da neben den Steuersätzen auch noch die Steuerart (Normale MwSt., Erwerbssteuer, Nur Steuer), sowie die einzelnen Steuerkonten definiert werden müssen, ist erneut eine zeilenweise Darstellung erforderlich.

Auch in der MwSt.-Buchungsmatrix wird nur eine Zeile für den Einkaufs- und Verkaufsfall angelegt. Das korrekte Konto (Vorsteuer- oder Umsatzsteuerkonto) kann also nur im Zusammenhang mit der Buchungsart ermittelt werden. Die Kombination aus Buchungsart, „MwSt.-Geschäftsbuchungsgruppe“ und „MwSt.-Produktbuchungsgruppe“ kann man auch als MwSt.-Schlüssel bezeichnen.

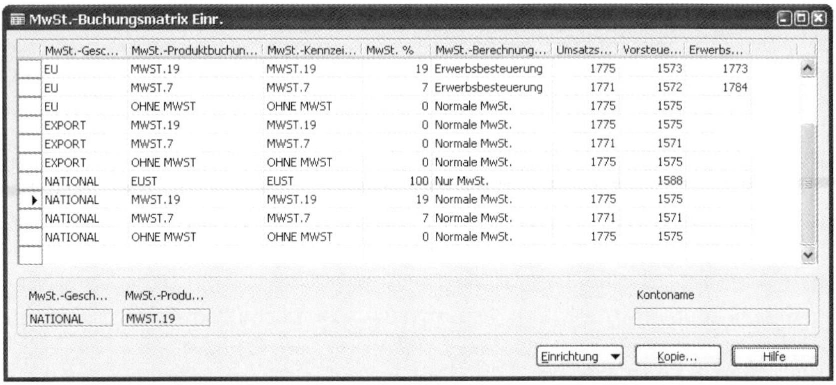

Das Erwerbs**vor**steuerkonto wird in die Spalte „Vorsteuerkonto“ eingetragen. Für das Erwerbssteuerkonto steht eine eigene Spalte zur Verfügung. Das MwSt.-Kennzeichen dient in Einkaufs- und Verkaufsbelegen zur Zusammenfassung gleicher Steuersätze. So können z.B. zwei unterschiedliche MwSt.-Produktbuchungsgruppen für 19% im gleichen Auftrag enthalten sein,

Microsoft Dynamics NAV weist nur einen Steuerbetrag für 19% aus, wenn beide MwSt.-Produktbuchungsgruppen das gleiche MwSt.-Kennzeichen besitzen

Bei einem Verkauf an einen EU-Debitor über die Buchungsblattzeilen entsteht zunächst der Eindruck, es sei egal, ob auf der Erlösseite ein MwSt.-Schlüssel angegeben wird oder nicht, da ohnehin keine Steuer gebucht wird. Dies ist jedoch nicht der Fall. Es sollten in jedem Fall die korrekten MwSt.-Informationen hinterlegt werden, da auf deren Basis ein MwSt.-Posten erstellt wird und die Daten in den Sachposten gespeichert werden und somit für spätere Auswertungen zur Verfügung stehen.

2.5.4 Zusammenhang zwischen Buchungsmatrix und MwSt.-Buchungsmatrix

Die Untergliederung der Buchungsmatrix muss immer mindestens genauso detailliert sein wie die MwSt.-Buchungsmatrix. Dies ergibt sich aus der Tatsache, dass bei Verwendung unterschiedlicher Steuersätze immer auch unterschiedliche Erlöskonten und unterschiedliche Aufwandskonten verwendet werden sollten.

Anders formuliert bedeutet das, dass einer oder mehreren Geschäftsbuchungsgruppen eine MwSt.-Geschäftsbuchungsgruppe und einer oder mehreren Produktbuchungsgruppen eine MwSt.-Produktbuchungsgruppe zugeordnet werden soll. Um unnötigen Eingabeaufwand zu vermeiden, können in den Geschäfts- und Produktbuchungsgruppen die MwSt.-Buchungsgruppen vorbelegt werden, die bei der Auswahl der Buchungsgruppe automatisch eingetragen werden.

Theoretisch können auch Buchungen unterschiedlicher Steuersätze auf dasselbe Erlös- bzw. Aufwandskonto laufen. Eine Aufgliederung der Beträge für die Umsatzsteuervoranmeldung wäre dann immer noch über die MwSt.-Posten und die integrierte MwSt.-Abrechnung möglich. Praktisch ist bei einer solchen Vorgehensweise eine effiziente Verprobung der MwSt. jedoch nicht möglich, so dass davon Abstand genommen werden sollte.

Bei der Definition der Geschäftsbuchungsgruppen kann auch eine andere Aufteilung als Inland, EU, Drittland gewünscht werden, wie z.B. Großhandel, Einzelhandel und Privatpersonen. In solchen Fällen müssen die Geschäftsbuchungsgruppen dann zusätzlich nach dem Geschäftssitz unterteilt werden, also in Großhandel – Inland, Großhandel – EU, Großhandel – Drittland, Einzelhandel – Inland, usw. Dies gilt natürlich nur für die Kombinationen, die tatsächlich auftreten.

2.6 Mehrwährungsfähigkeit

Microsoft Dynamics NAV lässt im Geschäftsverkehr mit Debitoren und Kreditoren die Verwendung unterschiedlicher Währungscodes zu. Das heißt, an einen Debitor können z.B. Rechnungen in EUR, USD und DKK geschrieben und mit Zahlungen in wieder anderen Währungen ausgeglichen werden.

2.6.1 Währungstabelle

Über die Menüpunkte *Verwaltung / Anwendung Einrichtung / Finanzmanagement / Allgemein / Währungen* gelangt man in die Währungstabelle:

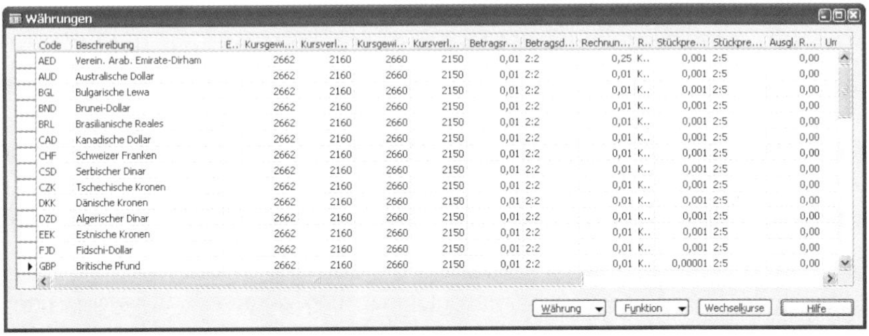

Währungen

Code	Beschreibung	E..	Kursgewi...	Kursverl...	Kursgewi...	Kursverl...	Betragsr...	Betragsd...	Rechnun...	R..	Stückpre...	Stückpre...	Ausgl. R...	Ur
AED	Verein. Arab. Emirate-Dirham		2662	2160	2660	2150	0,01	2:2	0,25	K..	0,001	2:5	0,00	
AUD	Australische Dollar		2662	2160	2660	2150	0,01	2:2	0,01	K..	0,001	2:5	0,00	
BGL	Bulgarische Lewa		2662	2160	2660	2150	0,01	2:2	0,01	K..	0,001	2:5	0,00	
BND	Brunei-Dollar		2662	2160	2660	2150	0,01	2:2	0,01	K..	0,001	2:5	0,00	
BRL	Brasilianische Reales		2662	2160	2660	2150	0,01	2:2	0,01	K..	0,001	2:5	0,00	
CAD	Kanadische Dollar		2662	2160	2660	2150	0,01	2:2	0,01	K..	0,001	2:5	0,00	
CHF	Schweizer Franken		2662	2160	2660	2150	0,01	2:2	0,01	K..	0,001	2:5	0,00	
CSD	Serbischer Dinar		2662	2160	2660	2150	0,01	2:2	0,01	K..	0,001	2:5	0,00	
CZK	Tschechische Kronen		2662	2160	2660	2150	0,01	2:2	0,01	K..	0,001	2:5	0,00	
DKK	Dänische Kronen		2662	2160	2660	2150	0,01	2:2	0,01	K..	0,001	2:5	0,00	
DZD	Algerischer Dinar		2662	2160	2660	2150	0,01	2:2	0,01	K..	0,001	2:5	0,00	
EEK	Estnische Kronen		2662	2160	2660	2150	0,01	2:2	0,01	K..	0,001	2:5	0,00	
FJD	Fidschi-Dollar		2662	2160	2660	2150	0,01	2:2	0,01	K..	0,001	2:5	0,00	
GBP	Britische Pfund		2662	2160	2660	2150	0,01	2:2	0,01	K..	0,00001	2:5	0,00	

In der Währungstabelle können folgende Parameter eingerichtet werden: In den Spalten für „Kursgewinne“ und „Kursverluste“ werden die Sachkonten hinterlegt, auf die die realisierten und unrealisierten Kursdifferenzen bei der Wechselkursregulierung gebucht werden sollen.

Die „Betragsdezimalstellen“ und „Stückpreisdezimalstellen“ dienen zur Darstellung der Fremdwährungsbeträge. Da es z.B. in Serbien keine kleinere Währungseinheit als Serbischer Dinar gibt, würde es keinen Sinn machen, einen Dinar-Betrag mit zwei Nachkommastellen anzuzeigen oder zu drucken. Die Spalten für „Rundungspräzisionen“ werden in den Buchungsroutinen verwendet. Falsche Einstellungen in diesen Spalten können z.B. in den Verkaufsbelegen zu Rundungsdifferenzen führen.

Für jede Währung kann für jeden Tag (Startdatum) ein neuer Wechselkurs hinterlegt werden. Die Wechselkurse werden über die Schaltfläche [Wechselkurse] erreicht. Um die Lesbarkeit der eingegebenen Kurse zu verbessern, sollte man die Spalten folgendermaßen anordnen:

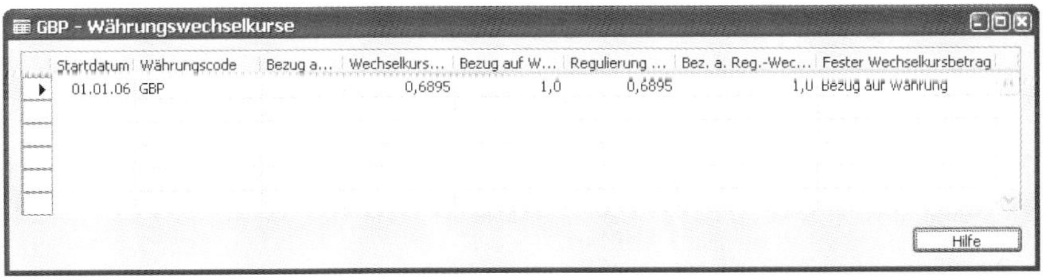

Bei oben stehender Anordnung der Spalten (2 bis 5 von links) kann man den Wechselkurs folgendermaßen lesen: „0,6859 GBP entsprechen 1,0 Euro“. In der Spalte „Fester Wechselkursbetrag“ gibt man an, welcher Wert bei Änderungen des Wechselkurses modifiziert werden kann.

2.6.2 Buchen in Fremdwährung

Der in den Währungen hinterlegte Wechselkurs wird automatisch vorgeschlagen, wenn man eine Buchung erfasst, kann jedoch direkt vor der Buchung noch manuell geändert werden. Dazu kann man in der Buchungsblattzeile oder im Verkaufs-/Einkaufskopf auf den Assist-Button in dem Feld „Währungscode“ klicken:

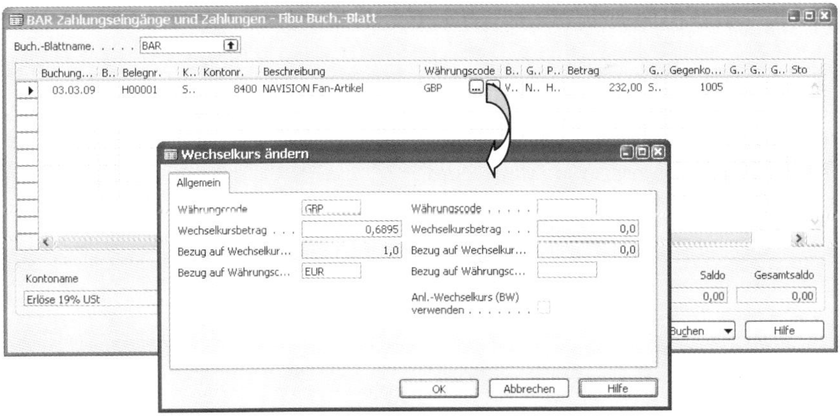

Dabei ist hier nur das Feld „Wechselkursbetrag“ von Britischen Pfund zum EUR editierbar, da in der Wechselkurstabelle in der Spalte „Fester Wechselkursbetrag“ die Option <Bezug auf Währung> festgelegt wurde.

2.6.3 Mandanten- und Berichtswährung

In Microsoft Dynamics NAV kann neben der Mandantenwährung noch eine Berichtswährung geführt werden. Dies hat vor allem historische Gründe, da vor der EURO-Umstellung zwei Währungen (DEM und EUR) parallel gepflegt werden mussten. Aber auch nach der EURO-Einführung kann die Funktionalität der Berichtswährung genutzt werden, um z.B. Finanzbuchhaltungsdaten an eine Muttergesellschaft im Ausland in deren Währung zu berichten.

Wenn kein zwingender Grund zur Verwendung einer Berichtswährung vorliegt, sollte diese auch nicht eingerichtet werden, da die Pflege einer Berichtswährung den administrativen Aufwand und die Komplexität des Systems erhöht.

Bei Buchungen wird die Berichtswährung in eigenen Feldern in den (Sach-)Posten mitgeführt. Auf diese Weise kann in Auswertungen alternativ auch die Berichtswährung herangezogen werden.

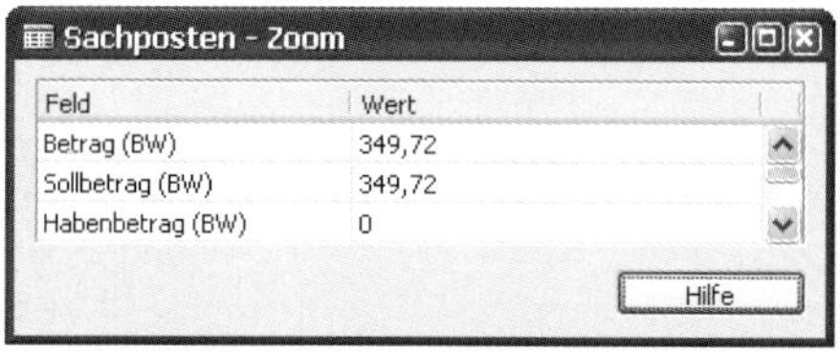

Ist in einem Mandanten zunächst keine Berichtswährung eingestellt, so werden die Felder „Betrag (BW)" usw. nicht gefüllt. Daraus ergibt sich die Notwendigkeit, bei späterer Einstellung einer Berichtswährung zunächst die Berichtswährungsfelder in den bereits gebuchten Posten zu füllen, um konsistente Auswertungen zu erhalten.

Sobald man in der Finanzbuchhaltung Einrichtung eine Berichtswährung eingibt bzw. die eingetragene ändert, wird automatisch die Funktion zur Regulierung gestartet:

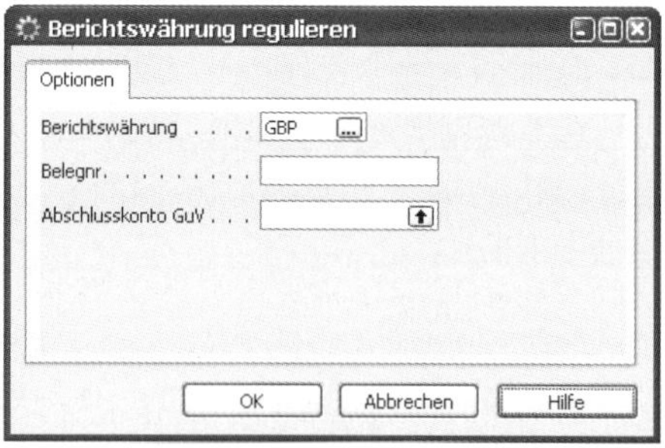

Bei dieser Regulierung können Rundungsdifferenzen auftreten, die auf die in der Berichtswährung hinterlegten Konten **Differenzkonto Gewinn** und **Differenzkonto Verlust** gebucht werden. Da diese Konten Erfolgskonten sind, müssen sie zum Jahresende nachträglich abgeschlossen werden (GuV Konten Nullstellung). Zu diesem Zweck muss beim Start der Stapelverarbeitung ein Eigenkapitalkonto angegeben werden, über das diese Rundungsdifferenzen nachträglich nullgestellt werden können.

Auch bei späteren Buchungen können Rundungsdifferenzen zwischen Mandanten- und Berichtswährung auftreten. Da jedoch die Gesamtsumme eines Beleges, Tages und Sachkontos in beiden Währungen den gleichen umgerechneten Betrag aufweisen muss, werden in Microsoft Dynamics NAV in solchen Fällen zum Ausgleich zusätzliche Sachposten eingefügt. In dem untersten, nachfolgend dargestellten Sachposten hat z.B. die Spalte „Betrag" einen Wert von 0 und die Spalte „Betrag (BW)" einen Wert von -0,01.

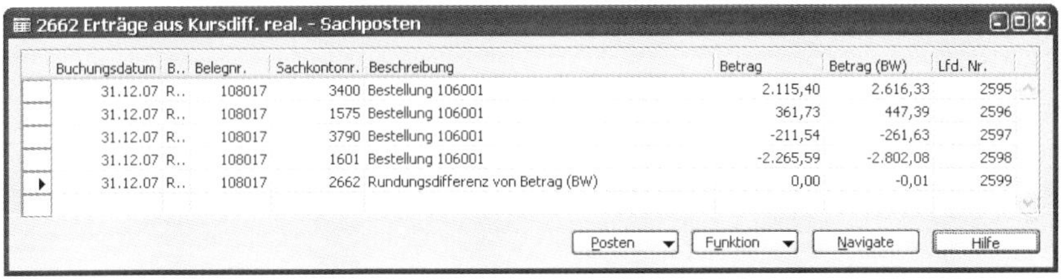

Buchungsdatum	B..	Belegnr.	Sachkontonr.	Beschreibung	Betrag	Betrag (BW)	Lfd. Nr.
31.12.07	R..	108017	3400	Bestellung 106001	2.115,40	2.616,33	2595
31.12.07	R..	108017	1575	Bestellung 106001	361,73	447,39	2596
31.12.07	R..	108017	3790	Bestellung 106001	-211,54	-261,63	2597
31.12.07	R..	108017	1601	Bestellung 106001	-2.265,59	-2.802,08	2598
31.12.07	R..	108017	2662	Rundungsdifferenz von Betrag (BW)	0,00	-0,01	2599

2.7 Debitoren- und Kreditorenbuchhaltung

In diesem Abschnitt wird gezeigt, wie Debitoren und Kreditoren in Microsoft Dynamics NAV angelegt und diese Stammdaten gepflegt werden können. Es wird weiterhin die Arbeit mit Debitoren und Kreditoren Buch.-Blättern erläutert und das Buchen von Zahlungsein- und -ausgängen dargestellt.

2.7.1 Überblick

In den Modulen *Verkauf & Marketing / Auftragsabwicklung* sowie *Einkauf / Bestellabwicklung* wird sowohl die Debitoren- und Kreditorenbuchhaltung als auch die komplette Einkaufs- und Verkaufsabwicklung realisiert.

Aufbau und Ablauf des Verkaufs- und Einkaufsmoduls sind größtenteils analog zueinander aufgebaut, so dass im Weiteren nur eine Seite (Einkauf oder Verkauf) erläutert wird. Das Gesagte gilt dann sinngemäß für auch die andere Seite. Auf Unterschiede, die sich nicht aus der Sache ergeben, wird explizit hingewiesen.

2.7.2 Anlegen von Debitor und Kreditor

Die Debitorenstammdaten werden über *Verkauf & Marketing / Auftragsabwicklung / Debitoren* oder über *Finanzmanagement / Debitoren / Debitoren* aufgerufen.

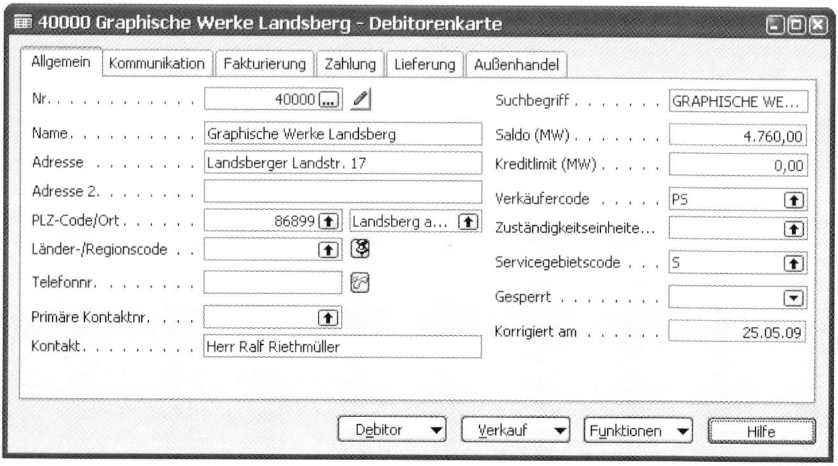

Die „Nr." des Debitors muss eindeutig sein und kann vom System über eine Nummernserie automatisch vergeben werden. Das Feld „Ländercode" wird bei Inländern auf DE gesetzt. Bei ausländischen Debitoren wird hier der entsprechende Ländercode eingetragen. Der Ländercode wird für Intrastat, die Online Map-Anbindung sowie die Adressformatierungen verwendet.

Der „Suchbegriff" kann alternativ zur Debitorennummer verwendet werden. Standardmäßig wird das Feld mit dem Namen vorbelegt; er kann anschließend überschrieben werden. Wird durch ein Angebot, einen Auftrag oder eine Rechnung das „Kreditlimit (MW)" (nur im Debitor) überschritten, so kann eine Warnung angezeigt werden. Wird ein Debitor gesperrt, gelten folgende Stufen:

Feld „Gesperrt"	neue Belege anlegen	Belege <Liefern>	Belege <Fakturieren>	Zahlungen buchen
<leer>	ja	ja	ja	ja
<Liefern>	nein	nein	ja	ja
<Fakturieren>	nein	nein	nein	ja
<Alle>	nein	nein	nein	nein

Die Felder „Geschäftsbuchungsgruppe", „MwSt.-Geschäftsbuchungsgruppe" und „Debitorenbuchungsgruppe" im Register „Fakturierung" sind Pflichtfelder und dienen der Integration der Verkäufe in die Finanzbuchhaltung.

Die „Ausgleichsmethode“ im Register Zahlung sollte immer auf <Offener Posten> stehen, um Rechnungen und Zahlungen gezielt ausgleichen zu können. Anderenfalls (Saldomethode) werden die jeweils ältesten Rechnungen und Zahlungen automatisch miteinander ausgeglichen.

Die Einrichtung von Kreditoren erfolgt über *Einkauf / Bestellungsabwicklung / Kreditoren* oder über *Finanzmanagement / Kreditoren / Kreditoren*. Die einzelnen Felder sind analog zu denen des Debitors zu füllen.

Bei Verwendung des Marketing-Moduls kann ein Debitor oder Kreditor automatisiert aus einem Kontakt heraus erstellt werden. In diesem Fall wird eine Verbindung zu dem Kontakt aufgebaut. Änderungen der Stammdaten werden dann in den jeweils anderen Datensatz übertragen.

Über den Menüpunkt Debitor▼ / *Statistik* oder mit der Funktionstaste F9 kann eine Statistik über die mit diesem Debitor getätigten Umsätze, die Deckungsbeiträge, die offenen Posten usw. aufgerufen werden:

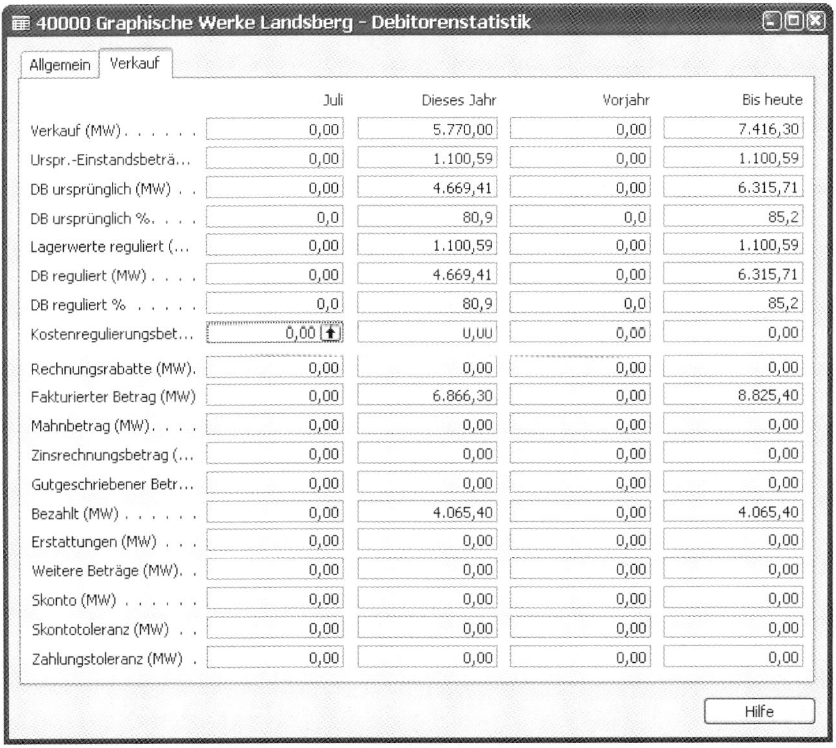

	Juli	Dieses Jahr	Vorjahr	Bis heute
Verkauf (MW)	0,00	5.770,00	0,00	7.416,30
Urspr.-Einstandsbeträ...	0,00	1.100,59	0,00	1.100,59
DB ursprünglich (MW)	0,00	4.669,41	0,00	6.315,71
DB ursprünglich %	0,0	80,9	0,0	85,2
Lagerwerte reguliert (...	0,00	1.100,59	0,00	1.100,59
DB reguliert (MW)	0,00	4.669,41	0,00	6.315,71
DB reguliert %	0,0	80,9	0,0	85,2
Kostenregulierungsbet...	0,00	0,00	0,00	0,00
Rechnungsrabatte (MW)	0,00	0,00	0,00	0,00
Fakturierter Betrag (MW)	0,00	6.866,30	0,00	8.825,40
Mahnbetrag (MW)	0,00	0,00	0,00	0,00
Zinsrechnungsbetrag (...	0,00	0,00	0,00	0,00
Gutgeschriebener Betr...	0,00	0,00	0,00	0,00
Bezahlt (MW)	0,00	4.065,40	0,00	4.065,40
Erstattungen (MW)	0,00	0,00	0,00	0,00
Weitere Beträge (MW)	0,00	0,00	0,00	0,00
Skonto (MW)	0,00	0,00	0,00	0,00
Skontotoleranz (MW)	0,00	0,00	0,00	0,00
Zahlungstoleranz (MW)	0,00	0,00	0,00	0,00

Die angezeigten Werte werden aus den Debitorenposten, den Detaillierten Debitorenposten und den Wertposten ermittelt.

Die in der Statistik angezeigten Einstandspreise und Deckungsbeiträge berücksichtigen auch nachträgliche Veränderungen der Einstandspreise. Grundlage dafür ist die Lagerregulierung der Wertposten und hier das Feld „Einstandsbetrag (tatsächl.)".

Werden über einen Verkaufsbeleg Artikel an einen Debitor verkauft, wird in den Artikel- und Wertposten in den Feldern „Herkunftsart" (Optionen <leer>, <Debitor>, <Kreditor>, <Artikel>) und „Herkunftsnr." die Debitornummer gespeichert. Über diese Felder können alle Artikel inkl. Menge, Verkaufs- und Einstandspreis ermittelt werden, die an den Debitor verkauft wurden.

Diese Möglichkeit wird in der Debitorenstatistik genutzt, um den Deckungsbetrag auch nach späterer Einstandspreiskorrektur korrekt anzeigen zu können. Daher sollte vor der Ermittlung des Deckungsbeitrags die Stapelverarbeitung *Lagerreg. fakt. Einstandspreise* ausgeführt werden.

Die Berechnung der oberen Felder im Register Verkauf der Debitorenstatistik erfolgt anhand folgender Werte:

	Name	**Formel**	**Beschreibung**
A	„Verkauf (MW)"		Tabelle Debitorenposten Feld „Verkauf (MW)"
B	„Urspr.-Einstandsbeträge (MW)"	A -C	
C	„DB ursprünglich (MW)"		Debitorenposten Feld „DB (MW)" + gebuchte Artikelzu- und Artikelabschläge anhand der zum Debitoren gehörigen Wertposten (Feld „Einst.-Betr. (lagerwertunabh.)")
D	„DB ursprünglich %"	C / A * 100	
E	„Lagerwerte reguliert (MW)"	B - H	
F	„DB reguliert (MW)"	C - H	
G	„DB reguliert %"	F / A * 100	
H	„Kostenregulierungsbeträge (MW)"		Summe der Gebuchten Regulierungen der zum Debitoren gehörigen Wertposten (Feld „Einstandsbetrag (tatsächl.)")

Im Feld „Kostenregulierungsbeträge (MW)" kann über den LookUp in die gebuchten Regulierungs-Wertposten des Debitors verzweigt werden.

Das Feld „Verkauf (MW)" zeigt den Netto-Rechnungsbetrag und das Feld „Fakturierter Betrag (MW)" den Bruttorechnungsbetrag an.

Die weiteren Felder werden anhand der Detaillierten Debitorenposten ermittelt und spiegeln im Wesentlichen die Summe der gebuchten Posten einer Belegart wieder.

Da Verkaufsgutschriften mit ihrem Einstandspreis in die Deckungsbeitragsrechnung einfließen, muss bei der Erstellung von Gutschriften besonderes Augenmerk auf das Feld „Einstandpreis (MW)“ gelegt werden. Die Nutzung des Feldes „Ausgegl. von Artikelposten“ übernimmt diese Aufgabe und ermöglicht sogar eine nachträgliche Regulierung der Einstandspreise der Gutschrift.

Die Felder „Verkauf (MW)“, „Rechnungsrabatt (MW)“ sowie „Deckungsbeitrag (MW)“ werden nur automatisch gefüllt, wenn Buchungen über die Einkaufs- und Verkaufsbelege (Aufträge, Bestellungen, Rechnungen, Gutschriften usw.) erfasst werden. Bei Buchungen über die Buchungsblätter müssen die entsprechenden Felder manuell gefüllt werden, da die notwendigen Informationen nicht automatisch ermittelt werden können. Diese Felder können in den Einkaufs- und Verkaufsbuchungsblättern eingeblendet werden.

2.7.3 Rechnungen im Buch.-Blatt buchen

Microsoft Dynamics NAV bietet zwei Möglichkeiten zum Buchen von Verkaufs-Rechnungen:

- Einerseits können die Verkaufsbelege (Aufträge, Rechnungen) verwendet werden. Die dabei erzeugten Rechnungen können nach dem Buchen ausgedruckt werden.
- Andererseits können Rechnungen auch über die Fibu Buch.-Blattzeilen erfasst werden. In diesem Fall entstehen keine druckbaren Rechnungsbelege.

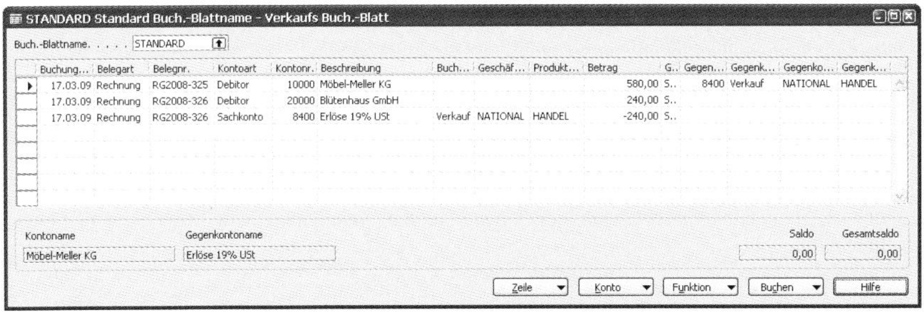

Die Erfassung von Rechnungen und Gutschriften über die Buchungsblätter entspricht weitestgehend der Erfassung anderer Sachbuchungen. Dabei muss jedoch in der Spalte „Belegart“ ausgewählt werden, ob es sich um eine <Rechnung> oder <Gutschrift> handelt.

In der Spalte „Kontoart“ wird bei Ausgangsrechnungen die Option <Debitor> eingestellt. In diesem Fall wird in die Spalte „Nr.“ die Debitorennummer des Rechnungsempfängers eingetragen. Die „Belegnummer“ wird hierbei als Rechnungsnummer, das „Belegdatum“ als Rechnungsdatum verwendet.

Auf Wunsch können weitere Spalten eingeblendet werden, mit denen die Rechnung genauer beschrieben werden kann: Das „Belegdatum“ wird mit dem Buchungsdatum vorbelegt und ist Grundlage für die Berechnung der Zahlungsbedingungen. Die „Externe Belegnummer“ verweist auf den Debitorenbeleg (z.B. Rechnungsnummer).

Die Angabe einer „Externen Belegnummer“, diese entspricht der Rechnungsnummer des Kreditors und ist auf der Einkaufsseite die Regel. Da bei Rückfragen dem Kreditor die intern verwendete Belegnummer nicht bekannt ist, kann dann aus dem System der Beleg anhand der Belegnummer des Kreditors ermittelt werden.

Auf der Verkaufsseite werden die Belege zuerst durch das eigene Unternehmen erstellt, so dass nicht bekannt ist, mit welcher Belegnummer die Debitoren die Belege kennzeichnen (Ausnahme Gutschriften). Bei Bedarf kann die „Externe Belegnummer“ verkaufsseitig verwendet werden, um auf die Bestellnummer des Debitors zu verweisen und diesem damit die Kontierung der Rechnung zu erleichtern.

Der „Verk.-/Einkäufercode“ kann für die Zuordnung des zuständigen Sachbearbeiters oder für Provisionsberechnungen herangezogen werden. Mit einer Eingabe in der Spalte „Währungscode“ können auch Rechnungen in Fremdwährungen erzeugt werden.

Aus dem „Zlg. Bedingungscode“ können die Zahlungsmodalitäten „Fälligkeitsdatum“, „Skonto %“ und „Skontodatum“ berechnet werden. Es ist jedoch auch eine direkte Eingabe bzw. das Überschreiben der Zahlungsmodalitäten möglich.

Sollen die über die Verkaufs Buch.-Blätter gebuchten Rechnungsbeträge in der Statistik im Debitoren/Kreditoren erscheinen, so muss man die Spalten „Verkauf/Einkauf (MW)“, „DB (MW)“ und „Rechnungsrabatt (MW)“ einblenden und füllen. Dieser zusätzliche Aufwand ist nicht notwendig, wenn man die Rechnungen über die Verkaufsbelege (Verkaufsaufträge, Verkaufsrechnungen) bucht. Dort werden die Statistikfelder automatisch gefüllt.

Ein Debitor oder Kreditor (Kontoart = <Debitor/Kreditor>) kann auch ohne Angabe einer Belegart bebucht werden. Dabei sind jedoch folgende Punkte zu beachten:

- Eine Rechnungsnummer kann mehrfach vergeben werden.

- Auf einen mit leerer Buchungsart gebuchten Debitorenposten kann kein Skonto gezogen werden.
- Die Anzeigen der FlowFields „Fakturierter Betrag“, „Gutgeschriebener Betrag“ und „Bezahlt“ im Debitor erfassen nur Buchungen mit der entsprechenden Belegart.

Zu der oben dargestellten Fibu Buch.-Blattzeile wird nachfolgend das Buchungsergebnis über Navigate angezeigt:

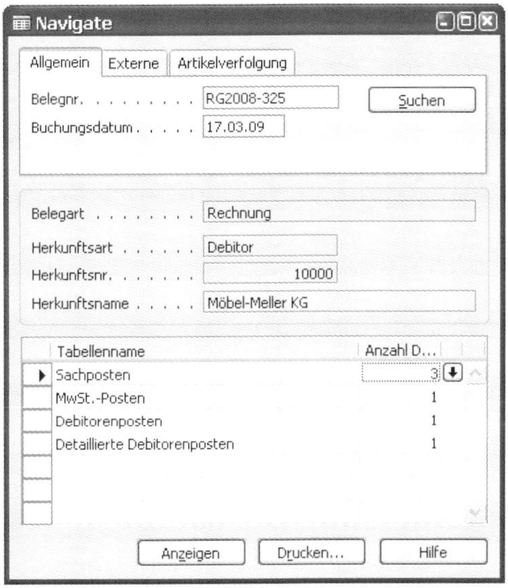

Bei Buchung einer Ausgangsrechnung über die Fibu Buch.-Blätter erzeugt Microsoft Dynamics NAV neben den Sachposten einen Debitorenposten, in dem die Rechnungsinformationen gespeichert werden. Das zum Debitor gehörende Forderungskonto wird dabei über die Debitorenbuchungsgruppe ermittelt.

Debitorenposten werden bei Rechnungen, Gutschriften und Zahlungen, für Mahngebühren und sonstige Forderungs- und Forderungsausgleichsbuchungen verwendet. Die Summe der Restbeträge (noch nicht ausgeglichene Beträge) aller Debitorenposten bildet den Debitorensaldo.

Der dabei erzeugte Debitorenposten soll nachfolgend genauer untersucht werden. Auf Felder, die direkt aus der Fibu Buch.-Blattzeile in den Posten kopiert wurden, wird im Folgenden nicht eingegangen:

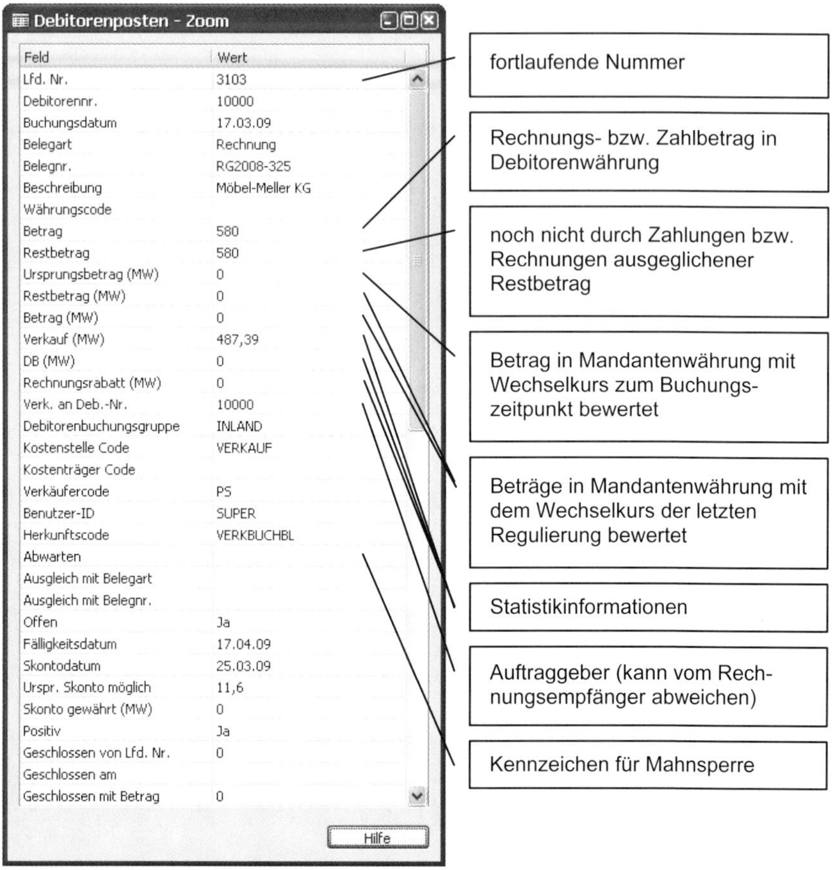

2.7.4 Zahlungen buchen

Neben dem direkten Erfassen von Rechnungen werden die Fibu Buch.-Blätter zum Erfassen von Zahlungen verwendet. Hierbei ist die exakte Angabe, welche Rechnung(en) mit einer Zahlung ausgeglichen werden sollen, von zentraler Bedeutung.

Eine Zahlung wird durch die „Belegart" <Zahlung> gekennzeichnet. Zum Ausgleich der offenen Rechnungsposten stehen grundsätzlich drei Verfahren zur Verfügung:

- Ausgleich mit Belegnummer
- Ausgleichs-ID
- Nachträglicher OP-Ausgleich

Ausgleich mit Belegnummer

Der Ausgleich mit Belegnummer wird verwendet, wenn mit <u>einer</u> Zahlung <u>eine</u> Rechnung ausgeglichen werden soll. Dazu stehen im Fibu Buch.-Blatt die Spalten „Ausgleich-mit Belegart“ und „Ausgleich-mit Belegnr.“ zur Verfügung. In die Spalte „Ausgleich-mit Belegart“ kann die Belegart (z.B. <Rechnung>) des auszugleichenden Postens eingetragen werden. In die Spalte „Ausgleich-mit Belegnr.“ wird die entsprechende Belegnummer eingetragen. Zur Vereinfachung der Eingabe kann man mit Hilfe des Lookup-Buttons bzw. mit der Funktionstaste **F6** eine Übersicht der offenen Posten aufrufen.

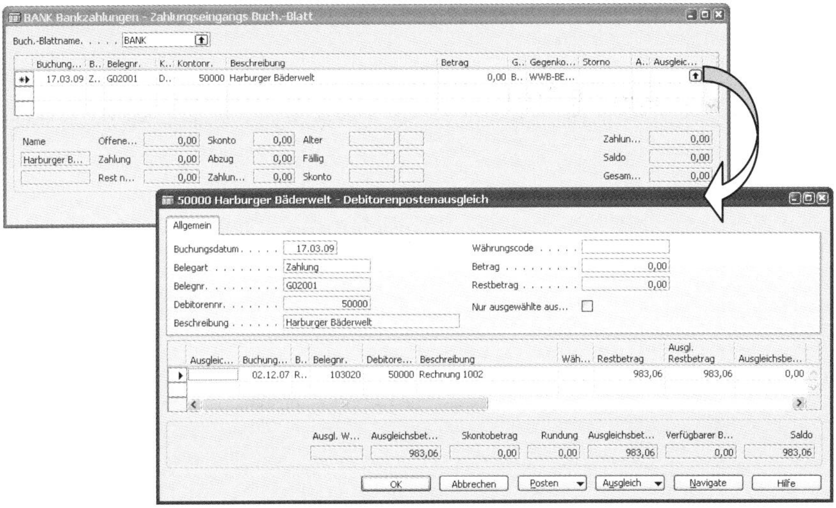

Wird ein Posten zum Ausgleich mit Hilfe der Lookup-Funktionalität ausgewählt und wurde noch kein Zahlbetrag angegeben (Spalte „Betrag“ steht auf 0,00), so wird der offene Rechnungsbetrag des Postens automatisch in die Spalte „Betrag“ übernommen. Steht in der Spalte „Betrag“ ein Wert ungleich 0, so wird dieser nicht überschrieben.

Ausgleich mit Ausgleichs-ID

Sollen mit <u>einer</u> Zahlung <u>mehrere</u> Rechnungen ausgeglichen werden, so reicht die Angabe einer Ausgleichsnummer in der Buch.-Blatt Zeile nicht mehr aus. In Microsoft Dynamics NAV kann man für diesen Fall die auszugleichenden Rechnungen mit Hilfe einer Ausgleichs-ID markieren. Dazu muss das Fenster Debitorenpostenausgleich aus dem Zahlungseingangs Buch.-Blatt über die Schaltfläche **Funktion▼** / *Posten ausgleichen…* geöffnet werden.

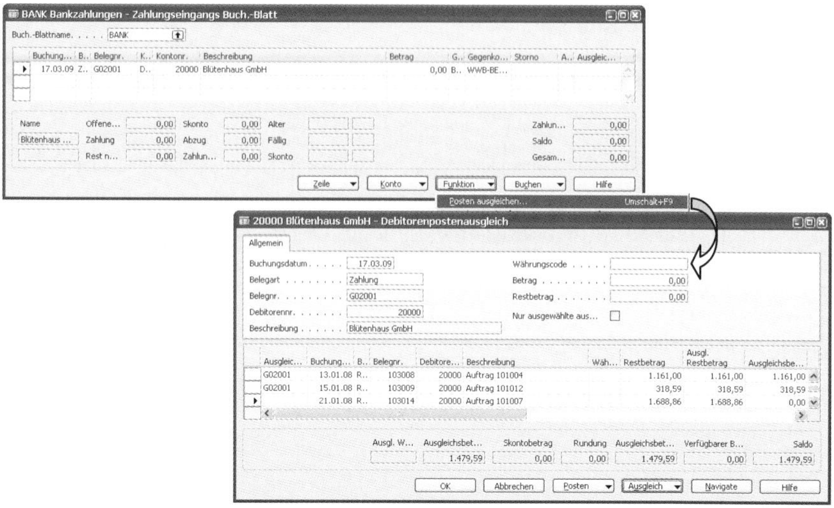

Das Setzen der Ausgleichs-ID erfolgt hier über den Menüpunkt **Ausgleich▼** / *Ausgleichs-ID setzen* oder mit der Funktionstaste **F9**. Als „Ausgleichs-ID" wird die Belegnummer der Zahlung verwendet. Steht in der Spalte „Betrag" in der Buch.-Blattzeile der Wert 0, so wird der Gesamtbetrag der markierten (auszugleichenden) Posten aus dem Debitorenpostenausgleich als Zahlbetrag in die Spalte „Betrag" des Buch.-Blattes übernommen.

Für beide Ausgleichsverfahren wird das Fenster Debitorenpostenausgleich verwendet. Soll ein Ausgleich mit Hilfe der Ausgleichs-ID erfolgen, so ist es zwingend erforderlich, das Formular über die Schaltfläche **Funktion▼** aus dem Buch.-Blatt zu öffnen. Beim Öffnen über den LookUp aus der Spalte „Ausgleich-mit Belegnr." gelangt man zwar auch in dasselbe Formular und ist auch in der Lage, eine Ausgleichs-ID zu setzen, aber beim Verlassen des Fensters mit **OK** wird nur der Posten übernommen, auf dem der Cursor gerade steht.

Der Ausgleich mehrerer Rechnungsposten ist auch über die Funktion „Ausgleich-mit Belegnr." möglich, wenn man für jeden auszugleichenden Posten eine eigene Zeile erzeugt. Anschließend kann man eine weitere Zeile für die Gegenbuchung der Zahlung einfügen. Bei diesem Verfahren wird jedoch für jeden Rechnungsausgleich eine eigene Forderungsbuchung erzeugt.

Nachträglicher OP-Ausgleich

Wenn beim Buchen einer Zahlung die Zuordnung zu den auszugleichenden Rechnungsposten nicht möglich war, muss dieser Ausgleich nachträglich gebucht werden.

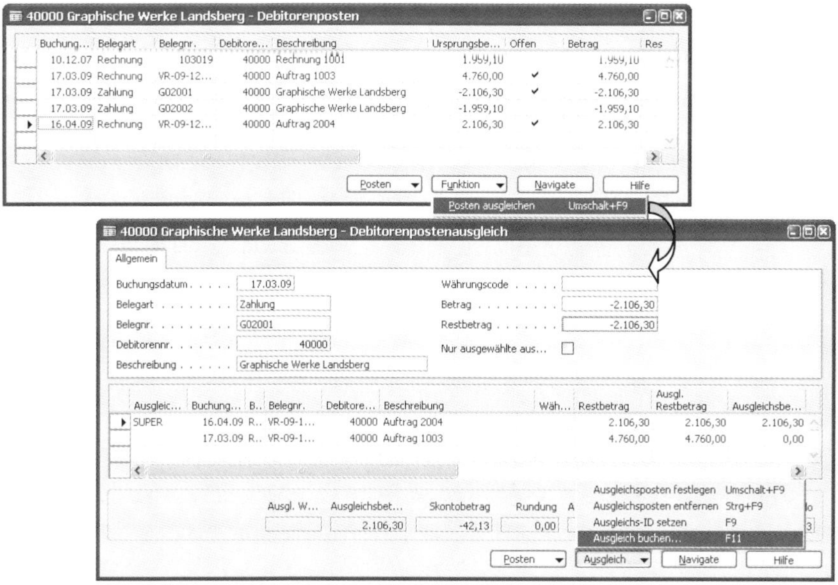

Der nachträgliche OP-Ausgleich wird ebenfalls im Fenster Debitorenpostenausgleich vorgenommen. Dieses kann aus der dem Formular Debitorenposten über den Menüpunkt Funktion▼ / *Posten ausgleichen* aufgerufen werden.

Danach ist über Ausgleich▼ / *Ausgleichsposten festlegen* festzulegen, welcher Posten ausgeglichen werden soll, dieser wird anschließend im Kopfbereich eingetragen. Die auszugleichenden Posten werden danach im Zeilenbereich mit Hilfe der Ausgleichs-ID markiert. Als Ausgleichs-ID wird die Benutzer-ID verwendet. Ist kein Benutzerzugriffssystem installiert, werden drei Sterne (***) verwendet. Der Ausgleich wird über den Menüpunkt Ausgleich▼ / *Ausgleich buchen…* gebucht.

Soll beim nachträglichen OP-Ausgleich Skonto gezogen werden, so muss der Zahlungsposten (Belegart <Zahlung>) als Ausgleichsposten festgelegt werden, so dass er im Kopfbereich steht. Die Differenz zwischen Zahlung und Rechnung wird dann im Feld „Skontobetrag" angezeigt.

Ausgleich nachträglich wieder aufheben

Wurde beim Buchen der Zahlung ein falscher Posten ausgeglichen, so kann dieser Ausgleich nachträglich wieder aufgehoben werden. In den Debitoren- und Kreditorenposten steht dafür die Funktion▼ / *Ausgleich aufheben…* zur Verfügung.

In dem Formular *...-Postenausgleich aufheben* sind die Posten zu markieren, für die der Ausgleich aufgehoben werden soll.

Über die Schaltfläche Ausgleich aufheben wird der Ausgleich wieder rückgängig gemacht. Im Hintergrund werden Korrekturposten und zusätzlich ein Fibujournal mit dem Herkunftscode NIGEBVKABG (= Nicht gebucht. VK-Posten-Ausgl) bzw. NIGEBEKABG (= Nicht gebucht. EK-Posten-Ausgl) erzeugt.

Die Debitorenposten bzw. Kreditorenposten erhalten danach im Feld „Offen“ wieder einen Haken, sodass sie erneut ausgeglichen werden können.

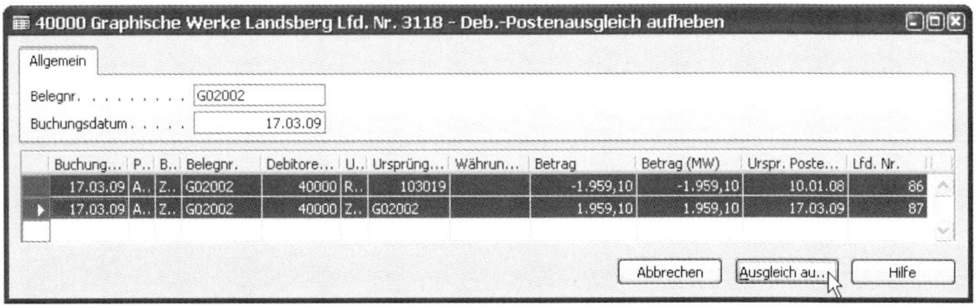

2.7.5 Fremdwährungen

Sowohl Rechnungen als auch Zahlungen können in Microsoft Dynamics NAV in jeder beliebigen Währung gebucht und (bei entsprechender Einrichtung) gegeneinander ausgeglichen werden. Die Eingabe des Währungscodes und ggf. des zum Buchungszeitpunkt aktuellen Wechselkurses erfolgt in der Spalte „Währungscode“.

Wurde ein Debitor in verschiedenen Währungen bebucht, so können die Buchungsinformationen aus der Debitorenkarte über den Menüpunkt Debitor▼ / *Statistik nach Währungen* in allen verwendeten Währungen angezeigt werden.

2.7.6 Zahlungsvorschlagsliste

In Microsoft Dynamics NAV kann man mit Hilfe der Zahlungsvorschlagsliste ausgewählte Verbindlichkeiten in ein Buchungsblatt zur Weiterbearbeitung stellen. Die Zahlungsvorschlagsliste wird im Hauptmenü *Finanzmanagement / Bankmanagement* aus den *Zlg.-Ausg. Buch.-Blättern* über den Menüpunkt Zahlungen▼ / *Zahlungsvorschlag...* aufgerufen.

Es werden alle Posten, die bis zu dem Datum, das im Feld „Letztes Fälligkeitsdatum“ eingetragenen ist, fällig werden, berücksichtigt. Wird das Feld „Skonto finden“ markiert, so werden auch nicht fällige Posten berücksichtigt, wenn bei diesem Skonto gezogen werden kann. Ein Haken im Feld „Pro Kreditor summieren" bewirkt, dass pro Kreditor nur eine Buch.-Blattzeile erstellt wird. In diesem Fall wird eine Ausgleichs-ID auf alle auszugleichenden Posten gelegt

Mit Hilfe des Feldes „Verfügbarer Betrag (MW)" kann eine Obergrenze an vorgeschlagenen Zahlungsausgängen erreicht werden.

Die Stapelverarbeitung Zahlungsvorschlag erstellt Fibu Buch.-Blattzeilen, die je nach Zahlungsform weiterverarbeitet werden können:

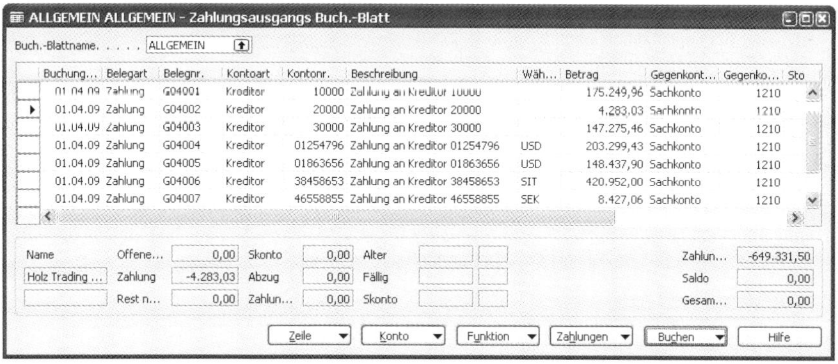

Wird als Gegenkonto ein Bankkonto verwendet (Gegenkontoart = Bankkonto), können z.B. Überweisungsträger oder Schecks manuell ausgefüllt oder Schecks über den Menüpunkt Zahlungen▼ / *Scheck drucken…* ausgedruckt werden. Dazu kann man in der Spalte „Bankkontozahlungsart" angeben, ob man einen <Manuellen Scheck> oder einen <Computer Scheck> erstellen will. Ein Computer Scheck muss vor dem Buchen gedruckt worden sein.

Ist das Modul des Inlandszahlungsverkehrs mit lizenziert, so kann in der Spalte „Bankkontozahlungsart“ <Clearing> ausgewählt und über den Menüpunkt *Zahlungen / Kreditor Zahlungsdatei…* die elektronische Zahlungsdatei erstellt werden. Die Auswahl zum <Clearing> kann auch bereits beim Erstellen des Zahlungsvorschlags über das zusätzliche Feld „Bankkontozahlungsart“ erfolgen.

Kreditorenposten, in denen ein Abwartencode gesetzt ist (die Spalte „Abwarten“ enthält einen beliebigen Eintrag), werden beim automatischen Zahlungsvorschlag nicht berücksichtigt.

2.8 Einrichtung zur Debitoren- und Kreditorenbuchhaltung

Nachdem im vorangegangen Kapitel die wesentliche Handhabung von Debitoren- und Kreditorenbuchungen erläutert wurde, werden in diesem Kapitel die möglichen Einrichtungsparameter und Einrichtungstabellen betrachtet.

2.8.1 Debitoren & Verkauf Einrichtung

Aus dem Hauptmenü *Verwaltung / Anwendung Einrichtung / Finanzmanagement / Debitoren & Verkauf Einr.* kann die Einrichtung für diesen Bereich aufgerufen werden:

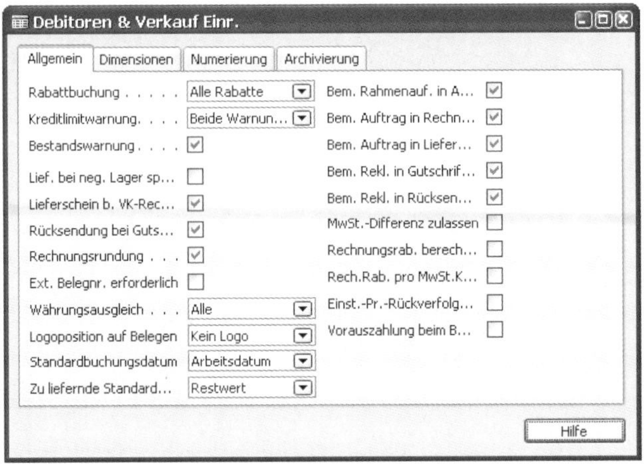

In dem Feld „Rabattbuchung“ wird eingestellt, ob für Zeilenrabatte (Mengenrabatte und/oder Debitoren-/Artikelrabatte) und Rechnungsrabatte gesonderte Sachbuchungen erzeugt werden sollen. Die Konten für die Rabattbuchungen werden in der Buchungsmatrix Einrichtung hinterlegt.

Ist das Feld „Bestandswarnung“ aktiviert, so wird der Verkäufer darauf hingewiesen, wenn nicht genügend Ware im Lager ist, um einen aktuell erfassten Auftrag auszuführen.

Ist in dem Feld „Ext. Belegnr. erforderlich“ ein Haken gesetzt, so muss bei jeder Buchung eine externe Belegnummer angegeben werden. Auf der Debitorenseite ist diese Einstellung eher unüblich, auf der Kreditorenseite ist das Abfragen der externen Belegnummer (z.B. Rechnungsnummer oder Lieferscheinnummer) durchaus sinnvoll.

In dem Feld „Währungsausgleich“ kann eingestellt werden, welche Debitorenposten unterschiedlicher Währungen miteinander ausgeglichen werden dürfen. Die Option <EWU> hat dabei eine historische Bedeutung aus der Zeit der ersten und zweiten Phase der EURO-Umstellung. Die Option könnte jedoch mit neuen Beitrittskandidaten zum EURO-Raum wieder Bedeutung erlangen.

Im Register Numerierung des Einrichtungsfensters können Nummernserien für verschiedene Geschäftsvorfälle eingegeben werden.

2.8.2 Zahlungsbedingungen

Um die Zahlungsmodalitäten in Microsoft Dynamics NAV zu pflegen, können beliebig viele Zahlungsbedingungen angelegt werden. Über das Menü *Verwaltung / Anwendung Einrichtung / Finanzmanagement / Zahlungsbedingungen* gelangt man in folgendes Fenster:

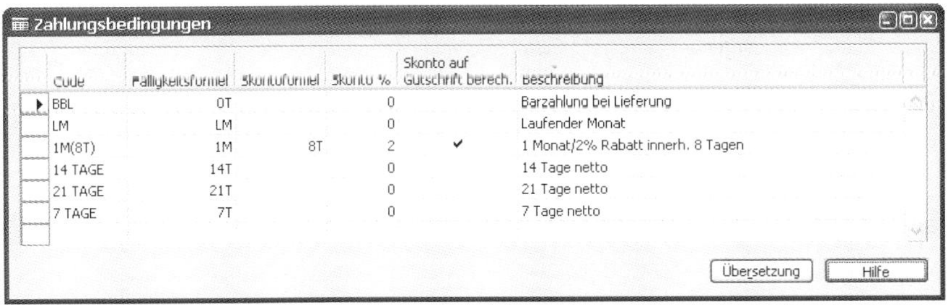
Zahlungsbedingungen

Code	Fälligkeitsformel	Skontoformel	Skonto %	Skonto auf Gutschrift berech.	Beschreibung
BBL	0T		0		Barzahlung bei Lieferung
LM	LM		0		Laufender Monat
1M(8T)	1M	8T	2	✔	1 Monat/2% Rabatt innerh. 8 Tagen
14 TAGE	14T		0		14 Tage netto
21 TAGE	21T		0		21 Tage netto
7 TAGE	7T		0		7 Tage netto

Übersetzung Hilfe

In die Spalten „Fälligkeitsformel“ und „Skontoformel“ wird eine Datumsformel eingegeben, aus der Microsoft Dynamics NAV die Fälligkeit und das Skontodatum errechnet. Die Datumsberechnungsformel kann maximal 20 Zeichen (Buchstaben und Zahlen) lang sein. Die möglichen Eingaben und deren korrekte Notation kann über die Online-Hilfe abgefragt werden.

Die Berechnung von Fälligkeits- und Skontodatum findet immer auf der Grundlage des Belegdatums statt. Dieses kann insbesondere bei Eingangsrechnungen vom Buchungsdatum abweichen. Wird das Feld „Skonto auf Gutschrift berech." aktiviert, so können auch Gutschriften unter Skontoabzug ausgeglichen werden.

Der in der Spalte „Beschreibung" angegebene Text wird auf Belegen (z.B. Rechnungen, Bestellungen, Auftragsbestätigungen usw.) ausgedruckt, wenn die Zahlungsbedingung in diesem Beleg hinterlegt wurde. Zusätzlich kann für jede Zahlungsbedingung eine Übersetzung hinterlegt werden, die dann je nach Sprachcode des Beleges entsprechend ausgegeben wird.

Alternativ zu den Zahlungsbedingungen kann man Fälligkeit, Skontodatum und Skonto-Prozentsatz sowohl in den Fibu Buch.-Blättern als auch in den Verkaufsbelegen manuell eintragen bzw. ändern.

Aus der beim Buchungsvorgang angegebenen Zahlungsbedingung werden in den Debitoren- und Kreditorenposten die Werte in den Spalten „Fälligkeitsdatum", „Skontodatum" sowie „Skontobetrag" berechnet und gespeichert. Die Werte dieser Spalten lassen sich in den Posten nach einem Mausklick oder nach der Betätigung der Funktionstaste F2 manuell ändern.

2.8.3 Kreditlimit

In den Debitorenstammdaten kann ein Kreditlimit angegeben werden. Wurde zusätzlich in der Debitoren & Verkauf Einrichtung das Feld „Kreditlimitwarnung" auf <Beide Warnungen> oder <Kreditlimit> eingestellt, fragt Microsoft Dynamics NAV bei jeder möglichen Überschreitung des Kreditlimits (z.B. Anlegen eines neuen Auftrags) nach, ob man die gewünschte Aktion tatsächlich ausführen will:

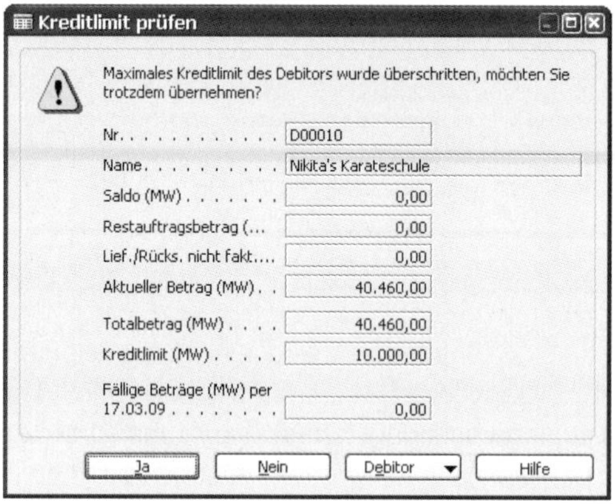

Dabei werden die in diesem Zusammenhang wichtigen Informationen wie der aktuelle Saldo, nicht fakturierte Lieferungen usw. direkt angezeigt.

2.8.4 Skonto

Skonto kann in Microsoft Dynamics NAV grundsätzlich nur dann gezogen werden, wenn ein Posten mit der Belegart <Rechnung> oder <Gutschrift> vollständig mit einem Posten mit der Belegart <Zahlung> ausgeglichen wird.

Schlägt Microsoft Dynamics NAV bei einem Postenausgleich über „Ausgleich mit Belegnr." oder „Ausgleich mit Ausgleichs-ID" einen Zahlbetrag vor, so wird ein möglicher Skontobetrag automatisch abgezogen. Bei nachträglichen OP-Ausgleichen wird Skonto ebenfalls vom System automatisch berücksichtigt.

Möchte man einen anderen Skontobetrag als den im Posten angegebenen ziehen, so kann man diesen entweder in dem Posten direkt ändern oder in die Spalte „Skontoabzug ausgewiesen" in der Fibu Buch.-Blattzeile eintragen. Dieser Betrag wird dann auf die zum Ausgleich ausgewählten Posten übertragen.

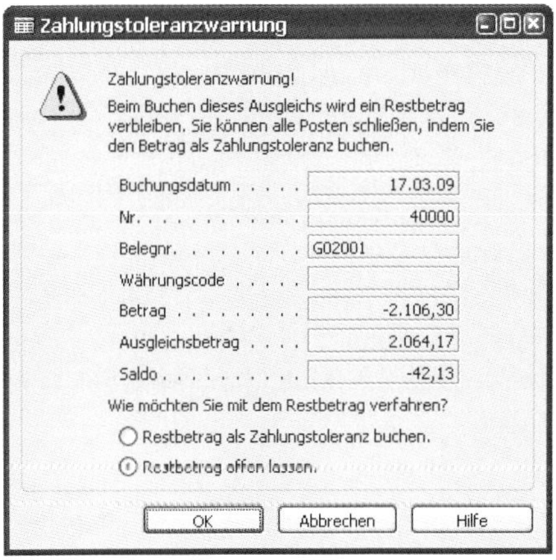

Wurde in der Finanzbuchhaltung Einrichtung eine Skontotoleranz und Zahlungstoleranz angegeben und liegt die Abweichung zwischen Rechnungs- und Zahlbetrag innerhalb dieser Toleranz, fragt Microsoft Dynamics NAV nach, ob die Differenz als Toleranz ausgebucht oder als offener Posten stehen bleiben soll.

2.9 Mahnwesen

Um offene Forderungen anzumahnen, verfügt Microsoft Dynamics NAV über ein leistungsfähiges Mahnwesen, in dem für unterschiedliche Debitorengruppen unterschiedliche Mahntexte, -zyklen und -bedingungen definiert werden können.

2.9.1 Mahnmethoden

Microsoft Dynamics NAV ermöglicht über das Anlegen mehrerer Mahnmethoden ein unterschiedliches Vorgehen bei offenen Posten. Mahnmethoden werden im Menü *Verwaltung / Anwendung Einrichtung / Finanzmanagement / Mahnmethoden* angelegt:

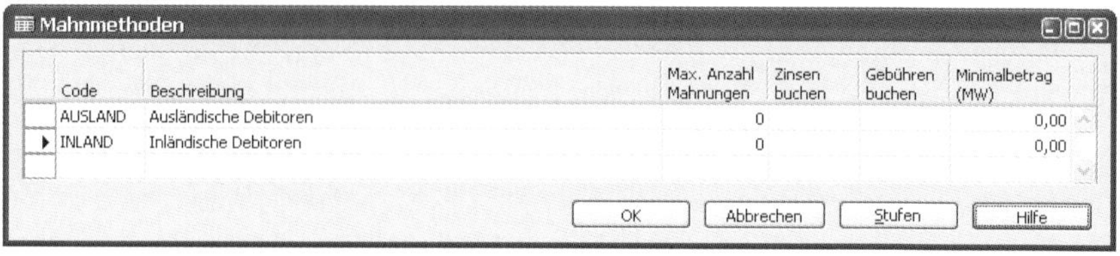

Wird die „Max. Anzahl Mahnungen" für eine Rechnung erreicht, so werden an diesen Debitor keine Mahnungen mehr geschickt. Wird in die Spalte der Wert Null eingetragen, so werden unbegrenzt Mahnungen geschrieben.

Über die Spalten „Zinsen buchen" und „Gebühren buchen" kann eingestellt werden, ob in Rechnung gestellte Zinsen und Mahngebühren auch in der Finanzbuchhaltung gebucht werden sollen.

Dies ist unabhängig davon zu sehen, ob Zinsen und Gebühren in den Mahnungen ausgewiesen werden. Dahinter steht die Überlegung, dass Mahngebühren und Verzugszinsen in der Praxis meistens nicht gezahlt werden. Wären diese dann bereits gebucht, müssten sie wieder storniert werden. Diese Arbeit kann man sich sparen, wenn man zwar die Mahngebühren auf dem Mahnschreiben ausweist, jedoch nicht bucht.

Die Mahnmethoden können Debitoren in der Debitorenkarte über das Feld „Mahnmethodencode" im Register Zahlung zugeordnet werden. Soll mit Verzugszinsen gearbeitet werden, so müssen in dem betreffenden Debitor auch Zinskonditionen hinterlegt werden.

2.9.2 Mahnstufen

Der Inhalt und der zeitliche Abstand der Mahnungen werden in den Mahnstufen festgelegt. Diese werden aus dem Fenster Mahnmethoden über den Menübutton Stufen aufgerufen. Dabei werden die Mahnstufen der aktuellen Mahnmethode angezeigt:

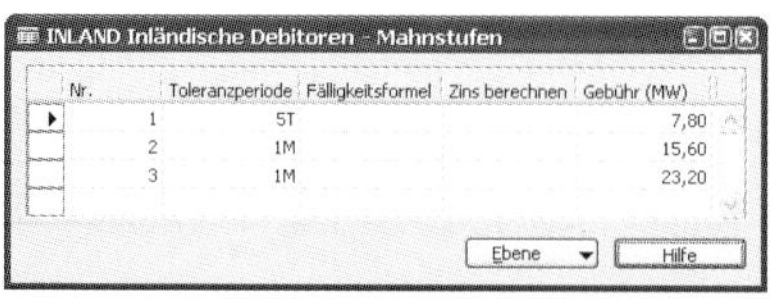

Über die „Toleranzperiode" wird eingestellt, wie lange nach Fälligkeit der Rechnung die erste bzw. nächste Mahnung erstellt werden soll.

In die Spalte „Fälligkeitsformel" wird eingegeben, welche Nachfrist zur Zahlung gesetzt wird. Dieser Zusammenhang wird durch nachfolgende Zeichnung veranschaulicht:

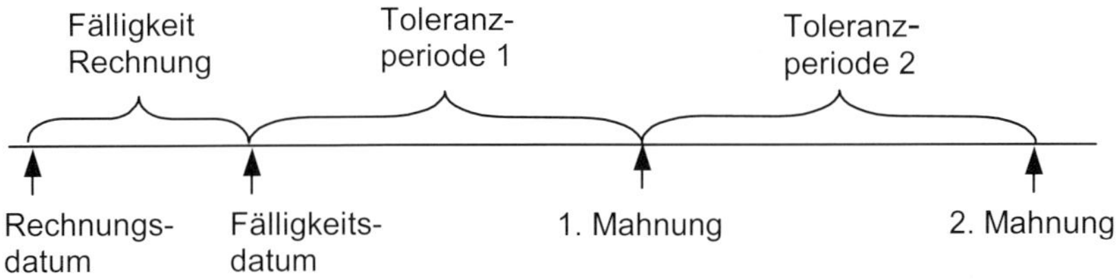

In den Spalten „Zins berechnen" und „Gebühr (MW)" wird eingestellt, ob Verzugszinsen und Mahngebühren auf der Mahnung angezeigt werden sollen. Ob diese dann tatsächlich gebucht werden, hängt von der Einstellung in der Mahnmethode ab.

Über den Menüpunkt Ebene▼ / *Währungen* kann man für unterschiedliche Währungen verschiedene Mahngebühren festlegen. Dadurch kann z.B. verhindert werden, dass ungerade Beträge (z.B. 29,63 DKK) als Mahngebühren ausgewiesen werden.

Die genaue Gestaltung der einzelnen Mahnungen kann über die Mahntexte weiter differenziert werden.

2.9.3 Mahntexte

Für jede Mahnstufe kann ein individueller Kopf- und Fußtext angelegt werden. Dies erfolgt aus dem Fenster Mahnstufen über den Menüpunkt Ebene▼ / *Vortext* bzw. Ebene▼ / *Nachtext*:

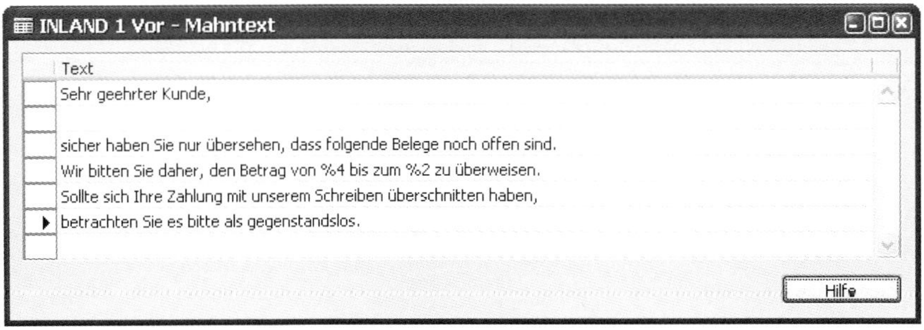

Innerhalb der Mahntexte können Platzhalter verwendet werden, für die nachfolgende Werte eingesetzt werden:

%1 = Belegdatum (vom Mahnungskopf)
%2 = Fälligkeitsdatum (vom Mahnungskopf)
%3 = Zinssatz (von den Zinsbedingungen)
%4 = Restbetrag (vom Mahnungskopf)
%5 = Zinsbetrag (vom Mahnungskopf)
%6 = Gebühr (vom Mahnungskopf)
%7 = Summe (Restbetrag + Zinsbetrag + Gebühr + MwSt.-Betrag)
%8 = Mahnstufe (vom Mahnungskopf)
%9 = Währungscode (vom Mahnungskopf)
%10 = Buchungsdatum (vom Mahnungskopf)

2.9.4 Mahnungen erstellen

Der Ablauf der Mahnungen ähnelt dem aller Buchungen in Microsoft Dynamics NAV: Zuerst werden die Mahnungen in einem Erfassungsbereich gesammelt, können dort stehen bleiben, editiert oder gelöscht werden bis die Mahnungen registriert (gebucht) werden. Nach dem Registrieren können die Mahnungen nicht mehr verändert werden.

Die erfassten, noch nicht registrierten Mahnungen können aus dem Menü *Finanzmanagement / Debitoren / Periodische Aktivitäten* über den Punkt *Mahnungen* aufgerufen werden:

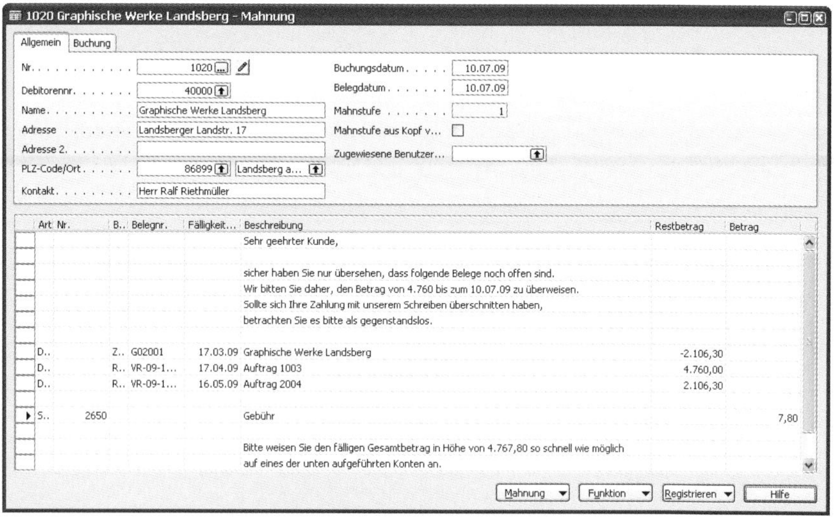

In den Mahnungen können die einzelnen Zeilen noch editiert werden. So können z.B. einzelne Mahnzeilen gelöscht, eingefügt oder der Text verändert werden.

Um neue Mahnungen zu erzeugen, kann die Stapelverarbeitung „Mahnungen erstellen“ verwendet werden, die über den Menüpunkt Funktion▼ / *Mahnungen erstellen* aufgerufen wird:

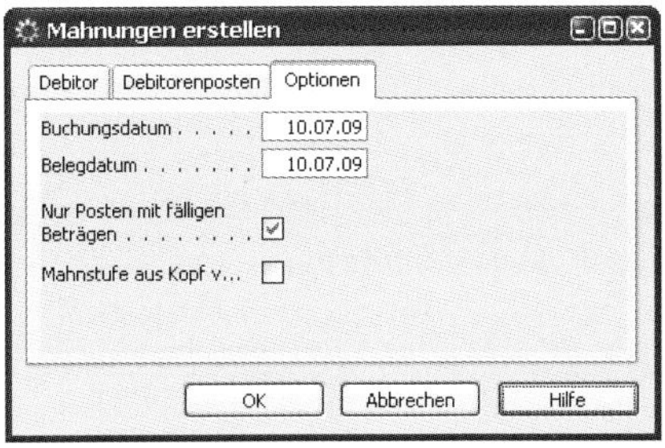

Bei der Einstellung „Nur Posten mit fälligen Beträgen“ werden alle offenen Posten in die Mahnung aufgenommen, die bis zum „Buchungsdatum“ fällig sind. Anderenfalls werden alle offenen Posten berücksichtigt. Als „Buchungsdatum“ wird in der Regel das Tagesdatum verwendet.

Ein Haken im Feld „Mahnstufe aus Kopf verwenden“ bedeutet, dass die Stapelverarbeitung die Bedingungen der Mahnstufe auf alle Mahnungszeilen anwendet. Denn es kann vorkommen, dass die Mahnzeilen unterschiedliche Mahnstufen haben, da sie unterschiedlich angemahnt wurden.

2.9.5 Mahnungen registrieren

Mahnungen können erst gedruckt werden, wenn sie registriert worden sind. Zum Registrieren der Mahnungen muss die Stapelverarbeitung „Mahnungen registrieren“ verwendet werden, die über Registrieren▼ / *Registrieren* aufgerufen wird:

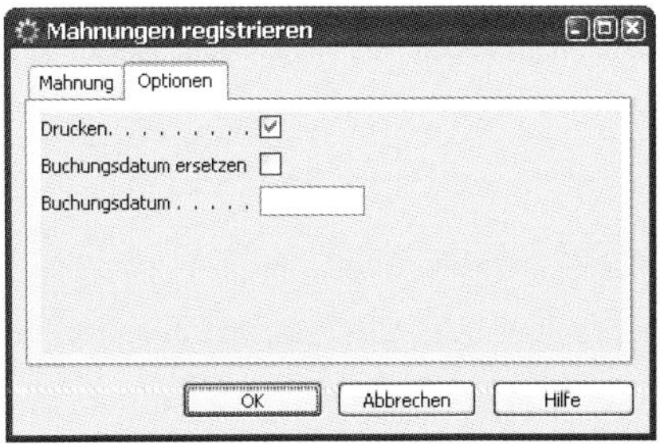

Beim Aufruf wird automatisch ein Filter auf die aktuelle Mahnung gesetzt. Sollen alle Mahnungen registriert werden, so ist dieser Filter im Register Mahnung manuell zu entfernen. Wenn zwischen Erzeugen und Registrieren Zeit verstrichen ist, kann das Buchungsdatum der Mahnung mit Hilfe der Felder „Buchungsdatum ersetzen“ und „Buchungsdatum“ aktualisiert werden.

Registrierte Mahnungen können aus dem Menü *Finanzmanagement / Debitoren / Periodische Aktivitäten* über den Punkt *Registrierte Mahnungen* aufgerufen werden.

2.9.6 Zinskonditionen

In den Zinskonditionen wird festgelegt, welche Zinsen auf welche Weise berechnet werden. Sie sind Grundlage der Verzugszinsen sowie der Zinsrechnungen. Zinskonditionen können im Menü *Verwaltung / Anwendung Einrichtung / Finanzmanagement* über den Menüpunkt *Zinskonditionen* angelegt werden:

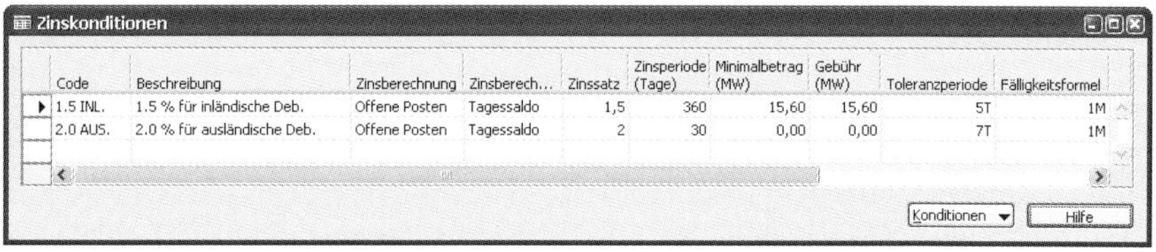

Code	Beschreibung	Zinsberechnung	Zinsberech...	Zinssatz	Zinsperiode (Tage)	Minimalbetrag (MW)	Gebühr (MW)	Toleranzperiode	Fälligkeitsformel
1.5 INL.	1.5 % für inländische Deb.	Offene Posten	Tagessaldo	1,5	360	15,60	15,60	5T	1M
2.0 AUS.	2.0 % für ausländische Deb.	Offene Posten	Tagessaldo	2	30	0,00	0,00	7T	1M

Die Berechnung der Zinsen erfolgt in verschiedenen Ländern auf der Basis unterschiedlicher Werte und Methoden. In Deutschland wird die „Zinsberechnung“ auf Basis der <Offenen Posten> durchgeführt, das heißt, nur der Restbetrag (der Rechnungen) wird verzinst.

Als „Zinsberechnung Methode“ wird die Option <Tagessaldo> verwendet. Das bedeutet, dass die Zinshöhe mit der Dauer der Fälligkeit steigt. Wird <Tagessaldo> verwendet, muss angegeben werden, auf welche „Zinsperiode (Tage)“ sich der „Zinssatz“ bezieht. Die weiteren Spalten werden nur bei Zinsrechnungen verwendet.

Zinsrechnungen werden im Rahmen dieser Ausführungen nicht behandelt, da sich die praxisrelevante Funktionalität weitestgehend auch über das Mahnwesen abbilden lässt.

2.9.7 Mahnungs- und Zinsrechnungsposten

Wurde bei der Einrichtung der Mahnmethoden festgelegt, dass Zinsen und Gebühren gebucht werden sollen, entstehen beim Registrieren von Mahnungen Mahnungs- und Zinsrechnungsposten.

Diese können aus den Debitorenposten über den Punkt **Posten▼** / *Mahnungs-/ Zinsrechnungsposten* angezeigt werden.

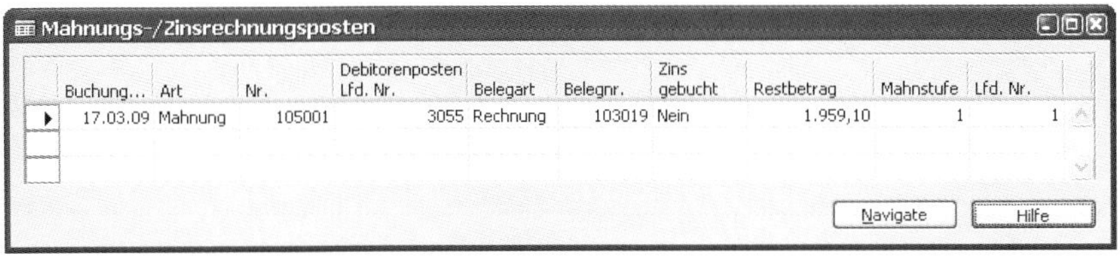

Buchung...	Art	Nr.	Debitorenposten Lfd. Nr.	Belegart	Belegnr.	Zins gebucht	Restbetrag	Mahnstufe	Lfd. Nr.
17.03.09	Mahnung	105001	3055	Rechnung	103019	Nein	1.959,10	1	1

In diesen Posten werden Informationen zu den Mahnungszeilen, wie z.B. die Mahnstufe gespeichert.

3 Controlling und Auswertungen

Es gibt eine Vielzahl von Controlling- und Auswertungsfunktionalitäten in Microsoft Dynamics NAV. So stehen z.B. in jedem Modul FlowFields zur Verfügung, deren Anzeige durch zusätzliche FlowFilter beeinflusst werden kann. Damit können bereits direkt am Bildschirm wesentliche Informationen sofort und sekundenaktuell abgerufen werden.

Neben diesen allgemeinen Controlling- und Auswertungsinstrumenten verfügt Microsoft Dynamics NAV zusätzlich über drei leistungsstarke und anwenderseitig konfigurierbare Auswertungsinstrumente:

Im **Kontenschema** können Sachkonten beliebig gegliedert und strukturiert werden. Darüber hinaus kann die Berechnung auf Basis der Ist-Werte und des Budgets erfolgen, wodurch ein Soll-Ist-Vergleich möglich ist.

In dem Fenster **Saldo nach Dimensionen** können Sachkonten (Kontenplan), Zeit sowie die Globalen Dimensionen beliebig gegeneinander ausgewertet werden, indem jeweils zwei der vier Werte in einer Matrix gegenübergestellt werden.

Im Fenster **Analyseansichten** können Sachkonten (Kontenplan), Zeit sowie vier in der Analyseansicht definierten Dimensionen gegeneinander ausgewertet werden. Der Vorteil der Analyseansichten gegenüber dem Fenster Saldo nach Dimensionen besteht vor allem darin, dass auch Shortcut-Dimensionen ausgewertet werden können und dass ein Export der Daten als Pivot-Tabelle nach Excel möglich ist.

Die Möglichkeiten und Beschränkungen eines Controllingsystems ergeben sich in der Regel nicht aus den Funktionen der Software sondern aus der Qualität der vorhandenen Daten. Zu beachten ist: Je höher der Informationsbedarf desto höher die Kosten der Informationsbeschaffung und Aufbereitung.

Aus der Erfahrung heraus ergibt sich die größte Gefahr aus der unreflektierten Verarbeitung von nicht verprobten Daten. Wird z.B. festgelegt, dass alle Erlöse und Kosten auf Kostenträger verteilt werden sollen, werden sich bald Sonderfälle und Ausnahmen ergeben, die keinem vorhandenen Kostenträger zugeordnet werden können.

Da das System so eingestellt wurde, dass Buchungen nur mit Kostenträger abgesetzt werden können, wird in der Regel ein ungefähr passender Kostenträger ausgewählt. Das Ergebnis dieses Kostenträgers wird dadurch ggf. erheblich schlechter ausgewiesen, als gerechtfertigt wäre. Werden diese Daten zur Entscheidung genutzt, könnte damit die eigentlich profitable Produktlinie (also der Kostenträger) eingestellt werden.

Aus diesem Grund ist es wichtig, die Daten mehrfach zu verproben, an vielen Stellen in die Einzelwerte einzutauchen und Plausibilitätstests durchzuführen. Dabei werden an einigen Stellen Kompromisse erforderlich sein, wo die Beseitigung eines systematischen Fehlers den damit verbundenen Aufwand nicht rechtfertigt. Das Wissen um solche systematischen Fehler verbessert aber bereits die Interpretationsfähigkeit der vorhandenen Daten erheblich.

Bevor im Folgenden die einzelnen Auswertungsinstrumente ausführlich dargestellt werden, werden zunächst die Dimensionen erklärt, die die Grundlage eines ausgefeilten Controllingkonzeptes darstellen.

3.1 Dimensionen

Jedes Unternehmen besitzt einen Informationsbedarf über die wirtschaftliche Lage und Entwicklung einzelner Abteilungen, Produktgruppen, Regionen oder anderer Einheiten. Bisher standen dazu im klassischen Controlling die Tabellen Kostenstelle und Kostenträger zur Verfügung.

Mit zunehmendem Informationsbedarf reichten jedoch häufig diese zwei Dimensionen Kostenstelle und Kostenträger nicht mehr aus, um alle Strukturen abzubilden. Damit verbunden, wurden die Bezeichnungen Kostenstelle und Kostenträger oft nicht treffend verwendet. Dem steigenden Informationsbedarf Rechnung tragend, kann in Microsoft Dynamics NAV mit mehreren Dimensionen gearbeitet werden.

Dabei stehen zwei Globale- und sechs Shortcut-Dimensionen zur Verfügung. Die Benennung der Dimensionen kann frei gewählt werden. Zu jeder dieser Dimensionen können beliebig viele Dimensionswerte hinterlegt werden.

Der Unterschied zwischen den Globalen- und den Shortcut-Dimensionen wird im weiteren Kapitel dargestellt.

3.1.1 Einrichten von Dimensionen

Über den Menüpunkt *Finanzmanagement / Einrichtung / Dimensionen / Dimensionen* wird das Tabellen-Formular Dimensionen geöffnet.

In dieser Ansicht können beliebig viele Dimensionen erfasst werden. Sie ist die Basis für die spätere Definition der Globalen- und Shortcut-Dimensionen in der Finanzbuchhaltung Einrichtung.

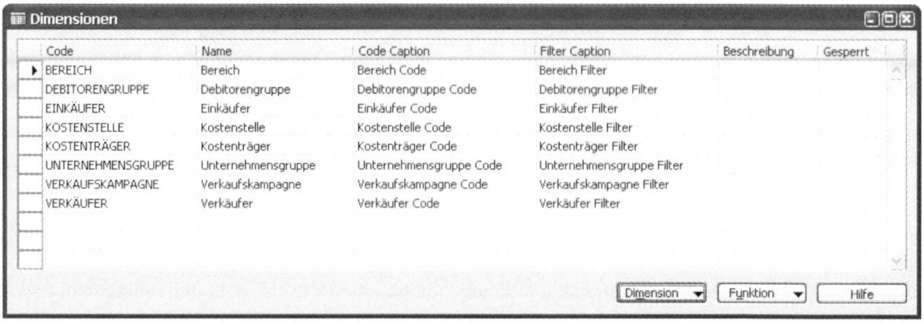

Dimensionen

Code	Name	Code Caption	Filter Caption	Beschreibung	Gesperrt
BEREICH	Bereich	Bereich Code	Bereich Filter		
DEBITORENGRUPPE	Debitorengruppe	Debitorengruppe Code	Debitorengruppe Filter		
EINKÄUFER	Einkäufer	Einkäufer Code	Einkäufer Filter		
KOSTENSTELLE	Kostenstelle	Kostenstelle Code	Kostenstelle Filter		
KOSTENTRÄGER	Kostenträger	Kostenträger Code	Kostenträger Filter		
UNTERNEHMENSGRUPPE	Unternehmensgruppe	Unternehmensgruppe Code	Unternehmensgruppe Filter		
VERKAUFSKAMPAGNE	Verkaufskampagne	Verkaufskampagne Code	Verkaufskampagne Filter		
VERKÄUFER	Verkäufer	Verkäufer Code	Verkäufer Filter		

Dimension ▼ Funktion ▼ Hilfe

Da die Namen der Dimensionen frei vom Anwender vergeben werden können, müssen auch die mit dem Namen im Zusammenhang stehenden Feldbezeichnungen definiert werden. Der in der Spalte „Code“ definierte Wert wird in Microsoft Dynamics NAV verwendet um anzuzeigen, um welche Dimensionen es sich handelt. Der „Name“ wird bei der Auswahl der Dimension als zusätzliche Beschreibung angezeigt.

Die „Code Caption“ wird beim EXCEL-Import und –Export von Budgets verwendet. Der in der Spalte „Filter Caption“ eingetragene Wert ist die Bezeichnung des FlowFilters in den Eingabemasken, z.B. heißt dann der FlowFilter für Kostenstellen im Fenster Analyseansichten „Kostenstelle Filter“.

Aus dem Fenster Dimensionen kann durch den Menüpunkt Dimension▼ / *Dimensionswerte* die Eingabemaske für die einzelnen Ausprägungen einer Dimension (z.B. der regionalen Bereiche) aufgerufen werden:

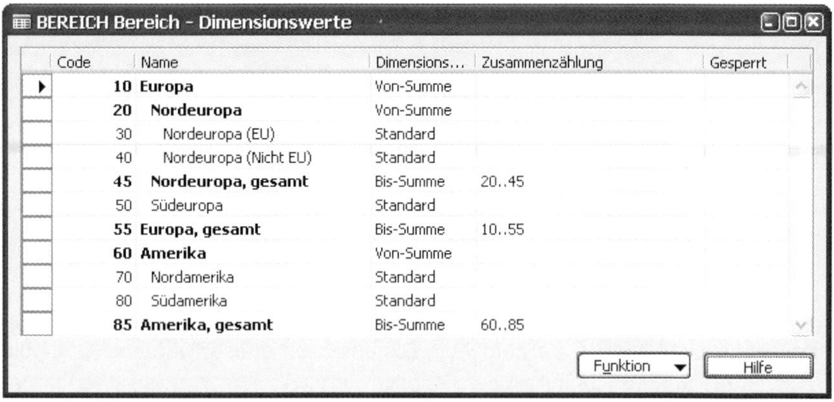

BEREICH Bereich - Dimensionswerte

Code	Name	Dimensions...	Zusammenzählung	Gesperrt
10	**Europa**	Von-Summe		
20	**Nordeuropa**	Von-Summe		
30	Nordeuropa (EU)	Standard		
40	Nordeuropa (Nicht EU)	Standard		
45	**Nordeuropa, gesamt**	Bis-Summe	20..45	
50	Südeuropa	Standard		
55	**Europa, gesamt**	Bis-Summe	10..55	
60	**Amerika**	Von-Summe		
70	Nordamerika	Standard		
80	Südamerika	Standard		
85	**Amerika, gesamt**	Bis-Summe	60..85	

Funktion ▼ Hilfe

Die Dimensionswerte können dabei durch <Von-Summen> und <Bis-Summen> analog zum Kontenplan mehrfach hierarchisch aufgebaut werden.

3.1.2 Globale- und Shortcutdimensionen

In der Finanzbuchhaltung Einrichtung können von den eingerichteten Dimensionen acht Dimensionen hinterlegt werden, die bei Unternehmensprozessen (beim Buchen) laufend gefüllt werden.

Dabei wird zwischen zwei Globalen und sechs weiteren Shortcut-Dimensionen unterschieden. Der Unterschied besteht darin, dass Globale Dimensionen direkt als Werte in der Postentabelle (z.B. Sachposten, Artikelposten, Debitorenposten) gespeichert werden und somit über FlowFilter ausgewertet werden können.

Zum Beispiel kann im Kontenplan ein FlowFilter auf die Kostenstelle VERKAUF gesetzt werden, wenn Kostenstellen als Globale Dimension definiert wurden. In diesem Fall werden im Kontenplan nur Bewegungen und Salden angezeigt, die die Kostenstelle VERKAUF betreffen. Auf Shortcut-Dimensionen kann kein FlowFilter in Stammdatenfenstern sondern nur in speziellen Auswertungsfenstern wie z.B. den Analyseansichten gesetzt werden.

Bei welchen Dimensionen es sich um Globale und bei welchen um Shortcut-Dimensionen handelt, wird in der Finanzbuchhaltung Einrichtung angegeben, die über den Menüpunkt *Verwaltung / Anwendung Einrichtung / Finanzmanagement / Finanzbuchhaltung Einrichtung* aufgerufen wird:

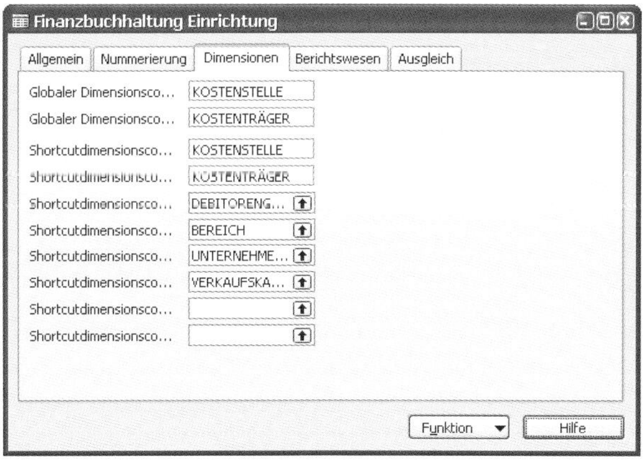

Hierbei entsprechen die Shortcutdimensionen 1 und 2 immer den Globalen Dimensionen. Die Shortcutdimensionen können beliebig verändert werden.

Da die Werte der Globalen Dimensionen direkt in die einzelnen Posten geschrieben werden, können diese nur durch eine Stapelverarbeitung verändert werden, die über den Menüpunkt Funktion ▼ / *Globale Dimensionen ändern...* aufgerufen wird.

3.1.3 Automatische Vorbelegung von Dimensionswerten

Bei konsequenter Pflege mehrerer Dimensionen würde der Erfassungsaufwand in der Buchhaltung und Auftragserfassung rapide steigen. Damit würde der Aufwand der generierten Informationen schnell unwirtschaftlich werden. Um die Informationen über mehrere Dimensionen dennoch mit einem akzeptablen Aufwand generieren zu können, müssen so viele Werte wie möglich automatisch vom System vorgeschlagen werden.

Umgekehrt müssen Konsistenzprüfungen dafür sorgen, dass die Dimensionswerte auch vollständig bei allen gewünschten Geschäftsvorfällen erfasst werden. Zu diesem Zweck liefert Microsoft Dynamics NAV vier Vorgabefunktionen, die nachfolgend erläutert werden:

Vorgabe auf Tabellenebene

Die erste Möglichkeit Vorgabewerte zu definieren besteht auf Tabellenebene. Das entsprechende Einrichtungsfenster kann aus dem Fenster Dimensionen (*Finanzmanagement / Einrichtung / Dimensionen / Dimensionen*) über den Menüpunkt Dimension ▼ / *Tabellenstandarddimensionen* aufgerufen werden:

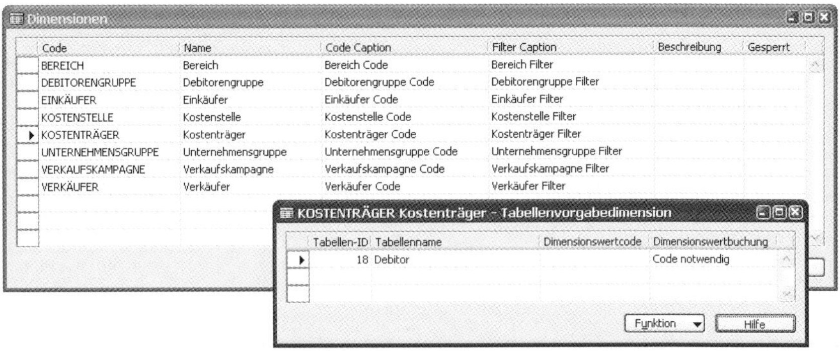

Wenn z.B. jede Debitorenbuchung mit einem Kostenträgercode abgesetzt werden soll, so kann für die Tabelle Debitor festgelegt werden, dass in jedem Fall ein Code notwendig ist oder umgekehrt nie ein Code angegeben werden darf (Dimensionswertbuchung = Kein Code).

Darüber hinaus können für ganze Tabellen Vorgabewerte definiert werden, die standardmäßig vorgeschlagen und anschließend manuell geändert werden können. Dazu würde ein Dimensionswertcode eingetragen und die Spalte „Dimensionswertbuchung" leer gelassen werden.

Vorgabe auf Datensatzebene

Auf Tabellenebene wird definiert, ob eine bestimmte Tabelle grundsätzlich mit oder ohne Dimension gebucht werden soll. Die Vorbelegung mit Werten wird auf Ebene der Datensätze vorgenommen.

Zum Beispiel wird definiert, dass Kostenbuchungen auf dem Sachkonto Miete immer auf die Mietkostenstelle laufen, um von dort im Umlageverfahren auf andere Kostenstellen umgebucht zu werden.

Der Aufruf der Vorgabewerte auf Datensatzebene erfolgt über den Menüpunkt Dimensionen aus der entsprechenden Stammdaten-Karte heraus, also z.B. aus der Sachkontenkarte über den Menüpunkt Sachkonto▼ / *Dimensionen.*

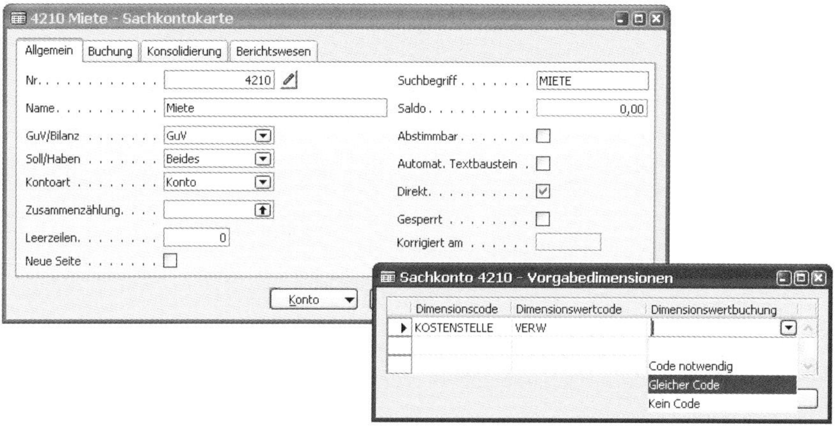

Wenn bei mehreren Sachkonten die gleiche Einstellung vorgenommen werden soll, können die entsprechenden Konten direkt im Kontenplan markiert und anschließend über Konto▼ / *Dimensionen / Zuordnung für markierte Datensätze* die Zuweisung vorgenommen werden.

Vorgabedimension Prioritäten

Da bei einem Buchungsvorgang mehrere Werte in der Buchungszeile (z.B. Kreditor und Sachkonto) mit verschiedenen Vorgabewerten für die gleiche Dimension belegt sein können, kann es zu Konflikten kommen, welcher der beiden Werte verwendet werden soll. Wird z.B. über die Buchungsblätter eine einzeilige Buchung „Kosten an Kreditor“ erfasst, könnte sowohl im Sachkonto als auch im Kreditor ein (unterschiedlicher) Vorgabewert für die Dimension Kostenträger hinterlegt sein.

In diesem Fall muss entschieden werden, welcher Kostenträger innerhalb der Buchung verwendet werden soll. Dazu können für jeden Erfassungsbereich

(Herkunftscode, z.B. Fibu Buch.-Blätter, Einkaufs Buch.-Blätter, Verkaufsaufträge, etc.) Prioritäten für alle Tabellen vergeben werden, in denen Dimensionen vorbelegt werden können.

Die Vorgabedimension Prioritäten werden über den Menüpunkt *Finanzmanagement / Einrichtung / Dimensionen / Standarddimension Prioritäten* aufgerufen:

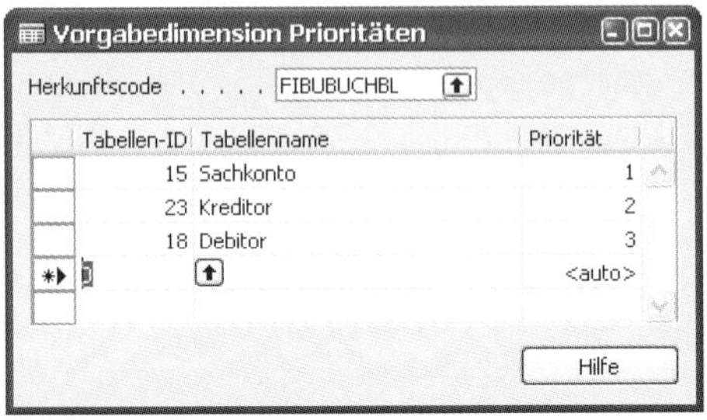

Um das Controllingsystem beherrschbar zu halten, sollten Vorgabedimension Prioritäten vermieden werden. Microsoft Dynamics NAV bietet zwar diese Möglichkeit, in einem klar strukturierten Controllingkonzept sollte der Bedarf nach einer solchen Funktion jedoch nicht bestehen.

Einschränkung und Sperrung von Dimensionskombinationen

Bei einer Vielzahl von Dimensionen kann es notwendig sein, die Kombination von Dimensionen oder einzelnen Dimensionswerten auszuschließen.

Das Fenster für die Definition solcher Sperrungen von Dimensionskombinationen wird über das Menü *Finanzmanagement / Einrichtung / Dimensionen / Dimensionskombinationen* aufgerufen:

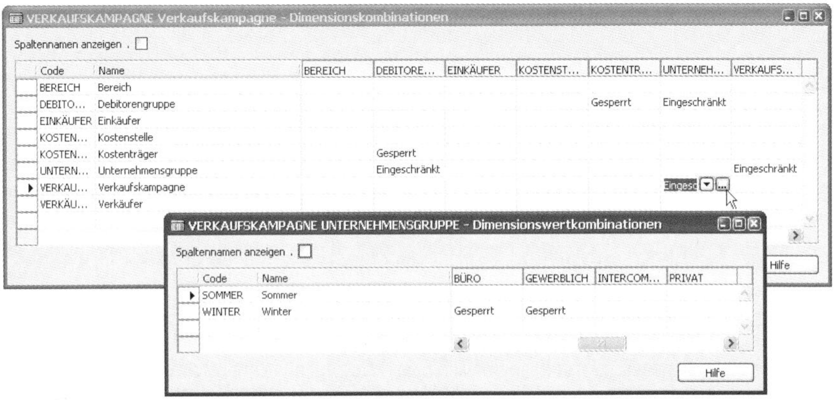

Zum Beispiel soll zur strikten Trennung von Einzel- und Gemeinkosten immer nur eine Kostenstelle oder ein Kostenträger ausgewählt werden dürfen. Oder eine Verkaufskampagne wurde nur im Bereich der Privatdebitoren durchgeführt und soll deshalb nicht zusammen mit gewerblichen Debitoren gebucht werden dürfen.

3.2 Kontenplanübersicht

Im Fenster Kontenplanübersicht, das aus dem Kontenplan über Saldo▼ / *Kontenplanübersicht* aufgerufen werden kann, wird der Kontenplan mit verschiedenen Detailebenen angezeigt. Über die Schaltflächen in der Spalte „Aufklappen“ können die Ebenen entfaltet und weitere Details angezeigt werden.

Mit diesem Formular steht ein Auswertungswerkzeug zur Verfügung, das je nach Bedarf nur bestimmte Teilbereiche des Kontenplans im Detail anzeigt.

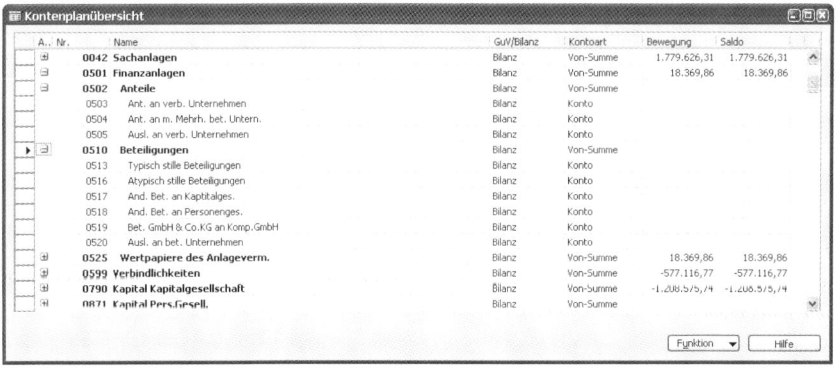

A..	Nr.	Name	GuV/Bilanz	Kontoart	Bewegung	Saldo
⊞	**0042**	**Sachanlagen**	Bilanz	Von-Summe	1.779.626,31	1.779.626,31
⊟	**0501**	**Finanzanlagen**	Bilanz	Von-Summe	18.369,86	18.369,86
⊟	**0502**	**Anteile**	Bilanz	Von-Summe		
	0503	Ant. an verb. Unternehmen	Bilanz	Konto		
	0504	Ant. an m. Mehrh. bet. Untern.	Bilanz	Konto		
	0505	Ausl. an verb. Unternehmen	Bilanz	Konto		
⊟	**0510**	**Beteiligungen**	Bilanz	Von-Summe		
	0513	Typisch stille Beteiligungen	Bilanz	Konto		
	0516	Atypisch stille Beteiligungen	Bilanz	Konto		
	0517	And. Bet. an Kaptitalges.	Bilanz	Konto		
	0518	And. Bet. an Personenges.	Bilanz	Konto		
	0519	Bet. GmbH & Co.KG an Komp.GmbH	Bilanz	Konto		
	0520	Ausl. an bet. Unternehmen	Bilanz	Konto		
⊞	**0525**	**Wertpapiere des Anlageverm.**	Bilanz	Von-Summe	18.369,86	18.369,86
⊞	**0599**	**Verbindlichkeiten**	Bilanz	Von-Summe	-577.116,77	-577.116,77
⊞	**0790**	**Kapital Kapitalgesellschaft**	Bilanz	Von-Summe	-1.208.575,74	-1.208.575,74
⊞	**0871**	**Kapital Pers.Gesell.**	Bilanz	Von-Summe		

Alle Filtermöglichkeiten, die im Kontenplan für Auswertungen zur Verfügung stehen, können auch in der Kontenplanübersicht angewendet werden.

3.3 Kontenschema

Mit Hilfe der Kontenschemata kann man schon nach kurzer Einarbeitung und ohne Programmierkenntnisse eigene Auswertungen erzeugen. Darüber hinaus werden die Kontenschemata benutzt, um die Bilanz und die GuV zu erstellen.

Ein Kontenschema besteht aus Zeilen (Sachkonten / Sachkontensummen) und Spalten (Zeit- und Budgetbezogen). Darüber hinaus sind weitere Einstellungen im Kontenschema (-Namen) möglich. In das Erfassungsfenster für Kontenschema Namen gelangt man durch Ausführen der Lookup-Funktionalität im Feld „Name“ aus dem Fenster Kontenschema (*Finanzmanagement / Finanzbuchhaltung / Analyse & Berichtswesen / Kontenschemata*):

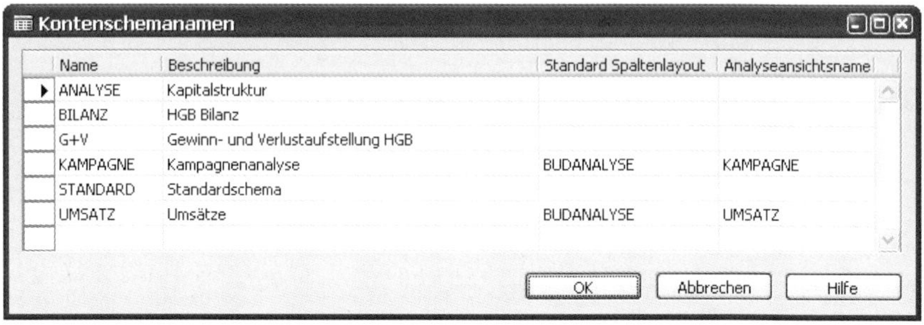

Name	Beschreibung	Standard Spaltenlayout	Analyseansichtsname
ANALYSE	Kapitalstruktur		
BILANZ	HGB Bilanz		
G+V	Gewinn- und Verlustaufstellung HGB		
KAMPAGNE	Kampagnenanalyse	BUDANALYSE	KAMPAGNE
STANDARD	Standardschema		
UMSATZ	Umsätze	BUDANALYSE	UMSATZ

Im „Standard Spaltenlayout“ kann voreingestellt werden, mit welchem Spaltenlayout das Kontenschema normalerweise aufgerufen werden soll. Bei einer Anzeige wird dieses Spaltenlayout vorbelegt und muss nicht mehr manuell angegeben werden.

Wird ein „Analyseansichtname“ angegeben, können in den Kontenschema-Spalten die Dimensionen dieser Analyseansicht wie FlowFilter verwendet werden. Auf diese Weise lassen sich Shortcutdimensionen im Kontenschema wie globale Dimensionen verarbeiten.

3.3.1 Kontenschemazeilen

Mit Hilfe der Kontenschemata können Sachkontensalden und -bewegungen in den Kontenschemazeilen beliebig addiert, subtrahiert, multipliziert und dividiert werden.

Mit Hilfe der „Rubrikennr.“ kann die Zeile für spätere Rechenoperationen eindeutig identifiziert werden.

Die „Beschreibung“ erscheint als Text in den späteren Auswertungen.

In der „Zusammenzählungsart“ und „Zusammenzählung“ wird angegeben, was berechnet werden soll: Ist die Zusammenzählungsart eine <Kontensumme>, so handelt es sich in der Spalte „Zusammenzählung“ um Sachkontonummern. Ist die Art eine <Summensumme>, so handelt es sich um Sachkonten vom Typ Summe oder Bis Summe. Bei einer <Formel> können in der Spalte „Zusammenzählung“ Rubriken mit Hilfe der Grundrechenarten verarbeitet werden. Wurde <Festgelegte Basis für Prozent> ausgewählt, kann in der Spalte „Zusammenzählung“ auf eine Rubrikennr. verwiesen werden. Diese bildet dann die Basis für die Prozentrechnung (100 %).

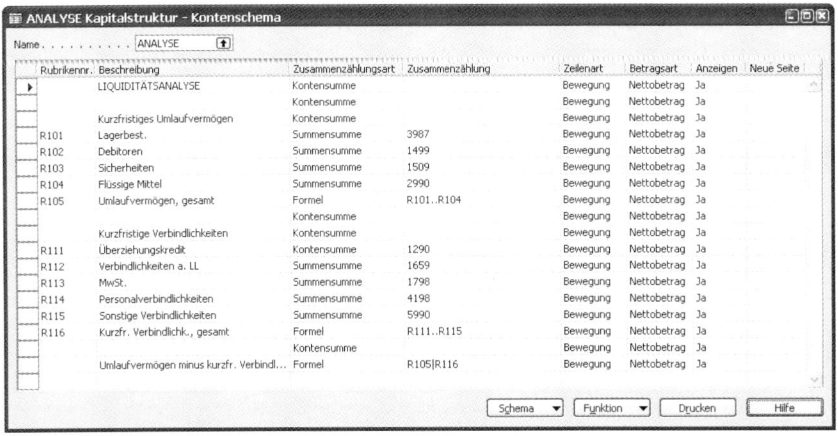

ANALYSE Kapitalstruktur - Kontenschema

Name . . . . ANALYSE

Rubrikennr.	Beschreibung	Zusammenzählungsart	Zusammenzählung	Zeilenart	Betragsart	Anzeigen	Neue Seite
	LIQUIDITÄTSANALYSE	Kontensumme		Bewegung	Nettobetrag	Ja	
		Kontensumme		Bewegung	Nettobetrag	Ja	
	Kurzfristiges Umlaufvermögen	Kontensumme		Bewegung	Nettobetrag	Ja	
R101	Lagerbest.	Summensumme	3987	Bewegung	Nettobetrag	Ja	
R102	Debitoren	Summensumme	1499	Bewegung	Nettobetrag	Ja	
R103	Sicherheiten	Summensumme	1509	Bewegung	Nettobetrag	Ja	
R104	Flüssige Mittel	Summensumme	2990	Bewegung	Nettobetrag	Ja	
R105	Umlaufvermögen, gesamt	Formel	R101..R104	Bewegung	Nettobetrag	Ja	
		Kontensumme		Bewegung	Nettobetrag	Ja	
	Kurzfristige Verbindlichkeiten	Kontensumme		Bewegung	Nettobetrag	Ja	
R111	Überziehungskredit	Kontensumme	1290	Bewegung	Nettobetrag	Ja	
R112	Verbindlichkeiten a. LL	Summensumme	1659	Bewegung	Nettobetrag	Ja	
R113	MwSt.	Summensumme	1798	Bewegung	Nettobetrag	Ja	
R114	Personalverbindlichkeiten	Summensumme	4198	Bewegung	Nettobetrag	Ja	
R115	Sonstige Verbindlichkeiten	Summensumme	5990	Bewegung	Nettobetrag	Ja	
R116	Kurzfr. Verbindlichk., gesamt	Formel	R111..R115	Bewegung	Nettobetrag	Ja	
		Kontensumme		Bewegung	Nettobetrag	Ja	
	Umlaufvermögen minus kurzfr. Verbindl...	Formel	R105|R116	Bewegung	Nettobetrag	Ja	

Schema ▼ Funktion ▼ Drucken Hilfe

Bei der Vergabe von Rubrikennummern sollten immer Buchstaben mit verwendet werden, um diese von normalen Zahlen zu unterscheiden. Soll in einer Formel z.B. ein Wert durch 100 geteilt werden, und eine Rubrik hat genau diese Nummer, teilt Microsoft Dynamics NAV den Wert durch das Ergebnis der Rubrik 100 und nicht durch die Zahl 100.

Über die Spalte „Anzeigen" können Zeilen für Zwischenberechnungen ausgeblendet werden.

Zusätzlich zu den Sachkonten können die angezeigten Zahlen durch Filter in den vier Feldern Dimensionssumme 1 bis 4 beeinflusst werden. Hierbei gilt: Wurde in dem Kontenschema-Namen eine Analyseansicht hinterlegt, so können die Dimensionen der Analyseansicht zum Filtern verwendet werden. Wurde keine Analyseansicht hinterlegt, so werden über die Dimensionssummen 1 und 2 die globalen Dimensionen angesprochen.

Besitzt ein Unternehmen z.B. vier Regionen, in denen Geschäfte getätigt werden, so könnte eine Gewinn- und Verlustrechnung die Umsätze und Aufwendungen dieser vier Bereiche dadurch anzeigen, dass die gleichen Sachkonten (Erlös- und Aufwandskonten) in je vier Rubriken ausgewiesen werden, in denen jeweils eine andere Dimensionssumme als Filter hinterlegt ist.

Über die Spalten Fett, Unterstrichen, Kursiv und Umgekehrtes Vorzeichen kann das Aussehen des Berichtes formatiert werden.

Um den kompletten Kontenplan oder Teile davon in das Kontenschema schnell einzufügen, kann über den Menüpunkt Funktion▼ / *Konten einfügen* die Sachkontenübersicht geöffnet werden und es können alle markierten Konten (inklusive Von- und Bis-Summen) in das Kontenschema eingefügt werden.

Beim Einrichten des Kontenschemas sollte sorgfältig darauf geachtet werden, dass jedes Konto nur einmal in die Auswertung einbezogen wird. Ein häufiger Fehler besteht darin, ein Sachkonto einmal direkt in einer Zeile anzusprechen und in einer weiteren Zeile eine Zusammenzählung einzufügen, die ebenfalls das Konto enthält.

3.3.2 Kontenschemaspalten

Die Kontenschemaspalten können dazu genutzt werden, eine zeitliche Entwicklung der Zeilenwerte aufzuzeigen oder Vergleiche mit anderen Perioden oder Budgetwerten durchzuführen. Das Fenster wird aus dem Kontenschema über den Befehl Funktion▼ / *Spaltenlayouts einrichten…* aufgerufen:

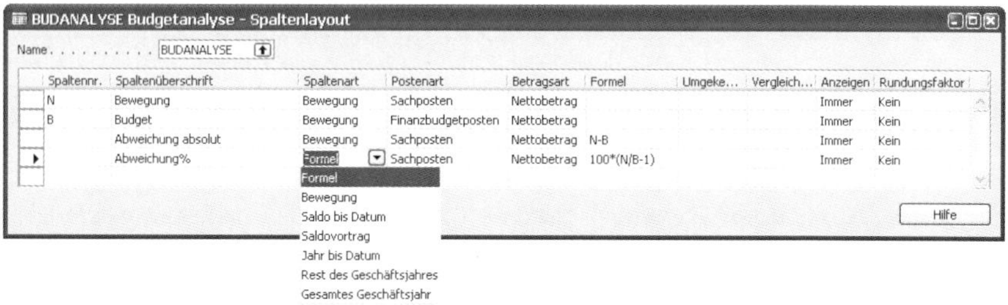

Über die „Postenart“ kann alternativ auf gebuchte Werte (Sachposten) oder budgetierte Werte (Finanzbudgetposten) zugegriffen werden.

In der Spalte „Formel“ kann bei der Spaltenart <Formel> eine Berechnung von Spalten durchgeführt werden. Hierzu stehen die Grundrechenarten und der Operator % (er stellt den Bezug zwischen Spalten- und Rubrikennummer her) zur Verfügung. Auf die Spalten wird über die Spaltennummer zugegriffen.

Über die Felder Vergleichsdatumsformel (für Kalenderjahre) und Vergleichsperiodendatumsformel (für Geschäftsjahre) kann der ausgewählte Zeitraum um Jahre, Monate, Wochen oder Tage vor- oder zurückverlegt werden. Auf diese Weise sind Vergleiche mit Vormonaten und Vorjahren möglich.

In der Spalte „Spaltenart“ kann festgelegt werden, welche Datumsabgrenzung bei der Berechnung der Spalte bezogen auf den gesetzten Datumsfilter angewendet werden soll:

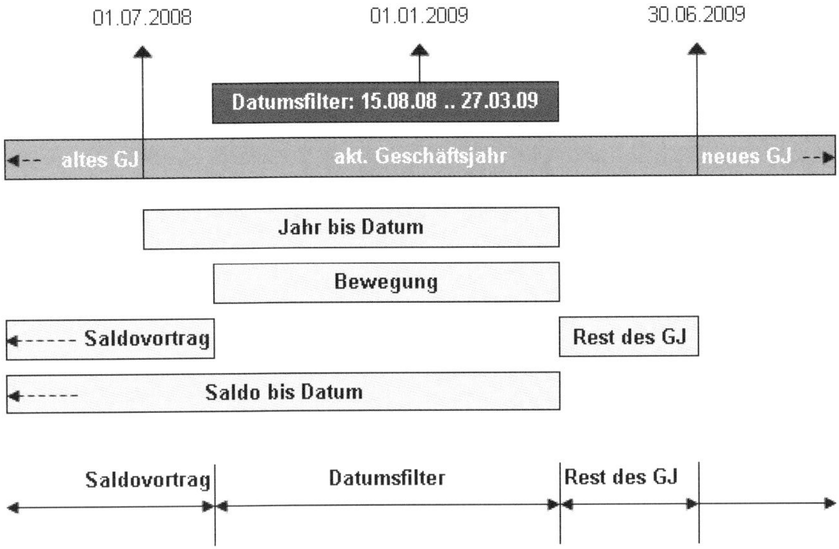

3.3.3 Ausdruck und Export

Wurde das Kontenschema eingerichtet und auf die richtige Funktionsweise getestet, können die errechneten Werte direkt am Bildschirm, als Ausdruck oder in Excel ausgegeben werden:

Ausdruck

Der Ausdruck kann direkt aus dem Formular Kontenschema über den Button Drucken... gestartet werden oder aus der Kontenschemamatrix über den Punkt Funktion▼ / *Drucken...*

In der Request-Form bzw. im Anforderungsfenster sind die Felder für die Definition des Kontenschemas bereits gefüllt. Zusätzlich können mehrere Filter für die Ausgabe definiert werden. Über den Button Drucken... kann der Bericht auf einem Drucker ausgegeben werden. Zuvor kann er über den Button Seitenansicht auf dem Bildschirm als Vorschau angezeigt werden.

Im Ausdruck können 5 definierte Spalten angezeigt werden. Darüber hinaus können zusätzliche FlowFilter sowie Optionen gesetzt werden, um die angezeigten Werte zu steuern.

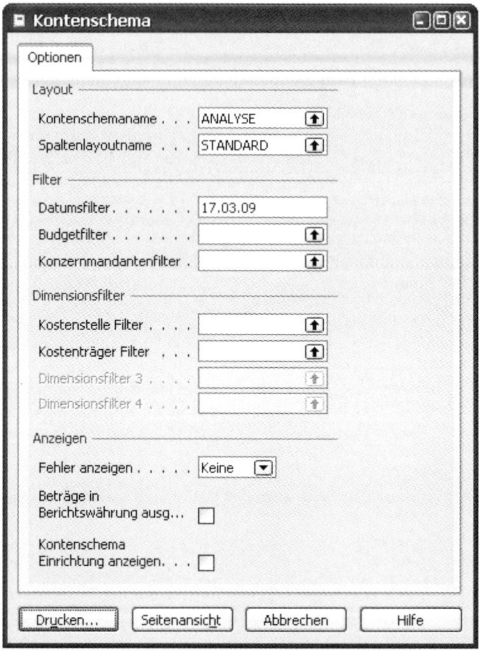

Bildschirm

Zur Anzeige am Bildschirm dient das Fenster Kontenschema Matrix, das über den Menüpunkt Schema▼ / *Matrix* aufgerufen wird:

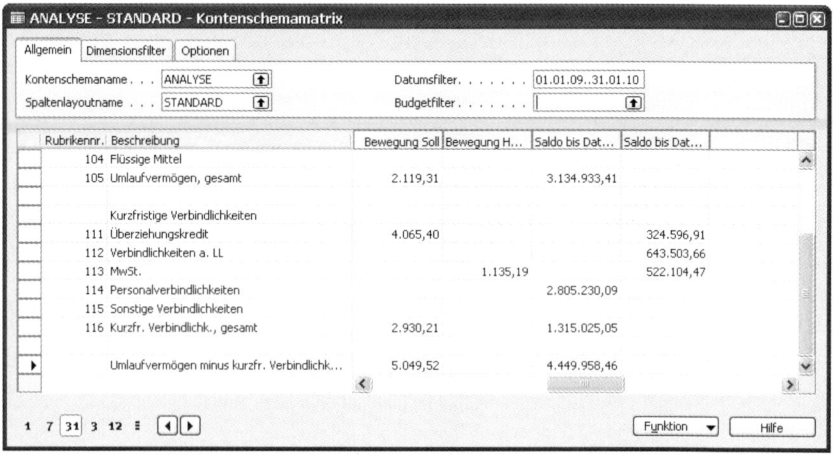

In dem Matrixfenster können beliebig viele Spalten dargestellt werden. Über die Datumsknöpfe am linken unteren Rand des Fensters kann die Länge der Periode (Tag, Woche, Monat, Quartal, Jahr) eingestellt und zwischen den Perioden gewechselt werden.

Darüber hinaus können neben den Einstellungen im Kopfbereich auch FlowFilter (über *Ansicht / FlowFilter…*) gesetzt werden.

Export nach Excel

Der Excel-Export wird aus dem Fenster Kontenschema Matrix über den Befehl Funktion▼ / *Nach Excel exportieren…* aufgerufen:

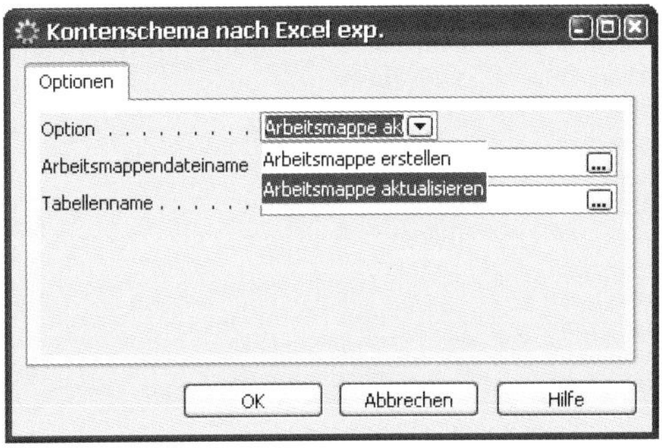

Dabei kann entweder eine vorhandene Arbeitsmappe aktualisiert oder eine neue erstellt werden.

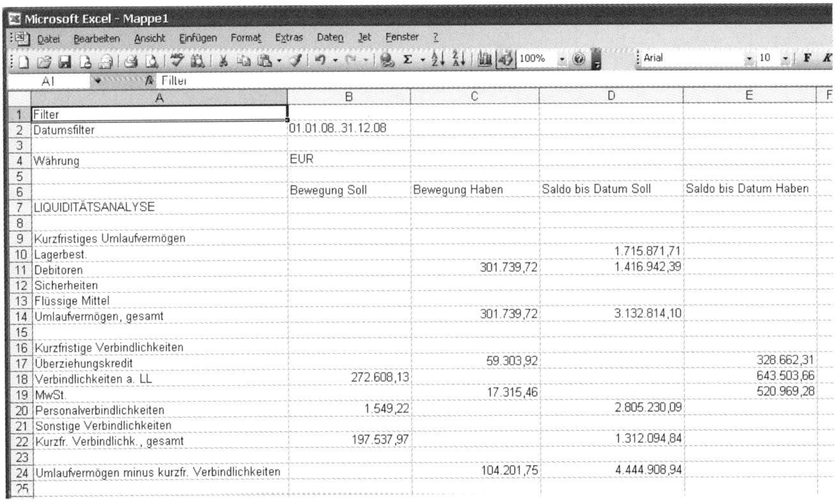

Der Excel-Export eignet sich besonders für Auswertungen mit vielen Spalten und für die grafische Aufbereitung der Daten. So könnte z.B. auf Basis eines Kontenschema-Exports ein aufwändiger grafischer Bericht erstellt werden. Im Folgemonat könnte dieselbe Vorlage aktualisiert werden, so dass die neuen Daten nicht neu aufbereitet werden müssen.

3.4 Saldo nach Dimensionen

Das Fenster Saldo nach Dimensionen wird aus dem Kontenplan über die Schaltfläche Saldo▼ / *Saldo nach Dimensionen* aufgerufen:

In den Zeilen und Spalten können die Dimensionen Sachkonten, Datum (Periode) sowie die globalen Dimensionen ausgewählt und gegenübergestellt werden.

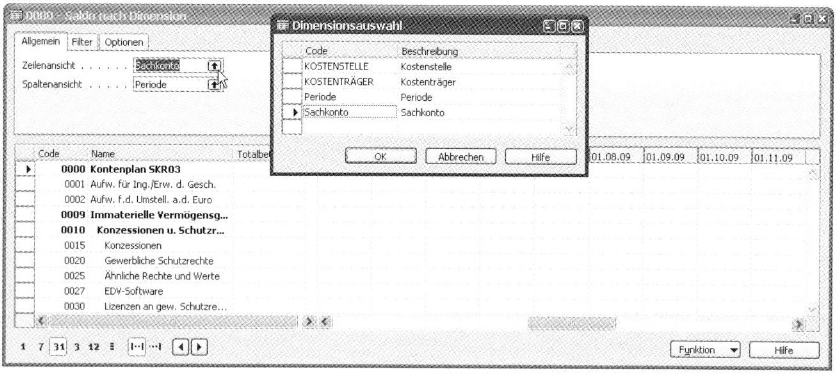

Jede Dimension kann darüber hinaus im Register Filter eingeschränkt werden. So könnten z.B. nur GuV-Konten zur Anzeige gebracht werden. Wird Periode nicht als Dimension ausgewählt, so wird der zu betrachtende Zeitraum über den Datumsfilter angegeben.

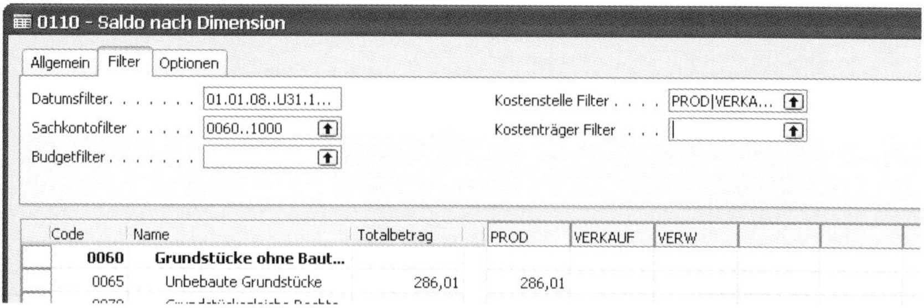

Über das Register Optionen wird eingestellt, welche Werte zur Anzeige kommen.

Hierbei ist vor allem interessant, dass neben den gebuchten Beträgen auch die Budgetwerte sowie deren absolute und relative Abweichungen angezeigt werden können.

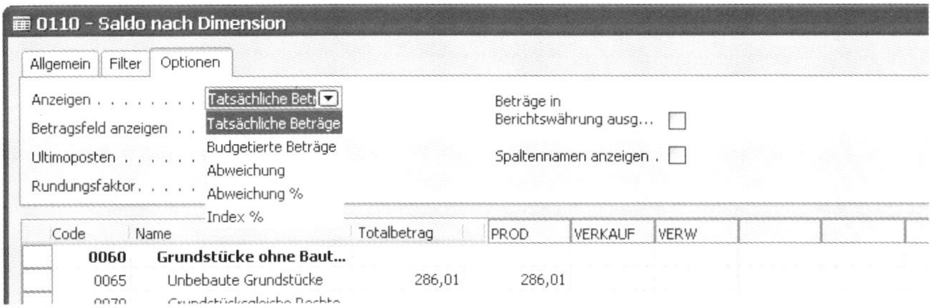

Ein einfacher Excel-Export der angezeigten Daten ist möglich, indem alles markiert wird (**Strg**+**A**) und über die Zwischenablage kopiert und in Excel wieder eingefügt wird. Hierbei werden allerdings nur die Spalten kopiert, die zum Zeitpunkt des Kopierens zu sehen waren. Die Anzahl dieser Spalten kann zwar noch dadurch erhöht werden, dass die Spaltenbreite auf den kleinsten möglichen Wert reduziert wird, ist aber dennoch begrenzt.

3.5 Analyseansichten

Weitere, über die Funktion des Fensters Saldo nach Dimensionen hinausgehende Möglichkeiten, bieten die Analyseansichten. Der größte Vorteil besteht vor allem darin, dass auch Shortcutdimensionen einbezogen werden können und die Ergebnisse als Pivot-Tabelle nach Excel exportiert werden können.

3.5.1 Definition der Analyseansicht

Die Grundidee einer Analyseansicht besteht darin, bestimmte Informationen im Vorfeld einer Analyse aufzubereiten, um die Daten anschließend auch bei sehr großen Datenbeständen innerhalb von Sekunden abrufen zu können. Mit den Analyseansichten stellt Microsoft Dynamics NAV bereits in der Basisversion OLAP-Funktionen zur Verfügung (OLAP = OnLine Analytic Processing).

Viele Unternehmen besitzen zur Steuerung ihrer Geschäfte eine Vielzahl von Dimensionen (Kostenstellen, Kostenträger, Debitorengruppen, Regionen usw.). Da eine mehrdimensionale Darstellung praktisch kaum möglich ist, wird die mehrdimensionale Darstellung in eine Vielzahl zweidimensionaler Darstellungen heruntergebrochen. Der Anwender kann dann selbst entscheiden, welche zwei Dimensionen er gerade vergleichen möchte.

Die anzuzeigenden Dimensionen und die Darstellung der angezeigten Werte einer Analyseansicht werden in dem Fenster Analyseansichtskarte definiert, das über *Finanzmanagement / Einrichtung / Dimensionen / Analyseansichten* aufgerufen wird:

Wichtige Einstellungen im Register Allgemein sind der „Sachkontenfilter" und die „Datumskomprimierung". Da für die meisten Auswertungen entweder die GuV- oder die Bilanzkonten interessant sind, wird durch die Einschränkung der zu berechnenden und anzuzeigenden Sachkonten die Auswertung übersichtlicher.

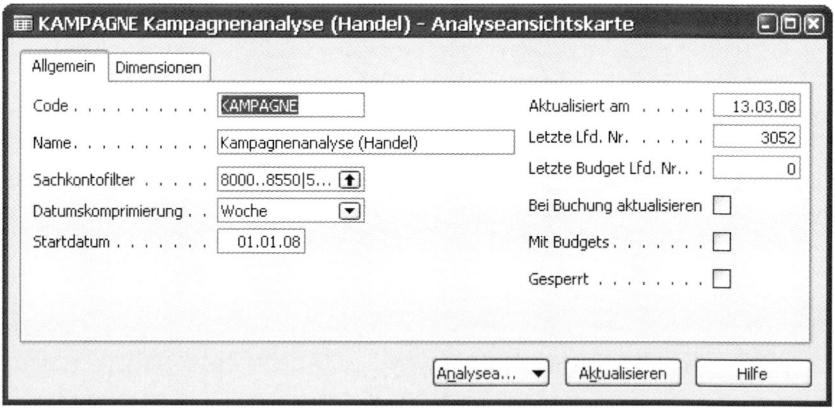

Über die Datumskomprimierung kann gesteuert werden, welches der kleinste anzuzeigende bzw. zu vergleichende Zeitraum ist. Möglich ist die Komprimierung auf Tag, Woche, Monat, Quartal oder Jahr.

Solange keine Probleme bei Performance oder Datenbankplatz auftreten, kann auch auf Ebene einzelner Tage komprimiert werden. Dies hat den Vorteil, dass eine leichtere Verprobung mit den Originaldaten möglich ist, wenn angezeigte Ergebnisse unplausibel erscheinen und überprüft werden sollen.

Wird das Feld „Bei Buchung aktualisieren" aktiviert, so verfügt die Auswertung immer über die aktuellen Werte, anderenfalls muss zuvor die Analyseansicht manuell durch Anstoßen der Funktion Aktualisieren auf den neuesten Stand gebracht werden.

Der Nachteil einer laufenden Aktualisierung besteht in einer geringeren Verarbeitungsgeschwindigkeit bei Buchungen, so dass selten benötigte Analyseansichten bei Bedarf manuell aktualisiert werden sollten.

Wurde das Feld „Mit Budgets“ aktiviert, so muss nach Änderungen in den Budgets eine Aktualisierung immer manuell angestoßen werden, auch wenn das Feld „Bei Buchungen aktualisieren“ aktiviert wurde.

Im Register Dimensionen wird festgelegt, welche Dimensionen in der Analyseansicht berücksichtigt und gegeneinander ausgewertet werden sollen.

Über den Menüpunkt **Analyseansicht▼** / *Filter* können analog zu den Sachkontenfiltern auf weitere Dimensionen Filter gesetzt werden. Damit können z.B. spezielle Analyseansichten geschaffen werden, die nur die Zahlen eines Unternehmensbereichs darstellen.

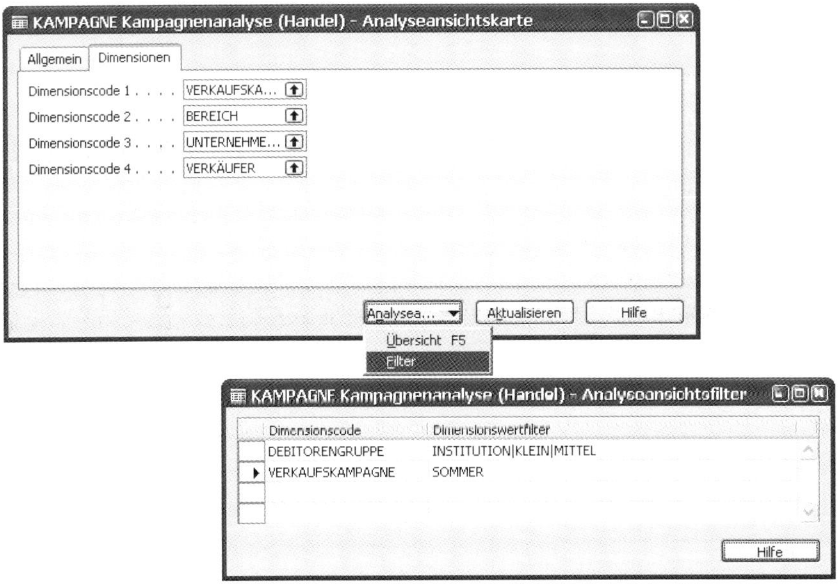

3.5.2 Analyse nach Dimensionen

Die Anzeige der in den Analyseansichten ermittelten Werte erfolgt in dem Fenster Analyse nach Dimensionen, das aus dem Hauptmenü über *Finanzmanagement / Finanzbuchhaltung / Analyse & Berichtswesen* aufgerufen wird.

Die Funktionen und Eingabemöglichkeiten entsprechen weitestgehend dem Fenster Saldo nach Dimensionen (siehe oben), so dass nachfolgend nur die Unterschiede erläutert werden.

Im Register Allgemein muss die gewünschte Analyseansicht ausgewählt werden. Im Register Optionen steht eine Option zur generellen Vorzeichenumkehr zur Verfügung.

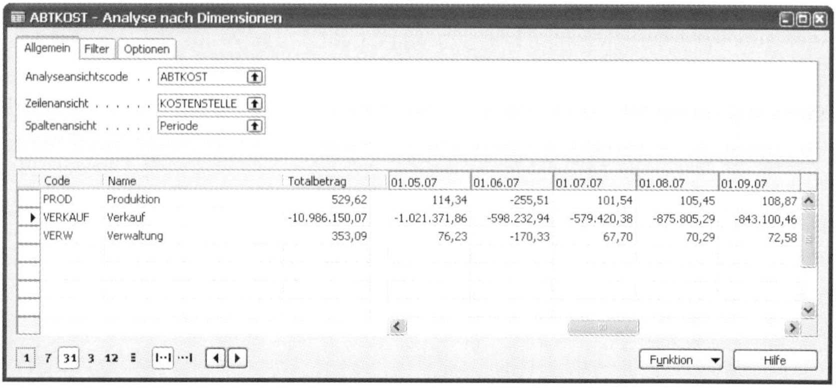

Über den Menüpunkt **Funktion▼** / *Nach Excel exportieren* können die Daten der Analyseansichten als Pivot-Tabelle nach Excel exportiert werden. Von dort aus ist mit wenigen Handgriffen eine grafische Aufbereitung und ein tabellarischer Ausdruck der Ergebnisse möglich.

4 Finanzbuchhaltung Aufbau

In diesem zweiten Teil zur Finanzbuchhaltung werden Themen behandelt, die nicht alltäglich auftreten, wie z.B. der Jahresabschluss und es werden Inhalte besprochen, die ein höheres Maß an finanzbuchhalterischen Kenntnissen voraussetzen, wie z.B. die Konsolidierung.

4.1 Einrichtungscheckliste

Nachdem bereits die wesentlichen Einrichtungsparameter der Microsoft Dynamics NAV Finanzbuchhaltung besprochen wurden, soll im Folgenden die Microsoft Dynamics NAV Einrichtungscheckliste vorgestellt werden, die gerade bei der Einrichtung vieler Mandanten eine große Hilfe darstellt.

Die Einrichtungscheckliste (*Verwaltung / IT-Verwaltung / Allgemeine Einrichtung / Einrichtungscheckliste*) stellt eine systematische Zusammenstellung der Einrichtungstabellen dar.

4.1.1 Aufbau und Einrichtungsplanung

Die Einrichtungscheckliste dient zur Planung und Durchführung der Mandanteneinrichtung. Dabei werden alle zur Einrichtung relevanten und lizenzierten Tabellen eines Mandanten angezeigt. Die Einrichtungscheckliste wird über *Verwaltung / Anwendung Einrichtung / Allgemein / Einrichtungscheckliste* aufgerufen.

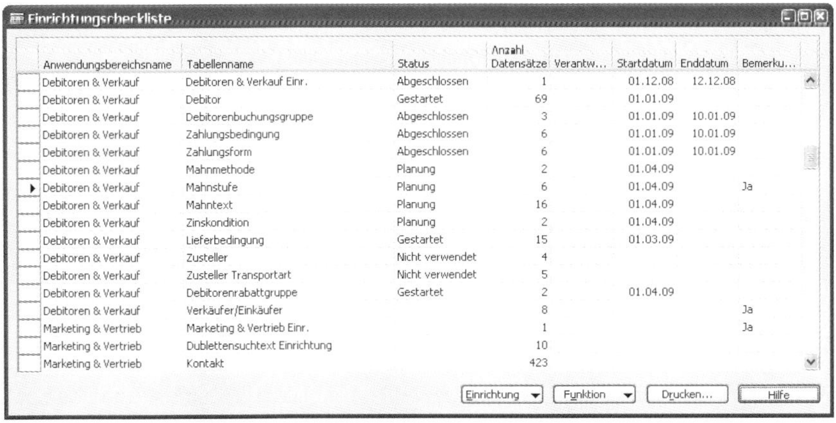
Einrichtungscheckliste

Anwendungsbereichsname	Tabellenname	Status	Anzahl Datensätze	Verantw...	Startdatum	Enddatum	Bemerku...
Debitoren & Verkauf	Debitoren & Verkauf Einr.	Abgeschlossen	1		01.12.08	12.12.08	
Debitoren & Verkauf	Debitor	Gestartet	69		01.01.09		
Debitoren & Verkauf	Debitorenbuchungsgruppe	Abgeschlossen	3		01.01.09	10.01.09	
Debitoren & Verkauf	Zahlungsbedingung	Abgeschlossen	6		01.01.09	10.01.09	
Debitoren & Verkauf	Zahlungsform	Abgeschlossen	6		01.01.09	10.01.09	
Debitoren & Verkauf	Mahnmethode	Planung	2		01.04.09		
Debitoren & Verkauf	Mahnstufe	Planung	6		01.04.09		Ja
Debitoren & Verkauf	Mahntext	Planung	16		01.04.09		
Debitoren & Verkauf	Zinskondition	Planung	2		01.04.09		
Debitoren & Verkauf	Lieferbedingung	Gestartet	15		01.03.09		
Debitoren & Verkauf	Zusteller	Nicht verwendet	4				
Debitoren & Verkauf	Zusteller Transportart	Nicht verwendet	5				
Debitoren & Verkauf	Debitorenrabattgruppe	Gestartet	2		01.04.09		
Debitoren & Verkauf	Verkäufer/Einkäufer		8				Ja
Marketing & Vertrieb	Marketing & Vertrieb Einr.		1				Ja
Marketing & Vertrieb	Dublettensuchtext Einrichtung		10				
Marketing & Vertrieb	Kontakt		423				

Einrichtung | Funktion | Drucken... | Hilfe

In der Spalte „Status" kann festgelegt werden, ob die entsprechende Tabelle eingerichtet werden soll und welchen Status die Einrichtung aktuell besitzt. Aus den angelegten Benutzern kann ein „Verantwortlicher“ ausgewählt werden. Wurden bereits Datensätze angelegt, so zeigt Microsoft Dynamics NAV deren Anzahl in der Spalte „Anzahl Datensätze“ an.

Über den Menübutton Einrichtung▼ / *Bemerkungen* kann man Informationen zur Einrichtung der Tabellen hinterlegen. Darüber hinaus kann die Einrichtungscheckliste gedruckt werden, um z.B. die festgesetzte Planung zu protokollieren und an die Mitarbeiter weiterzuleiten. Über den Menüpunkt Einrichtung▼ / *Tabelle* kann man das gewünschte Fenster zur Bearbeitung der Datensätze direkt aufrufen.

4.1.2 Kopieren von Tabellendaten

Arbeitet ein Unternehmen mit mehreren Mandanten, so ähneln sich diese meist im Aufbau des Kontenplans und in der Einrichtung. Um eine Mehrfacheingabe oder manuelles Kopieren über die Zwischenablage zu vermeiden, können die Daten direkt über die Einrichtungscheckliste aus anderen Mandanten in den aktuellen Mandanten der gleichen Datenbank kopiert werden.

Beim Aufruf des Menüpunktes Funktion▼ / *Daten kopieren* in der Einrichtungscheckliste wird ein Fenster mit allen einrichtungsrelevanten Tabellen des ausgewählten Mandanten angezeigt:

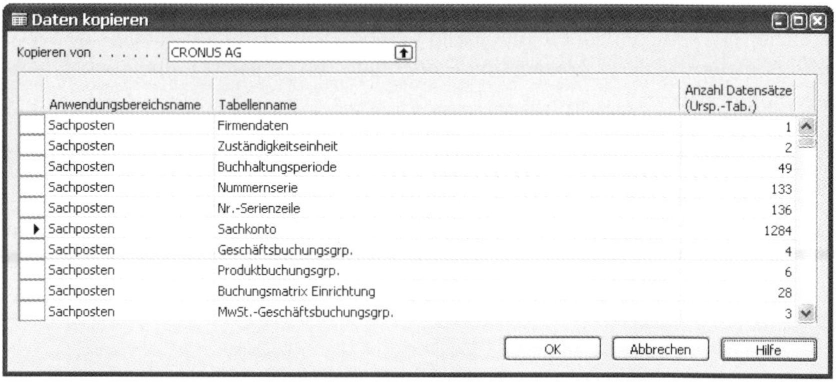
Daten kopieren

Kopieren von . . . . . . CRONUS AG

Anwendungsbereichsname	Tabellenname	Anzahl Datensätze (Ursp.-Tab.)
Sachposten	Firmendaten	1
Sachposten	Zuständigkeitseinheit	2
Sachposten	Buchhaltungsperiode	49
Sachposten	Nummernserie	133
Sachposten	Nr.-Serienzeile	136
Sachposten	Sachkonto	1284
Sachposten	Geschäftsbuchungsgrp.	4
Sachposten	Produktbuchungsgrp.	6
Sachposten	Buchungsmatrix Einrichtung	28
Sachposten	MwSt.-Geschäftsbuchungsgrp.	3

OK Abbrechen Hilfe

Im Feld „Kopieren von“ wird der gewünschte Mandant ausgewählt. Als zusätzliche Information wird die Anzahl der Datensätze in der Ursprungstabelle angezeigt.

Wenn man häufiger neue Mandanten anlegt, sollte man einen Einrichtungsmandanten anlegen, aus dem man benötigte Tabellen kopieren kann. Alternativ kann auch eine Datensicherung des Einrichtungsmandanten als Grundlage für die neuen Mandanten verwendet werden.

4.2 Wiederkehrende Buchungen

Im Rechnungswesen gibt es eine Reihe von Buchungen, die in regelmäßigen Abständen wiederkehren. Dazu zählen z.B. Mietrechnungen und wiederkehrende Zahlungen. Normalerweise werden in Microsoft Dynamics NAV Buchungssätze nach dem Buchungsvorgang aus den Buchungsblättern gelöscht. Anders verhalten sich wiederkehrende Buchungsblätter, in denen die Buchungssätze auch nach dem Buchen erhalten bleiben.

4.2.1 Zusätzliche Spalten

Wenn die Buchungssätze nach der Buchung nicht gelöscht werden, muss jedoch sichergestellt werden, dass eine Buchung nicht zwei Mal abgesetzt wird. Dies wird über zusätzliche Spalten in den Wiederk. Fibu Buch.-Blättern (*Finanzmanagement / Finanzbuchhaltung / Periodische Aktivitäten / Wiederkehrende Buch.-Blätter*) erreicht.

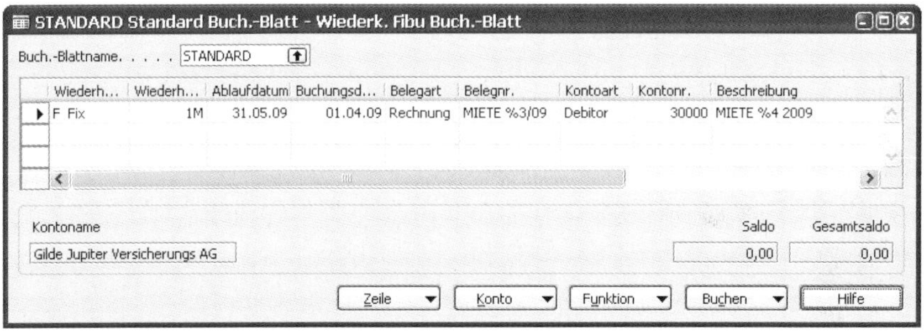

Über die „Wiederholungsart" wird eingestellt, welcher Betrag gebucht werden soll. Ist die Wiederholungsart auf <Variabel> eingestellt, so wird nach jedem Buchungsvorgang der Betrag gelöscht, so dass er beim nächsten Buchungsvorgang neu ausgefüllt werden muss. Bei der Einstellung <Fix> bleibt der Betrag stehen. Die weiteren Optionen werden weiter unten in diesem Text als Hintergrundinformation erläutert.

Die „Wiederholungsrate" gibt an, in welchen Abständen eine Buchung abgesetzt werden soll. Dazu wird das Buchungsdatum nach der Buchung um den entsprechenden Zeitraum erhöht. Eine Buchung wird nur solange wiederholt, bis das „Ablaufdatum" erreicht ist.

In den Spalten „Belegnr." und „Beschreibung" kann abweichend von normalen Buchungsblättern ein Code verwendet werden, um Datumsinformationen in den Buchungstext einzufügen:

%1 der Name des Wochentags (z.B. 1 = Montag)

%2	die Kalenderwoche (z.B. 52)
%3	die Nummer des laufenden Monats (z.B. 1)
%4	der Name des laufenden Monats (z.B. Januar)
%5	der Name der aktuellen Buchhaltungsperiode (z.B. Januar)

Wenn man eine Buchung zum jeweils Letzten des Monats absetzen will, reicht es nicht aus, eine Wiederholungsrate von „1M“ zu verwenden. Nach der Februarbuchung würde das Datum auf den 28.3. bzw. 29.3. gesetzt werden. Stattdessen arbeitet die Formel „1T+1M-1T“ zuverlässig.

4.2.2 Erfassen von wiederkehrenden Buchungen

Neben den soeben beschriebenen zusätzlichen Spalten unterscheiden sich wiederkehrende Buchungsblätter auch in der Erfassung der Buchungszeilen. In den wiederkehrenden Buchungsblättern werden entweder die Buchungszeilen mehrzeilig erfasst oder es wird nur ein Konto (Soll oder Haben) in der Zeile eingegeben und die Gegenkonten in einer separaten Tabelle. Diese Tabelle kann über den Button Zeile▼ / *Verteilungen* aufgerufen werden:

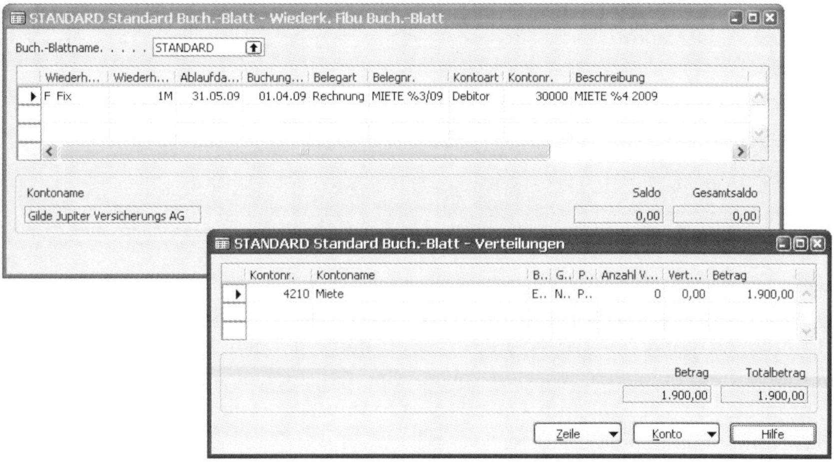

In der Regel wird hier pro wiederkehrender Zeile eine Verteilungszeile für die Gegenbuchung eingefügt. Dabei ist zu beachten, dass bei der Verteilung bzw. Gegenbuchung nur Sachkonten verwendet werden können.

Die wiederkehrenden Buchungen werden nur unter bestimmten Voraussetzungen ausgelöst: Das Ablaufdatum darf noch nicht erreicht sein und das Arbeitsdatum muss nach dem Buchungsdatum liegen. In allen anderen Fällen erscheint die Meldung „Es gibt nichts zu buchen“.

Die etwas aufwändig erscheinende Konstruktion mit Buchungs- und Verteilungszeilen wird leichter verständlich, wenn man die dahinter stehende Idee erkennt: Die wiederkehrenden Buchungsblätter sind auch dazu geschaffen worden, um eine innerbetriebliche Verrechnung zu ermöglichen. Dazu kann z.B. der Saldo eines Sachkontos auf andere oder das gleiche Sachkonto unter Angabe verschiedener Kostenstellen bzw. Kostenträger verrechnet werden. Sollen z.B. alle Raumkosten (Miete, Heizung usw.) auf die Kostenstellen im Verhältnis des genutzten Raums umgelegt werden, wird für jede Kostenstelle eine Verteilungszeile angelegt, in die die entsprechende Kostenstelle eingetragen wird. In die Spalte „Anzahl Verteilungen“ muss jetzt nur noch die Anzahl der genutzten Quadratmeter eingegeben werden, aus denen Microsoft Dynamics NAV den richtigen Anteil errechnet.

Eine andere Möglichkeit besteht darin, die Kostenstellen und Kostenträger als Sachkonten anzulegen. Zum Beispiel werden die Heizkosten auf einem Aufwandskonto gesammelt und auf Sachkonten, die Kostenstellen symbolisieren, verrechnet. Diese für deutsche Verhältnisse etwas ungewohnte Konstruktion wird als **Einkreissystem** bezeichnet. Das bedeutet, dass sowohl Finanzbuchhaltung als auch Kostenrechnung in einem System abgebildet sind. Dazu werden die Aufwendungen zunächst erfasst, anschließend auf Kostenstellen verteilt und von diesen ggf. weiter auf Kostenträger verrechnet. Die Kostenstellen und Kostenträger sind hierbei normale Sachkonten, deren Saldo zum Jahresende auf GuV-Konten umgebucht wird.

Im Gegensatz zum Einkreissystem wird heutzutage in Deutschland fast ausschließlich das **Zweikreissystem** verwendet, in dem die Kostenrechnung als getrenntes Rechnungssystem aufgebaut ist, in das die Sachbuchungen über einen Stapellauf eingelesen werden.

In diesem Zusammenhang werden auch die weiteren Optionen der „Wiederholungsart“ leichter verständlich: Die Option <Ausgleich> bewirkt, dass der Saldo des gewählten Kontos ausgeglichen und auf die Gegenkonten verteilt wird. Die Option <Umgekehrt ...> bewirkt zusätzlich, dass am darauffolgenden Tag eine Gegenbuchung erzeugt wird. Dies kann sinnvoll sein, um z.B. die Konten zum Monatsende zu be- bzw. zu entlasten und zu Beginn des Folgemonats die Buchungen wieder rückgängig zu machen. Darüber hinaus kann mit den Optionen <Umgekehrt ...> eine Abgrenzungsbuchung erzeugt werden, die im aktuellen Monat bereits gebuchte Kosten oder Teile davon auf ein Abgrenzungskonto bucht und am nächsten Tag, dem ersten des Folgemonats, dann der richtigen Periode wieder belastet.

4.3 MwSt.-Abrechnung

Mit Hilfe der MwSt.-Abrechnung kann die Umsatzsteuervoranmeldung sowie die Umsatzsteuererklärung gegenüber dem Finanzamt erstellt werden.

4.3.1 Mehrwertsteuerposten und Steuerbuchungen

Die MwSt.-Posten sind die Grundlage der MwSt.-Abrechnung in Microsoft Dynamics NAV. Ein Mehrwertsteuerposten entsteht immer dann, wenn bei einer Buchung ein Mehrwertsteuerschlüssel, d.h. eine Buchungsart, eine MwSt.-Geschäftsbuchungsgruppe und eine MwSt.-Produktbuchungsgruppe angegeben wurde.

In den Mehrwertsteuerposten werden der Steuerbetrag, die Bemessungsgrundlage sowie weitere Daten gespeichert. Deswegen ist es grundlegend wichtig, bei jeder Buchung mit Mehrwertsteuer auch einen Steuerschlüssel anzugeben. Wird eine direkte Steuerbuchung durchgeführt, wie z.B. bei Mietkauf, so muss dafür eine spezielle „MwSt.-Produktbuchungsgruppe“ verwendet werden. Für diese MwSt.-Produktbuchungsgruppe wird in der MwSt.-Buchungsmatrix Einrichtung eine eigene Zeile mit der MwSt.-Berechnungsart <Nur Steuer> eingefügt:

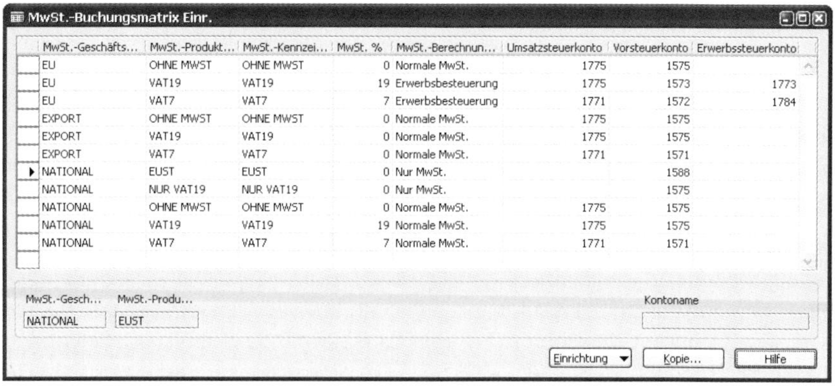

MwSt.-Geschäfts...	MwSt.-Produkt...	MwSt.-Kennzei...	MwSt. %	MwSt.-Berechnun...	Umsatzsteuerkonto	Vorsteuerkonto	Erwerbssteuerkonto
EU	OHNE MWST	OHNE MWST	0	Normale MwSt.	1775	1575	
EU	VAT19	VAT19	19	Erwerbsbesteuerung	1775	1573	1773
EU	VAT7	VAT7	7	Erwerbsbesteuerung	1771	1572	1784
EXPORT	OHNE MWST	OHNE MWST	0	Normale MwSt.	1775	1575	
EXPORT	VAT19	VAT19	0	Normale MwSt.	1775	1575	
EXPORT	VAT7	VAT7	0	Normale MwSt.	1771	1571	
NATIONAL	EUST	EUST	0	Nur MwSt.		1588	
NATIONAL	NUR VAT19	NUR VAT19	0	Nur MwSt.		1575	
NATIONAL	OHNE MWST	OHNE MWST	0	Normale MwSt.	1775	1575	
NATIONAL	VAT19	VAT19	19	Normale MwSt.	1775	1575	
NATIONAL	VAT7	VAT7	7	Normale MwSt.	1771	1571	

Auch bei Buchungen, bei denen keine MwSt. gebucht wird, jedoch später ggf. die Bemessungsgrundlage interessiert, sollte ein Steuerschlüssel angegeben werden. So fällt z.B. bei Verkäufen an Drittländer keine Steuer an, so dass das Buchungsergebnis in der Finanzbuchhaltung mit und ohne Steuerschlüssel identisch ist. Jedoch wird nur ein MwSt.-Posten erzeugt, wenn ein Steuerschlüssel angegeben wurde.

4.3.2 Einrichtung des Abrechnungsschemas

Microsoft Dynamics NAV bietet zur MwSt.-Verprobung ein Abrechnungsschema, welches über *Finanzmanagement / Finanzbuchhaltung / Periodische Aktivitäten / MwSt. / MwSt.-Abrechnung* aufgerufen werden kann:

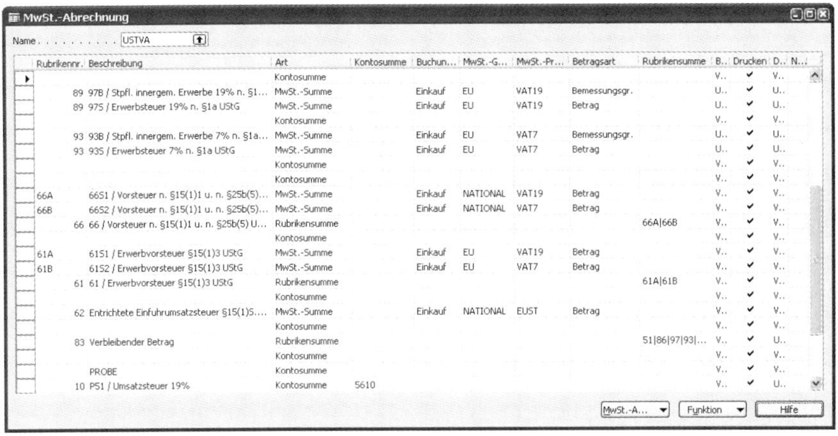

Rubrikennr.	Beschreibung	Art	Kontosumme	Buchun...	MwSt.-G...	MwSt.-Pr...	Betragsart	Rubrikensumme	B..	Drucken	D..	N...
		Kontosumme							V..	✔	V..	
89	97B / Stpfl. innergem. Erwerbe 19% n. §1...	MwSt.-Summe		Einkauf	EU	VAT19	Bemessungsgr.		U..	✔	U..	
89	97S / Erwerbsteuer 19% n. §1a UStG	MwSt.-Summe		Einkauf	EU	VAT19	Betrag		U..	✔	U..	
		Kontosumme							V..	✔	V..	
93	93B / Stpfl. innergem. Erwerbe 7% n. §1a...	MwSt.-Summe		Einkauf	EU	VAT7	Bemessungsgr.		U..	✔	U..	
93	93S / Erwerbsteuer 7% n. §1a UStG	MwSt.-Summe		Einkauf	EU	VAT7	Betrag		U..	✔	U..	
		Kontosumme							V..	✔	V..	
		Kontosumme							V..	✔	V..	
66A	66S1 / Vorsteuer n. §15(1)1 u. n. §25b(5)...	MwSt.-Summe		Einkauf	NATIONAL	VAT19	Betrag		V..	✔	V..	
66B	66S2 / Vorsteuer n. §15(1)1 u. n. §25b(5)...	MwSt.-Summe		Einkauf	NATIONAL	VAT7	Betrag		V..	✔	V..	
66	66 / Vorsteuer n. §15(1)1 u. n. §25b(5) U...	Rubrikensumme						66A|66B	V..	✔	V..	
		Kontosumme							V..	✔	V..	
61A	61S1 / Erwerbvorsteuer §15(1)3 UStG	MwSt.-Summe		Einkauf	EU	VAT19	Betrag		V..	✔	V..	
61B	61S2 / Erwerbvorsteuer §15(1)3 UStG	MwSt.-Summe		Einkauf	EU	VAT7	Betrag		V..	✔	V..	
61	61 / Erwerbvorsteuer §15(1)3 UStG	Rubrikensumme						61A|61B	V..	✔	V..	
		Kontosumme							V..	✔	V..	
62	Entrichtete Einfuhrumsatzsteuer §15(1)S....	MwSt.-Summe		Einkauf	NATIONAL	EUST	Betrag		V..	✔	V..	
		Kontosumme							V..	✔	V..	
83	Verbleibender Betrag	Rubrikensumme						51|86|97|93|...	V..	✔	U..	
		Kontosumme							V..	✔	V..	
	PROBE	Kontosumme							V..	✔	V..	
10	P51 / Umsatzsteuer 19%	Kontosumme	5610						V..	✔	U..	

Über die „Rubrikennr." können eine oder mehrere Zeilen identifiziert werden.

Es gibt vier verschiedene „Arten" von MwSt.-Abrechnungszeilen: Bei <Beschreibung> werden keinerlei Berechnungen durchgeführt. Über <MwSt.-Summe> werden alle MwSt.-Posten mit gleichem Steuerschlüssel (Buchungsart, MwSt.-Geschäftsbuchungsgruppe und MwSt.-Produktbuchungsgruppe zusammengefasst. Eine <Kontensumme> basiert dagegen nicht auf den MwSt.-Posten, sondern auf Sachkontensalden. Mit <Rubrikensumme> können einzelne Rubriken – analog zu den Kontenschemata – zusammengefasst werden.

Genau dann, wenn als Art <Kontensumme> gewählt wurde, müssen in der Spalte „Kontensumme" die gewünschten Sachkonten eingetragen werden. Wenn als Art <MwSt.-Summe> gewählt wurde, muss über die Spalten „Buchungsart", „MwSt.-Geschäftsbuchungsgruppe und „MwSt.-Produktbuchungsgruppe" der Steuerschlüssel ausgewählt werden, dessen Buchungsbeträge in der Zeile angezeigt werden sollen. Wurde die Art <Rubrikensumme> gewählt, so müssen in die Spalte „Rubrikensumme" die zu addierenden Rubriken eingegeben werden.

Prinzipiell kann mit diesen Möglichkeiten ein MwSt.-Betrag auf zwei verschiedenen Wegen berechnet werden: Über die Sachkontensalden und über die MwSt.-Posten. Wenn alle Buchungen korrekt durchgeführt wurden, wird in beiden Fällen das gleiche Ergebnis angezeigt. Wurde jedoch zwischenzeitlich das MwSt.-Konto in der MwSt.-Buchungsmatrix Einrichtung geändert oder wurden manuelle Buchungen auf Steuerkonten abgesetzt, so ist die Berechnung über die Kontensumme falsch, während die Berechnung über die MwSt.-Summe dennoch korrekt durchgeführt wird. Aus diesem Grund sollte die Berechnung der Steuerbeträge ausschließlich über die MwSt.-Posten erfolgen.

Beim Buchen von Erwerbssteuer und Erwerbsvorsteuer wird in Microsoft Dynamics NAV nur ein MwSt.-Posten erzeugt. Die Berechnung beider Steuerbeträge kann in Microsoft Dynamics NAV dadurch erreicht werden, dass in der Zeile zur Berechnung der Erwerbssteuer der gleiche Steuerschlüssel verwendet wird, wie bei der Erwerbsvorsteuer (z.B. Einkauf, EU, normal), das Vorzeichen des Betrages jedoch umgedreht wird. Dazu wird die Spalte „Berechnen mit" auf <Umgekehrtes Vorzeichen> gesetzt.

Die Berechnung über die MwSt.-Posten erfolgt also korrekt - unabhängig von den Sachkonten auf die die Steuern gebucht wurden. Diesen Sachverhalt kann man sich auf Wunsch auch dahingehend zunutze machen, indem Erlöse, Aufwendungen und Steuern unterschiedlicher Steuersätze auf den gleichen Konten erfasst werden.

4.3.3 Vorschau und Verprobung

Um vor der Abgabe der Umsatzsteuervoranmeldung die Abrechnung auf Konsistenz und Korrektheit zu überprüfen, stehen in Microsoft Dynamics NAV zwei Funktionalitäten zur Verfügung, die die Verprobung der Mehrwertsteuer unterstützen.

Über den Menüpunkt MwSt.-Abrechnung▼ / *Vorschau* kann ein Fenster geöffnet werden, das die Rubrikeninhalte in Abhängigkeit der gesetzten Parameter anzeigt:

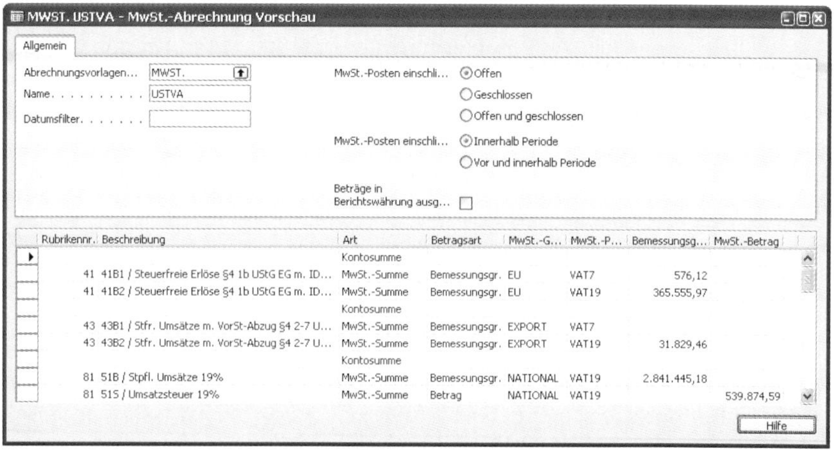

Über die DrillDown-Funktion an den Feldern „Betrag“, „Bemessungsgrundlage“ und „MwSt.-Betrag“ ist dabei auch die Anzeige der zugrundeliegenden Posten möglich.

Darüber hinaus steht der Bericht UVA Kontennachweis zur Verfügung, der aus der MwSt.-Abrechnung über den Menüpunkt Funktion ▼ / *UVA-Kontennachweis* aufgerufen werden kann:

Rubrikennr. / Kontoart	Beschreibung / Kontonr.	Name	Art	Kontosumme	Betragsart	Buchungsar	MwSt.-Gesc / Betrag	MwSt.-Produ / MwSt.
81B1	Inland Umsätze Fracht_19		M		Bemessungs	Verkauf	INLAND	FRACHT_19
Sachkonto	4411	Erlöse Inland 19 %					-130,00	-24,70
	Summe						-130,00	-24,70
81S1	Inland Umsätze Fracht_19		M		Betrag	Verkauf	INLAND	FRACHT_19
Sachkonto	4411	Erlöse Inland 19 %					-130,00	-24,70
	Summe						-130,00	-24,70
81B2	Inland Umsätze Handel_19		M		Bemessungs	Verkauf	INLAND	HANDEL_19
Sachkonto	4411	Erlöse Inland 19 %					-16.778,78	-3.187,98

Der Bericht zeigt zu jeder Rubrik die zugehörigen Sachkonten, die in dieser Rubrik angesprochen wurden und schlüsselt für diese die Bemessungsgrundlage und den Steuerbetrag auf. Sollte in einer Rubrik der Mehrwertsteuerbetrag nicht dem entsprechenden Prozentsatz des Sachkontensaldos entsprechen, kann auf diese Weise schnell das Sachkonto ausfindig gemacht werden, in dem die Differenz auftritt.

4.3.4 Elektronische Umsatzsteuervoranmeldung

Die Umsatzsteuervoranmeldung kann aus Microsoft Dynamics NAV auf elektronischem Wege erfolgen. Für die Übertragung via ELSTER sind folgende Schritte durchzuführen:

Installation der Schnittstelle

Um die Schnittstelle nutzen zu können, muss auf jedem Arbeitsplatz, an dem eine UStVA elektronisch versendet werden soll eine Kommunikationskomponente installiert werden. Diese Komponente übernimmt die Verschlüsselung, Komprimierung und Signierung sowie die anschließende Übermittlung der Daten an die Finanzbehörde. Weiterhin nimmt diese Komponente die Antwort der Behörde entgegen und entschlüsselt die Antwort.

Die zu installierende Kommunikationskomponente wird auf der Microsoft Dynamics NAV-CD unter *Additional Interfaces / German Electronic VAT / Program Files / Installation* mit ausgeliefert. Aus diesem Verzeichnis ist die setup.exe zu starten.

Anfordern und Installieren des benutzerabhängigen Zertifikates

Für die Übertragung der Daten an die Finanzbehörde ist ein elektronisches Zertifikat erforderlich. Dieses Zertifikat ist ein elektronisches Schlüsselpaar, das eine Sicherheit bei der Übertragung von Dokumenten über das Internet bietet. Durch die Verwendung des Zertifikates wird der Absender der Dokumente authentifiziert. Es soll somit die händische Unterschrift ersetzen.

Ein elektronisches Zertifikat kann im ELSTER-Online-Portal unter https://www.elsteronline.de/ unter dem Punkt Registrierungen beantragt werden. Diese Beantragung kann einige Tage dauern.

Zusätzlich müssen für die User, die die UStVA elektronisch versenden sollen, die installierten benutzerspezifischen Zertifikate der Arbeitsplätze in Microsoft Dynamics NAV hinterlegt werden. Dies erfolgt unter *Verwaltung / IT-Verwaltung / Allgemeine Einrichtung / Elektronische Umsatzsteuererklärung - Einrichtung* Zertifikate▼ / *Zertifikate*. Hier muss in der Spalte „Benutzer-ID“ der entsprechende Benutzer eingetragen werden. In der Spalte „Zertifikatsverweis“ ist der angezeigte Name („Friendly Name“) des Zertifikates einzutragen.

Sollten Sie Unterstützung dabei benötigen, setzen Sie sich bitte mit Ihrem Systemadministrator in Verbindung.

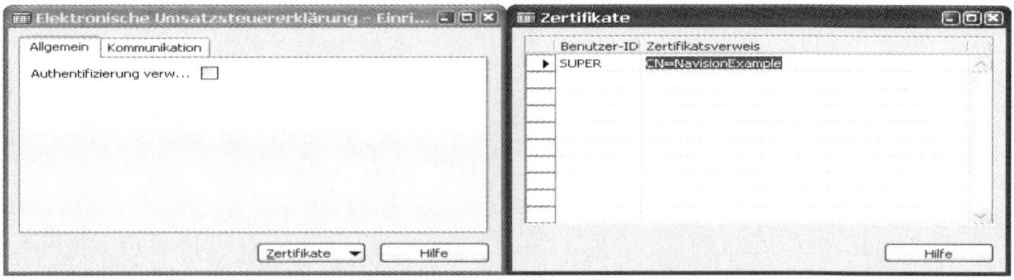

Einrichtungen in Microsoft Dynamics NAV zu ELSTER

In der Finanzbuchhaltung Einrichtung ist im Register Nummerierung das Feld „USt.-Voranmeldungsnummern“ mit einer entsprechenden Nummernserie (z.B. UVA) zu füllen. Außerdem ist in den Firmendaten (*Verwaltung / Anwendung Einrichtung / Allgemein / Firmendaten*) im Register Allgemein der „Steuerbevollmächtigte“ des Unternehmens zu hinterlegen.

Weiterhin muss das MwSt.-Abrechnungsschema für die ELSTER-Übermittlung festgelegt werden. Dazu ist das Formular MwSt.-Abrechnungsnamen (*Finanzmanagement / Einrichtung / Allgemein / MwSt.-Abrechnung Vorlagen* Vorlage▼ / *Abrechnungsnamen*) aufzurufen und beim entsprechenden Schema in der Spalte „USt.-Voranmeldung“ ein Haken zu setzen.

Als Abrechnungsschema muss ein Schema eingerichtet sein, in dem die Rubriken mit den Nummern der Umsatzsteuervoranmeldung übereinstimmen. Dieses Abrechnungsschema muss für die USt.-Voranmeldung gekennzeichnet werden.

Für die Erstellung der Übertragungsdatei für ELSTER inkl. der Kennziffer 83 ist es unumgänglich die Rubrik/Kennziffer 83 (Verbleibende Umsatzsteuer-Vorauszahlung bzw. verbleibender Überschuss) explizit in der MwSt.-Abrechnung einzurichten. Der Wert der Rubrik 83 ergibt sich z.B. als <Rubrikensumme> aus den Rubriken 81|36|86|89|96|53|66|61|62|67|39.

Erzeugen der Übertragungsdatei

Die USt.-Voranmeldungen werden im entsprechenden Formular erzeugt, das über das Hauptmenü *Finanzmanagement / Finanzbuchhaltung / Periodische Aktivitäten / MwSt. / Umsatzsteuervoranmeldung* aufgerufen wird.

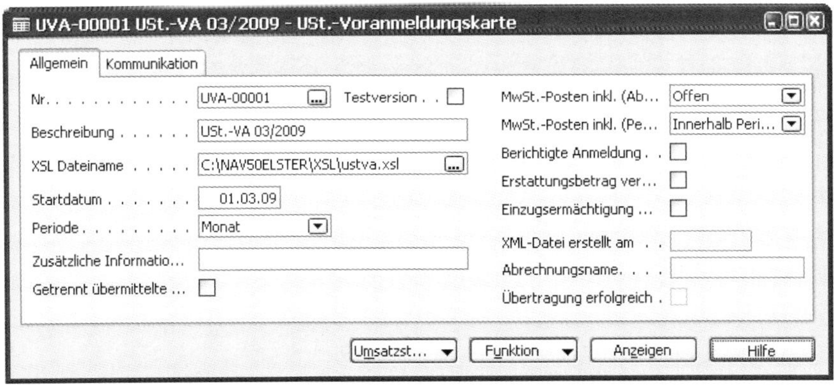

Ein neuer Datensatz für die Umsatzsteuervoranmeldungen wird mit **F3** und **Enter** angelegt. Dabei wird eine Nummer aus der hinterlegten Nummernserie vergeben. Als „Beschreibung“ kann Abrechnungsperiode eingetragen werden. Um die erstellte Übertragungsdatei anschließend anzeigen zu können, ist im Feld „XSL Dateiname“ über den Assist-Button der Pfad und die Datei „ustva.xsl“ auszuwählen. Mit den Feldern „Startdatum“ und „Periode“ ist der Abrechnungszeitraum festzulegen.

Die Felder „MwSt.-Posten inkl. (Abgeschl.)“, „MwSt.-Posten inkl. (Periode)“, „Berichtigte Anmeldung“, Erstattungsbetrag verrechnen“ und „Einzugsermächtigung widerrufen“ sind entsprechend der Daten auszufüllen, die im UVA-Formular übertragen werden sollen.

Für das Feld „MwSt.-Posten inkl. (Abgeschl.)“ ist die Option <Offen> und für das Feld „MwSt.-Posten inkl. (Periode)“ <Innerhalb Periode> zu wählen, wenn nur die gebuchten MwSt.-Posten aus der Abrechnungsperiode berücksichtigt werden sollen.

Im Register Kommunikation ist das Feld „Ansprechpartner für Finanzamt“ auszufüllen, da sonst die Übertragungsdatei nicht erstellt werden kann.

Um die Übertragung an das Finanzamt zu testen, kann bei der Erstellung der Datei im Feld „Testversion“ ein Haken gesetzt werden. Die so erstellten und übertragenen USt.-Voranmeldungen finden beim Finanzamt keine Beachtung. Dieses Feld muss über den Designer in das USt.-Voranmeldungsformular eingeblendet werden.

Zum Erstellen der Übertragungsdatei ist die Funktion▼ / *XML-Datei erstellen…* zu starten, die gewünschte Option zu wählen und mit OK die Datei zu erzeugen. In der USt.-Voranmeldungskarte werden die Felder „XML-Datei erstellt am“ und „Abrechnungsname“ automatisch gefüllt. Die Datei wird in Microsoft Dynamics NAV gespeichert.

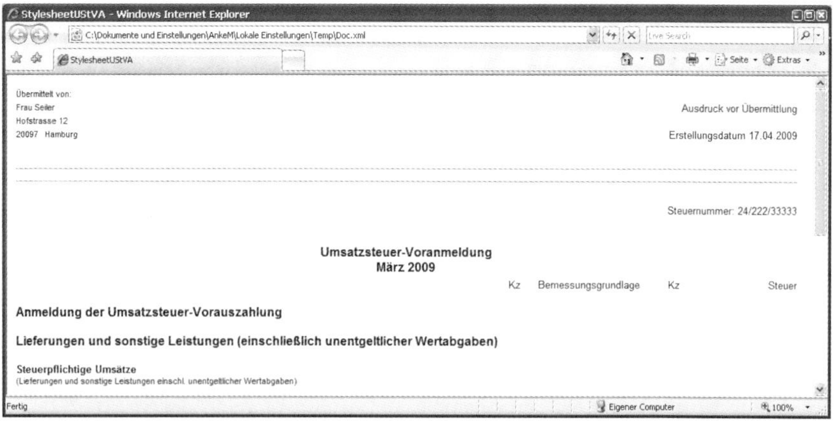

Die soeben erzeugte Übertragungsdatei kann über den Button Anzeigen im Internet Explorer angezeigt werden. Die Datei wird temporär als XML-Datei im Browser erstellt und angezeigt. Dazu ist die Beschreibungsdatei ustva.xsl erforderlich, die im Feld „XSL Dateiname“ hinterlegt wurde.

Soll die temporär erstellte Datei gespeichert werden, so ist die Meldung mit Nein zu bestätigen. Im „Normalfall“ braucht die Datei jedoch nicht gespeichert werden, da diese jederzeit aus Microsoft Dynamics NAV wieder mit den entsprechenden Daten erzeugt werden kann.

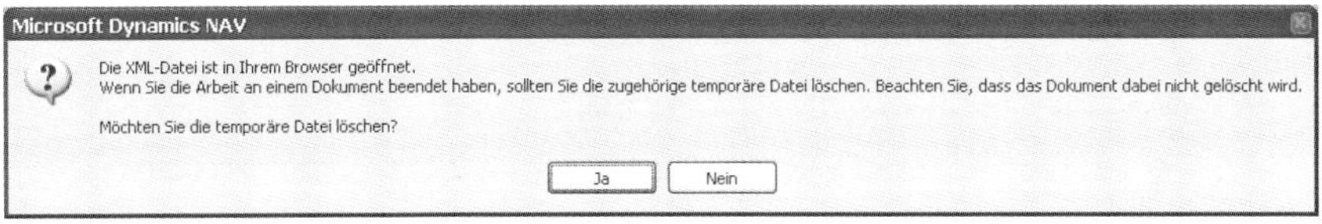

Senden der USt.-Voranmeldung an das Finanzamt

Zum Senden der zuvor erstellten Übertragungsdatei ist aus dem USt.-Voranmeldungsformular die Funktion▼ / *XML-Datei übertragen...* aufzurufen. Nach der Bestätigung der Abfrage wird die Datei an das Finanzamt übermittelt.

Die Datei wird verschlüsselt und an das Finanzamt über das Internet gesendet. Das Finanzamt sendet anschließend ein XML-Dokument zurück, in dem eventuell aufgetretene Fehler mit Fehlerbeschreibungen enthalten sind. Die Antwort wird entschlüsselt und an Microsoft Dynamics NAV übergeben.

In Microsoft Dynamics NAV wird ein Datensatz in den Übertragungsprotokollposten angelegt, in denen die Antwort als XML-Dokument abgelegt wird.

War die Übertragung des Dokumentes erfolgreich, so wird in das Feld „Übertragung erfolgreich“ der USt.-Voranmeldungskarte ein Haken gesetzt. Auch ist in den Übertragungsprotokollposten (Umsatzsteuervoranmeldung▼ / *Übertragungsprotokollposten*) abgelegt, wer wann versucht hat die Datei zu übertragen und mit welchem Ergebnis.

Um die Rückantwort der Finanzbehörde anzuzeigen, ist die gleiche *.xsl-Vorlage und der gleiche Ablauf einzuhalten, wie beim Anzeigen der Übertragungsdatei zuvor. Zusätzlich wird in diesem Dokument nun angezeigt, auf welchem Server und mit welchem Transferticket die Datei eingegangen ist.

Ausdruck der Werte der Umsatzsteuervoranmeldung

Die Werte für die USt.-Voranmeldung können nach dem Erzeugen der XML-Datei zusätzlich über die Funktion▼ / *Drucken...* ausgegeben werden.

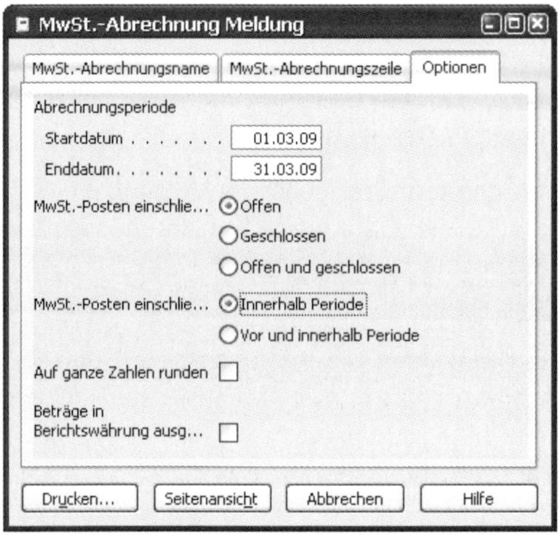

Berechnung mit MwSt.-Abrechnung

Neben der einfachen Berichtsfunktion verfügt Microsoft Dynamics NAV über eine Abrechnung der MwSt.-Posten, in deren Verlauf abgerechnete Posten geschlossen werden. Die Funktion zur Abrechnung wird über Funktion▼ / *MwSt. abrechnen und buchen…* aufgerufen:

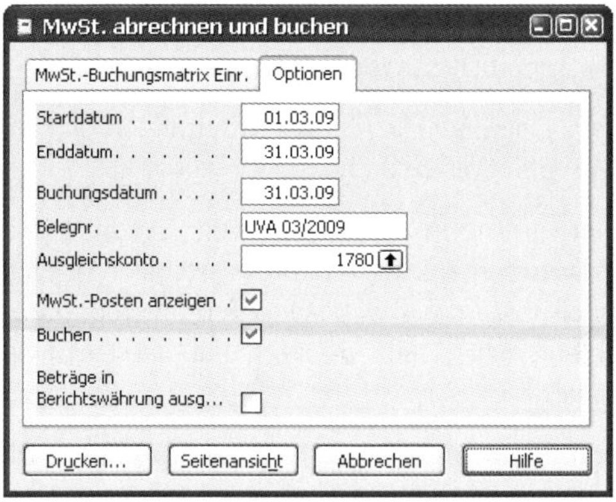

Mit „Startdatum“ und „Enddatum“ wird der Zeitraum eingegrenzt, innerhalb dessen die MwSt.-Posten abgerechnet werden. Dabei werden die Steuerbeträge aller betroffenen (im Abrechnungsschema erfassten) MwSt.-Posten auf das „Ausgleichskonto“ mit der angegebenen „Belegnr.“ zum angegebenen „Buchungsdatum“ gebucht. Über diesen Vorgang kann ein Buchungsbeleg erstellt werden, indem der Bericht gedruckt wird.

Wurde kein Haken in das Feld „Buchen“ gesetzt, so erscheint nur ein Testbericht. In diesem Bericht werden die zu buchenden Beträge je Buchungsgruppe angezeigt. Wenn ein Haken in das Feld „MwSt.-Posten anzeigen“ gesetzt wurde, wird jeder einzelne MwSt.-Posten angezeigt.

Die Abrechnungsfunktion bewirkt Folgendes:

- Die Steuerbeträge werden auf das Ausgleichskonto saldiert.
- Für jede MwSt.-Buchungsmatrixzeile wird ein MwSt.-Posten erzeugt, der dem zugehörigen Sachposten entspricht.
- In abgerechneten MwSt.-Posten wird das Feld „Abgeschlossen“ auf <Ja> gesetzt und in das Feld „Geschlossen von Lfd. Nr.“ wird die Nummer des MwSt.-Postens geschrieben, durch den der Ausgleich erfolgte (der bei der MwSt.-Abrechnung erzeugt wurde und den gleichen Steuerschlüssel enthält).

Daraus ergibt sich folgende Vorgehensweise bei der MwSt.-Abrechnung:

1. Es wird aus dem MwSt.-Abrechnungschema der Bericht über Funktion▼ / *Drucken...* gestartet. Werden dabei die Optionen <Offen> und <Vor und innerhalb Periode> eingestellt, werden alle bisher noch nicht abgerechneten MwSt.-Posten der laufenden Periode sowie die MwSt.-Posten der Vorperioden (z.B. aus Nachbuchungen) erfasst.

2. Alle MwSt.-Posten bis zum Ende der aktuellen Periode werden abgerechnet.

Behandlung von Nachbuchungen

Teilweise sind noch nach Abgabe der USt.-Voranmeldung Buchungen in der entsprechenden Periode erforderlich. Dies können z.B. auch Stornos von Rechnungen sein, die versehentlich in der falschen Höhe ausgestellt wurden. Bei Verwendung der MwSt.-Abrechnung mit MwSt.-Buchung stellen diese Vorgänge kein Problem dar, da alle Posten, die seit der letzten Abrechnung entstanden sind, automatisch berücksichtigt werden.

Wird die MwSt.-Abrechnung nur mit Hilfe des Berichts erstellt, lassen sich nachträglich gebuchte Posten nicht mehr identifizieren. Um Nachbuchungen dennoch korrekt zu erfassen, muss deswegen eine der folgenden Methoden angewendet werden:

- Es werden nur Buchungen in der aktuellen Periode vorgenommen. Nachbuchungen – auch Stornos – werden bewusst periodenfremd erfasst.

- Bei jeder Nachbuchung in einer abgerechneten Periode wird anschließend eine korrigierte USt.-Voranmeldung abgegeben.

4.4 Unrealisierte MwSt.

Es gibt in der deutschen Rechtsprechung Fälle, in denen eine MwSt.-Verbindlichkeit nicht mit der Rechnung, sondern erst bei Zahlung dieser Rechnung entsteht. Man spricht in diesen Fällen von Mindest-Ist-Versteuerung oder unrealisierter Mehrwertsteuer.

4.4.1 Rechtliche Hintergründe

Es gibt im Wesentlichen zwei Fälle, in denen die Ist-Versteuerung zur Anwendung kommt: Bei Kleinstunternehmen sowie bei Anzahlungsrechnungen.

Anzahlungsrechnungen (Abschlagsrechnungen, Zwischenrechnungen) werden vor allem in der Baubranche sowie im Anlagenbau verwendet, um bei langfristigen Projekten schon vor deren Abschluss Zahlungseingänge zu erzielen. Die Höhe der Rechnung richtet sich dabei entweder nach einem Zahlungsplan oder nach dem Projektfortschritt.

Rechtlich gesehen handelt es sich bei Anzahlungsrechnungen nicht um echte Rechnungen, so dass diese auch nicht auf Erlöskonten gebucht werden, sondern auf ein Bilanzkonto „Anzahlungen". Gestellte Anzahlungsrechnungen erhöhen auch nicht den Forderungsbestand eines Unternehmens. Selbst eine Erfassung gestellter Anzahlungsrechnungen in der Buchhaltung ist nicht zwingend erforderlich. Erst bei einem Zahlungseingang müssen Rechnung (in Höhe der Zahlung) und Zahlung erfasst werden.

Als weitere Besonderheit bei Anzahlungsrechnungen ist zu berücksichtigen, dass diese meistens kumuliert gestellt werden. Werden mit der ersten Rechnung z.B. 10 T€ in Rechnung gestellt und werden im weiteren Verlauf weitere 10 T€ geleistet, so weist die zweite Anzahlungsrechnung einen Betrag von 20 T€ auf.

Bei Legung der Schlussrechnung zum Projektabschluss wird der komplette Projektpreis zu Erlösen und die gesamte MwSt., die bisher noch nicht abgeführt wurde, fällig. Dieser Sachverhalt kann genauso wie die Anzahlungsrechnungen unterschiedlich in der Buchhaltung abgebildet werden.

Im oben stehenden Text wurde bisher ausschließlich von Ausgangsrechnungen gesprochen. Das liegt unter anderem daran, dass Eingangsrechnungen aufgrund des Imparitätsprinzips auch bei Mindest-Ist-Versteuerung direkt in den Aufwand gebucht werden können. Damit wird statt eines Anzahlungskontos (Bilanzkonto) bereits ein Aufwandskonto (GuV-Konto) angesprochen. Dies hat jedoch keinen Einfluss auf die Fälligkeit der Vorsteuer, die analog zur Umsatzsteuer erst bei Zahlungsausgang verrechnet bzw. eingefordert werden darf.

4.4.2 Möglichkeiten der Buchung

Aus den Besonderheiten der unrealisierten Mehrwertsteuer ergeben sich verschiedene Möglichkeiten diese in der Finanzbuchhaltung abzubilden. Die Art, wie Anzahlungsrechnungen verarbeitet werden, hängt dabei von dem Informationsbedürfnis, der Bilanzpolitik sowie Vorlieben der Wirtschaftsprüfer bzw. Steuerberater ab. Nachfolgend sollen die drei am stärksten verbreiteten Vorgehensweisen kurz vorgestellt werden:

1. Buchung bei Zahlungseingang

In diesem Fall werden gestellte Anzahlungsrechnungen überhaupt nicht in der Finanzbuchhaltung erfasst. Eine Buchung wird erst bei Zahlungseingang und auch nur in Höhe des Zahlungseingangs vorgenommen.

2. Buchung des Gesamtrechnungsbetrags mit Storno

Bei diesem Vorgehen wird der kumulierte Rechnungsbetrag gebucht und die jeweils vorhergehende Anzahlungsrechnung storniert.

3. Buchung des Rechnungszuwachses

Eine etwas einfachere Methode ist die Buchung des Rechnungszuwachses unter Verzicht auf eine Stornierung der jeweils vorhergehenden Buchung. Dadurch werden die Buchungen übersichtlicher. Bei Legung der Schlussrechnung kann dann entweder ein Storno aller Rechnungen (in Höhe des jeweiligen Rechnungszuwachses) erfolgen oder die entsprechenden Beträge werden von den Anzahlungskonten in den Erlös und die nicht fällige MwSt. auf fällige MwSt. umgebucht.

Bei den beiden letztgenannten Buchungsmethoden, bei denen auch nicht erhaltene Anzahlungen in der Buchhaltung erfasst werden, wird ein Konto „Forderungen auf Anzahlungen“ verwendet.

Bei integrierten Buchhaltungssystemen wie Microsoft Dynamics NAV kann jedoch nur ein Forderungskonto pro Debitor angegeben werden. Um dieses Problem zu lösen, gibt es zwei Möglichkeiten: Entweder wird ein zweiter Debitor für Anzahlungsrechnungen angelegt, bei dem das Konto „Forderungen auf Anz.“ als Sammelkonto hinterlegt wird oder es wird der reguläre Debitor verwendet.

Im letzteren Fall dürfen beim Jahresabschluss jedoch Forderungen aus Anzahlungsrechnungen weder auf dem Sammelkonto in der Sachbuchhaltung noch in der OP-Liste in der Debitorenbuchhaltung erscheinen. Dies kann durch eine manuelle Umbuchung des anteiligen Forderungsbetrages zum Jahresabschluss sowie eine gesonderte OP-Liste erreicht werden.

4.4.3 Einrichtung der unrealisierten MwSt.

In Microsoft Dynamics NAV müssen an zwei Stellen Einrichtungen vorgenommen werden, um Buchungen unrealisierter MwSt. zu ermöglichen.

In der Finanzbuchhaltung Einrichtung muss in dem Feld „Unrealisierte MwSt." ein Haken gesetzt werden:

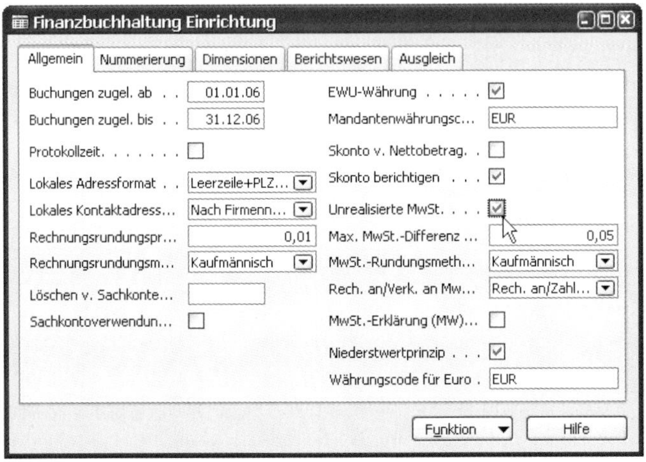

In der MwSt.-Buchungsmatrix Einrichtung muss eine Zeile für unrealisierte MwSt. eingerichtet werden:

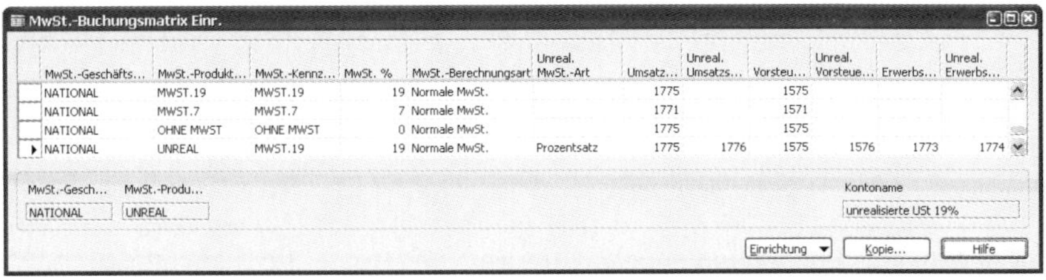

Dazu muss zunächst eine neue MwSt.-Produktbuchungsgruppe angelegt werden. Zusätzlich zu den bereits besprochenen Spalten müssen folgende Spalten (eingeblendet und) ausgefüllt werden: In „Unreal. MwSt. Art" wird eingetragen, wann wie viel der unrealisierten MwSt. fällig wird. In Deutschland wird die anteilig zum Zahlbetrag gehörende MwSt. fällig, was in Microsoft Dynamics NAV der Einstellung <Prozentsatz> entspricht. In die Spalten „Unreal. Umsatzsteuerkonto" und „Unreal. Vorsteuerkonto" werden die Konten für nicht fällige Steuern eingetragen.

4.4.4 Abbildung in Microsoft Dynamics NAV

Wird eine Rechnung mit der MwSt.-Produktbuchungsgruppe für unrealisierte MwSt. gebucht, so wird die MwSt. zunächst auf das Konto für unrealisierte Steuern gebucht. Beim Eingang einer Zahlung auf diese Rechnung (OP-Ausgleich) wird der entsprechende Teil der Steuer von unrealisierter MwSt. auf das normale Steuerkonto (aus der MwSt.-Buchungsmatrix Einrichtung) umgebucht. Dies wird anhand der folgenden T-Konten verdeutlicht:

1. Buchen einer Eingangsrechnung in Höhe von 1.190,- mit unreal. MwSt.

Aufwendungen (GuV)

S	H
① **1.000**	

Verbindlichkeiten (B)

S	H
	① **1.190**

Bank (B)

S	H

Vorsteuer (B)

S	H

VSt. n. fällig (B)

S	H
① **190**	

2. Leistung einer Zahlung in Höhe von 952,- € (80%)

Aufwendungen (GuV)

S	H
① 1.000	

Verbindlichkeiten (B)

S	H
② **952**	① 1.190

Bank (B)

S	H
	② 952

Vorsteuer (B)

S	H
② **152**	

VSt. n. fällig (B)

S	H
① 190	② **152**

Die Vorsteuer wurde somit anteilig fällig gestellt.

Die Information, wie viel der MwSt. einer Rechnung bereits fällig gestellt wurde, wird in den MwSt.-Posten in den Feldern „Unreal. Restbetrag“ und „Unreal. Rest-Bemessungsgrundlage“ gespeichert.

4.5 Jahresabschluss

Im Rahmen des Jahresabschlusses sind eine Reihe von Buchungen erforderlich, um die Bilanz sowie Gewinn- und Verlustrechnung zu erstellen. Im Gegensatz zu anderen Buchhaltungsprogrammen wird dabei das Geschäftsjahr nicht abgeschlossen und unzugänglich, sondern es bleiben alle Informationen aller vorangegangenen Geschäftsjahre erhalten. Dementsprechend müssen auch keine Salden auf ein neues Geschäftsjahr vorgetragen werden. Sowohl altes als auch neues Geschäftsjahr können in Microsoft Dynamics NAV parallel bearbeitet werden. Die einzelnen Schritte, die im Rahmen des Jahresabschlusses durchgeführt werden, werden im Folgenden dargestellt.

4.5.1 Buchungen für das Vorjahr

Bevor mit dem Jahresabschluss begonnen werden kann, müssen alle regulären Buchungen des abgelaufenen Geschäftsjahres abgesetzt werden. Dazu wird im Allgemeinen ein Buchungsschluss festgesetzt, bis zu dem Belege, die noch zum alten Jahr gehören, in die Buchhaltung gegeben werden müssen. Belege nach diesem Zeitpunkt werden dann im neuen Jahr gebucht und ggf. durch eine Abgrenzungsbuchung berücksichtigt oder in Form einer Nachbuchung noch ins alte Jahr genommen.

4.5.2 Jahr abschließen

In Microsoft Dynamics NAV wird der Periodenabschluss des Jahres durch Aufruf der Funktion Jahr abschließen in dem Fenster Buchhaltungsperioden (*Finanzmanagement / Finanzbuchhaltung / Periodische Aktivitäten / Geschäftsjahr / Buchhaltungsperioden*) durchgeführt:

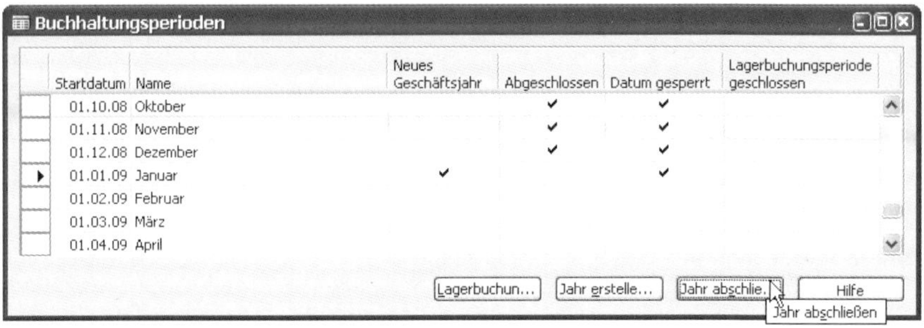

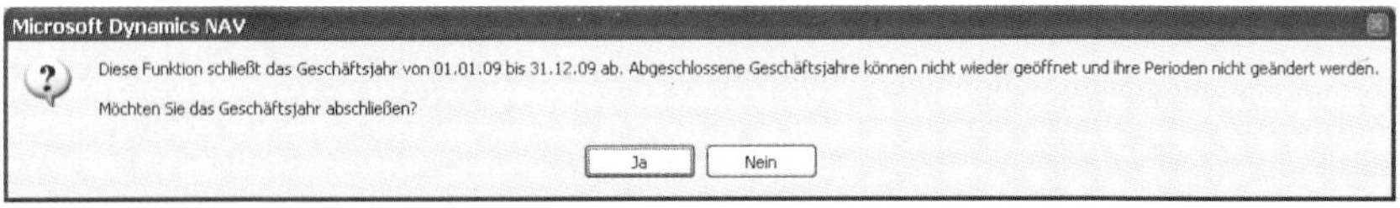

Wird mit Lagerbuchungsperioden gearbeitet, müssen diese vor Abschluss des Geschäftsjahres über Lagerbuchungsperiode Funktionen▼ / *Periode schließen...* geschlossen werden.

Der Abschluss eines Geschäftsjahres hat in Microsoft Dynamics NAV folgende Auswirkungen:

- Es steht ein Ultimodatum zwischen dem letzten Tag des abgelaufenen Geschäftsjahres (z.B. 31.12.) und dem Beginn des neuen Geschäftsjahres (z.B. 01.01.) zur Verfügung.
- Alle Buchungen in abgeschlossenen Geschäftsjahren werden als „Nachbuchung" gekennzeichnet (Feld in den Sachposten).
- Nur Stammdaten, die keine Buchungen im laufenden Geschäftsjahr haben, können gelöscht werden.

Auch nach einem Geschäftsjahresabschluss kann also in der abgelaufenen Periode gebucht werden! Soll dies verhindert werden, so sollte der Buchungszeitraum in der Finanzbuchhaltung Einrichtung oder in der Benutzer Einrichtung eingeschränkt werden.

4.5.3 Jahresabschlussbuchungen

Im Rahmen des Jahresabschlusses müssen Buchungen vorgenommen werden, die sich auf das gesamte Geschäftsjahr beziehen. Dabei handelt es sich z.B. um Abwertungen (Wertberichtigungen) des Anlage- und/oder Umlaufvermögens.

Diese Jahresabschlussbuchungen sollten mit einem Datum im Dezember gebucht werden. Wird hierfür der 31.12. des Jahres gewählt und finden zu diesem Datum keine Buchungen aus der gewöhnlichen Geschäftstätigkeit statt, kann das Dezemberergebnis durch das Setzen eines Filters vom 01.12. bis 30.12. ohne Jahresabschlussbuchungen ermittelt werden. Das Ergebnis dieses Zeitraums lässt sich dann auch unterjährig mit den anderen Monaten des Jahres vergleichen.

4.5.4 GuV-Konten Nullstellung

Wurden alle Abschlussbuchungen des abgelaufenen Geschäftsjahres durchgeführt, so müssen die GuV-Konten auf Null gestellt werden, damit im nächsten Geschäftsjahr die Erfolgskonten mit einem Nullsaldo starten. Die Nullstellung erfolgt zum Ultimodatum.

Da das Ultimodatum „zwischen den Geschäftsjahren" liegt, können durch einen Datumsfilter bis zum 31.12. alle Ergebnisse eines Geschäftsjahres betrachtet werden. Bei einem Datumsfilter bis zum Ultimodatum wird nach der Nullstellung auf allen Erfolgskonten ein Nullsaldo angezeigt. Damit beginnen die Erfolgskonten im neuen Geschäftsjahr wieder mit Null.

Das Ultimodatum wird in Datumsfeldern eingegeben, indem vor das Geschäftsjahresenddatum ein „U" gestellt wird. Es kann erst nach Abschluss eines Geschäftsjahres verwendet werden.

Zur Nullstellung der GuV-Konten stellt Microsoft Dynamics NAV eine Stapelverarbeitung zur Verfügung, die aus dem Menü *Finanzmanagement / Finanzbuchhaltung* über *Periodische Aktivitäten / Geschäftsjahr / GuV-Konten Nullstellung* aufgerufen werden kann.

Das Geschäftsjahr muss zuvor geschlossen worden sein, bevor die Stapelverarbeitung aufgerufen werden kann.

Von dieser Stapelverarbeitung werden für alle Sachkonten der Art <GuV> Buch.-Blattzeilen erzeugt, die eine Nullstellung der Salden der Sachkonten bewirken. Jeder Buchungsbetrag entspricht dabei der Summe aller Sachposten des Kontos innerhalb des Geschäftsjahres. Das Datum, das von der Stapelverarbeitung in den Zeilen eingefügt wird, ist stets das Ultimodatum des Geschäftsjahres. Im Anforderungsfenster können weitere Einstellungen vorgenommen werden.

Über einen Haken im Feld „Konzernmandantencode“ und durch Auswahl einer oder mehrerer „Dimensionen“ können die Buchungen pro Konzernmandant bzw. Dimension abgeschlossen werden

Wurden z.B. drei verschiedene Kostenträger in Verbindung mit einem Aufwandskonto gebucht, so erstellt Microsoft Dynamics NAV für jeden der drei Kostenträger eine Abschlussbuchung. Auf diese Weise wird bei einem Filter auf den Kostenträger eine kostenträgerspezifische Nullstellung durchgeführt, wenn Ultimoposten in die Auswertung einbezogen werden.

Wird eine Berichtswährung verwendet, so werden die Buchungen zur Nullstellung der GuV-Konten direkt gebucht. Anderenfalls werden sie in das angegebene Buchungsblatt gestellt, um sie dort zu prüfen, ggf. zu bearbeiten und anschließend manuell zu buchen.

Wenn das Buch.-Blatt gebucht wird, wird auf jedem GuV-Konto ein Posten erzeugt, sodass der Saldo Null ergibt. Gleichzeitig wird das Jahresergebnis in die Bilanz übernommen.

Bei der GuV-Konten Nullstellung werden nur Buchungen des zum Ultimodatum gehörenden Geschäftsjahres auf Null gestellt. Sollen mehrere Geschäftsjahre hintereinander nullgestellt werden, so muss diese Stapelverarbeitung für jedes Geschäftsjahr einzeln aufgerufen werden.

4.5.5 Nachbuchungen

Wie bereits erwähnt, können in Microsoft Dynamics NAV prinzipiell auch nach Abschluss des Geschäftsjahres noch Buchungen vorgenommen werden. Dies ist unter anderem wichtig, um im Rahmen der Abschlussprüfung erforderliche Korrekturen vornehmen zu können.

Alle Buchungen in einem abgeschlossenen Geschäftsjahr werden vom System markiert, indem in den erzeugten Sachposten das Feld „Nachbuchung“ auf <Ja> gesetzt wird.

Wurden durch Nachbuchungen GuV-Konten berührt, so muss anschließend die Nullstellung der GuV-Konten wiederholt werden.

Die *GuV-Konten Nullstellung* kann demzufolge mehrmals für ein Geschäftsjahr aufgerufen werden. Außerdem kann im vorigen Geschäftsjahr weiterhin gebucht werden, selbst wenn die GuV-Konten Nullstellung bereits vorgenommen wurde.

4.6 Budgets

Damit eine Gegenüberstellung der IST-Zahlen und der PLAN-Zahlen erfolgen kann, müssen in das System Budgetwerte eingetragen werden.

Microsoft Dynamics NAV stellt die Möglichkeit zur Verfügung für Sachkonten Budgetwerte zu erstellen. Darüber hinaus kann das Budget Kostenstellen und/oder Kostenträger bezogen erfasst werden.

4.6.1 Budgetierung auf Sachkontenebene

Zur Erfassung der Budgetwerte pro Sachkonto ist aus dem Hauptmenü *Finanzmanagement / Finanzbuchhaltung* der Menüpunkt *Budgets* aufzurufen:

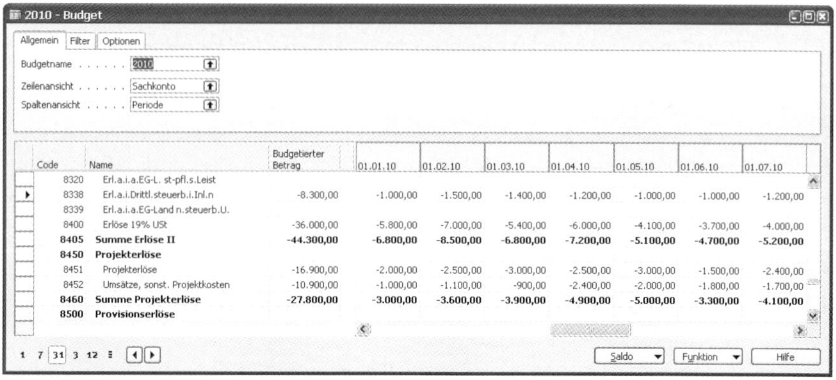

Ein Budgetwert wird eingegeben, indem die gewünschte Zahl einfach eingetragen bzw. überschrieben wird. Microsoft Dynamics NAV legt dann automatisch einen entsprechenden Budgetposten an. Die Budgetposten können über die Funktionstaste **F6** angesehen werden.

Das Fenster ist vergleichbar mit dem Fenster Saldo nach Dimensionen. Unten links kann man den Zeitraum einstellen, auf dessen Grundlage budgetiert werden soll: Tag, Woche, Monat, Quartal oder Jahr. Darüber hinaus kann die Ansicht und Eingabe auch auf Basis der für das Budget festgelegten Dimensionen (s.u.) erfolgen.

Zur Darstellung der Budgets werden FlowFields verwendet, die die Beträge der Budgetposten addieren. Wird in ein Feld ein Wert eingegeben, so prüft Microsoft Dynamics NAV, ob der eingegebene Betrag mit der Summe aller Budgetposten übereinstimmt. Ist dies nicht der Fall, so wird ein neuer Budgetposten über den Differenzbetrag erstellt. Um einen Budgetposten genauer zu beschreiben, kann nach Betätigung von **F2** das Feld „Beschreibung" editiert werden.

Wenn für eine Periode (z.B. Woche oder Monat) ein Budgetwert eingegeben wird, so wird das Datum in dem dabei erzeugten Budgetposten auf den ersten Tag der Periode gesetzt (z.B. bei einem Budget für Januar 2010 auf den 01.01.2010).

Bei der Planung der Budgets sollte deshalb immer mit der kleinsten Planungsperiode begonnen werden, da eine nachträgliche Aufteilung von Budgetposten nicht mehr möglich ist. Wurde z.B. zunächst auf Monatsebene geplant, so hat Microsoft Dynamics NAV Budgetposten zu den jeweils Monatsersten erstellt. Soll anschließend die Planung auf Wochen umgestellt werden, so befindet sich der Budgetposten aus der Monatsplanung in der Woche, die den Monatsersten enthält. Alle weiteren Wochen enthalten keinen Wert.

4.6.2 Finanzbudgets einrichten

Microsoft Dynamics NAV bietet die Möglichkeit, mehrere Budgets gleichzeitig zu verwalten. Dazu werden Budgetfilter verwendet. Ein Budgetfilter wird in das ebenso bezeichnete Feld oben rechts im Fenster Finanzbudget nach Perioden eingetragen. Microsoft Dynamics NAV zeigt nur solche Budgetbeträge an, die zu dem angegebenen Budgetfilter passen (Budgetposten, die diesen Budgetnamen haben).

Das Fenster Finanzbudgetnamen zum Anlegen und Einrichten von Budgets wird durch einen LookUp auf dem Feld „Budgetname“ aufgerufen:

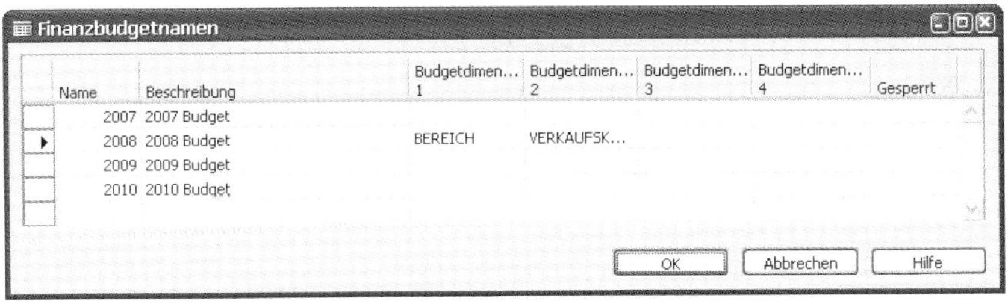

Neben der Bezeichnung des Budgets können zusätzlich zu den globalen Dimensionen noch bis zu vier lokale Dimensionen eingerichtet werden, auf die Budgets erfasst werden können. Soll der Stand der Budgetplanung eingefroren und gegen (versehentliche) Änderungen geschützt werden, so kann das Budget gesperrt werden.

Wenn ein Budget unter Verwendung eines Budgetfilters eingegeben wird, so wird der Budgetfilter automatisch in das Feld „Budgetname“ in den Budgetposten kopiert:

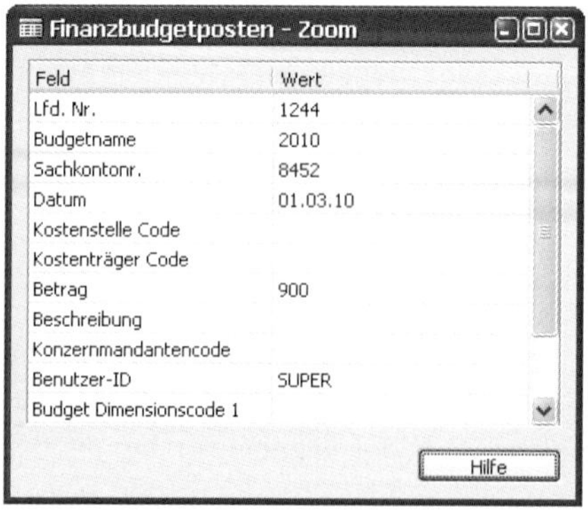

Um die Eingabearbeit bei der Budgetplanung zu vereinfachen, können Budgets bzw. Teile davon kopiert werden. In dem Fenster Finanzbudget nach Perioden kann über den Menüpunkt Funktion▼ / *Budget kopieren* eine Kopierfunktion aufgerufen werden:

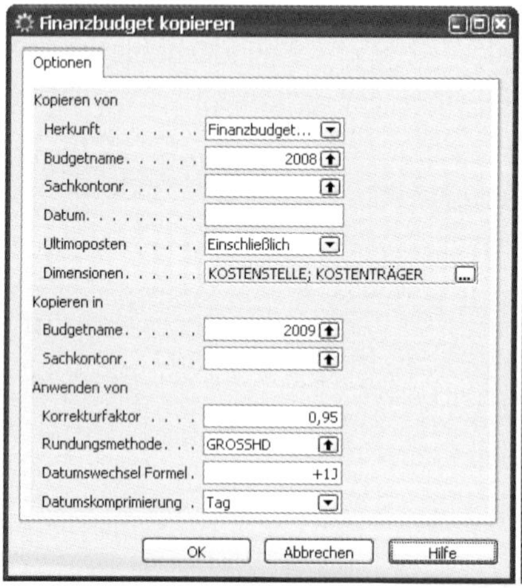

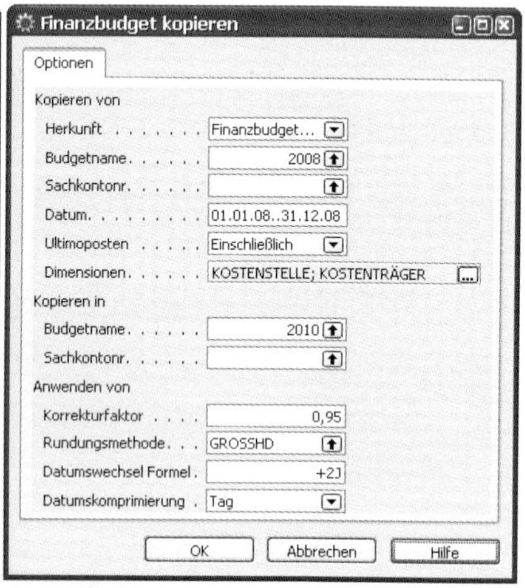

Mit Hilfe der Stapelverarbeitung kann das neue Budget entweder mit den Istwerten (Option <Sachposten>) oder mit den Budgetwerten (Option <Finanzbudgetposten>) des ausgewählten Zeitraumes gefüllt werden. Über die weiteren Felder der Sektion „Kopieren von" kann festgelegt werden, welche Daten kopiert werden sollen und über die Angaben bei „Kopieren in", wo diese gespeichert werden sollen.

Sollen aus einem vorhandenen Budget nur bestimmte Monate in das neue Budget kopiert werden, so ist zusätzlich in das Feld „Datum" der entsprechende Zeitraum einzugeben.

Während des Kopiervorganges können die Daten darüber hinaus noch modifiziert werden, indem sie mit einem „Korrekturfaktor" multipliziert, gerundet und komprimiert werden.

4.6.3 Budgetierung auf Dimensionen

Wie bereits erwähnt können die Budgets auch nach Dimensionen differenziert eingegeben werden. Wird bei der Eingabe ein Filter auf eine der Dimensionen gesetzt, so wird der gefilterte Dimensionswert in den Budgetposten kopiert.

Es ist zu beachten, dass auf der kleinsten Ebene mit der Planung begonnen werden muss. Soll z.B. ein Budget sowohl auf Basis von Kostenstellen als auch von Kostenträgern eingegeben werden, so müssen von Anfang an Kostenstellen- und Kostenträgerfilter gesetzt werden. Die Eingabe muss für jede Kostenstelle und jeden Kostenträger bzw. aus Kombinationen beider Werte separat erfolgen. Das Gesamtbudget kann man erhalten, indem die Kostenstellen- und Kostenträgerfilter gelöscht werden.

Eine Eingabe des Gesamtbudgets mit einer anschließenden Aufteilung auf die einzelnen Kostenstellen ist nicht möglich. Microsoft Dynamics NAV verfolgt insofern konsequent das Prinzip der ButtomUp-Planung.

4.6.4 Budgetierung mit Excel

Die Eingabe der Budgetwerte muss in Microsoft Dynamics NAV durch manuelle Eintragungen erfolgen, wenn die Kopierfunktion nicht eingesetzt werden kann. Diese Tätigkeit kann sehr langwierig sein, wenn in vielen oder allen Perioden der gleiche Wert erfasst werden muss. In solchen Fällen kann das Budget auch nach Excel exportiert und dort bearbeitet werden, um z.B. das automatische Ausfüllen von Zellwerten in Excel zu nutzen.

Der Excel-Export wird über den Menüpunkt Funktion▼ / *Nach Excel exportieren* aufgerufen:

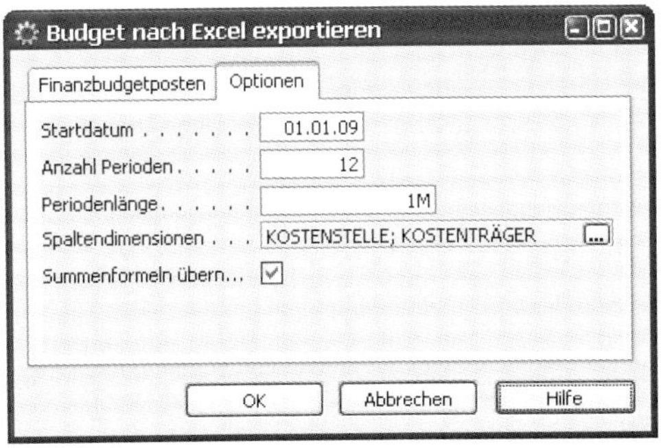

Unabhängig von den gerade im Budgetfenster angezeigten Werten muss eingegeben werden ab wann, für welchen Zeitraum und in welchen Zeitscheiben die Werte exportiert werden sollen. Soll innerhalb der Excel-Tabelle nach Dimensionen differenziert werden, so müssen die entsprechenden Dimensionen angegeben werden. Das Feld „Summenformeln übernehmen“ sollte immer aktiviert werden, damit für Bis-Summen in Excel entsprechende Formeln erstellt werden. Anderenfalls würden sich die Bis-Summen nicht ändern, wenn in Excel Daten geändert werden.

Bei einer Differenzierung nach Dimensionen wird für jede Kombination aus Sachkonto und den jeweiligen Dimensionen, auf die ein Budget erfasst wurde, eine Zeile in der Excel-Tabelle angelegt. Dies ist nur dann sinnvoll, wenn die Daten anschließend nicht weiterbearbeitet und wieder importiert werden sollen. Anderenfalls könnten ggf. Zeilen für Eingaben fehlen, wenn noch kein Wert für die gewünschte Kombination vorliegt.

Mappe1

	A	B	C
1020	8400	Erlöse 19% USt	
1021	**8405**	**Summe Erlöse II**	
1022	**8450**	**Projekterlöse**	
1023	8451	Projekterlöse	PROD
1024			VERKAUF
1025			VERW
1026	8452	Umsätze, sonst. Projektkosten	PROD
1027			VERKAUF
1028			VERW

Nach einer Bearbeitung der Budgets in Excel können diese wieder importiert werden. Dazu wird der Menüpunkt Funktion▼ / *Aus Excel importieren* aufgerufen und die gewünschte Datei ausgewählt:

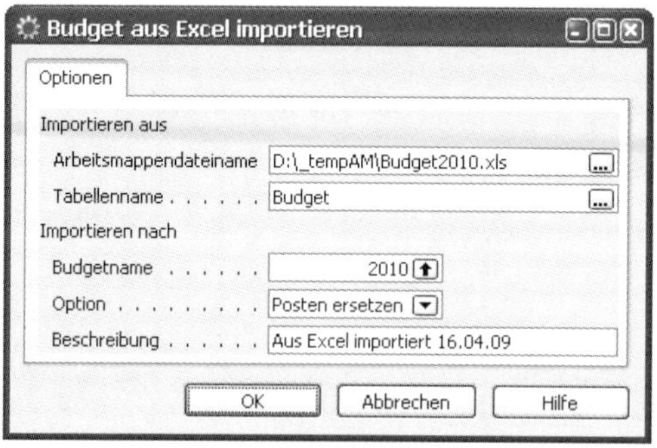

Durch die „Option“ <Posten ersetzen> werden die alten Budgetposten mit ihrer Historie gelöscht, durch die „Option“ <Posten hinzufügen> als neue Posten addiert.

Die Bearbeitung der Budgets in Excel eignet sich nicht nur gut zur schnelleren Erfassung der Budgetwerte, sondern auch, um Budgets dezentral von Fachabteilungen erfassen zu lassen. Auf diese Weise können auch Mitarbeiter an der Budgeterstellung beteiligt werden, die keinen Zugriff und/oder keine Ausbildung in Microsoft Dynamics NAV erhalten haben. Sollen vorhandene Budgets überarbeitet werden, muss der Dimensionswert der Abteilung als Filter angegeben werden. Soll z.B. das Budget der Abteilung Administration (Kostenstelle ADM) exportiert werden, so muss „ADM“ als Kostenstellenfilter beim Export eingegeben werden. Umgekehrt muss beim Import darauf geachtet werden, dass Teilbudgets immer mit der Option <Posten hinzufügen> importiert werden.

4.6.5 Budgetüberwachung

Es gibt im Wesentlichen zwei Wege, die Einhaltung der Budgets zu überwachen:

Eine Möglichkeit bilden die Kontenschemata, in deren Spalten sowohl auf die Sachposten, als auch auf die Finanzbudgetposten zurückgegriffen werden kann. Darüber hinaus können die Spalten z.B. durch Subtraktion und Division miteinander verknüpft werden. Auf diese Weise können Abweichungen zwischen budgetierten und tatsächlichen Werten absolut sowie prozentual dargestellt werden:

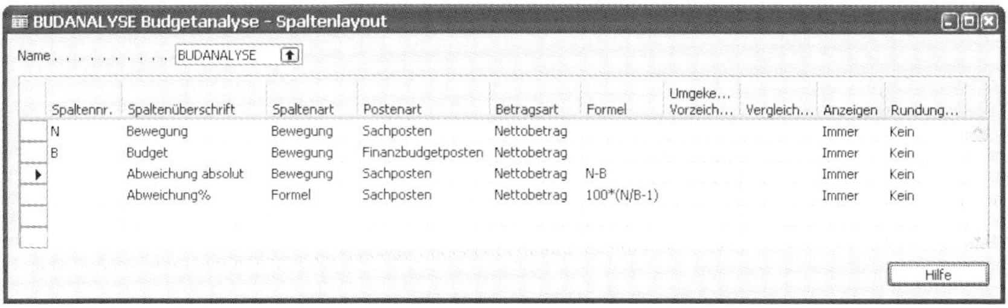

Spaltennr.	Spaltenüberschrift	Spaltenart	Postenart	Betragsart	Formel	Umgeke... Vorzeich...	Vergleich...	Anzeigen	Rundung...
N	Bewegung	Bewegung	Sachposten	Nettobetrag				Immer	Kein
B	Budget	Bewegung	Finanzbudgetposten	Nettobetrag				Immer	Kein
	Abweichung absolut	Bewegung	Sachposten	Nettobetrag	N-B			Immer	Kein
	Abweichung%	Formel	Sachposten	Nettobetrag	100*(N/B-1)			Immer	Kein

Als zweite Möglichkeit kann direkt am Bildschirm aus dem Kontenplan über den Menüpunkt Saldo▼ / *Saldo/Budget* das Fenster Saldo/Budget aufgerufen werden:

In diesem Fenster werden budgetierte und tatsächliche Soll- und Habenbeträge sowie der Erfüllungsgrad des Budgets angezeigt. Dabei können die betrachteten Perioden über den Datumsfilter und die Schaltflächen am linken unteren Rand des Fensters verändert werden.

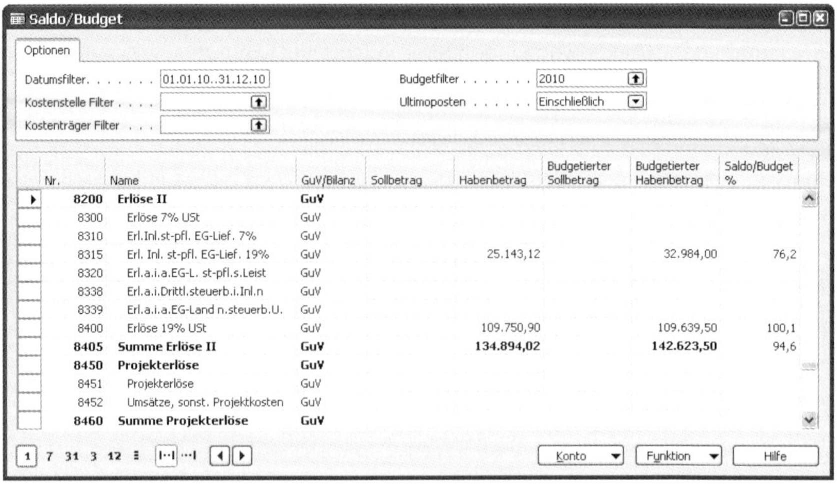

Ein Finanzbudget kann auch aus diesem Formular über Funktion ▼ / *Budget kopieren…* kopiert werden.

4.7 Bankkonten

Neben den Sachkonten aus dem Kontenplan verfügt Microsoft Dynamics NAV über eine gesonderte Verwaltung von Bankkonten. Diese werden als eigene Datensätze, vergleichbar zu Debitoren und Kreditoren, geführt. Dabei wird in einer Bankkontenbuchungsgruppe das Sachkonto hinterlegt, auf das die Bankbuchungen innerhalb der Finanzbuchhaltung laufen sollen.

4.7.1 Grundidee, Anlegen von Bankkonten

Die Grundidee der Bankbuchhaltung besteht darin, die Bankkonten ähnlich den Debitoren und Kreditoren in einer Nebenbuchhaltung zu verwalten und die Einzelbuchungen aller Bankkonten auf einem Sammelkonto zu saldieren. Damit würde z.B. nur ein Sachkonto „Bank“ den Saldo aller Bankkonten anzeigen; analog dem Sammelkonto Forderungen, das den Saldo aller Debitorenforderungen enthält. Dieses Vorgehen ist in Deutschland unüblich. Dennoch kann die Bankbuchhaltung wertvolle Dienste bei der täglichen Arbeit leisten.

In Deutschland wird die Bankbuchhaltung so eingerichtet, dass zu jedem Bankkonto in der Bankbuchhaltung ein Banksachkonto in der Finanzbuchhaltung eingerichtet wird. Um die Begriffe im weiteren Text abgrenzen zu können, werden folgende Begriffsdefinitionen getroffen:

Bankkonto	Bankkonto im Bereich Bankmanagement des Finanzmanagements von Microsoft Dynamics NAV
Banksachkonto	Zu dem Bankkonto gehörendes Sachkonto in der Finanzbuchhaltung von Microsoft Dynamics NAV
Bankbankkonto	Bankkonto beim kontoführenden Kreditinstitut, für das regelmäßig Kontoauszüge eingehen

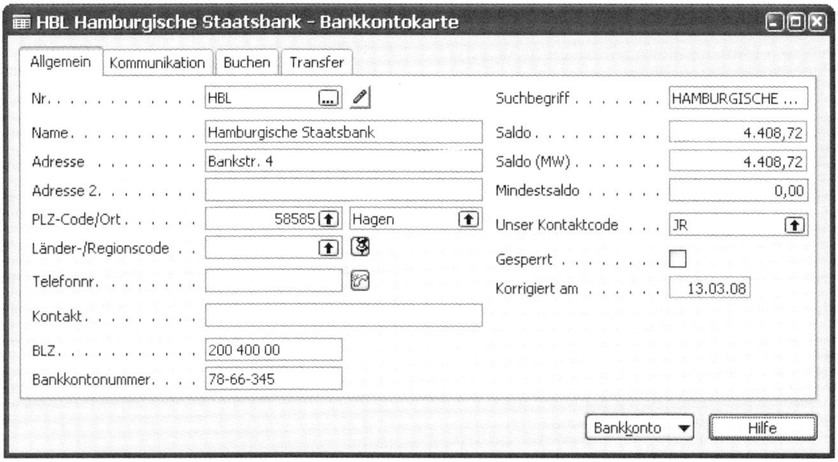

Im Bankkonto (*Finanzmanagement / Bankmanagement / Bankkonten*) in Microsoft Dynamics NAV können alle erforderlichen Informationen hinterlegt werden:

Die „Nr." identifiziert das Konto eindeutig innerhalb von Microsoft Dynamics NAV. Sie muss nicht mit der Kontonummer beim Kreditinstitut übereinstimmen, die in das Feld „Bankkontonummer" eingegeben wird. Als Pflichtfeld muss in dem Register Buchen die „Bankkontenbuchungsgruppe" aufgefüllt werden. Alle weiteren Felder können über die Online-Hilfe abgefragt werden.

4.7.2 Transferkonten

Eines der wesentlichsten Themen bei der Bankbuchhaltung ist die Abstimmung der Salden von Banksachkonto und Bankbankkonto. Dabei kann es zu Differenzen kommen, wenn zu einem Zeitpunkt Buchungen nur auf einem der beiden Konten erfasst wurden.

Abweichung durch Buchungen auf dem Bankbankkonto

Diese Variante der Abweichungen ist unproblematisch. Bei Eingang des Kontoauszugs werden alle Buchungen auf dem Kontoauszug auch auf dem

Banksachkonto gebucht. Dabei kann es sich um erwartete Buchungen handeln, wie z.B. Zahlungseingänge auf Debitorenrechnungen oder um „unerwartete“ Buchungen, wie z.B. Zinsbelastungen oder Kontoführungsgebühren.

Abweichung durch Buchungen auf dem Banksachkonto

Differenzen durch Buchungen auf dem Banksachkonto, die noch nicht auf dem Bankbankkonto gebucht wurden. Dies tritt z.B. auf, wenn Schecks ausgegeben, jedoch noch nicht eingelöst wurden, wenn erhaltene Schecks eingereicht, jedoch noch nicht gutgeschrieben wurden oder wenn Überweisungen abgeschickt jedoch noch nicht ausgeführt wurden.

In allen diesen Fällen werden die Vorgänge bereits in der Buchhaltung (Debitoren-, Kreditoren- und Sachbuchhaltung) erfasst, um für den notwendigen Postenausgleich zu sorgen. Dadurch wird sichergestellt, dass die Beträge nicht noch einmal im Zahlungsverkehr oder Mahnwesen berücksichtigt werden, obwohl die Zahlung bereits durchgeführt wurde.

Eine gute Hilfestellung dafür bilden **Transferkonten**: Vorläufige Bankbewegungen werden zunächst auf ein Transferkonto (und nicht auf das Banksachkonto) gebucht. Dadurch können offene Posten ausgeglichen werden. Für die Liquiditätsplanung kann durch Summierung von Banksachkonto und Transferkonto errechnet werden, wie hoch der Bestand auf dem Banksachkonto wäre, wenn alle ausstehenden Schecks und Überweisungen ausgeführt werden würden.

Sobald der Kontoauszug eingeht, auf dem Schecks und Überweisungen gebucht wurden, wird der entsprechende Betrag vom Transferkonto auf das Banksachkonto umgebucht. Dadurch wird die Übereinstimmung von Banksachkonto und Bankbankkonto gewährleistet.

Die Abstimmung zwischen Banksachkonto und Bankbankkonto ist eine philosophische Frage. Rechtlich gesehen ist es nur notwendig, die Buchungen vollständig zu erfassen und zum Jahresende eine Übersicht über Schecks im Umlauf und ggf. andere ausstehende Kontobewegungen aus dem Altjahr zu haben. Damit haben sich weitere, vom oben beschriebenen Vorgehen abweichende, Methoden bei der Bearbeitung dieses Sachverhalts entwickelt:

Eine besteht z.B. darin, mit dem Ausgleich der offenen Posten solange zu warten, bis die Transaktion auf dem Kontoauszug erscheint. Dieses Vorgehen wird auch damit begründet, dass beim Einreichen eines Schecks nicht sicher ist, dass dieser auch eingelöst wird. Diese Methoden sind nicht falsch; im Weiteren wird jedoch nur von der Vorgehensweise mit Transferkonten ausgegangen.

4.7.3 Bankkonten abstimmen

Microsoft Dynamics NAV stellt eine besondere Funktion für die oben beschriebene Abstimmung zwischen Banksachkonto und Bankbankkonto zur Verfügung. Dabei werden die kompletten Kontoauszüge in Microsoft Dynamics NAV nachvollzogen. Damit kann der aktuelle Saldo des Bankbankkontos aus dem Feld „Saldo letzter Auszug“ im Register Buchen auf der Bankkontokarte abgelesen werden und der Saldo nach Ausführung aller ausstehenden Buchungen aus dem Feld „Saldo (MW)“.

Dieses Vorgehen ist nur mit Einschränkungen sinnvoll, da eine Reihe zusätzlicher Arbeiten erforderlich werden, die in vielen Fällen umständlich sind. Dennoch wird das Vorgehen im Folgenden dargestellt, da es in bestimmten Situationen sinnvoll sein kann und außerdem das Verständnis von Aufbau und Anwendung der Bankbuchhaltung in Microsoft Dynamics NAV erleichtert.

Zunächst werden in Microsoft Dynamics NAV alle Buchungen, z.B. bei Scheckeinreichungen, normal gegen das Bankkonto in der Fibu Buch.-Blattzeile zum Zeitpunkt der Ausgabe oder Einreichung des Schecks gebucht. Diese Buchungen werden in der Finanzbuchhaltung auf das in der Bankkontenbuchungsgruppe hinterlegte Sachkonto gebucht. Die eigentliche Abstimmung wird dann vorgenommen, wenn ein Kontoauszug eingeht.

Über den Menüpunkt *Finanzmanagement / Bankmanagement / Bankkontoabstimmung* wird das Fenster Bankkontoabstimmung geöffnet:

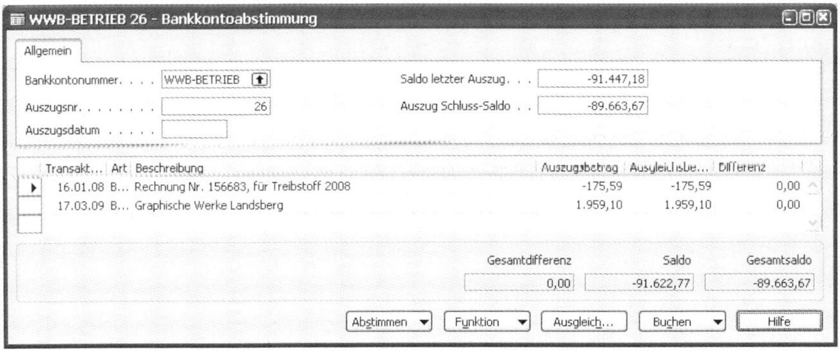

Durch **F3** kann ein neuer Datensatz angelegt werden. Anschließend wird das Bankkonto ausgewählt. Die Felder „Saldo letzter Auszug“ und „Auszugsnr.“ werden dabei automatisch ausgefüllt. Das „Auszugsdatum“ und der „Auszug Schlusssaldo“ müssen manuell eingetragen werden.

Anschließend können über den Menüpunkt **Funktion▼** / *Vorschlagszeilen* Buchungen, die auf das Bankkonto in einer definierten Periode gelaufen sind, abgerufen werden. Sinnvollerweise sollten alle Debitorenzahlungen auf dem Auszug zuvor gebucht werden, um diese Zeilen ebenfalls automatisch abrufen zu können. Zeilen, die vorgeschlagen wurden, jedoch nicht auf dem Auszug stehen, können gelöscht werden. Weitere Buchungen auf dem Bankkontoauszug, die nicht zuvor in der Finanzbuchhaltung gebucht wurden, können folgendermaßen verarbeitet werden:

1. Die Beträge werden in zusätzlichen Zeilen im Fenster Bankkontoabstimmung erfasst. Die Summe aller zusätzlichen Zeilen wird dabei im Feld „Total Differenz" angezeigt.

2. Über die Funktion Funktion ▼ / *Übertrag an Fibu Buch.-Blatt* werden die zusätzlichen Zeilen an ein Fibu Buch.-Blatt übergeben.

3. Dort müssen diese gebucht werden.

4. Anschließend muss man in die Bankkontoabstimmung zurückkehren und dort für jede neue Zeile über die Schaltfläche Ausgleich die Bankposten in der Spalte „Ausgeglichen" markieren, die zu der entsprechenden Zeile gehören.

5. Anschließend sollte das Feld „Total Differenz" den Wert Null anzeigen. Außerdem sollte der Wert in dem Feld „Total Saldo" mit dem Saldo des Kontoauszugs übereinstimmen. Ist dies der Fall, so kann der Kontoauszug mit Buchen ▼ / *Buchen* gebucht werden. Die Daten werden damit aus dem Fenster Bankkontoabstimmung gelöscht und können aus der Bankkontokarte über den Menüpunkt Bankkonto ▼ / *Auszüge* abgerufen werden.

Der Vorteil dieser Vorgehensweise besteht darin, dass von jedem Arbeitsplatz aus die Kontoauszüge eingesehen werden können (entsprechende Benutzerrechte vorausgesetzt).

4.7.4 Anwendung in Deutschland

Alternativ zu dem oben beschriebenen Vorgehen wird eine andere mögliche Nutzung des Bankmoduls vorgestellt:

Dazu ist folgende Konfiguration erforderlich:

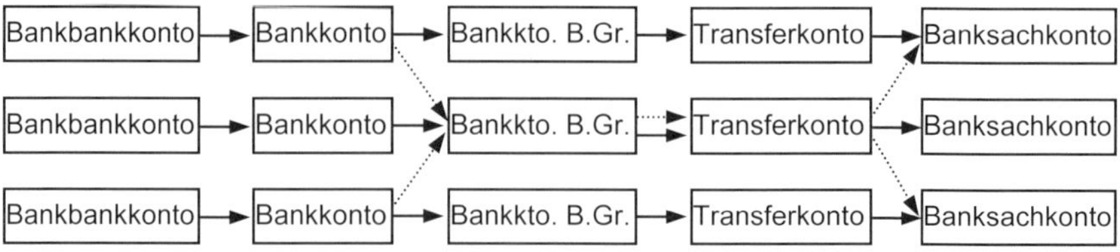

Ziel ist es, dass die Salden des Bankbankkontos und des Banksachkontos übereinstimmen. Alle in Microsoft Dynamics NAV bereits vorgenommenen, jedoch noch nicht auf dem Bankbankkonto ausgeführten Buchungen, sollen auf einem Transferkonto in der Finanzbuchhaltung gesammelt werden.

Für jedes Bankbankkonto wird ein Bankkonto angelegt. Je nach Wunsch kann man mit einem Transferkonto für alle Bankkonten arbeiten (gestrichelte Pfeile) oder man richtet für jedes Bankkonto ein eigenes Transferkonto ein. Die Transferkonten werden in den Bankkontenbuchungsgruppen hinterlegt. Daraus ergibt sich, dass für jedes Transferkonto eine eigene Bankkontenbuchungsgruppe angelegt werden sollte.

Buchungen, die noch nicht in Microsoft Dynamics NAV erfasst wurden, werden bei dieser Konfiguration direkt auf das Banksachkonto gebucht, berühren also die Microsoft Dynamics NAV Bankbuchhaltung nicht. Buchungen, die zuerst in Microsoft Dynamics NAV erfasst werden, wie z.B. Schecks, werden in der Microsoft Dynamics NAV Bankbuchhaltung auf das Bankkonto gebucht. Durch die Integration landen diese Buchungen auf dem Transferkonto in der Sachbuchhaltung. Bei Eingang des Kontoauszugs werden die Positionen dann vom Transferkonto auf das Banksachkonto umgebucht.

Rein theoretisch wäre bei dieser Anwendung die Bankbuchhaltung nicht erforderlich, da die eingereichten Schecks und zur Bank gegebene Überweisungen auch direkt auf das Transferkonto gebucht werden können. Der Microsoft Dynamics NAV Zahlungsverkehr basiert allerdings auf den Bankkonten, so dass dessen Nutzung die Einrichtung von Bankkonten voraussetzt.

4.8 Konsolidierung

Konsolidierung bedeutet, die Buchhaltungsergebnisse mehrerer Unternehmen zusammenzufassen. Die Konsolidierung ist gesetzlich für Unternehmen vorgeschrieben, die einen Konzernabschluss abgeben müssen.

Über eine Konsolidierung soll u.a. erreicht werden, dass die Einzelergebnisse der Konzerntöchter zusammenfassend dargestellt werden. Dazu müssen alle Geschäfte, die die Konzerntöchter untereinander gemacht haben, aus der Betrachtung ausgeschlossen werden. Diesen Sachverhalt verdeutlicht folgende Grafik:

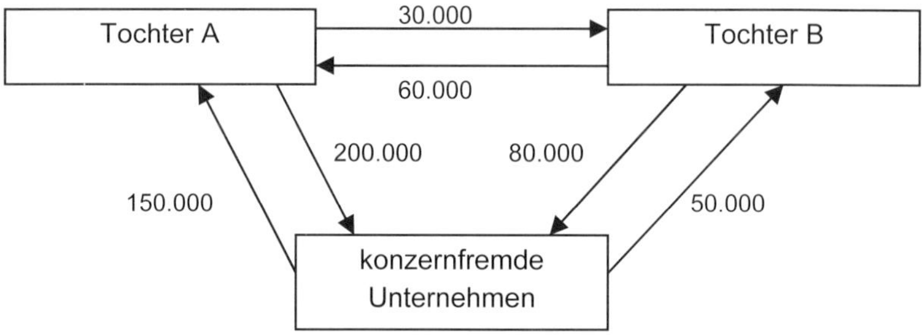

Die Pfeile symbolisieren dabei Erlöse bzw. Aufwendungen. Für die beiden Konzerntöchter ergeben sich damit folgende Einzelergebnisse:

Unternehmen	Umsatz	Aufwendungen	Ergebnis
Tochter A	230.000	210.000	20.000
Tochter B	140.000	80.000	60.000

Addiert man beide Umsätze, so haben beide Unternehmen zusammen 370.000 € Umsatz erwirtschaftet. Davon wurden allerdings 90.000 € mit jeweils der anderen Konzerntochter erzielt. Betrachtet man beide Unternehmen als Konzern, so hat dieser nur 280.000 € Umsatz gemacht.

Umsätze, die mit anderen Unternehmen innerhalb des Konzerns erzielt werden, werden **Innenumsätze** genannt und dürfen bei einer Konsolidierung der Ergebnisse nicht mitgerechnet werden.

4.8.1 Grundsätzliches Vorgehen bei der Konsolidierung

Die Konsolidierung wird in Microsoft Dynamics NAV realisiert, indem die Buchungen der einzelnen Konzerntöchter (Konzernmandanten) ausgelesen und in einen gemeinsamen Konsolidierungsmandanten eingelesen werden.

Einrichtung des Konsolidierungsmandanten

Zum Import der Daten ist ein Konsolidierungsmandant erforderlich. In diesem müssen ein Kontenplan und für den Fall von Korrekturbuchungen die Buchungsmatrizen mit den entsprechenden Buchungsgruppen eingerichtet sein.

Zusätzlich müssen unter *Finanzmanagement / Finanzbuchhaltung / Periodische Aktivitäten / Konsolidierung / Konzernmandanten* die Konzernmandanten (Konzerntöchter) eingerichtet werden.

Werden die Konzernmandanten in der gleichen Datenbank geführt, so kann der „Mandantenname“ mit **F6** aus der Mandantenübersicht der Datenbank abgerufen werden. Wird der Mandantenname manuell eingetragen, so ist auf die korrekte Schreibweise zu achten.

Wird der Konzernmandant in einer Fremdwährung geführt, so muss diese im Feld „Währungscode“ mit **F6** ausgewählt werden. Mit einem Haken im Feld „Konsolidieren“ kann eingestellt werden, ob der Mandant in die Konsolidierung einbezogen werden soll.

Das Feld „Konsolidieren“ wird in der Regel gesetzt sein, da kein Konzernmandant eingerichtet werden würde, der nicht konsolidiert werden soll. Dieses Feld ist eher dahingehend zu verstehen, bestimmte Mandanten aus konsolidierten Betrachtungen auszuschließen. Damit können z.B. Gruppenkonsolidierungen von Untergruppen bestimmter Mandanten erzeugt werden oder Ergebnisse simuliert werden, die sich bei Ausgliederung einzelner Mandanten ergeben würden.

In das Feld „Konsolidierung %“ kann eine Konsolidierungsquote eingegeben werden. Eine Quotenkonsolidierung kommt in Deutschland nur äußerst selten vor. Das Feld wird deshalb in der Regel den Wert 100 enthalten.

Mit den Feldern „Startdatum“ und „Enddatum“ kann das entsprechende Datum des Geschäftsjahres des Mandanten angeben werden. Diese sollten jedoch nur dann angeben werden, wenn das Geschäftsjahr des Konzernmandanten nicht mit dem des Konsolidierungsmandanten übereinstimmt.

Das Feld „Datenquelle“ gibt an, ob die Daten vom Konzernmandanten in der lokalen Währung des Konzernmandanten <Mandantenwährg. (MW)> oder in dessen Berichtswährung <Zusätzl. Ber.-Währ.(BW)> abgerufen werden.

Das Feld „Dateiformat“ gibt an, in welchem Dateiformat der Konzernmandant die Daten übermittelt. Bei Konzernmandanten, die Microsoft Navision bis Version 3.70 verwenden, werden die Daten als „*.txt“-Dateien übermittelt. Ab Microsoft Dynamics NAV Version 4.00 wird das „*.xml“-Format verwendet.

Einrichtungen in den Konzernmandanten

Da in dem Konsolidierungsmandanten häufig ein anderer Kontenplan verwendet wird als bei den Konzernmandanten, kann für die Sachkonten im Register Konsolidierung angegeben werden, auf welches Sachkonto im Konsolidierungsmandanten die Salden übertragen werden sollen.

Hierbei kann für den Fall eines Sollsaldos ein anderes Konto verwendet werden als bei einem Habensaldo.

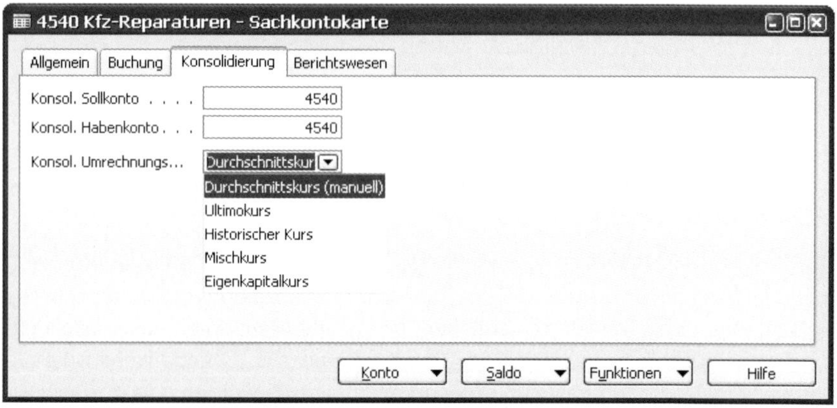

Die Felder sind nicht so zu verstehen, dass Sollbuchungen auf das „Konsol. Sollkonto“ und Habenbuchungen auf das „Konsol. Habenkonto“ gebucht werden, sondern nach dem Saldo des Sachkontos innerhalb der betrachteten Abgrenzung (Datum, Kostenstelle, Kostenträger). Wird z.B. eine Konsolidierung mit Einzelwerten pro Tag (Feld „Datum“ beim Export gesetzt) durchgeführt, so wird an Tagen, an denen ein Sollsaldo auftritt, das „Konsol. Sollkonto“ verwendet, an den anderen Tagen das „Konsol. Habenkonto“.

Dementsprechend wird in der Regel in beiden Feldern das gleiche Sachkonto des Konsolidierungsmandanten stehen.

Es ist möglich, für jedes Sachkonto die Umrechnungsmethode im Feld „Konsol. Umrechnungsmethode“ für den auf das Konto anzuwendenden Währungsumrechnungskurs für den zu konsolidierenden Zeitraum einzeln festzulegen. Es wird dabei zwischen folgenden Kursen unterschieden:

Bei der Auswahl <Durchschnittskurs (manuell)> wird das arithmetische Mittel oder die bestmögliche Schätzung manuell ermittelt und manuell für jeden Konzernmandanten eingegeben. Bei <Ultiomokurs> ist der Kurs am Devisenmarkt für den Tag einzugeben, an dem die Bilanz oder Gewinn- und Verlustrechnung erstellt werden soll. Die Option <Historischer Kurs> verlangt den Wechselkurs für die Fremdwährung der galt, als die Anlage oder Verbindlichkeit erworben wurde. Bei <Mischkurs> werden die Beträge der laufenden Periode zum Durchschnittskurs umgerechnet. Der <Eigenkapitalkurs> wird als Mischkurs berechnet. Die Buchung der Differenzen erfolgt dann auf separaten Konten.

Export der Konsolidierungsdaten aus den Konzernmandanten

Der Export der Daten muss nur erfolgen, wenn der Konsolidierungsmandant nicht in der gleichen Datenbank vorhanden ist. Dann erfolgt der Export über den Menüpunkt *Finanzmanagement / Finanzbuchhaltung / Periodische Aktivitäten / Konsolidierung / Konsolidierung exportieren…*

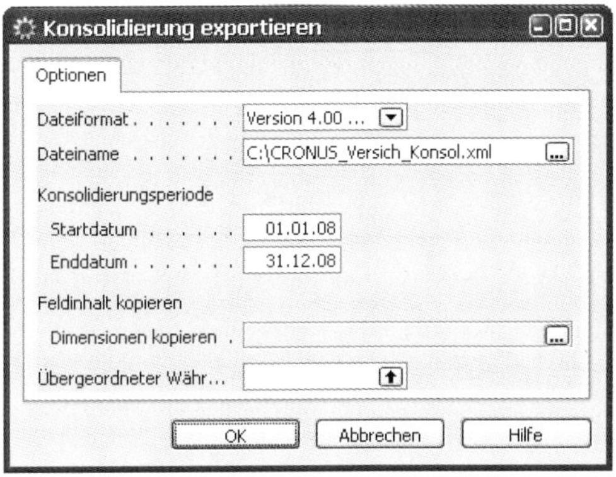

Beim Export wird für die ausgewählte Konsolidierungsperiode ein Summenwert pro Sachkonto exportiert.

Wird mit „Dimensionen kopieren" gearbeitet, wird pro Sachkonto und Dimensionsart eine Summe gebildet.

Import der Konsolidierungsdaten in den Konsolidierungsmandanten

Um die Buchhaltungsdaten in den Konsolidierungsmandanten zu importieren, stehen zwei Möglichkeiten zur Verfügung: Der Import aus der aktuellen Datenbank sowie der Import aus einer zuvor erzeugten Datei.

Befindet sich der Konzernmandant in der gleichen Datenbank wie der Konsolidierungsmandant, so kann aus dem Formular Konzernmandanten über den Menüpunkt Funktion▼ / *Datenbank importieren…* eine Stapelverarbeitung gestartet werden, die alle Konzernmandaten (innerhalb des gesetzten Filters) für den angegeben Zeitraum importiert. Dafür ist es nicht notwendig, die Daten zuvor aus den Tochtermandanten zu exportieren.

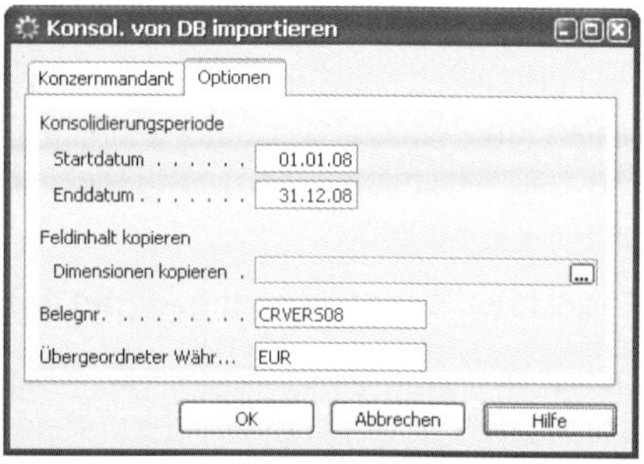

Werden die Konzernmandanten in einer anderen Datenbank geführt, so müssen die Konsolidierungsdaten zunächst exportiert und anschließend wieder als Datei importiert werden. Dazu muss der Menüpunkt Funktion▼ / *Datei importieren...* im Formular Konzernmandanten aufgerufen werden:

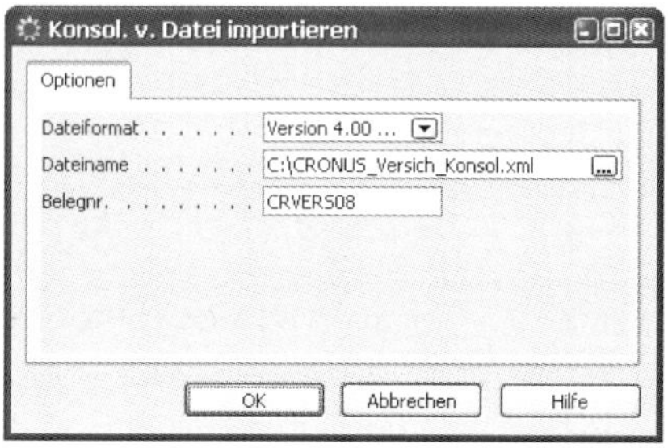

4.8.2 Ausziffern der Innenumsätze

Unterhalten die Konzernmandanten untereinander Geschäftsbeziehungen, so müssen im nächsten Schritt die Innenumsätze ausgeziffert werden. Das heißt, Geschäftsvorfälle, die zwischen den Konzernmandaten stattgefunden haben, müssen aus der Betrachtung eliminiert werden. Zum Ausziffern der Innenumsätze gibt es zwei Möglichkeiten, die Innenumsätze gegeneinander auszubuchen oder über geeignete Kontenschemata Innenumsätze aus der konsolidierten Betrachtung auszuschließen.

Zum Ausbuchen der Innenumsätze müssen die einzelnen Buchungssätze manuell gebildet und nach Möglichkeit in genau einem Buchungsblatt erfasst werden. In diesem Fall kann mit Hilfe des Berichtes Berichte▼ / *Eliminierungen...* aus dem Fenster Konzernmandanten vor dem Buchen geprüft werden, ob alle Innenumsätze korrekt ausgeziffert wurden.

Eine zweite Möglichkeit besteht darin, für Bilanz und GuV je ein Kontenschema zu definieren, welches die Konten mit Innenumsätzen bzw. konzerninternen

Forderungen und Verbindlichkeiten nicht berücksichtigt. Das heißt, diese Konten werden in keiner Rubrik abgerufen und somit auch nicht in die Summenbildung einbezogen. Hierbei sollte sichergestellt werden, dass konzerninterne Aufwendungen und Erlöse sowie Forderungen und Verbindlichkeiten sich gegenseitig aufheben.

Um diese Möglichkeiten zu realisieren, ist ein besonderer Aufbau des Kontenplans erforderlich, in dem alle Geschäftsvorfälle mit Konzernschwestern auf eigenen Konten erfasst werden. Dabei handelt es sich insbesondere um folgende Konten:

- Umsatz- und Aufwandskonten
- Forderungs- und Verbindlichkeitskonten
- Skonto-, Bonus- und Rabattkonten

Zusammen mit den Sachkonten müssen auch die erforderlichen Buchungsgruppen angelegt werden, vor allem eine Geschäfts-, Debitoren- und Kreditorenbuchungsgruppe für Konzernschwestern.

4.9 Intercompany-Funktion

Mit Microsoft Dynamics NAV wurde die vorhandene Funktionalität der Bereiche Forderungen und Verbindlichkeiten verbessert, so dass auch Intercompany-transaktionen, unterstützt werden.

Einem Debitor oder Kreditor kann auf der Debitoren- bzw. Kreditorenkarte ein IC-Partnercode zugeordnet werden. Anhand dieses Feldes wird erkannt, dass es sich um einen Intercompany-Partner handelt.

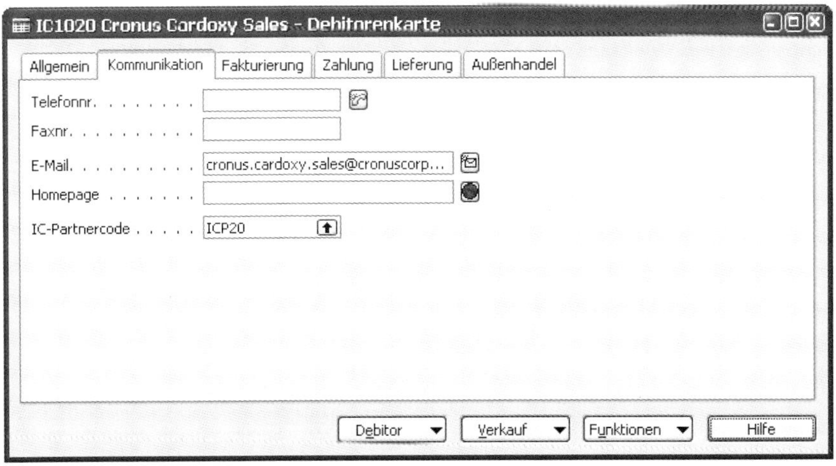

Jedem Intercompanypartner kann eine unterschiedliche Währung zugewiesen werden, so dass internationale Tochtergesellschaften unterstützt werden können.

Wird bei einem vorhandenen Debitor bzw. Kreditor der IC-Partnercode geändert, so wir geprüft, ob Posten in einem noch nicht abgeschlossenen Geschäftsjahr vorhanden sind. Ist dies der Fall wird eine entsprechende Meldung ausgegeben.

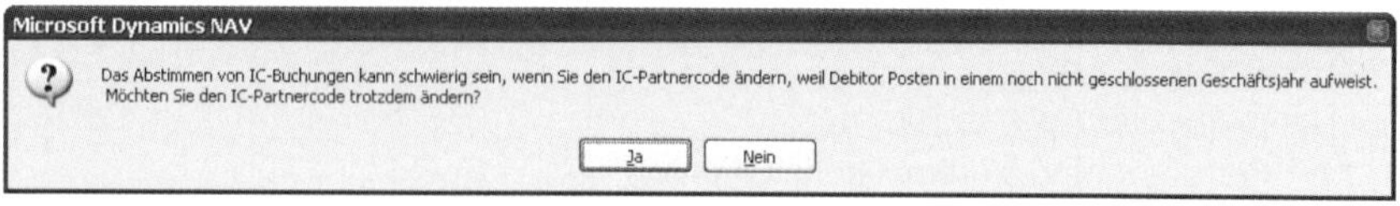

Hat der Debitor bzw. Kreditor noch offene Posten, so ist eine Änderung in diesem Feld nicht möglich.

4.9.1 Einrichtung für Intercompany-Buchungen

Im Modul Finanzmanagement erfolgen die Einrichtungen für Intercompanybuchungen. Zusätzlich sind sowohl Einrichtungen bei den Sachkonten vorzunehmen als auch ein IC-Kontenplan, IC-Partner und IC-Dimensionen zu definieren.

IC-Kontenplan

Der IC-Kontenplan wird in Microsoft Dynamics NAV unter *Finanzmanagement / Einrichtung / Intercompanybuchungen / Kontenplan* verwaltet. Er kann aus dem „normalen" Kontenplan des aktuellen Mandanten kopiert werden, so dass der Kontenplan und der IC-Kontenplan gleich sind. Weichen die Kontenpläne von einander ab oder stammt der IC-Kontenplan aus einem anderen System, so kann dieser über die Funktion▼ / *Importieren...* in das System geholt werden.

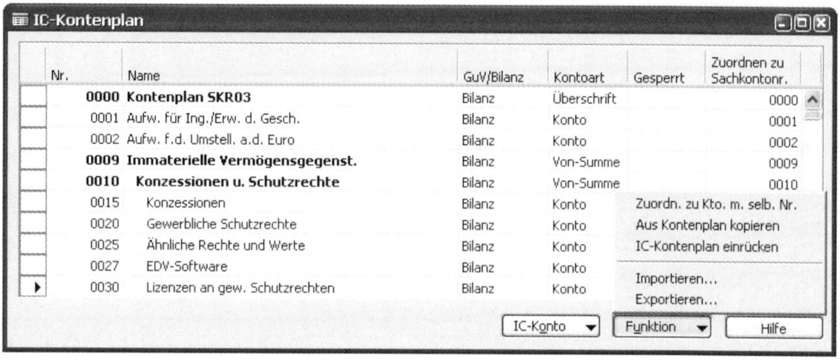

Weiterhin muss eine Verbindung von der IC-Kontonr. zur Sachkontonummer des Kontenplans hergestellt werden. Dies geschieht im Feld „Zuordnen zu Sachkontonr.“ im IC-Konto. Stimmen die Kontonummern aus dem Kontenplan mit dem IC Kontonplan überein, kann für die Zuordnung die Funktion▼ / *Zuordn. zu Kto. m. selb. Nr.* verwendet werden. Ansonsten ist die Verbindung manuell herzustellen.

Zur optischen Darstellung kann im IC-Kontenplan wie im „normalen“ Kontenplan die Funktion▼ / *IC-Kontenplan einrücken* ausgeführt werden.

Sachkonten

Bei den Sachkonten ist im Register Buchung das Feld „Vorg.-IC-Partner Sachkontonr.“ auszufüllen. Dieses bewirkt, dass bei Buchungen auf das entsprechende Sachkonto automatisch dieses IC-Sachkonto in das Feld „IC-Sachkonto“ bei einem Buch.-Blatt oder bei Belegen die Felder „IC-Partnerref.-Art“ bzw. „IC-Partnerreferenz“ gefüllt werden. Die vorgegebenen Werte können vor dem Buchen noch verändert werden.

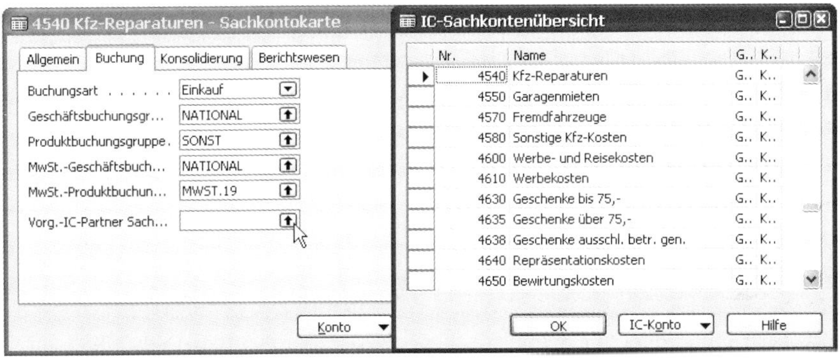

Intercompany-Partner

Mit der Definition des IC-Partners (*Finanzmanagement / Einrichtung / Intercompanybuchungen / Partner*) werden der „Name“ und der „Währungscode“ für IC-Belege festgelegt. Der Informationstransfer zwischen den Unternehmen und den Tochtergesellschaften wird durch die Option im Feld „Eingangsart“ definiert.

Bei der Option <Dateispeicherort> werden aus dem IC-Ausgang gesendete Transaktionen in XML-Dateien geschrieben und an den hinterlegten Dateispeicherort gespeichert. Die Auswahl <Datenbank> bewirkt, dass die Informationen direkt vom IC-Ausgang eines Unternehmens in den IC-Eingang des Empfängerunternehmens übertragen werden.

Mit der Option <E-Mail> werden die Transaktionen als XML-Dateien formatiert und als E-Mail Anhänge gesendet. Bei der Auswahl <Keine IC-Übertragung> findet keine Übertragung der Transaktionen statt. Die Belege werden dann z.B. per Brief weitergegeben.

Darüber hinaus kann im Register Buchung ein Debitoren- und ein Kreditorensammelkonto für Intercompany-Buchungen festgelegt werden.

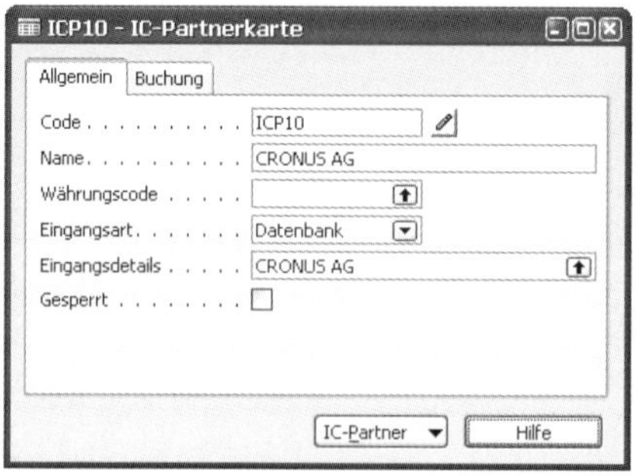

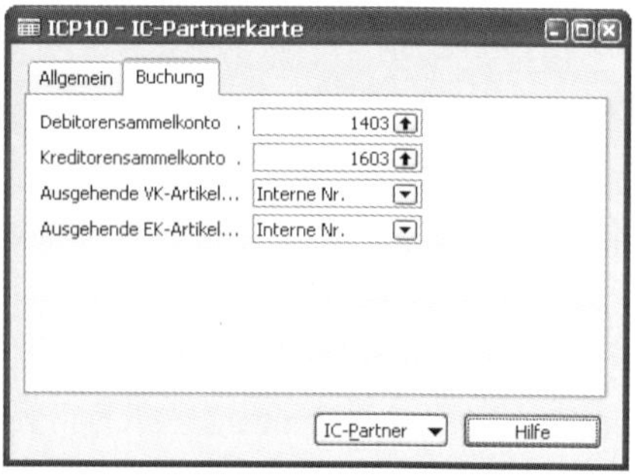

In den Feldern „Ausgehende VK-Artikelnr.-Art“ und „Ausgehende EK-Artikelnr.-Art“ wird ausgewählt, welche Art von Artikelnummer im Feld „IC-Partnerreferenz“ für Artikel in Verkaufs- bzw. Einkaufszeilen eingegeben wird. Diese Artikelnummer wird an den IC-Partner weitergegeben.

Intercompany-Dimensionen

Durch die Definition von Intercompanydimensionen (*Finanzmanagement / Einrichtung / Intercompanybuchungen / Dimensionen*) können den Einkaufs- bzw. Verkaufsbelegen diverse Dimensionen mitgegeben werden.

Das Feld „Zuordnen zu Dimensionscode“ enthält die Dimension des Mandanten, dem dieser Intercompanydimensionscode zugeordnet ist.

Firmendaten, Debitor, Kreditor

Als weitere Einrichtung sind Einstellungen in den Firmendaten, der Debitoren- und Kreditorenkarte in den Intercompany-Mandanten erforderlich.

Beim Import der Intercompanydaten wird geprüft, ob die zu importierenden Daten für den aktuellen Partner bestimmt sind. Für diese Prüfung sind die entsprechenden Informationen in den Firmendaten zu hinterlegen (*Verwaltung / Anwendung Einrichtung / Allgemein / Firmendaten*).

Im Register Kommunikation sind die Felder „IC-Partnercode“, „IC-Eingangsart“ und „IC-Eingangsdetails“ für den aktuellen Mandanten zu füllen.

Wurde als „IC-Eingangsart“ <Datenbank> ausgewählt, können keine „IC-Eingangsdetails“ ausgewählt werden. Wurde <Dateispeicherort> eingetragen kann im Feld „IC-Eingangsdetails“ der Standard-Dateipfad hinterlegt werden, in das die zu importierenden Dateien abgelegt werden.

Zusätzlich sollte in diesem Verzeichnis ein Unterverzeichnis „Archivieren“ angelegt sein, in das Microsoft Dynamics NAV die bereits importierten Dateien nach dem Import verschiebt. Existiert das Verzeichnis nicht, erscheint beim Importieren der Datei eine Meldung und die Dateien verbleiben im Original-Verzeichnis.

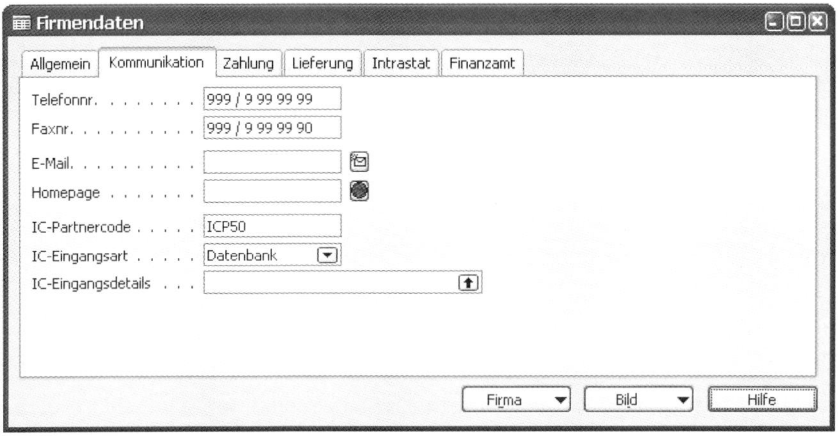

Weiterhin sind neue Debitoren und Kreditoren einzurichten, die den IC-Partnern entsprechen bzw. bereits vorhandene Debitoren und Kreditoren entsprechend anzupassen. Auf der Debitoren- bzw. Kreditorenkarte ist im Register Kommunikation im Feld „IC-Partnercode“ die Verbindung zwischen dem bereits angelegten IC-Partner und dem Debitor bzw. Kreditor herzustellen.

Für die Übermittlung von Daten innerhalb der Datenbank sind bei den Partnern folgende Einstellungen im Bereich der Firmendaten, Debitor- und Kreditorkarte vorzunehmen:

	Partner A - Kreditor	**Partner B - Debitor**
Mandantenname	CRONUS AG	CRONUS LTD.
Firmendaten Feld „IC-Partnercode“	ICP10	ICP50
Anlegen eines IC-Partners	Nr.: ICP50 Eingangsart: <Datenbank> Eingangsdetails: CRONUS LTD.	Nr.: ICP10 Eingangsart: <Datenbank> Eingangsdetails: CRONUS AG

	Partner A - Kreditor	**Partner B - Debitor**
Debitorenkarte	Nr. ICP50 IC-Partnercode: ICP50	
Kreditorenkarte		Nr: ICP10 IC-Partnercode: ICP10

4.9.2 Arbeiten mit Intercompany-Belegen

Über die Eingangstransaktionen (IC-Eingang) und die Ausgangstransaktionen (IC-Ausgang) können Buch.-Blattposten und Erfassungsbelege in einem Partnerunternehmen erstellt werden, sofern die entsprechenden Berechtigungen dafür vorhanden sind. Hierdurch wird eine Kontrolle über die ein- und ausgehenden Belege erreicht. Jede Transaktion kann damit separat verwaltet werden.

Wird für einen IC-Partner ein Geschäftsbeleg erzeugt, z.B. ein Verkaufsauftrag, werden die erforderlichen Felder im Verkaufskopf und die relevanten Felder in der Verkaufszeile („IC-Partnerref.-Art“ und „IC-Partnerreferenz“) für die IC-Buchung automatisch gefüllt.

Beim Buchen des Beleges werden diese Informationen in die sogenannten Ausgangstransaktionen (*Finanzmanagement / Finanzbuchhaltung / Intercompanybuchungen / Ausgangstransaktionen*) übertragen. Von dort können dann die Informationen an das Partnerunternehmen gesendet werden.

Beim Einfügen der Transaktion wird standardmäßig als „Zeilenaktion“ <Keine Aktion> verwendet. Diese Einstellung ist über Funktion▼ / *Zeilenaktion festlegen / …* entsprechend zu ändern. Über die Funktionstaste F9 kann schnell als Zeilenaktion <An IC-Partner senden> gesetzt werden.

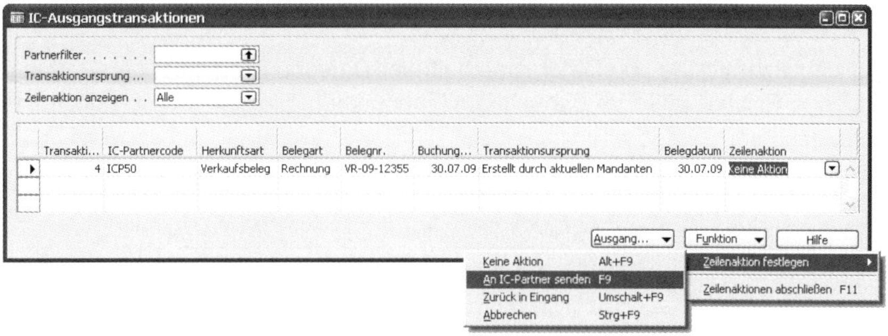

Soll nun der Beleg an den IC-Partner gesendet werden, kann dies über Funktion▼ / *Zeilenaktion abschließen* oder F11 vorgenommen werden.

Entsprechend der Definition auf der IC-Partnerkarte im Feld „Eingangsart“ steht entweder im Partnermandanten die Information im Formular IC-Eingangstransaktionen (*Finanzmanagement / Finanzbuchhaltung / Intercompanybuchungen / Eingangstransaktionen*) zur Verfügung oder es muss über die Funktion „Transaktionsdatei importieren“ die erstellte xml-Datei importiert werden.

Das Partnerunternehmen kann von hier aus über **Funktion▼** / *Zeilenaktion festlegen / Akzeptieren* oder **F9** den Beleg übernehmen.

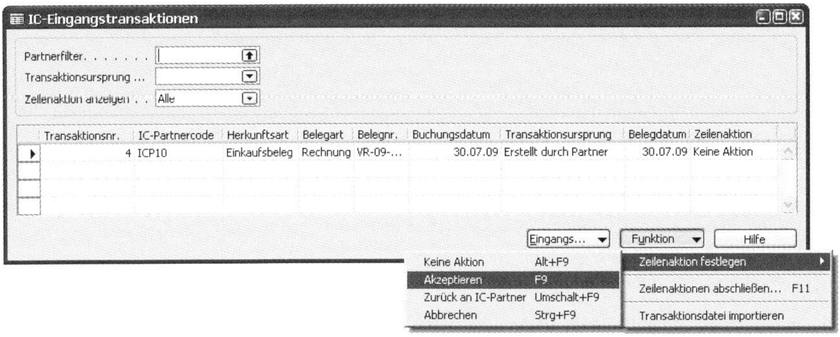

Wird anschließend die Transaktion über **Funktion▼** / *Zeilenaktion abschließen* oder **F11** akzeptiert so erscheint eine zusätzliche Abfrage. Im Register IC-Eingangstransaktion können Filter gesetzt werden, die die zu übernehmenden Transaktionen einschränken.

Wurde in der Spalte „Herkunftsart“ der Transaktion <Fibu Buch.-Blatt> eingetragen, werden die Einstellungen aus dem oberen Bereich Buch.-Blätter des Registers Optionen bei der Übernahme der Zeilen verwendet.

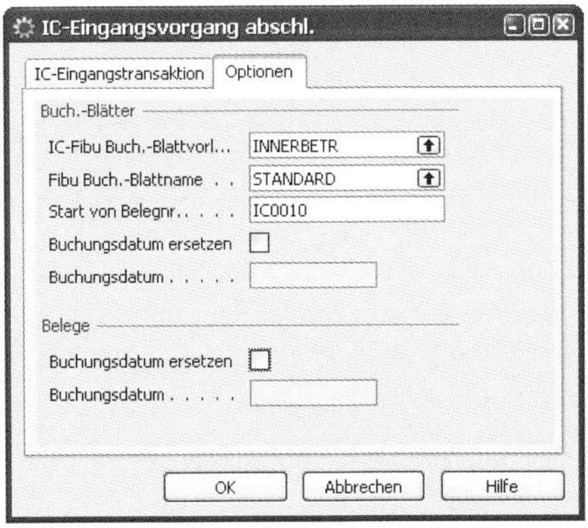

Bei der Herkunftsart <Einkaufsbeleg> und <Verkaufsbeleg> wird der Bereich für die Belege“ herangezogen. Nach der Bestätigung mit OK werden die definierten Zeilenaktionen ausgeführt.

Handelt es sich um eine Eingangsrechnung, steht der Beleg in der Kreditoren-rechnungserfassung zur Weiterbearbeitung bereit.

Wurden alle Einrichtungen zur Intercompanybuchung in den einzelnen Mandanten vollständig hinterlegt, kann eine Einkaufsrechnung eine Verkaufsrechnung bzw. eine Verkaufsrechnung eine Einkaufsrechnung in dem jeweils anderen Mandanten erzeugen. Ebenfalls ist es möglich über diesen Weg Buchungen im Intercompany Buch.-Blatt (*Finanzmanagement / Finanzbuchhaltung / Intercompanybuchungen / Fibu Buch.-Blätter*) an die entsprechenden IC-Partner zu übermitteln.

Diese Vorgänge erfolgen nicht automatisch, sie sind von den Benutzerrechten und Zustimmungen der verantwortlichen Mitarbeiter abhängig. Jeder Vorgang muss akzeptiert bzw. abgelehnt werden.

4.10 Bilanzierung nach US-GAAP und IAS

Ein Jahresabschluss nach US-GAAP (US Generally Accepted Accounting Principles) oder IAS (International Accounting Standards) ist bei entsprechender Einrichtung und Nutzung mit Microsoft Dynamics NAV möglich. Soll eine Bilanz sowohl nach HGB als auch nach US-GAAP bzw. IAS erstellt werden, sind bei der Einrichtung der Finanzbuchhaltung und bei der täglichen Arbeit einige Besonderheiten zu berücksichtigen.

4.10.1 Prinzipielles Vorgehen

Werden nach HGB und US-GAAP bzw. IAS die gleichen Werte angesetzt, so können die Vorgänge wie gewohnt gebucht werden. Ein besonderes Vorgehen ist nur erforderlich, wenn unterschiedliche Werte angesetzt werden: In diesem Fall wird zunächst die Buchung nach HGB abgesetzt. Anschließend wird die Differenz zu US-GAAP bzw. IAS auf ein Konto in einem separaten Kontenbereich gebucht.

Eine HGB-Bilanz kann anschließend auf Basis der „normalen“ HGB-Konten aufgestellt werden. Die Bilanz für US-GAAP bzw. IAS wird auf Basis der HGB-Konten zzgl. des besonderen Kontenbereichs für US-GAAP bzw. IAS mit Hilfe der Kontenschemata aufgestellt.

Soll in erster Linie mit US-GAAP bzw. IAS gearbeitet werden, so können umgekehrt auch die Differenzen des HGB auf getrennten Konten in dem separaten Kontenbereich gebucht werden.

Beim Jahresabschluss müssen vor dem Aufruf der Funktion zur GuV-Konten Nullstellung die des gesonderten Kontenbereichs manuell nullgestellt werden.

Um bei Anlagegütern unterschiedliche Anschaffungskosten für HGB, US-GAAP bzw. IAS in Microsoft Dynamics NAV abzubilden, kann die Anlagenbuchhaltung genutzt werden. In diesem Fall sind zwei AfA-Bücher zu erstellen, die beide in die Finanzbuchhaltung integriert werden können. Für eine Anlage werden die Anschaffungskosten auf dem einen AfA-Buch und die Differenz für das andere Bilanzprinzip auf dem anderen AfA-Buch gebucht.

4.10.2 Einrichtung des Kontenplans

Innerhalb des Kontenplans sind für alle Vorfälle, in denen nach US-GAAP bzw. IAS vom HGB abweichende Buchungen auftreten, entsprechende Konten und Gegenkonten zu schaffen. Sollen z.B. abweichende Abschreibungen gebucht werden, so ist ein neues Bilanzkonto für die Differenz des Anlagevermögens sowie ein neues GuV-Konto für die Differenz der Abschreibungen erforderlich.

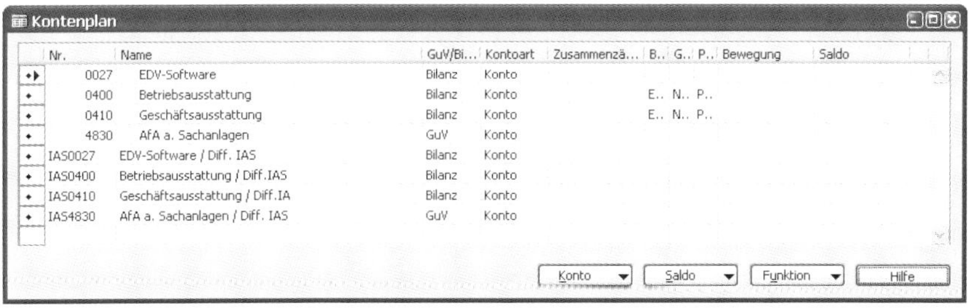

Nr.	Name	GuV/Bi...	Kontoart	Zusammenzä...	B..	G..	P..	Bewegung	Saldo
0027	EDV-Software	Bilanz	Konto						
0400	Betriebsausstattung	Bilanz	Konto		E..	N..	P..		
0410	Geschäftsausstattung	Bilanz	Konto		E..	N..	P..		
4830	AfA a. Sachanlagen	GuV	Konto						
IAS0027	EDV-Software / Diff. IAS	Bilanz	Konto						
IAS0400	Betriebsausstattung / Diff.IAS	Bilanz	Konto						
IAS0410	Geschäftsausstattung / Diff.IA	Bilanz	Konto						
IAS4830	AfA a. Sachanlagen / Diff. IAS	GuV	Konto						

Hierbei bietet es sich an, durch einen Zusatz (z.B. IAS...) in den Nummern dieser Konten einen Hinweis auf ihre Funktion zu vermerken. Damit wird gleichzeitig erreicht, dass diese Konten im Kontenplan untereinander stehen. Außerdem werden sie bei der Anzeige des Kontenplans an den Schluss gestellt, wenn die Standardsachkonten mit Ziffern beginnen.

4.10.3 Buchungsbeispiel

Anhand eines Beispiels wird nachfolgend ein Buchungsvorgang veranschaulicht. Hierbei soll nach HGB eine Abschreibung in Höhe von € 10.000 und nach IAS in Höhe von € 12.000 vorgenommen werden. Auf Basis des oben dargestellten Kontenplans ergeben sich hieraus folgende Buchungen:

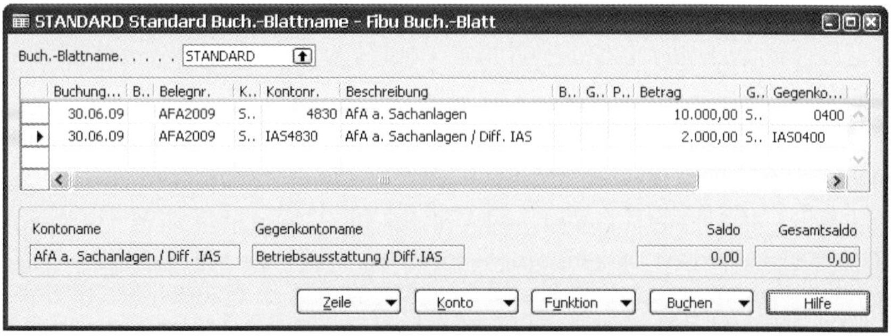

Nach der Buchung kann man auf Konto 4830 die laufenden Abschreibungen der Periode und auf Konto 0400 das aktuelle Anlagevermögen nach HGB ablesen. Addiert man die Salden der Konten 4830 und IAS4830 sowie die Salden der Konten 0400 und IAS0400, so erhält man die entsprechenden Werte nach IAS.

Um Bilanzen aus Microsoft Dynamics NAV heraus auszudrucken, geht man dann wie folgt vor: Zuerst sind die Kontenschemata für die Bilanz und die GuV nach HGB zu erstellen. Danach kopiert man diese und erweitert die relevanten Rubriken um die Konten nach US-GAAP bzw. IAS.

5 Einkauf / Verkauf

In diesem Kapitel wird die Auftragsbearbeitung von Microsoft Dynamics NAV dargestellt. Der Bereich der Debitoren- und Kreditorenbuchhaltung wurde bereits im Kapitel Finanzbuchhaltung Basis behandelt. Da die Nummernserienverwaltung für die Auftragsbearbeitung im Allgemeinen die größte Bedeutung besitzt, wird sie in diesen Themenkomplex eingruppiert.

Die Darstellung der Themen erfolgt an Beispielen der Verkaufs- und der Einkaufsseite. Spezielle Themen werden im jeweiligen Kapitel behandelt. So werden z.B. die Sammelrechnungen im Verkauf und der Bestellvorschlag im Einkauf näher beschrieben.

5.1 Verkaufsbelege

Der Geschäftsprozess, der hinter einer Ausgangsrechnung steht, ist der Verkauf von Ware. Da sich Microsoft Dynamics NAV an den Geschäftsprozessen orientiert, wird dieser Vorgang auch genauso anschaulich abgebildet: Eine Ware (Artikel) wird an einen Kunden (Debitoren) verkauft. Alle dazu erforderlichen Buchungen werden im Hintergrund automatisch abgesetzt und die Belege, z.B. Rechnungen, können gedruckt werden.

Der Verkäufer muss sich also nicht um buchhalterische Details kümmern. Microsoft Dynamics NAV arbeitet dabei mit Belegen, die in der folgenden Grafik schematisch dargestellt werden:

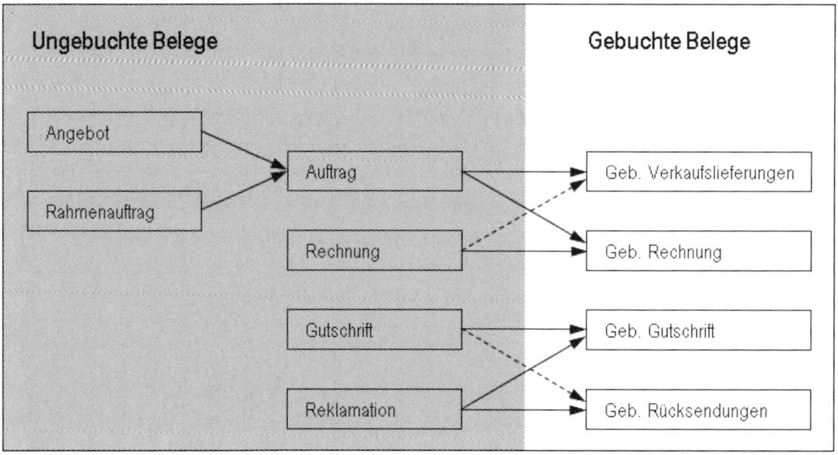

Hinter den ungebuchten Belegen wie den Angeboten und Aufträgen, die im grauen Bereich dargestellt sind, stehen in Microsoft Dynamics NAV die gleichen Tabellen (Verkaufskopf und Verkaufszeile). Die Datensätze werden durch das Feld „Belegart“ eindeutig einer der sechs aufgeführten Belegarten der ungebuchten Belege zugeordnet. Dementsprechend enthalten alle Belegarten die gleichen Felder. Einige Felder sind jedoch nur in bestimmten Belegarten sichtbar und verwendbar.

Für die gebuchten Belege (im weißen Bereich der Abbildung) wird jeweils eine eigene Tabelle (jeweils mit Kopf und Zeilen) verwendet. Durch diese Datenstruktur sind die Auswertungen, z.B. mit Jet Reports, einfacher zu gestalten. Ebenfalls sind so die ungebuchten von den gebuchten Belegen eindeutig getrennt.

5.1.1 Angebot, Auftrag und Rahmenauftrag

Oftmals geht einem Auftrag (*Verkauf & Marketing / Auftragsabwicklung / Aufträge*) ein Angebot voraus. So lässt Microsoft Dynamics NAV neben der direkten Erstellung eines Auftrages auch die Umwandlung eines Angebotes in einen Auftrag zu. Ebenso kann als Basis für die Erstellung von Aufträgen auch der Rahmenauftrag genutzt werden. Rahmenaufträge dienen dazu, die Abwicklung beim Verkauf häufig benötigter Artikel zu vereinfachen.

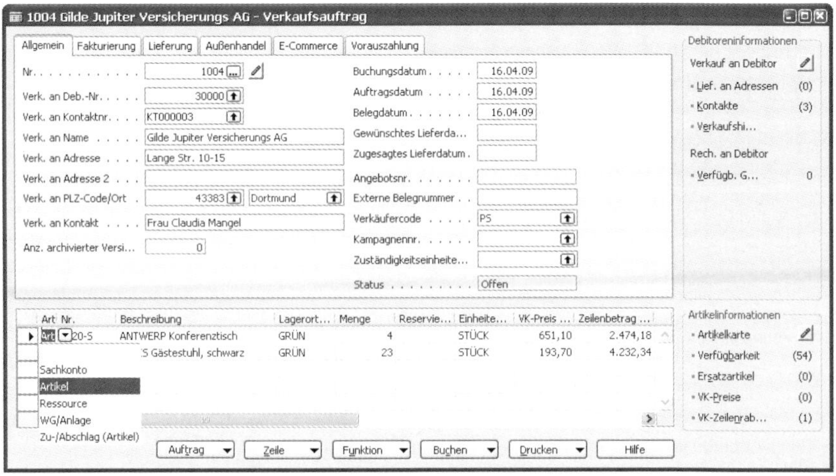

Der Aufbau von Angeboten, Aufträgen und Rahmenaufträgen ist im groben identisch. Alle Belege bestehen aus dem Kopfbereich, in dem die allgemeinen Informationen erfasst werden, und dem Zeilenbereich, in dem erfasst wird, was dem Kunden verkauft werden soll.

Eingaben im Verkaufskopf

Im Auftragskopf werden die allgemeinen Auftragsdaten gespeichert, die alle Verkaufspositionen betreffen, wie z.B. der Auftraggeber, die Datumsangaben und die Vertragsbedingungen.

Im Register Allgemein werden die allgemeinen Informationen zu dem Beleg erfasst. Im Feld „Verk. an Deb.-Nr." kann mit **F6** die Debitorenübersicht geöffnet und der Debitor ausgewählt werden, der den Auftrag ausgelöst hat. Anschließend werden die Adress-Felder im Register Allgemein mit den Stammdaten des ausgewählten Debitors gefüllt.

In Microsoft Dynamics NAV kann zwischen dem Auftraggeber im Register Allgemein im Feld „Verk. an Deb.-Nr.", dem Rechnungsempfänger im Register Fakturierung im Feld „Rech. an Deb.-Nr." und der Lieferadresse im Register Lieferung unterschieden werden. Dabei kann die Lieferadresse manuell in die entsprechenden Felder eingetragen, oder es kann eine zuvor beim Auftraggeber hinterlegte Lieferadresse im Feld „Lief. an Code" ausgewählt werden.

Um Lieferanschriften in den Debitorstammdaten zu hinterlegen, ist in der entsprechenden Debitorenkarte der Punkt Debitor▼ / *Lief. an Adressen* auszuwählen. Dort können die möglichen Lieferadressen inkl. der zugehörenden Lieferbedingungen erfasst werden.

Beim Neuanlegen des Beleges (Angebot, Auftrag, Rahmenauftrag) sind die Angaben in allen drei Registern gleich. Wurde jedoch beim Auftraggeber auf der Debitorenkarte im Feld „Rech. an Deb.-Nr." ein Eintrag vorgenommen, so wird der dort hinterlegte Debitor in das Register Fakturierung des zu erstellenden Beleges übernommen.

Zusätzlich besteht die Möglichkeit, Angebote an Kontakte zu erstellen. Dabei wird nicht das Feld „Verk. an Deb.-Nr." gefüllt, sondern es wird in das Feld „Verk. an Kontaktnr." aus der Kontaktübersicht der entsprechende Kontakt eingefügt. Bei der Umwandlung eines solchen Angebotes in einen Auftrag, muss zuvor der Kontakt in einen Debitor umgewandelt und das Angebot entsprechend angepasst werden.

Die Felder „Belegdatum" und „Angebotsdatum"/„Auftragsdatum" werden beim Neuanlegen mit dem Arbeitsdatum gefüllt und müssen entsprechend angepasst werden. Das „Belegdatum" wird auf dem Angebot bzw. der Auftragsbestätigung ausgegeben. Beim Buchen des Beleges wird anhand dieses Datums die Fälligkeit berechnet. Das „Auftragsdatum" ist das Datum, an dem der Kunde den Auftrag erteilt hat.

In der *Debitoren & Verkauf Einrichtung* kann festgelegt werden, ob das „Buchungsdatum" beim Erstellen von offenen Belegen mit dem <Arbeitsdatum>

oder mit <leer> vorbelegt wird. Das Buchungsdatum enthält das Datum, an dem der Beleg in die Finanzbuchhaltung eingeht.

Die Felder „Zlg.-Bedingungscode“, „Lieferbedingungscode“ und „Währungscode“ werden ebenfalls aus den Stammdaten des Auftraggebers geholt, im Fall eines abweichenden Rechnungsempfängers, werden „Zlg.-Bedingungscode“, und „Währungscode“ von diesem übernommen. Wird im Register Lieferung eine andere Lieferadresse im Feld „Lief. an Code“ ausgewählt, so wird die Lieferbedingung von dieser Lieferadresse übertragen.

Alle Angaben, die aus den Stammdaten übernommen wurden, sind Vorgabewerte und können für den Beleg geändert werden. Die Änderungen werden nicht in die Stammdaten zurückgeschrieben und gelten so nur für diesen einen Beleg.

Im Informationsbereich rechts neben dem Belegkopf werden im Angebot und im Auftrag zusätzliche Debitoreninformationen angezeigt, die in die Bereiche Verkauf an Debitor und Rech. an Debitor gegliedert sind. Mit einem Klick auf den entsprechenden Eintrag können weitere Informationen über den Debitor direkt aufgerufen werden.

Einige Felder im Verkaufskopf, wie z.B. „Lagerortcode“ (=Auslieferungslager) oder „Warenausg.-Datum“ können in den verschiedenen Belegzeilen durchaus unterschiedlich sein. Diese Felder sind deshalb auch in den Verkaufszeilen vorhanden. Sie werden mit dem Wert aus dem Belegkopf vorbelegt und können bei Bedarf geändert werden. Ausschlaggebend für die Buchung sind hierbei die Felder in den Zeilen. Die Felder im Kopf dienen lediglich der Eingabeerleichterung. Bei gleichen Inhalten muss so nicht in jeder Zeile die Eingabe wiederholt werden.

Eingaben in den Verkaufszeilen

In den Verkaufszeilen werden die Verkaufspositionen eingegeben. Dabei gibt es sechs verschiedene Arten von Zeilen, die durch die unterschiedlichen Einträge in der Spalte „Art“ definiert werden. Je nach Auswahl in der Spalte „Art“, kann in der Spalte „Nr.“ mit **F6** eine Übersicht der entsprechenden Auswahl aufgerufen werden:

- <leer>:
  Hier können freie Texte erfasst werden, um Erläuterungen zu einzelnen Positionen zu geben oder ein Einleitungs- oder Abschlusstext zu formulieren. Bei Zeilenart <leer> erhält man beim LookUp in der Spalte „Nr.“ eine Übersicht der vorhandenen Standardtexte.

- <Sachkonto>:
  In Zeilen der Art <Sachkonto> können Sachkonten direkt aufgerufen und in

den Auftrag eingebunden werden. Dies kann dazu genutzt werden, Artikel oder Leistungen zu verkaufen, die nicht in Microsoft Dynamics NAV als Artikel oder Ressourcen angelegt sind (z.B. ausgemusterte Monitore der Verwaltung).

- <Artikel>:
  In der Zeilenart <Artikel> erhält man beim LookUp in der Spalte „Nr." die Artikelübersicht. Nach der Auswahl eines Artikels werden viele Felder der Zeile automatisch mit den Daten des Artikels gefüllt, z.B. Beschreibung, Einheitencode und VK-Preis.

- <Ressource>:
  Ressourcen können genauso wie Artikel in den Auftrag eingebunden werden. Im Gegensatz zum Artikel erzeugen Ressourcen jedoch bei der späteren Auslieferung keinen Lagerabgang.

- <WG/Anlage>:
  Bei Verwendung der Anlagenbuchhaltung können über die Verkaufsbelege ebenso Anlagenabgänge an einen Debitor komfortabel abgebildet werden.

- <Zu-/Abschlag (Artikel)>:
  Mit Zu- und Abschlägen können Verkaufszeilen eines Artikels zusätzlich mit Zu- und Abschlägen be- bzw. entlastet werden.

Nach den Eingaben in den Spalten „Art" und „Nr." können die Spalten „Beschreibung" und „Beschreibung 2" individuell angepasst werden.

Weiterhin können in der Zeile verschiedene Eingaben getätigt werden, die Einfluss auf die Preisbildung haben. Hierbei gilt folgender Zusammenhang:

„Zeilenbetrag..." = „Menge" * „VK-Preis" * (100 – „Zeilenrabatt %") / 100
„Zeilenrabattbetrag" = „Zeilenbetrag" * ((100 – „Zeilenrabatt %") / 100)

In jeder der oben genannten Spalten können die Eingaben erfolgen. Bei einer Eingabe in die Spalte „...betrag", wird der „Zeilenrabatt" so angepasst, dass oben stehende Gleichung wieder gilt. Als Verkaufspreis schlägt Microsoft Dynamics NAV den Wert des Feldes „VK-Preis" aus dem Artikelstamm vor. Sind Preisdifferenzierungen und/oder Rabatte pro Debitor/Debitorengruppe hinterlegt, werden diese in die Felder „VK-Preis" und „Zeilenrabatt %" übertragen und mit berücksichtigt. Dabei wird immer der günstigste Preis und Rabatt für den Debitor ermittelt.

Wurde in die Verkaufszeile ein Artikel eingefügt, so werden, wie im Belegkopf, rechts neben dem Zeilenbereich im Informationsbereich verschiedene Informationen zu dem eingefügten Artikel angezeigt. Mit einem Klick auf die entsprechende Zeile werden die Detailinformationen direkt aufgerufen.

Die Verkaufszeilen werden durch eine eindeutige Zeilennummer identifiziert. Diese Zeilennummer wird bei der Neuanlage der Zeilen automatisch in 10.000er Schritten vergeben, wenn die neue Zeile unter der letzten eingefügt wird.

Wird zwischen zwei Zeilen eine neue Zeile eingefügt, so erhält diese eine zwischen beiden Zeilen in der Mitte liegende Nummer. So wird beispielsweise zwischen den Zeilen 10.000 und 20.000 die Zeile 15.000 eingefügt. Findet Microsoft Dynamics NAV keine Nummer mehr zwischen zwei Zeilen, so kann an dieser Stelle keine Zeile mehr eingefügt werden. Eine Möglichkeit in einem solchen Fall ist, den Beleg zu kopieren und den alten Beleg zu löschen. Dies kommt aber nur dann in Betracht, wenn noch keine Lieferung ausgeführt und das Angebot bzw. der Auftrag noch nicht verschickt wurde. In diesem Fall muss die Zeile dann an einer anderen Stelle eingefügt werden.

Umwandeln von Angeboten in Aufträge

Soll aus einem Angebot ein Auftrag erstellt werden, so ist dafür im Angebot die Schaltfläche [Auftrag erst.] zu nutzen. Anschließend ist dieser Schritt nochmals zu bestätigen, um eine versehentliche Übernahme zu vermeiden.

Wenn der Debitor einen überfälligen Saldo aufweist und in der Einrichtung (*Verkauf & Marketing / Einrichtung / Debitoren & Verkauf Einr.*) im Feld „Kreditlimitwarnung“ diese entsprechend eingestellt wurde, so gibt das System vor der Umwandlung einen Warnhinweis aus.

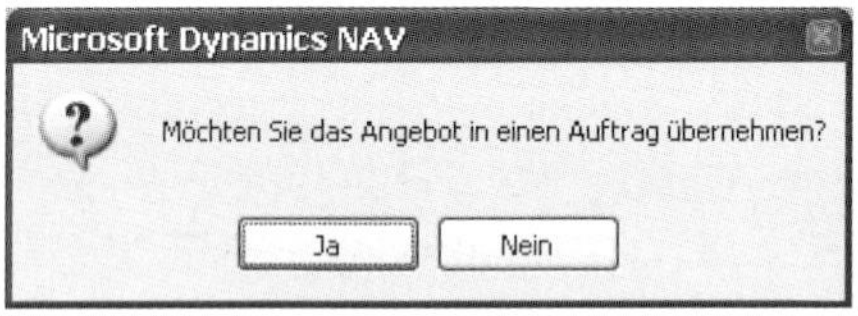

Nach der Umwandlung des Angebotes in einen Auftrag ist das Angebot aus der aktuellen Ansicht gelöscht. In den nun entstandenen Verkaufsauftrag wurden die Informationen aus dem Angebot übernommen.

Im Register Allgemein wurde das Feld „Angebotsnr.“ gefüllt. Anhand dieses Eintrags kann später nachvollzogen werden, welches Angebot diesem Auftrag vorausging. Diese Angebotsnummer verbleibt im System und wird in alle weiteren Belege übernommen. Das bedeutet, dass auch in der gebuchten Rechnung die Angebotsnummer noch ersichtlich ist.

Rahmenaufträge

Rahmenaufträge werden dazu verwendet, die Höhe eines vereinbarten Abnahmekontingents, die dafür vereinbarten Preise sowie die bisher abgerufenen Mengen anzuzeigen.

Rahmenaufträge werden in Microsoft Dynamics NAV genauso wie Aufträge erfasst. Das heißt, Kopf und Zeilen werden auf die bereits bekannte Weise ausgefüllt. Allerdings haben einige Felder und Spalten eine andere Bedeutung als in den „normalen Belegen". Aus Rahmenaufträgen können weder Lieferungen noch Rechnungen erzeugt, sondern nur „normale" Aufträge (als Liefer-Abrufe) erstellt werden.

In die Spalte „Menge" ist die für den Rahmenauftrag vereinbarte Gesamtmenge des Artikels einzutragen. In die Spalte „Zu liefern" wird in den Rahmenauftragszeilen nicht die Liefermenge eingetragen, sondern die Menge, über die ein Auftrag erstellt werden soll, von dem aus dann die Lieferung erzeugt wird. In den Spalten „Menge geliefert" und „Menge fakturiert" wird angezeigt, wie viele Artikel aus diesem Rahmenauftrag bereits geliefert bzw. fakturiert wurden.

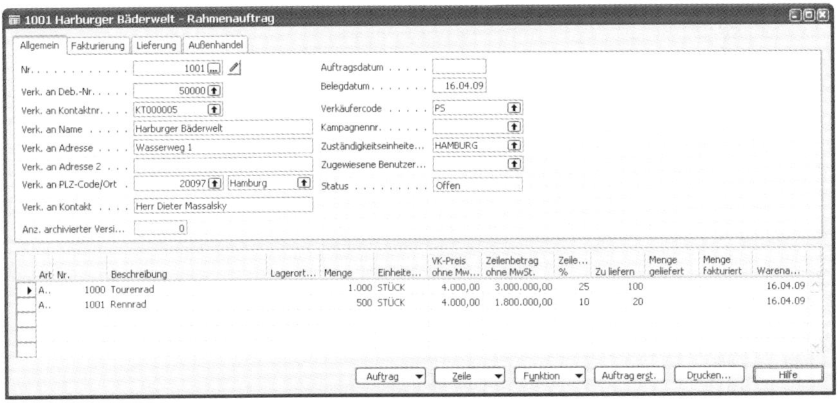

Erstellen von Aufträgen aus Rahmenaufträgen

Bevor aus einem Rahmenauftrag ein Auftrag erstellt werden kann, muss in die Spalte „Zu liefern" die Menge eingetragen werden, die jetzt ausgeliefert werden soll. Wird hier eine Menge eingetragen, die die bereits beauftragten Mengen aus dem Rahmenauftrag überschreitet, wird vom System eine Meldung mit der noch möglichen Restmenge ausgegeben.

Wie beim Angebot kann aus dem Rahmenauftrag über den Menüpunkt Auftrag erst. ein Auftrag erzeugt werden.

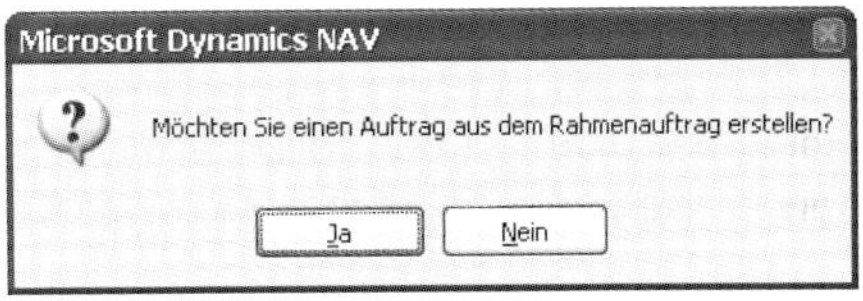

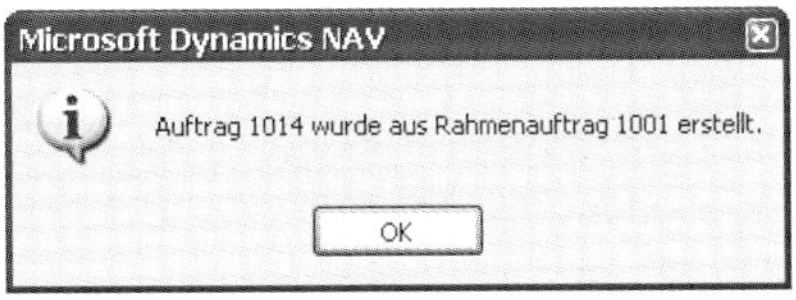

In dem entstandenen Auftrag wurde das Feld „Angebotsnr.“ im Register Allgemein nicht gefüllt. Dafür wurden in den Verkaufszeilen die Spalten „Rahmenauftragsnr.“ und „Rahmenauftragszeilennr.“ gefüllt. Diese Spalten können über *Ansicht / Spalten anzeigen …* eingeblendet werden.

Art	Nr.	Beschreibung	Lagerort...	Menge	VK-Preis ohne Mw...	Warenausg...	Rahmenauftragsnr.	Rahmenauftragszeilennr.
Artikel	1000	Tourenrad		100	4.000,00	16.04.09	1001	10000
Artikel	1001	Rennrad		10	4.000,00	16.04.09	1001	20000

Über diese beiden Spalten wird die Verbindung zum Rahmenauftrag hergestellt. Wird ein neuer Auftrag direkt erstellt ohne über den Rahmenauftrag zu gehen, oder wird in einem aus einem Rahmenauftrag erstellten Auftrag eine weitere Zeile hinzugefügt, so werden diese Spalten nicht automatisch gefüllt. Eine Verbindung zum Rahmenauftrag kann dann nachträglich über manuelle Einträge in diesen beiden Spalten hergestellt werden. Anhand dieser Zuordnung einer Auftragszeile zum Rahmenauftrag werden beim Buchen die Spalten „Menge geliefert“ und „Menge fakturiert“ im Rahmenauftrag aktualisiert.

Werden diese beiden Spalten nicht manuell nachgepflegt, so werden die Werte nicht in den Feldern „Menge geliefert“ und „Menge fakturiert“ im Rahmenauftrag berücksichtigt, denn nach dem Buchen des erstellten Auftrages wird die gebuchte Menge als „Menge geliefert“ und „Menge fakturiert“ in den Rahmenauftrag zurückgeschrieben. Erfolgt dies nicht, kann es zu inkonsistenten Werten der Mengenfelder führen, d.h. die Summe der Mengen in Aufträgen ist größer als die Mengen im Rahmenauftrag.

Aus dem Rahmenauftrag kann über den Menüpunkt Zeile▼ / *Nicht gebuchte Zeilen / …* bzw. Zeile▼ / *Gebuchte Zeilen / …* eine Übersicht der entsprechenden Belege, die zu der aktuellen Zeile gehören, angezeigt werden. Von dieser Übersicht aus, kann dann der erstellte Beleg zur Anzeige gebracht und weiter bearbeitet werden.

5.1.2 Lieferschein und gebuchte Rechnung erstellen

Aus den Aufträgen heraus werden die Lieferungen und Rechnungen über den Menüpunkt Buchen▼ / *Buchen* erzeugt. Lieferungen und Rechnungen können zu unterschiedlichen Zeitpunkten oder gleichzeitig erstellt werden. Darüber hinaus sind Teillieferungen und Teilrechnungen möglich.

Vorbereitungen zum Buchen

Die Felder im Auftragskopf, wie das „Buchungsdatum“, das „Belegdatum“ oder die „Lieferanschrift“ sollten vor jeder (Teil-)Lieferung / (Teil-)Rechnung geprüft und ggf. geändert werden.

Für die Buchungsvorgänge sind die Inhalte der folgenden Spalten der Verkaufszeile wichtig und haben dabei folgende Bedeutung:

Spalte	**Beschreibung**
„Menge"	Auftragsmenge
„Zu Liefern"	Menge, die im aktuellen Buchungsvorgang geliefert werden soll
„Menge geliefert"	Menge, die in vorangegangenen Buchungsvorgängen bereits geliefert wurde
„Zu fakturieren"	Menge, die im aktuellen Buchungsvorgang fakturiert werden soll
„Menge fakturiert"	Menge, die in vorangegangenen Buchungsvorgängen bereits fakturiert wurde

Beim Eintragen und Ändern der Menge sowie nach jedem Buchungsvorgang, werden die Felder „Zu liefern" und „Zu fakturieren" standardmäßig mit der verbleibenden Restmenge gefüllt. Alternativ dazu kann in der *Debitoren & Verkauf Einrichtung* im Feld „Zu liefernde Standardmenge" festgelegt werden, dass die Menge in den Feldern „Zu liefern" und „Zu fakturieren" mit <leer> vorbelegt wird.

Art	Nr.	Beschreibung	Menge	Zu liefern	Menge geliefert	Zu fakturieren	Menge fakturiert
Artikel	1920-S	ANTWERP Konferenztisch	5	3	2	3	2
Artikel	1900-S	PARIS Gästestuhl, schwarz	23	18	5	23	

Vor dem Buchen des Beleges sollte die Statistik mit **F9** aufgerufen werden, um die zu buchenden Werte zu prüfen. In diesem Formular wird im Register Allgemein der Gesamtauftragswert in Bezug auf das Feld „Menge" angezeigt, im Register Rechnung der Wert der aktuellen Rechnung anhand der Menge im Feld „Zu fakturieren" und im Register Lieferung analog dazu anhand der Menge im Feld „Zu liefern" der Wert der aktuellen Lieferung.

Buchen der Belege

Beim Buchen von offenen Belegen wie z.B. Aufträgen zum Erstellen von gebuchten Lieferungen und gebuchten Rechnungen werden verschiedene Sachverhalte vom System geprüft. Gibt es dort Unstimmigkeiten, wird der Buchungsvorgang mit einer Fehlermeldung abgebrochen.

- Es kann nie mehr fakturiert werden, als geliefert wurde. (Summe der Spalten „Zu liefern" und „Menge geliefert")
- Es kann nie mehr geliefert werden, als beauftragt wurde. Das heißt die Liefermenge (Summe der Spalten „Zu liefern" und „Menge geliefert") darf die Menge (Spalte „Menge") nicht überschreiten.

- Ein Lieferschein kann erst gedruckt werden, nachdem die Lieferung gebucht wurde.
- Eine Rechnung kann erst gedruckt werden, nachdem sie fakturiert wurde.

Am Beginn der Buchungsroutine wird dem zu buchenden Beleg bereits eine Belegnummer der gebuchten Belege zugewiesen. Wird die Buchung dann mit einer Fehlermeldung abgebrochen, bleibt die Belegnummer der gebuchten Belege für diesen Beleg reserviert. Die reservierte Nummer ist über den Zoom (**Strg** + **F8**) im Verkaufskopf in Feldern „Buchungsnr.“, „Lieferungsnr.“ bzw. „Rücksendungsnr.“ zu sehen. Wird der Beleg erneut gebucht, so verwendet das System die reservierte Nummer. Damit bleibt die Reihenfolge der gebuchten Belege erhalten, und es entstehen keine Lücken innerhalb der Nummerierung.

Allerdings kann dies auch ungewollte Folgen haben. Wenn z.B. für jedes Jahr eine neue Nummernserie für gebuchte Rechnungen verwendet wird und durch den Abbruch der Buchung bereits eine Nummer aus der alten Nummernserie vergeben wurde, so wird der Beleg auch im neuen Jahr mit der alten Nummer gebucht.

Wird der Auftrag anschließend ohne Buchung gelöscht, erzeugt Microsoft Dynamics NAV nach Rückfrage einen leeren gebuchten Beleg für die reservierte Belegnummer und druckt diesen ggf. für die interne Ablage aus.

Werden innerhalb eines Auftrags verschiedene Artikel verkauft, die auf das gleiche Erlöskonto gebucht werden sollen, so erzeugt Microsoft Dynamics NAV eine Sachkontenbuchung für dieses Konto. Bei mehreren Artikeln, deren Umsätze auf verschiedene Erlöskonten gebucht werden, wird pro Erlöskonto eine Sachkontenbuchung erstellt und gebucht. Werden allerdings in den einzelnen Auftragszeilen unterschiedliche Dimensionen verwendet, so erfolgt pro Dimension eine Buchung auf das gleiche Erlöskonto.

Gebuchte Lieferungen und Gebuchte Rechnungen

Für jede (Teil-)Lieferung und (Teil-)Rechnung wird eine gebuchte Lieferung bzw. eine gebuchte Rechnung erzeugt. Sobald ein Auftrag durch einen oder mehrere Buchungsvorgänge vollständig geliefert und vollständig fakturiert ist, wird der ehemals offene Beleg aus dem System gelöscht und erscheint somit nicht mehr in der Auftragsübersicht der offenen Belege.

Eine Ausnahme bilden Sammelrechnungen bzw. Rechnungen, die aus mehreren Belegen (Lieferungen) erzeugt wurden. Dann müssen die erledigten Aufträge manuell oder über die Stapelverarbeitung (*Verwaltung / IT-Verwaltung/ Daten löschen / Verkaufsbelege / …*) gelöscht werden.

Der Vorgang lässt sich anschließend anhand der gebuchten Belege, die im Menü unter dem Punkt Historie zu finden sind, nachvollziehen. Dabei stellen diese im Wesentlichen eine Kopie des Auftrags zum Zeitpunkt der Buchung dar.

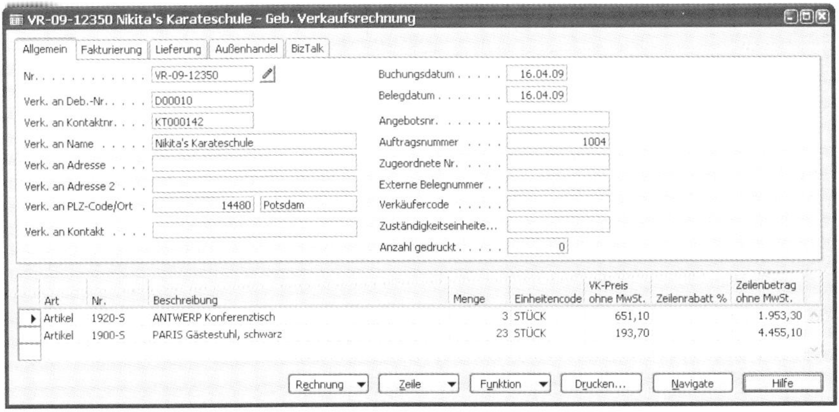

In den Zeilen sind die Mengen der Lieferung bzw. Rechnung aufgeführt. Wird beim Buchen sowohl geliefert als auch fakturiert, so wird sowohl eine gebuchte Lieferung als auch eine gebuchte Rechnung erzeugt. Dabei werden auch die Zeilen mit der Menge Null in den gebuchten Beleg übertragen, die von der Buchung nicht betroffen waren. Diese Zeilen werden auch auf den Ausdrucken der Belege ausgegeben.

Wenn ein gebuchter Beleg einmal gedruckt wurde, kann dieser gelöscht werden. Diese Möglichkeit kann entweder durch Programmierung oder die Benutzerrechte ausgeschaltet werden, um ein versehentliches Löschen und den damit verbundenen Informationsverlust zu verhindern.

Solange ein offener Auftrag nicht vollständig gebucht ist, können von diesem über den Button Auftrag▼ / *Lieferungen* bzw. *Rechnungen* alle zugehörigen bereits gebuchten Lieferungen bzw. bereits gebuchten Rechnungen angezeigt werden.

5.1.3 Rechnung, Gutschrift und Reklamation

Neben *Angeboten* und *Aufträgen* können aus dem Hauptmenü *Verkauf & Marketing / Auftragsabwicklung* die Punkte *Rechnungen, Gutschriften* und *Reklamationen* aufgerufen werden. Diese Belege dienen zur Erfassung von Vorgängen, denen kein direkter Auftrag vorausgegangen ist wie z.B. Nachbelastungen, neue Rechnungen oder Sammelrechnungen. Meist werden sie nach ihrer Erfassung direkt gebucht.

Rechnungen

Die unter dem Menüpunkt *Rechnungen* aufgerufenen offenen Rechnungen bieten die gleiche Möglichkeit wie die bereits beschriebenen Aufträge. Allerdings lassen sie keine Trennung von Lieferung und Faktura sowie keine Teilbuchungen zu. Sie werden unter anderem zur Erstellung von Sammelrechnungen verwendet und dürfen im Sprachgebrauch nicht mit den gebuchten Rechnungen verwechselt werden.

In der *Debitoren & Verkauf Einrichtung* kann im Register Allgemein mit einem Haken im Feld „Lieferschein b. VK-Rechnung“ festgelegt werden, ob beim Buchungsvorgang zusätzlich zu der gebuchten Rechnung automatisch eine gebuchte Lieferung erstellt wird. Wird in diesem Feld kein Haken gesetzt, wird nur eine gebuchte Rechnung erstellt.

Wenn die erstellte offene Rechnung gebucht wird, wird in der gebuchten Verkaufsrechnung automatisch im Register Allgemein das Feld „Zugeordnete Nr.“ gefüllt. Das System trägt hier die Nummer der offenen Rechnung ein. Bei Aufträgen bleibt dieses Feld leer, alternativ wird hier das Feld „Auftragsnr.“ gefüllt.

Gutschriften

Das Handling von Gutschriften ist vergleichbar mit dem der Rechnungen. Eine Gutschrift wird erstellt, wenn z.B. ein Kunde einen Artikel zurücksendet, der fälschlicher Weise zuviel geliefert wurde.

Wie im Bereich Finanzbuchhaltung bereits beschrieben, kann bei einem Gutschriftsbeleg zwischen einer echten Gutschrift und einem Storno unterschieden werden. Dazu ist über das Design das Feld „Storno“ im Gutschriftskopf einzublenden.

Bei einer „echten“ Gutschrift werden die Felder „Ausgleich-mit Belegart“, „Ausgleich-mit Belegnr.“ sowie „Ausgleichs ID“ im Verkaufskopf nicht gefüllt. Damit findet bei der Buchung kein automatischer Ausgleich von offenen Posten statt.

Bei der Erstellung einer Gutschrift ist zu beachten, dass das System von der Lagerwertseite her eine Gutschrift wie einen Wareneinkauf behandelt. Deshalb muss in jeder Gutschriftszeile in die Spalte „Einstandspreis (MW)“ der korrekte Wert eingetragen werden.

Reklamationen

Verkaufsreklamationen werden verwendet, um Warenrücksendungen der Kunden zu verwalten. Das Buchen einer Reklamation hat vor allem zwei Auswirkungen:

- Die Lieferung von Waren wird rückgängig gemacht. Das heißt, ausgelieferte Artikel werden wieder in das Lager zurückgebucht.
- Der in Rechnung gestellte Betrag wird wieder gutgeschrieben.

Das Arbeiten mit Reklamationen ist hierbei vergleichbar mit Aufträgen, denn auch Reklamationen lassen eine Trennung zwischen Lieferung und Faktura zu. Außerdem kann zusätzlich ein Reklamationsgrund angegeben werden, der in die Posten übernommen wird. Die Reklamationsgründe können unter *Verkauf & Marketing / Auftragsabwicklung / Einrichtung / Reklamationsgründe* eingerichtet werden.

Die gebuchten Belege

Durch das Buchen werden zu allen drei offenen Belegen die entsprechenden gebuchten Belege erstellt und die offenen Belege werden gelöscht.

Aus der Rechnung wird eine gebuchte Rechnung, die unter Menüpunkt *Verkauf & Marketing / Historie / Gebuchte Rechnungen* zu finden ist. Analog verhält es sich mit den Gutschriften. Diese sind dann als *Gebuchte Gutschriften* ebenfalls in der Historie zu finden. Die Reklamationen werden nach dem Buchen als *Gebuchte Rücksendungen* im Menü geführt.

5.1.4 Sammelrechnung

Wurden für einen Debitor mehrere Lieferungen aus verschiedenen Aufträgen gebucht, so wird häufig eine Sammelrechnung geschrieben, in der alle Lieferungen in einer Rechnung zusammengefasst werden. Ebenso kann mit einem Kunden vereinbart sein, dass er monatlich eine Sammelrechnung über alle Lieferungen des jeweiligen Monats erhält.

Sammelrechnungen können auf zwei unterschiedliche Weisen erzeugt werden. Zum einen kann hierfür eine Stapelverarbeitung herangezogen werden, zum anderen können in einer offenen Verkaufsrechnung manuell Lieferzeilen aus nicht fakturierten Lieferungen eingefügt werden.

Einrichtung in Debitor und Auftrag

Um Sammelrechnungen über die Stapelverarbeitung für einen Debitor in Microsoft Dynamics NAV erzeugen zu können, muss dies zuvor in der Debitorenkarte durch das Setzen eines Hakens im Feld „Sammelrechnung" gekennzeichnet werden. Nur für Debitoren mit dieser Einstellung können mit der Stapelverarbeitung Sammelrechnungen für bis dahin nicht fakturierte Lieferungen erzeugt werden.

Wenn bereits Lieferungen erzeugt wurden, bevor der Haken „Sammelrechnung" am Debitor eingestellt wurde, können diese Lieferungen nicht nachträglich zu

Sammelrechnungen hinzugefügt werden. Diese Einstellung ist erst für Lieferungen wirksam, die aus Aufträgen erzeugt wurden, die nach dem Setzen des Hakens angelegt wurden.

Erstellen von Sammelrechnungen über die Stapelverarbeitung

Die Stapelverarbeitung zum Erstellen der Sammelrechnungen wird über den Menüpunkt *Finanzmanagement / Debitoren / Sammelrechnung...* aufgerufen.

In den Registern Verkaufsauftrag und Geb. Verkaufslieferung können Filter gesetzt werden, die eine Auswahl aus den zu verwendenden Lieferungen trifft.

Im Register Optionen sind die Einträge in den Feldern „Buchungsdatum" und „Belegdatum" die Vorgabe für die entsprechenden Felder in den zu erstellenden Rechnungen. Diese Felder müssen gefüllt werden. Wird im Feld „Rechnungsrab. berechnen" ein Haken gesetzt, werden für die Rechnungen automatisch die Rechnungsrabatte berechnet.

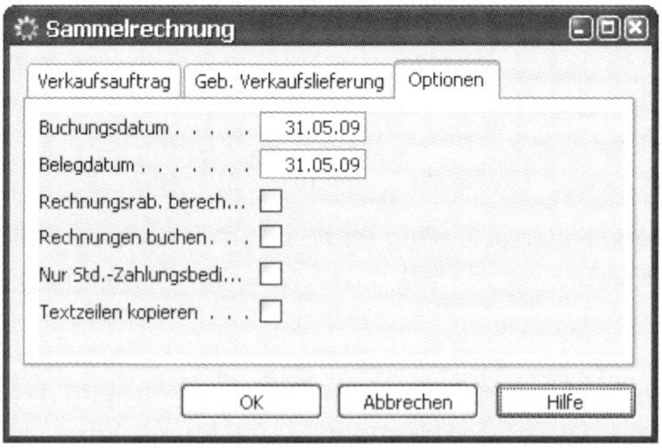

Wird das Feld „Rechnungen buchen“ auf <Ja> gesetzt, so werden die Sammelrechnungen direkt gebucht. Wird der Haken nicht gesetzt, werden offene Verkaufsrechnungen erzeugt, die über den Menüpunkt *Verkauf & Marketing / Auftragsabwicklung / Rechnungen* aufgerufen und bearbeitet werden können.

War die Stapelverarbeitung erfolgreich, so gibt das System anschließend eine Meldung mit der Anzahl der erstellten Rechnungen aus.

In den erstellten Sammelrechnungen werden die Lieferscheinnummern und darunter die ausgelieferten Artikel angezeigt. Nach dem Buchen der Rechnung werden in den zugehörigen Aufträgen die Werte in der Spalte „Menge fakturiert“ aktualisiert.

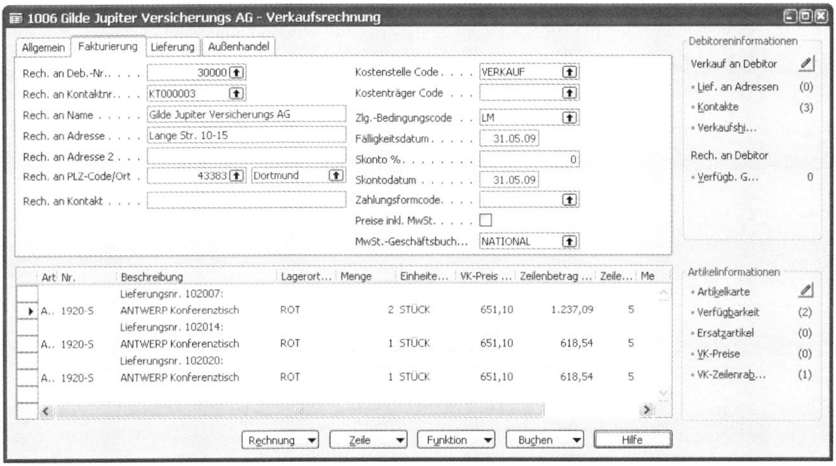

Aufträge, die so vollständig abgearbeitet wurden (bei denen alles geliefert und fakturiert wurde), werden nicht automatisch aus dem System gelöscht. Dies muss manuell oder mit Hilfe der Stapelverarbeitung *Verwaltung / IT-Verwaltung/ Daten löschen / Verkaufsbelege / Erledigte Aufträge löschen...* erfolgen.

Erstellen von Sammelrechnungen über Lieferzeilen holen

Ähnlich den Sammelrechnungen, bei denen alle Verkaufslieferungen innerhalb des gesetzten Filters angezogen werden, können auch einzelne Lieferungen in eine offene Rechnung übernommen werden. Dazu steht innerhalb der offenen Verkaufsrechnungen der Menüpunkt Funktion▼ / *Lieferzeilen holen…* zur Verfügung.

Die auf diese Weise erzeugten Sammelrechnungen haben die gleiche Struktur, wie die Sammelrechnungen, die mit der Stapelverarbeitung erzeugt wurden. Im Hintergrund laufen bei beiden Varianten die gleichen Funktionen ab.

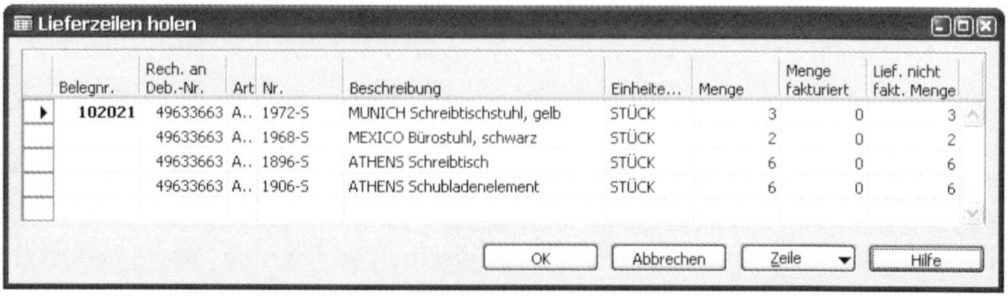

Werden mit der Funktion *Lieferzeilen holen* Lieferungen angesprochen, die bereits fakturiert wurden, so werden keine neuen Zeilen erzeugt. Im Gegensatz dazu kann eine nicht fakturierte Lieferung jedoch zwei Mal in die Rechnung geholt werden. Dabei wird dann keine neue Überschriftszeile „Lieferungsnr. ...“ gebildet, sondern die Zeilen werden zusätzlich in die Rechnung eingefügt. Dieser Fall löst allerdings eine Fehlermeldung beim Buchungsvorgang aus.

Die VK-Preise werden für die zu erstellende Rechnung aus dem Auftrag geholt, das bedeutet: Wurde nach dem Buchen der Lieferung im Auftrag der VK-Preis geändert, stimmt dieser nicht mit dem vorläufigen VK-Preis der Lieferung überein.

5.1.5 Stornieren von gebuchten Belegen

Ein in Microsoft Dynamics NAV gebuchter Beleg kann nicht mehr verändert werden. Wurde versehentlich eine falsche Buchung abgesetzt, so muss der gebuchte Beleg storniert, anschließend neu erstellt und erneut gebucht werden.

Stornieren von gebuchten Lieferungen

Wurde eine Lieferung falsch gebucht und noch keine Rechnung dafür erstellt, so kann die Lieferung storniert werden. Dazu wird aus der gebuchten Lieferung der Menüpunkt Funktion▼ / *Warenausgang stornieren* aufgerufen. Die Stornierung bezieht alle zuvor markierten Lieferzeilen ein.

Dabei ist zu beachten, dass nur die komplette Menge einer Lieferzeilen, also keine Teilmenge, storniert werden kann.

Durch die Funktion Warenausgang stornieren werden in der gebuchten Lieferung nach jeder Zeile des Beleges zusätzliche Lieferzeilen mit negativer Menge eingefügt. Beim anschließenden Drucken des Lieferscheins kann im Register Optionen angegeben werden, ob diese Korrekturzeilen ausgegeben werden sollen oder nicht. Ist der Haken im Feld „Korrekturzeilen anzeigen“ nicht gesetzt, wird ein Lieferschein gedruckt, der nur die nicht stornierten Zeilen enthält.

Um schnell von einem Verkaufsauftrag zu den gebuchten Lieferungen zu gelangen, können diese über den Menüpunkt Auftrag▼ / *Lieferungen* aufgerufen werden.

Stornieren von gebuchten Rechnungen

Soll eine gebuchte Rechnung storniert werden, so ist dies über eine Gutschrift zu realisieren. Um Fehlerquellen beim Erfassen dieser Gutschrift zu minimieren, kann mit der Funktion *Beleg kopieren…* gearbeitet werden. Diese wird aus der neu angelegten ungebuchten Gutschrift über die Schaltfläche Funktion▼ / *Beleg kopieren…* aufgerufen.

Über die Felder „Belegart" und „Belegnr." muss die zu stornierende gebuchte Rechnung ausgewählt werden. Ist dies erfolgt, werden die grau hinterlegten Felder vom System gefüllt.

Wird im Feld „Inklusive Kopf" ein Haken gesetzt, werden die Daten aus dem Rechnungskopf in den Gutschriftskopf übernommen. Die Belegzeilen werden unabhängig von diesem Haken in den neuen Beleg übernommen. Wird im Feld „Zeilen neu berechnen" ein Haken gesetzt, fügt die Stapelverarbeitung die Zeilen aus dem zu kopierenden Beleg in den neuen Beleg ein, behält die Artikelnummern und die Artikelmengen bei, berechnet jedoch die Beträge in den Zeilen auf der Basis der Debitoreninformationen des neuen Belegkopfes.

Somit werden die Artikelpreise und -rabatte, die mit dem Debitor im neuen Kopf verknüpft sind, neu berechnet. Dies soll jedoch bei der Stornierung einer gebuchten Rechnung nicht erfolgen. Deshalb ist hier nur im Feld „inklusive Kopf" ein Haken zu setzen und im Feld „Zeilen neu berechnen" nicht.

Die Funktion Beleg kopieren reduziert den Erfassungsaufwand deutlich und verhindert zudem Eingabefehler. In allen ungebuchten Belegen kann diese Funktion genutzt werden, um bereits vorhandene gebuchte und ungebuchte Belege zu kopieren. Bei der Übernahme der gebuchten Rechnung in eine Gutschrift wird zusätzlich der Ausgleich mit der Belegnummer der Rechnung gesetzt.

In jedem Fall müssen in dem erstellten Beleg explizit die Datumsangaben, wie „Buchungsdatum", „Belegdatum" und „Warenausg.-Datum" geprüft und ggf. angepasst werden, da auch diese Informationen aus dem kopierten Beleg übernommen wurden. Der Wert aus dem Feld „Zlg.-Bedingungscode" wurde nicht übernommen und bleibt leer.

Damit die Jahresverkehrszahlen richtig erfasst werden, ist zwischen einer Gutschrift und einem Storno zu unterscheiden. Ein Storno ist erforderlich, wenn der Beleg rechtlich falsch bzw. ungültig ist, also z.B. ein falscher Debitor angesprochen wurde oder ein falscher Artikel verwendet wurde. Eine Gutschrift ist eine inhaltliche Korrektur des Beleges, bei z.B. einem falschen VK-Preis, einer falschen Menge oder einer vereinbarten Rückgabe des Artikels.

Handelt es sich bei der Verkaufsgutschrift um ein Storno, so ist im Feld „Storno" ein Haken zu setzen. Dieses Feld muss zuvor im Formularkopf über *Extras / Designer* eingefügt worden sein.

Bei der Erstellung einer Gutschrift ist zu beachten, dass das System eine Gutschrift lagerwertseitig wie einen Wareneinkauf behandelt. Deshalb muss in jeder Gutschriftszeile die Spalte „Einstandspreis (MW)" geprüft und ggf. mit dem korrekten Wert überschrieben werden.

Sollen durch die Gutschrift zuvor gebuchte Rechnungen ausgeglichen werden, so kann im Register Ausgleich mit der „Ausgleichs ID“ analog ihrer Verwendung in den Buch.-Blattzeilen gearbeitet werden.

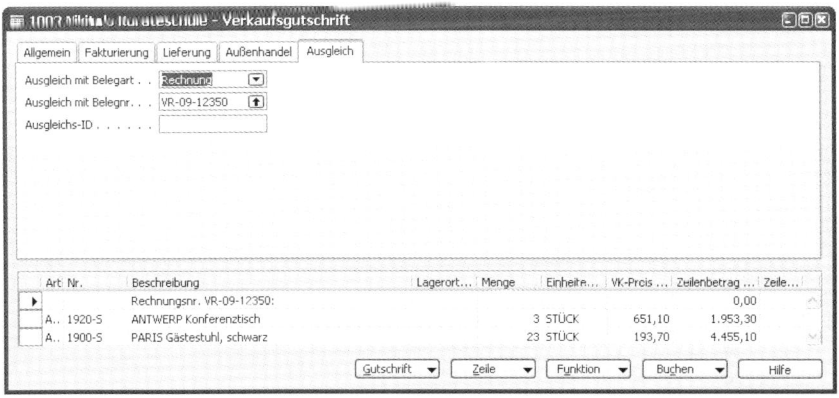

5.2 Verkaufspreise und -rabatte

Jedem Artikel kann auf der Artikelkarte ein Verkaufspreis zugewiesen werden. Abweichend von diesem Verkaufspreis soll ein Artikel häufig auch zu individuell vereinbarten Preis-Konditionen angeboten und verkauft werden können. Microsoft Dynamics NAV bietet hierfür die Möglichkeit, unterschiedliche Verkaufspreise und -konditionen im System zu verwalten.

Beim Verkauf eines Artikels erfolgt die Preisermittlung dann mehrstufig. Zuerst wird geprüft, ob ein individueller Preis für den Kunden hinterlegt wurde. Wird dieser nicht gefunden, wird geprüft, ob andere Bedingungen für einen günstigeren Preis für den Debitor zutreffen. Ist dies auch nicht gegeben, so wird der Verkaufspreis von der Artikelkarte verwendet.

Microsoft Dynamics NAV prüft bei einem Verkauf vom spezifischen Preis angefangen hin zum allgemeinen Preis. Damit erhält der Kunde immer den für ihn günstigsten Preis.

5.2.1 Verkaufspreise auf der Artikelkarte

Ein allgemein gültiger Verkaufspreis kann auf der Artikelkarte manuell eingepflegt werden. Dazu steht das Feld „VK-Preis“ zur Verfügung. Dieser wird immer dann herangezogen, wenn kein spezifischer Verkaufspreis für den aktuell zu erfassenden Beleg zur Verfügung steht.

Ebenso kann der „VK-Preis“ auf der Artikelkarte auch durch einen Aufschlag auf den „Einstandspreis“ errechnet werden, indem das Feld „VK-Preis/DB - Berechnung“ auf die Option <VK=EP+DB> eingestellt wird. In diesem Fall muss in dem Feld „DB %“ manuell festgelegt werden, wie hoch der zu erzielende Deckungsbeitrag sein soll.

Standardmäßig ist hier die Option <DB = VK - EP> ausgewählt, bei der der Deckungsbeitrag „DB %“ aus dem VK-Preis und dem EK-Preis berechnet wird.

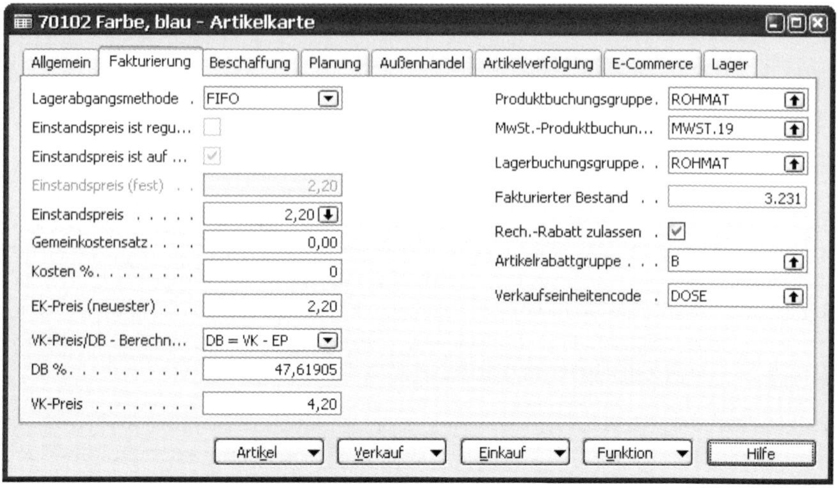

Unternehmen, die mit Bruttopreisen arbeiten, können diese auch in die Artikelkarte eintragen, wenn das Feld „VK-Preis inkl. MwSt.“ auf <Ja> gesetzt wird. Zusätzlich muss das Feld „MwSt.-Geschäftsbuch.-G.(Preis)“ gefüllt werden, damit die Umrechnung zwischen Brutto- und Nettopreis ermöglicht wird. Diese Felder sind standardmäßig nicht in der Artikelkarte vorhanden und müssen über den Object Designer eingeblendet werden.

5.2.2 Alternative Verkaufspreise

Um eine preisliche Differenzierung verschiedener Debitoren, Einheiten und anderer Bedingungen zu realisieren, kann aus der Artikelkarte heraus über den Menüpunkt Verkauf▼ / *Preise* eine Preisübersicht aufgerufen werden.

In dieser Übersicht können Verkaufspreise entweder individuell für einzelne Debitoren für Debitorengruppen (Debitorenpreisgruppen), für alle Debitoren oder für Kampagnen (wenn zeitlich begrenzt, mit Start- und Enddatum) vergeben werden.

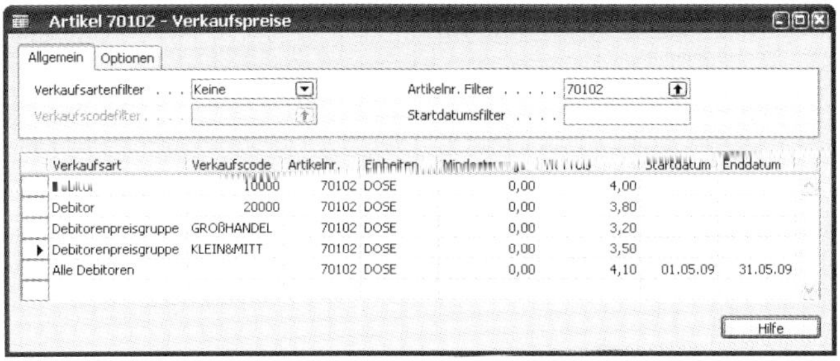

Es können nicht nur unterschiedliche Preise für einzelne unterschiedliche Debitoren (mit der Verkaufsart <Debitor>) eingegeben werden; zusätzlich können die Preise auch nach Einheitencode, Währungscode, Variantencode, Mengenstaffeln und Startdatum differenziert werden.

Im oberen Bereich des Fensters können Filter gesetzt werden, um die Ansicht aller Verkaufspreise auf einzelne Artikel, Debitoren und/oder Zeiträume einzuschränken.

Preise mit der Verkaufsart <Alle Debitoren> sind vor allem dann sinnvoll, wenn die Preispflege ausschließlich über die Verkaufspreise erfolgen soll und um zeitlich begrenzte Sonderaktionen abbilden zu können.

Beim Einrichten der alternativen Verkaufspreise ist unbedingt darauf zu achten, dass die Gültigkeit der Preise durch Einträge in den Spalten „Startdatum“ bzw. „Enddatum“ abgegrenzt werden, um nachträgliche Korrekturen bzw. Zweideutigkeiten bei der Preisfindung zu vermeiden.

Die eingetragenen Werte bei den Verkaufspreisen sind Vorgabewerte für die Preisfindung in den Verkaufsbelegen und werden als solche an die entsprechenden Belege weitergegeben. In den offenen Verkaufsbelegen können diese Werte noch geändert werden. Wird jedoch der Artikel aus den Stammdaten neu geholt, wird auch der bis dahin festgelegte individuelle Preis in der Verkaufszeile mit dem durch die Preisfindungsroutine ermittelten Preis wieder überschrieben.

Debitorpreisgruppen

Debitorenpreisgruppen können über den Menüpunkt *Verkauf & Marketing / Auftragsabwicklung / Einrichtung / Debitorenpreisgruppen* gepflegt werden. Werden von diesem Formular aus die VK-Preise über Debitorenpreisgruppe ▼ / *VK-Preise* aufgerufen, sind die Felder „Verkaufsartenfilter“, „Verkaufscodefilter“ und die Vorgaben zu den Rabatten und Brutto-Netto-Preisen in der Übersicht der Verkaufspreise bereits gefüllt.

Um einen Debitor einer Debitorenpreisgruppe zuzuordnen, muss in der Debitorenkarte im Register Fakturierung eine Debitorenpreisgruppe eingetragen werden. Existieren sowohl für den Debitor als auch für dessen Preisgruppe Preise, so werden die individuellen Preise für den Debitor verwendet.

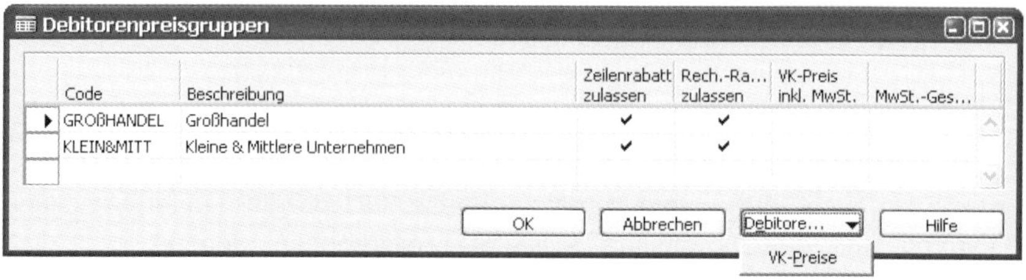

Die Verkaufspreise können zusätzlich durch verschiedene Rabatte reduziert werden. Um mit dem Verkaufspreis nicht unter den Einstandspreis zu rutschen, sind zusätzliche Rabatte bei sehr knapp kalkulierten Sonderpreisen jedoch nicht erwünscht.

Deshalb kann in den Debitorenpreisgruppen und in den Verkaufspreisen mit den Spalten „Zeilenrabatt zulassen“ und „Rech.-Rabatt zulassen“ festgelegt werden, welche Rabatte in Verbindung mit einem Verkaufspreis zulässig sind. Sind diese Spalten nicht sichtbar, können sie über *Ansicht / Spalte anzeigen...* eingeblendet werden.

Um den Eingabeaufwand zu reduzieren, kann in den Preisgruppen eine Vorbelegung getroffen werden. Die Werte in den Spalten „Zeilenrabatt zulassen“ und „Rech.-Rabatt zulassen“ der Debitorenpreisgruppen werden als Vorgabe in die Verkaufspreise übernommen. Aus den Verkaufspreisen werden diese Einstellungen dann anschließend in die Zeilen der Verkaufsbelege übertragen.

Mit einem Haken im Feld „Zeilenrabatt zulassen“ wird zusätzlich auf den Verkaufspreis ein existierender Zeilenrabatt angewendet. Ist der Haken nicht gesetzt, so werden die hinterlegten Zeilenrabatte nicht automatisch in den Verkaufsbeleg übernommen. Trotzdem können in dieser Verkaufsbelegzeile manuell Zeilenrabatte eingetragen werden.

Ist der Haken im Feld „Rech.-Rabatt zulassen“ nicht gesetzt, so werden die entsprechenden Verkaufsbelegzeilen bei der Berechnung eines Rechnungsrabattes nicht mit herangezogen.

5.2.3 Preispflege

Bei den oben genannten Differenzierungsmöglichkeiten der Preise kann eine Änderung mit erheblichem Aufwand verbunden sein. Aus diesem Grund stellt

Microsoft Dynamics NAV verschiedene Stapelverarbeitungen zur Verfügung, die den Eingabeaufwand bei Preisanpassungen reduzieren.

Pflege des VK-Preises in den Artikelstammdaten

Im Hauptmenü *Verkauf & Marketing / Lager & Preise / Artikelpreise justieren* kann die gleichnamige Stapelverarbeitung aufgerufen werden:

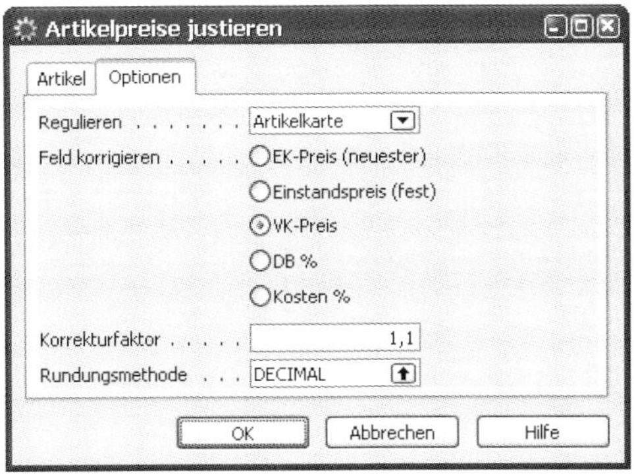

Die Funktionalität eignet sich auch dazu, andere Felder der Artikelstammdaten zu modifizieren. Über den „Korrekturfaktor“ wird angegeben, mit welchem Wert die vorhandenen Werte multipliziert werden sollen, um den neuen Wert zu errechnen. Dabei kann über die „Rundungsmethode“ erreicht werden, dass z.B. nur ganze €-Beträge verwendet werden. Sollen nicht alle Artikel durch die Korrektur geändert werden, so können im Register Artikel entsprechende Filter gesetzt werden.

Die Preise in den Lagerhaltungsdaten können korrigiert werden, wenn in dem Feld „Regulieren“ die Option <Lagerhaltungsdatenkarte> ausgewählt wird.

Nach dem Start der Funktion erfolgt keine weitere Abfrage. Die Preise werden entsprechend den Einstellungen angepasst. Bei einer fehlerhaften Einstellung können die Artikelpreise nicht automatisch auf den Stand vor der Stapelverarbeitung zurückgesetzt werden.

Pflege der Verkaufspreistabelle

Die Verkaufspreise werden bei differenzierter Preisgestaltung über die Tabelle Verkaufspreise gespeichert und verarbeitet. Zur Anpassung dieser Verkaufspreise stellt Microsoft Dynamics NAV ebenfalls Stapelverarbeitungen zur Verfügung. Diese Stapelverarbeitungen erzeugen VK-Preisvorschläge:

- auf Basis der Verkaufspreise in Artikeln (*Artikelpreis vorschlagen…*)
- auf Basis der vorhandenen Verkaufspreise (*VK-Preis vorschlagen…*)

Diese Preisvorschläge können manuell bearbeitet und anschließend in die Verkaufspreise übernommen werden. Folgende Grafik soll dies verdeutlichen:

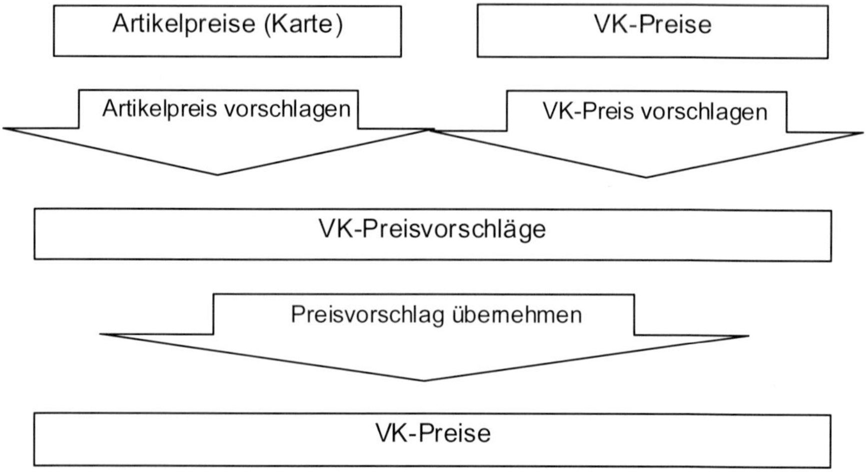

Das zentrale Formular zur Pflege der VK-Preise ist das Fenster VK-Preisvorschläge, dass über den Menüpunkt *Verkauf & Marketing / Lager & Preise / VK-Preisvorschlag* aufgerufen wird:

Stapelverarbeitung: Artikelpreis vorschlagen...

Diese Stapelverarbeitung wird aus dem Fenster VK-Preisvorschläge über den Menüpunkt Funktion▼ / *Artikelpreis vorschlagen...* aufgerufen:

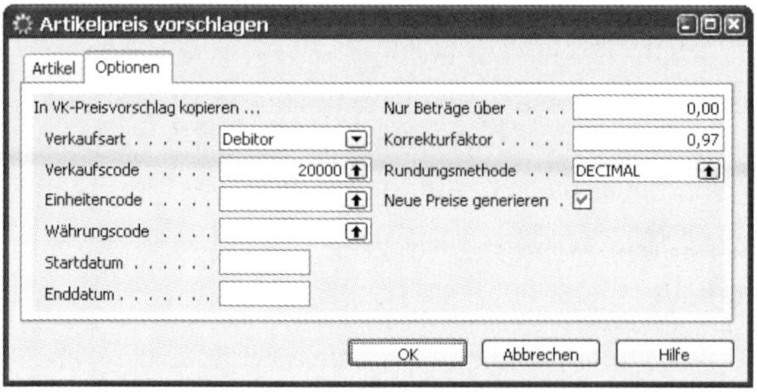

Im linken Bereich können Feldinhalte für die neu zu erzeugenden Verkaufspreise angegeben werden. Im rechten Bereich wird angegeben, wie der neue Preis gebildet werden soll. Nur wenn das Feld „Neue Preise generieren“ gesetzt ist, werden Artikel VK-Preisvorschläge erzeugt, die bisher noch nicht als

Verkaufspreis existieren. Ist das Feld nicht gesetzt, werden nur bereits vorhandene Verkaufspreise überarbeitet.

Stapelverarbeitung: VK-Preis vorschlagen…

Diese Stapelverarbeitung wird aus dem Fenster VK-Preisvorschläge über den Menüpunkt Funktion▼ / *VK-Preis vorschlagen…* aufgerufen:

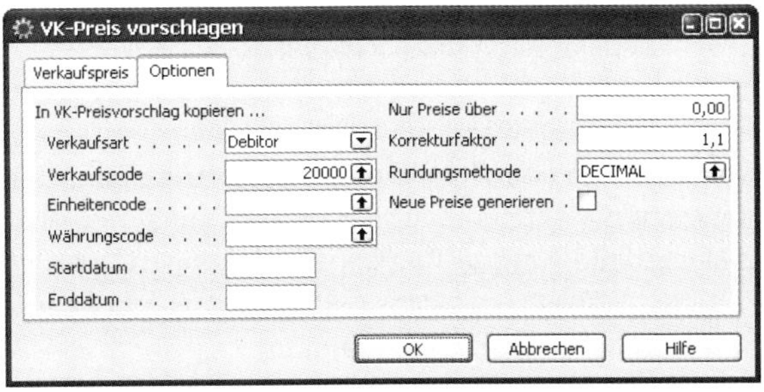

Die Funktionsweise ist analog der Stapelverarbeitung Artikelpreis vorschlagen, nur ist die Basis nicht der Verkaufspreis aus dem Artikel, sondern es werden die in den Verkaufspreisen hinterlegten Verkaufspreise herangezogen. Im Register Verkaufspreis können über Filter die zur Berechnung heranzuziehenden Verkaufspreise eingeschränkt werden.

VK-Preisvorschläge überarbeiten

In dem Fenster VK-Preisvorschläge können die neu erzeugten Preise überarbeitet oder ggf. verworfen werden, bevor sie zur Preisfindung im Echtbetrieb verwendet werden. In der Spalte „Neuer VK-Preis" kann z.B. ein gerundeter oder auf eine Preisschwelle angepasster Preis eingegeben werden.

Stapelverarbeitung: Preisvorschlag übernehmen

Diese Stapelverarbeitung wird über den Menüpunkt Funktion▼ / *Preisvorschlag übernehmen…* aufgerufen:

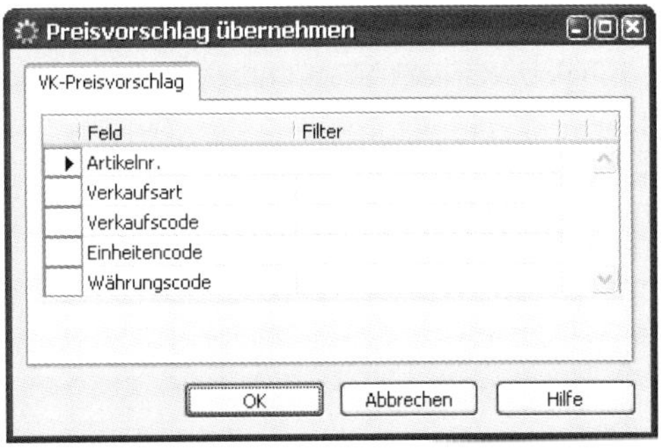

Bei der Übernahme der Preisvorschläge werden bereits vorhandene Preise (mit gleicher Debitorenpreisgruppe, gleichem Einheitencode usw.) ersetzt und nicht vorhandene Preise neu angelegt.

5.2.4 Verkaufsrabatte

Zusätzlich zu den Verkaufspreisen können unterschiedliche Verkaufsrabatte (Zeilenrabatte, Mengenrabatte und Rechnungsrabatte) definiert werden. Hierbei wird zwischen Zeilen- und Rechnungsrabatten unterschieden.

Verkaufszeilenrabatte

Zeilenrabatte können auf einen generellen Rabatt zurückgeführt werden, den ein Debitor bekommt oder auf einen Mengenrabatt, der nur bei Abnahme einer Mindestmenge gültig ist. Zeilenrabatte werden in Microsoft Dynamics NAV im Formular Verkaufszeilenrabatte erfasst, welches über den Menüpunkt Verkauf▼ / *Zeilenrabatte* aus der Artikelkarte aufgerufen wird.

Analog zum Formular Verkaufspreise können über die Filter im Kopfbereich die angezeigten Daten zur besseren Übersicht eingeschränkt werden.

Im Zeilenbereich werden dann die entsprechenden Rabatte und Rabattstaffeln hinterlegt. Zusätzlich besteht die Möglichkeit, Debitoren und Artikel zu Gruppen zusammenzufassen. Die Rabatte können für alle Debitoren, Debitorengruppen (= Debitorenrabattgruppen) und einzelne Debitoren definiert werden. Darüber hinaus ist auf der Artikelseite eine Rabattierung auf Ebene einzelner Artikel oder auf Ebene von Artikelrabattgruppen möglich.

Debitorenrabattgruppen werden über den Menüpunkt *Verkauf & Marketing / Auftragsabwicklung / Einrichtung / Debitorenrabattgruppen* definiert und in der Debitorenkarte im Register Fakturierung einzelnen Debitoren zugewiesen.

Artikelrabattgruppen werden über den Menüpunkt *Verkauf & Marketing / Auftragsabwicklung / Einrichtung / Artikelrabattgruppen* definiert und einzelnen Artikeln in der Artikelkarte im Register Fakturierung zugewiesen.

Mengenrabatte

Mengenrabatte sind in Microsoft Dynamics ebenfalls Zeilenrabatte. Sie werden somit im selben Formular erfasst. Mengenrabatte werden über die Spalten „Mindestmenge“ und „Zeilenrabatt %“ realisiert. Die Eingaben der Mengenstaffel unterscheiden sich nur in diesen beiden Spalten. Hier können Mengenstaffeln schnell mit der Funktion **F8** erfasst werden.

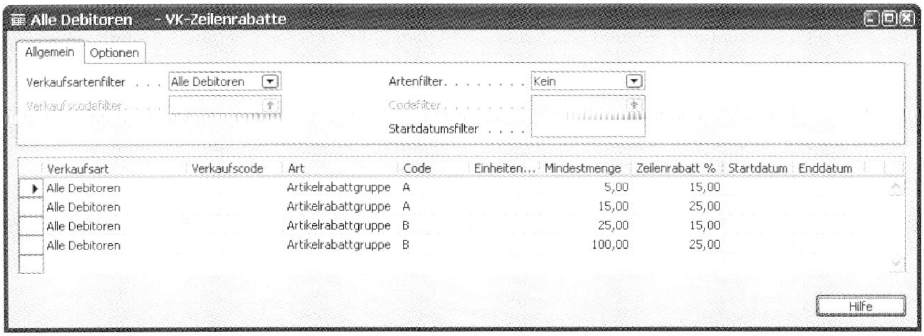

Rechnungsrabatte

Rechnungsrabatte können für jeden Debitor aus der Debitorenkarte oder -übersicht über den Menüpunkt Verkauf▼ / *Rechnungsrabatte* im Formular Debitorenrechnungsrabatte eingegeben werden.

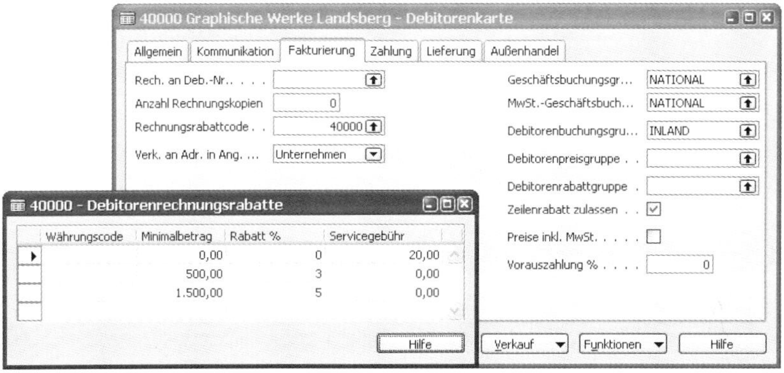

In diesem Formular können die einzelnen Rabattstaffeln über die Spalten „Minimalbetrag" und „Rabatt %" festgelegt werden. Über die „Servicegebühr" kann ein Mindermengenzuschlag abgebildet werden.

Bei dem entsprechenden Debitor ist im Feld „Rechnungsrabattcode" im Register Fakturierung die Rabattgruppe zu hinterlegen. Standardmäßig enthält dieses Feld die Debitorennummer.

Wird im Feld „Rechnungsrabattcode" in der Debitorenkarte die Nummer eines anderen Debitors eingetragen, so wird dessen Rabattstaffel verwendet. Auf diese Weise können Debitorrabattgruppen gebildet werden, indem die Rechnungsrabatte einzelner bestimmter Debitoren auch bei anderen Debitoren verwendet werden.

Die Gefahr dieser Vorgehensweise besteht darin, dass bei Änderungen in den maßgeblichen Debitoren die Änderungen ebenfalls für die anderen Debitoren gelten, was möglicherweise so nicht gewollt war. Über Filter sollte dabei zuvor festgestellt werden, welche Debitoren dieser Gruppe angehören, und damit auf welche weiteren Debitoren die Änderung Einfluss hat.

In der Debitoren & Verkauf Einrichtung kann festgelegt werden, ob die Rechnungsrabatte automatisch berechnet werden sollen, wenn man in einem Angebot, Auftrag, Rahmenauftrag, Rechnung oder einer Gutschrift eine der folgenden Aktionen durchführt:

- Statistik (oder beim Drücken von **F9**)
- Beim Aufruf Buchen▼ / *Testbericht*
- Beim Klicken auf Drucken
- Beim Buchen des Belegs

Ansonsten werden Rechnungsrabatte nur berücksichtigt, wenn der Menüpunkt Funktion▼ / *Rechnungsrab. berechnen* im Verkaufsbeleg aufgerufen wird. In einigen Situationen ist es auch erforderlich zuerst diese Funktion auszurufen, damit anschließend die Rechnungsrabatte automatisch berechnet werden.

Wurde ein Rechnungsrabatt berechnet, aus dem sich eine Servicegebühr ergibt, so wird für diese eine zusätzliche Zeile in den Beleg eingefügt. Das Sachkonto für Servicegebühren muss dafür in der Debitorenbuchungsgruppe hinterlegt worden sein.

Einzelne Zeilen eines Verkaufsbeleges können bei der Berechnung des Rechungsrabattes ausgelassen werden. Dies wird durch einen Haken im Feld „Rech.-Rabatt zulassen“ festgelegt. Als Vorgabe für dieses Feld gelten die gleichnamigen Felder in den Verkaufspreisen bzw. auf der Artikelkarte. Der zu rabattierende Rechnungsbetrag wird um die Beträge der ausgelassenen Zeilen reduziert.

5.3 Einkaufsbelege

Die Abbildung der Einkaufsprozesse erfolgt analog zum Verkauf. Eine zusätzliche Funktion im Einkauf ist der Bestellvorschlag, der eine automatisierte Bedarfsermittlung durchführt.

5.3.1 Vergleich zum Verkauf

Zwischen den schon vorgestellten Verkaufsbelegen und den Einkaufsbelegen bestehen keine großen Unterschiede. In der untenstehenden Übersicht wird aufgeführt, welche Belege im Modul Einkauf welchen Belegen im Modul Verkauf & Marketing entsprechen:

Belege im Verkauf:		Entsprechen im Einkauf:
Angebot	⇨	Anfrage
Auftrag	⇨	Bestellung
Rechnung	⇨	Rechnung
Reklamation	⇨	Reklamation
Gutschrift	⇨	Gutschrift
Rahmenauftrag	⇨	Rahmenbestellung

Daraus ergibt sich folgendes Einkaufsbelegsystem:

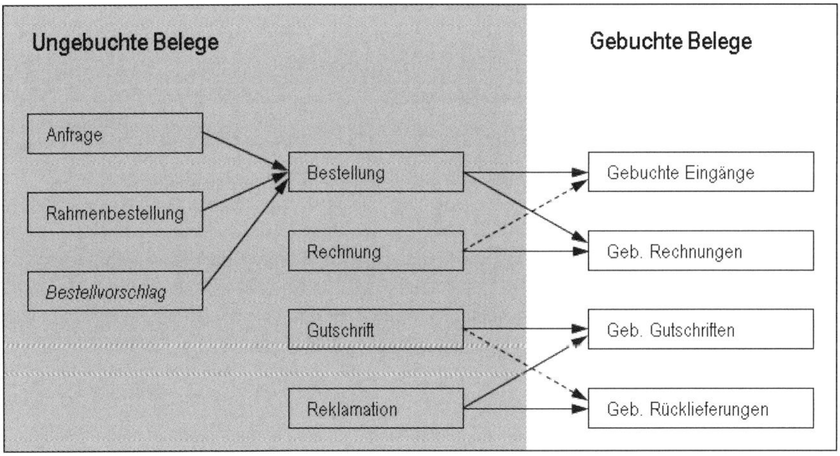

Hinter den ungebuchten Belegen, wie den Anfragen und Bestellungen, die im grauen Bereich dargestellt sind, stehen in Microsoft Dynamics NAV die gleichen Tabellen (Einkaufskopf und Einkaufszeile). Die Datensätze werden durch das Feld „Belegart“ eindeutig einer der sechs aufgeführten Belegarten der ungebuchten Belege zugeordnet; ausgenommen davon sind die Bestellvorschläge. Dementsprechend enthalten alle Belegarten die gleichen Felder. Einige Felder sind jedoch nur in bestimmten Belegarten sichtbar und verwendbar.

Für die gebuchten Belege (im weißen Bereich der Abbildung) wurde jeweils eine eigene Tabelle (jeweils mit Kopf und Zeilen) verwendet. Durch diese Datenstruktur sind die Auswertungen, z.B. mit Jet Reports einfacher zu gestalten. Ebenfalls sind so die ungebuchten von den gebuchten Belegen eindeutig getrennt.

5.3.2 Anfrage, Bestellung und Rahmenbestellung

Oftmals geht einer Bestellung eine Anfrage voraus. So lässt Microsoft Dynamics NAV neben der direkten Erstellung einer Bestellung auch die Umwandlung einer Anfrage in eine Bestellung zu. Ebenso kann als Basis für die Erstellung von Bestellungen auch die Rahmenbestellung genutzt werden.

Rahmenbestellungen dienen dazu, die Abwicklung bei der Beschaffung häufig benötigter Artikel zu vereinfachen und Kontrakte bzw. Verträge mit Lieferanten über eine größere Abnahmemenge z.B. innerhalb eines Jahres, zu überwachen.

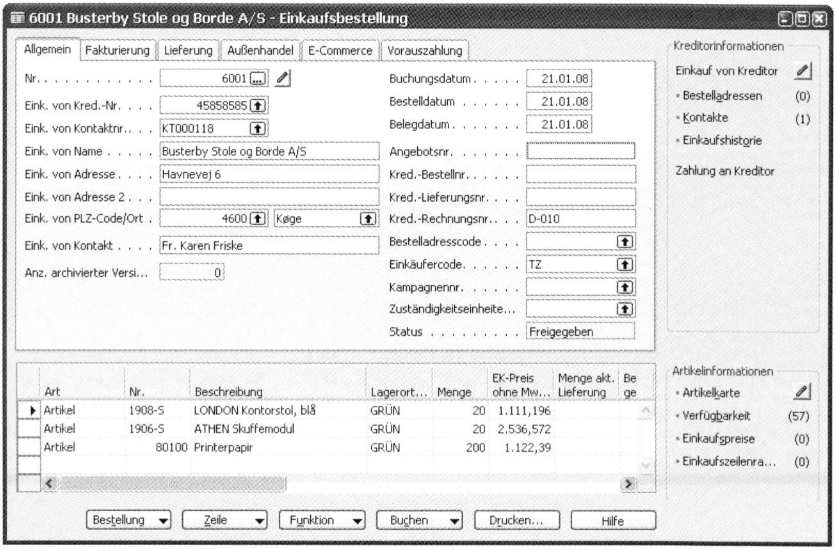

Der Aufbau von Anfragen, Bestellungen und Rahmenbestellungen ist weitestgehend identisch. Alle Belege bestehen aus dem Kopfbereich, in dem die allgemeinen Informationen erfasst werden und dem Zeilenbereich, in dem erfasst wird, was vom Lieferanten eingekauft werden soll.

Eingaben im Einkaufskopf

Im Bestellkopf werden die allgemeinen Bestelldaten gespeichert, die alle Einkaufspositionen betreffen, wie z.B. der Kreditor, die Datumsangaben und die Vertragsbedingungen.

Im Register Allgemein werden die allgemeinen Informationen zu dem Beleg erfasst. Im Feld „Eink. von Kred.-Nr.“ kann mit **F6** aus der Kreditorenübersicht der Kreditor eingefügt werden, bei dem bestellt werden soll. Nach dem Verlassen des Feldes werden die Daten des Kreditors in die Felder „Eink. von Name“, „Eink. von Adresse“, „Eink. von Adresse2“, „Eink. von PLZ Code / Ort“, „Eink. von Kontaktperson“ und „Einkäufercode“ im Register Allgemein mit den Stammdaten des ausgewählten Kreditors gefüllt.

In Microsoft Dynamics NAV kann zwischen dem Bestelladressat im Register Allgemein im Feld „Eink. von Kred.-Nr.“, dem Zahlungsempfänger im Register Fakturierung im Feld „Zahlung. an Kred.-Nr.“ und der Lieferungsanschrift im Register Lieferung unterschieden werden. Im Register Lieferung kann eine abweichende Lieferanschrift manuell erfasst oder über das Feld „Lagerortcode“ ausgewählt werden. Als Vorgabewert für die Lieferanschrift wird ein am Kreditor (aus dem Feld „Eink. von Kred.-Nr.“) hinterlegter Lagerort verwendet. Ist kein Lagerort hinterlegt, werden die Firmendaten als Lieferadresse herangezogen.

Bei der Neuanlage eines Beleges (Anfrage, Bestellung, Rahmenbestellung) wird der Zahlungsempfänger analog zu den Angaben im Feld „Eink. von Kred.-Nr.“ gefüllt. Wurde jedoch beim Lieferanten auf der Kreditorenkarte im Feld „Zahlung an Kred.-Nr.“ ein abweichender Zahlungsempfänger eingetragen, so wird dieser in den zu erstellenden Beleg übernommen.

Die Felder „Belegdatum“ und „Anfragedatum“/„Bestelldatum“ werden beim Neuanlegen mit dem Arbeitsdatum gefüllt und müssen entsprechend angepasst werden. Das „Belegdatum“ wird auf der Anfrage bzw. der Bestellung ausgegeben. Beim Buchen des Beleges wird anhand dieses Datums die Fälligkeit berechnet. Das „Bestelldatum“ ist das Datum, an dem die Bestellung der Waren erfolgte.

In der *Kreditoren & Einkauf Einrichtung* kann festgelegt werden, ob das „Buchungsdatum“ beim Erstellen von offenen Belegen mit dem <Arbeitsdatum> oder mit <leer> vorbelegt wird. Das Buchungsdatum enthält das Datum, an dem der Beleg in die Finanzbuchhaltung eingeht.

Die Felder „Zlg.-Bedingungscode“, „Lieferbedingungscode“ und „Währungscode“ werden ebenfalls aus den Stammdaten des Bestelladressaten geholt, im Fall eines abweichenden Zahlungsempfängers, werden sie von diesem übernommen.

Alle Angaben, die aus den Stammdaten übernommen wurden, sind Vorgabewerte und können für den Beleg geändert werden. Die Änderungen werden nicht in die Stammdaten zurückgeschrieben und gelten somit nur für diesen einen Beleg.

Rechts neben dem Kopfbereich werden in der Anfrage und Bestellung im Informationsbereich die Kreditoreninformationen angezeigt, die in die Bereiche Einkauf von Debitor und Zahlung an Kreditor gegliedert sind. Mit einem Klick auf den entsprechenden Eintrag können direkt weitere Informationen zum entsprechenden Kreditor aufgerufen werden.

Einige Felder im Einkaufskopf, wie z.B. „Lagerortcode“ (=Anlieferungslager) oder „Geplantes Wareneingangsdatum“ können in den verschiedenen Bestellzeilen durchaus unterschiedlich sein. Diese Felder sind deshalb auch in den Zeilen vorhanden. Die Zeilen werden mit dem Wert aus dem Kopf vorbelegt und können anschließend geändert werden. Ausschlaggebend für die Buchung sind hierbei die Felder in den Zeilen. Die Felder im Kopf dienen lediglich der Eingabeerleichterung. Bei gleichen Inhalten muss so nicht in jeder Zeile die Eingabe wiederholt werden.

Eingaben in den Einkaufszeilen

In den Einkaufszeilen werden die Einkaufspositionen eingegeben. Dabei gibt es fünf verschiedene Arten von Zeilen, die durch die unterschiedlichen Einträge in der Spalte „Art“ definiert werden. Im Gegensatz zum Verkauf können im Einkauf keine <Ressourcen> eingekauft werden.

- <leer>:
  Hier können freie Texte erfasst werden, um Erläuterungen zu einzelnen Positionen zu geben oder es kann ein Einleitungs- oder Abschlusstext formuliert werden. Bei der Zeilenart <leer> erhält man beim LookUp in der Spalte „Nr.“ eine Übersicht der vorhandenen Standardtexte.

- <Sachkonto>:
  In Zeilen der Art <Sachkonto> können Sachkonten direkt aufgerufen und in die Bestellung eingebunden werden. Dies kann dazu genutzt werden, Artikel oder Leistungen einzukaufen, die nicht in Microsoft Dynamics NAV als Artikel angelegt sind.

- <Artikel>:
  In der Zeilenart <Artikel> erhält man beim LookUp in der Spalte „Nr.“ die Artikelübersicht. Nach der Auswahl eines Artikels werden viele Felder der Zeile automatisch mit Daten des Artikels gefüllt, z.B. Beschreibung, Einheitencode, EK-Preis und Einstandspreis.

- <WG/Anlage>:
  Bei Verwendung der Anlagenbuchhaltung können über die Einkaufsbelege Anlageneinkäufe komfortabel abgebildet werden.
- <Zu-/Abschlag (Artikel)>:
  Mit Zu- und Abschlägen können Verkaufszeilen eines Artikels zusätzlich mit Zu- und Abschlägen belastet werden. Diese Zeilenart wird vor allem benötigt, um Anschaffungskosten auf Artikel abzubilden.

Nach den Eingaben in den Spalten „Art" und „Nr." können die Spalten „Beschreibung" und „Beschreibung 2" individuell angepasst werden. Weiterhin können in der Einkaufszeile verschiedene Eingaben getätigt werden, die Einfluss auf die Preisbildung haben. Hierbei gilt folgender Zusammenhang:

„Zeilenbetrag..." = „Menge" * „EK-Preis" * (100 – „Zeilenrabatt %") / 100
„Zeilenrabattbetrag" = „Zeilenbetrag" * ((100 – „Zeilenrabatt %") / 100)

In jede der oben genannten Spalten kann die Eingabe erfolgen. Bei einer Eingabe in die Spalte „...betrag", wird der „Zeilenrabatt" so angepasst, dass oben stehende Gleichung wieder gilt. Als Einkaufspreis schlägt Microsoft Dynamics NAV den Wert des Feldes „EK-Preis" aus dem Artikelstamm vor. Sind Preisdifferenzierungen und/oder Rabatte hinterlegt, werden diese in die Felder „EK-Preis" und „Zeilenrabatt %" übertragen und mit berücksichtigt.

Wurde in die Einkaufszeile ein Artikel eingefügt, so werden, wie im Belegkopf, rechts neben dem Zeilenbereich im Informationsbereich verschiedene Informationen zu dem eingefügten Artikel angezeigt. Mit einem Klick auf die entsprechende Zeile werden die Detailinformationen aufgerufen.

Die Einkaufszeilen werden durch eine eindeutige Zeilennummer identifiziert. Diese Zeilennummer wird bei der Neuanlage der Zeilen automatisch in 10.000er Schritten vergeben, wenn die neue Zeile unter der letzten eingefügt wird.

Wird zwischen zwei Zeilen eine neue Zeile eingefügt, so erhält diese eine Nummer, die in der Mitte der beiden Zeilen liegt. Beispielsweise wird zwischen den Zeilen 10.000 und 20.000 die Zeile 15.000 eingefügt. Findet Microsoft Dynamics NAV keine Nummer mehr zwischen zwei Zeilen, so kann an dieser Stelle keine Zeile mehr eingefügt werden. Eine Lösung in einem solchen Fall ist, den Beleg zu kopieren und den alten Beleg zu löschen. Dies kommt aber nur dann in Betracht, wenn noch keine Lieferung ausgeführt wurde und die Anfrage bzw. der Bestellung noch nicht verschickt wurde. In diesem Fall muss die Zeile an einer anderen Stelle eingefügt werden.

Umwandeln von Anfragen in Bestellungen

Soll aus einer Anfrage eine Bestellung erstellt werden, so ist in der Anfrage die Schaltfläche Bestellung erst. zu nutzten. Anschließend erscheint eine Sicherheitsabfrage, die zu bestätigen ist.

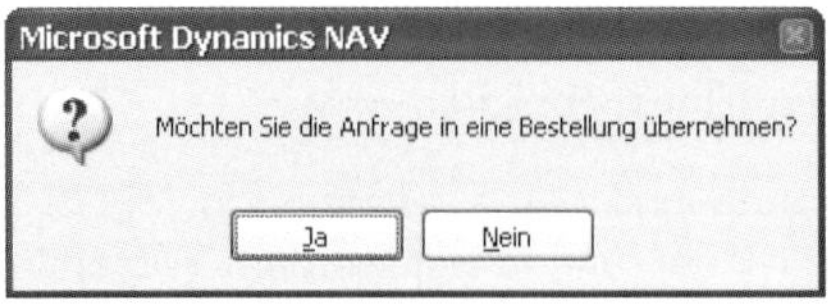

Nach der Umwandlung ist die Anfrage aus der aktuellen Ansicht gelöscht. Die Informationen aus der Anfrage wurden in die neu entstandene Einkaufsbestellung übernommen.

Im Register Allgemein wurde das Feld „Angebotsnr." gefüllt. Anhand dieses Eintrags kann später nachvollzogen werden, welche Anfrage dieser Bestellung vorausging. Diese Angebotsnummer verbleibt im System und wird in alle weiteren Belege mit übernommen. Das bedeutet, dass die Anfragenummer auch in der gebuchten Rechnung ersichtlich ist.

Rahmenbestellungen

Rahmenbestellungen werden dazu verwendet, die Höhe eines vereinbarten Abnahmekontingents, die vereinbarten Preise sowie die bisher abgerufenen Mengen zu verwalten.

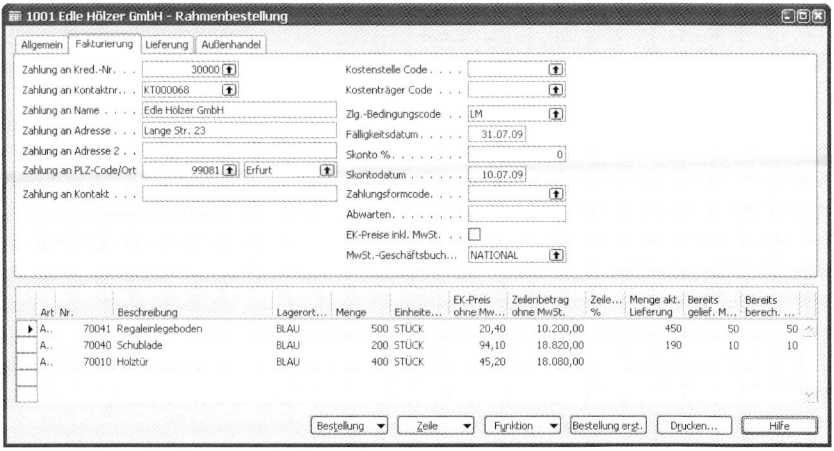

Rahmenbestellungen werden in Microsoft Dynamics NAV genauso erfasst wie Bestellungen. Das heißt, Kopf und Zeilen werden auf die bereits bekannte

Weise ausgefüllt. Allerdings haben einige Felder und Spalten eine andere Bedeutung als in den „normalen Belegen". Aus Rahmenbestellungen können weder Lieferungen noch Rechnungen erzeugt sondern nur „normale" Bestellungen erstellt werden.

In die Spalte „Menge" ist die Gesamtmenge der Rahmenbestellung einzutragen. In die Spalte „Menge akt. Lieferung" wird in den Rahmenbestellzeilen nicht die Liefermenge, sondern die Menge eingetragen, über die eine Bestellung erstellt werden soll. In den Spalten „Bereits gelief. Menge" und „Bereits berechn. Menge" wird angezeigt, wie viele Artikel aus dieser Rahmenbestellung bereits geliefert bzw. fakturiert wurden.

Erstellen von Bestellungen aus Rahmenbestellungen

Bevor aus einer Rahmenbestellung eine Bestellung erstellt werden kann, muss in die Spalte „Menge akt. Lieferung" die Menge eingetragen werden, die jetzt abgerufen werden soll.

Wird hier eine Menge eingetragen, die die Summe der bereits abgerufenen Menge („Bereits gelief. Menge") und der abzurufenden Menge („Menge akt. Lieferung") die Menge („Menge") aus der Rahmenbestellung überschreitet, wird vom System eine Meldung mit der noch möglichen Restmenge ausgegeben.

Aus der Rahmenbestellung kann eine Bestellung über den Menüpunkt Bestellung erst. erzeugt werden.

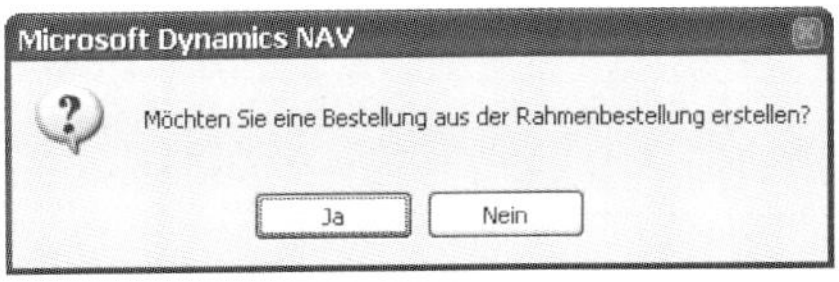

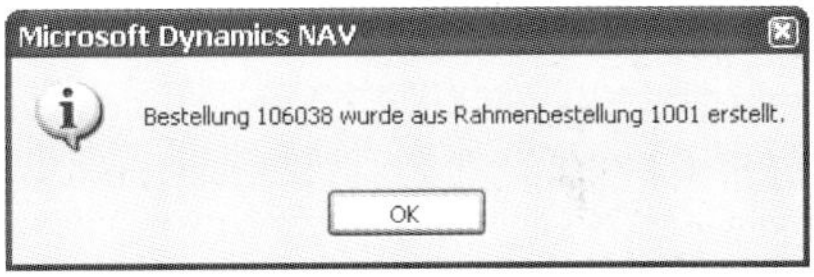

In der entstandenen Bestellung wurde im Register Allgemein das Feld „Angebotsnr." nicht gefüllt. Dafür wurden in den Einkaufszeilen die Spalten „Rahmenbestellungsnr." und „Rahmenbestellungszeilennr." gefüllt. Diese Spalten können über *Ansicht / Spalten anzeigen ...* eingeblendet werden.

Art	Nr.	Beschreibung	Lagerort...	Menge	EK-Preis ohne Mw...	Einstandspreis (MW)	Rahmenbestellungsnr.	Rahmenbestellungszeilennr.
Artikel	70041	Regaleinlegeboden	BLAU	50	20,40	20,40	1001	10000
Artikel	70040	Schublade	BLAU	10	94,10	94,10	1001	20000
Artikel	70010	Holztür	BLAU		45,20	45,20	1001	30000

Über diese beiden Spalten wird die Verbindung zur Rahmenbestellung hergestellt. Wird eine neue Bestellung direkt erstellt ohne die Rahmenbestellung zu nutzen, oder wird in einer aus einer Rahmenbestellung erstellten Bestellung eine weitere Zeile hinzugefügt, so werden diese Spalten nicht automatisch gefüllt.

Eine Verbindung zur Rahmenbestellung kann dann nachträglich über die manuelle Eingabe in diesen beiden Spalten hergestellt werden. Anhand dieser Zuordnung einer Bestellzeile zur Rahmenbestellung werden beim Buchen der Lieferung und Rechnung die Spalten „Bereits gelief. Menge“ und „Bereits berechn. Menge“ in der Rahmenbestellung aktualisiert.

Werden diese beiden Spalten nicht manuell nachgepflegt, so werden sie auch nicht bei den Feldern „Bereits gelief. Menge“ und „Bereits berechn. Menge“ der Rahmenbestellung berücksichtigt, denn nach dem Buchen der offenen Bestellung wird die gebuchte Menge als „Bereits gelief. Menge“ bzw. „Bereits berechn. Menge“ in die Rahmenbestellung zurückgeschrieben. Erfolgt dies nicht, kann es zu inkonsistenten Werten der Mengenfelder führen, d.h. die Summe der Mengen in den Bestellungen ist größer als die Mengen in der Rahmenbestellung.

Aus der Rahmenbestellung kann über den Menüpunkt Zeile▼ / *Nicht gebuchte Zeilen / ...* bzw. Zeile▼ / *Gebuchte Zeilen / ...* eine Übersicht über die entsprechenden Belege, die zu der aktuellen Zeile gehören, angezeigt werden. Von dieser Übersicht aus kann der entsprechende Beleg zur Anzeige gebracht und weiter bearbeitet werden.

Freigabe von Bestellungen

Das Bestellformular wird für die Erfassung von drei verschiedenen Belegen genutzt: Bestellung, Lieferung und Rechnung. In der Praxis kann es notwendig sein, Bestellungen durch autorisierte Personen vor dem Buchen freigeben zu lassen. Dieser Zwischenschritt bei der Bestellerfassung, wird im einfachsten Fall über den Status der Bestellung realisiert.

Ist der Status <Offen>, können beliebig Zeilen erfasst, geändert und gelöscht werden. Wurde der Status auf <Freigegeben> gesetzt, können die für den Rechnungsbetrag relevanten Felder wie „Menge“ und „VK-Preis“ in den Bestellzeilen und einige Felder im Bestellkopf, z.B. Liefer- und Zahlungsbedingung nicht mehr geändert werden.

Transportrelevante Felder, wie der Zustellercode, können weiterhin geändert werden.

Der Status einer Bestellung wird von <Offen> auf <Freigegeben> gesetzt, indem der Menüpunkt **Funktion▼** / *Freigeben* oder **Strg** + **F11** ausgeführt oder indem eine Lieferung gebucht wird. Der Status kann von <Freigegeben> auf <Offen> über den der Menüpunkt **Funktion▼** / *Status zurücksetzen* zurückgesetzt werden.

Der Status einer Bestellung kann auch dazu genutzt werden, einen Überblick zu geben, welche Bestellungen bereits verschickt wurden und welche zwar erfasst, dem Kreditor aber noch nicht mitgeteilt wurden, indem nach dem Versand der Bestellung der Status auf <Freigegeben> gesetzt wird.

Ist es erforderlich eine Bestellfreigabe über mehrere Stufen und Zuständigkeiten zu realisieren, so ist hierfür die Funktionalität der Beleggenehmigung zu nutzen. Darin bietet Microsoft Dynamics NAV einen automatischen Genehmigungsdurchlauf mit der Überwachung der termingerechten Abarbeitung. Zusätzlich erhält die verantwortliche Person im Unternehmen eine Information über die Genehmigungsanfrage und kann ihre Bestätigung bzw. Ablehnung dann mit ergänzenden Kommentaren an den Anfragenden zurücksenden.

5.3.3 Lieferschein und gebuchte Rechnung erstellen

Buchungen auf der Einkaufsseite dienen unter anderem der Erfassung der Wareneingänge (Lieferungen), um den Lagerbestand zu aktualisieren. Des Weiteren werden die Eingangsrechnungen erfasst, um die tatsächlichen Einstandspreise der Artikel zu ermitteln und um die Zahlungen über den Zahlungsverkehr veranlassen zu können.

Die vom Lieferanten erzeugten und mitgelieferten Belege (Lieferschein und Rechnung) müssen dahingehend geprüft werden, dass die in Microsoft Dynamics NAV erfassten Artikel, Mengen und Preise sowie die berechnete Vorsteuer mit ihnen übereinstimmen.

Vorbereitungen zum Buchen

Vor dem Buchen einer (Teil)-Lieferung bzw. (Teil)-Rechnung sind eine Reihe von Überprüfungen notwendig. Die Felder im Bestellkopf, wie „Buchungsdatum“, „Belegdatum“ und „Zlg.-Bedingungscode“ müssen mit dem Lieferschein bzw. mit der Rechnung verglichen und ggf. geändert werden.

Ist in der *Kreditoren & Einkauf Einrichtung* im Feld „Ext. Belegnr. erforderlich“ ein Haken gesetzt, muss weiterhin vor dem Buchen im Register Allgemein das Feld „Kred.-Rechnungsnr.“ mit der Rechnungsnummer der Eingangsrechnung ausgefüllt werden. Ohne diese Eingabe kann der Beleg sonst nicht gebucht werden. Dabei prüft das System die Eindeutigkeit der „Externen Belegnummer“ innerhalb des Kreditors.

Die Felder „Kred.-Bestellnr.“ und „Kred.-Lieferungsnr.“ sollten zur besseren Recherche vor dem Buchen ebenfalls erfasst bzw. geändert werden.

Für die Buchungsvorgänge sind außerdem die Inhalte folgender Spalten der Einkaufszeile wichtig. Anhand dieser Eingaben erfolgt die Definition von Teillieferungen und Teilrechnungen. Die Felder haben folgende Bedeutung:

Spalte	**Beschreibung**
„Menge“	Dieses Feld enthält die beim Lieferanten bestellte Gesamtmenge für diese Bestellung
„Menge akt. Lieferung“	Menge, die im aktuellen Buchungsvorgang ans Lager geliefert wurde. Dieses Feld wird nach dem Buchen automatisch aktualisiert.
„Bereits gelief. Menge“	Menge, die in vorangegangenen Buchungs-vorgängen aus dieser Bestellung bereits ans Lager gebucht wurden.
„Menge akt. Rechnung“	Menge, die im aktuellen Buchungsvorgang vom Lieferanten berechnet wurde.
„Bereits berechn. Menge“	Menge, die in vorangegangenen Buchungs-vorgängen zu dieser Bestellung bereits berechnet wurden.
„EK-Preis …“	In diesem Feld wird der Einkaufspreis erfasst, der mit dem Lieferanten vereinbart wurde.

Beim Eintragen und Ändern der Menge sowie nach jedem Buchungsvorgang, werden die Felder „Menge akt. Lieferung“ und „Menge akt. Rechnung“ standardmäßig mit der verbleibenden Restmenge gefüllt. Abweichend davon kann in der *Kreditoren & Einkauf Einrichtung* im Feld „Zu liefernde/zurück-zunehmende Standardmenge“ festgelegt werden, ob die Menge in den Feldern „Menge akt. Lieferung“ und „Menge akt. Rechnung“ mit <leer> vorbelegt wird.

Art	Nr.	Beschreibung	Lagerort...	Menge	EK-Preis ohne Mw...	Einstandspreis (MW)	Menge akt. Lieferung	Bereits gelief. M...	Menge akt. Rechnung	Bereits berech. Menge
Artikel	70010	Holztür	BLAU	25	45,20	42,94	15	10	20	5
Artikel	70001	Bodenplatte	BLAU	40	35,10	33,345	35	5	40	
Artikel	70011	Glastür	BLAU	10	63,00	59,85		10	10	

Vor dem Buchen des Beleges sollte die Statistik mit **F9** oder über **Rechnung▼** / *Statistik* aufgerufen werden, um die zu buchenden Werte zu überprüfen.

In dieser Einkaufsstatistik wird im Register Allgemein der Gesamtauftragswert (in Bezug auf die „Menge“), im Register Rechnung der Wert der aktuellen Rechnung (anhand der „Menge akt. Rechnung“) und im Register Lieferung analog dazu der Wert der aktuellen Lieferung (anhand der „Menge akt. Lieferung“) angezeigt.

Manuelles Ändern der MwSt. vor dem Buchen eines Beleges

Das Ändern der vom System berechneten Mehrwertsteuer darf nur dann erfolgen, wenn im zugrundeliegenden externen Beleg ein anderer MwSt.-Betrag ausgewiesen wurde. Hierbei darf es sich auch nur um Cent-Beträge handeln. Ist die Abweichung zu groß muss der Beleg beim Lieferanten neu angefordert werden.

Kommt es bei der Prüfung des Beleges vor dem Buchen zu einer Rundungsdifferenz in der MwSt. zwischen dem externen und dem internen Beleg, so kann in der Statistik (**F9**) in den MwSt.-Zeilen in der Spalte „MwSt.-Betrag" der abweichende Betrag eingetragen werden. Dabei ist zu beachten, dass im Kopfbereich das Register Fakturierung ausgewählt wurde.

Ob es möglich ist, die MwSt.-Beträge zu ändern wird in der Kreditoren & Einkauf Einrichtung im Register Allgemein mit einem Haken im Feld „MwSt.-Differenz zulassen" festgelegt.

Nach der Korrektur des Betrages prüft das System, ob die Abweichung innerhalb des Wertes liegt, der in der Finanzbuchhaltung Einrichtung im Feld „Max. MwSt.-Differenz zulässig" hinterlegt wurde.

Buchen der Belege

Beim Buchen der offenen Belege wie z.B. Bestellungen werden verschiedene Sachverhalte vom System geprüft. Gibt es dort Unstimmigkeiten, wird der Buchungsvorgang mit einer Fehlermeldung abgebrochen.

- Es kann nie mehr berechnet werden, als bereits geliefert wurde. (Summe der Spalten „Menge akt. Lieferung" und „Bereits gelief. Menge")
- Es kann nie mehr geliefert werden, als beauftragt wurde. Das heißt die Liefermenge (Summe der Spalten „Menge akt. Lieferung" und „Bereits gelief. Menge") darf die Menge (Spalte „Menge") nicht überschreiten.

Zu Beginn der Buchung wird diesem Beleg schon eine Belegnummer der gebuchten Belege zugewiesen. Bei Abbruch der Buchung mit einer Fehlermeldung, bleibt diese Nummer erhalten. Sie ist über den Zoom (**Strg** + **F8**) im Verkaufskopf in Feldern „Buchungsnr.", „Liefernr." und „Rücklieferungsnr." zu sehen. Wird dieser Beleg erneut gebucht, so verwendet das System diese reservierte Nummer. Damit bleibt die Reihenfolge der gebuchten Belege erhalten und es entstehen keine Lücken innerhalb der Nummerierung der gebuchten Belege.

Allerdings kann dies auch ungewollte Folgen haben. Wenn z.B. für jedes Jahr eine neue Nummernserie für die gebuchten Rechnungen verwendet wird und durch den Abbruch der Buchung bereits eine Nummer aus der alten

Nummernserie vergeben wurde, so wird der Beleg auch im neuen Jahr mit der alten Nummer gebucht.

Sobald alle Mengen vollständig geliefert und fakturiert worden sind, wird der ehemals offene Beleg aus dem System gelöscht. Es existieren jetzt die gebuchten Belege, die im Menü unter dem Punkt Historie zu finden sind.

Werden innerhalb einer Bestellung verschiedene Artikel eingekauft, die auf das gleiche Aufwandskonto gebucht werden sollen, so erzeugt Microsoft Dynamics NAV eine Sachkontenbuchung für dieses Konto. Bei mehreren Artikeln, deren Umsätze auf verschiedene Aufwandskonten gebucht werden, wird pro Aufwandskonto eine Sachkontenbuchung erstellt und gebucht. Werden allerdings in den einzelnen Bestellzeilen unterschiedliche Dimensionen verwendet, so wird pro Dimension eine Buchung auf das gleiche Aufwandskonto erzeugt.

Gebuchte Lieferungen und gebuchte Rechnungen

Für jede (Teil-)Lieferung und (Teil-)Rechnung wird eine gebuchte Lieferung bzw. eine gebuchte Rechnung angelegt. Das sind in Microsoft Dynamics NAV gebuchte Belege.

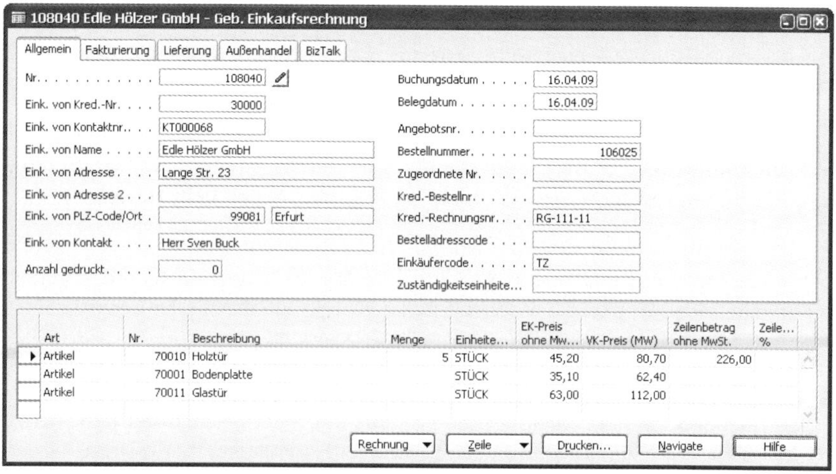

In den Zeilen sind die Mengen der Lieferung bzw. Rechnung aufgeführt. Wird beim Buchen gleichzeitig geliefert und fakturiert, so wird sowohl eine gebuchte Lieferung (*Einkauf / Historie / Gebuchte Eingänge*) als auch eine gebuchte Rechnung (*Einkauf / Historie / Gebuchte Rechnungen*) erzeugt. Dabei werden auch Zeilen mit der Menge Null in den gebuchten Beleg übertragen, die von der Buchung nicht betroffen waren. Diese Zeilen werden auch auf den Belegen ausgegeben.

Wenn ein gebuchter Beleg einmal gedruckt wurde, kann dieser gelöscht werden. Diese Möglichkeit kann entweder durch die Benutzerrechte oder eine Zusatz-Programmierung ausgeschaltet werden, um ein versehentliches Löschen und den damit verbundenen Informationsverlust zu verhindern.

Solange ein offener Beleg noch nicht vollständig abgearbeitet ist, können von diesem aus über den Button [Bestellung▼] / *Lieferungen* bzw. *Rechnungen* alle zugehörigen bereits gebuchten Lieferungen bzw. bereits gebuchten Rechnungen angezeigt werden.

5.3.4 Rechnung, Gutschrift und Reklamation

Neben Anfragen, Bestellungen und Rahmenbestellungen können aus dem Hauptmenü *Einkauf / Bestellungsabwicklung* auch die Punkte *Rechnungen*, *Gutschriften* und *Reklamationen* aufgerufen werden.

Rechnungen

Die unter dem Menüpunkt *Rechnungen* aufgerufenen offenen Rechnungen bieten die gleiche Möglichkeit wie die bereits beschriebenen Bestellungen. Allerdings lassen sie eine Trennung von Lieferung und Faktura sowie Teilbuchungen nicht zu. Sie werden unter anderem zur Erstellung von Sammelrechnungen verwendet und dürfen im Sprachgebrauch nicht mit den gebuchten Rechnungen verwechselt werden.

In der *Kreditoren & Einkauf Einrichtung* kann im Register Allgemein mit einem Haken im Feld „Lieferschein b. EK-Rechnung" festgelegt werden, ob beim Buchungsvorgang zusätzlich zu der gebuchten Rechnung automatisch eine gebuchte Lieferung erstellt wird. Wird in diesem Feld kein Haken gesetzt, wird nur eine gebuchte Rechnung erzeugt.

Wenn die Rechnung gebucht wird, wird in der gebuchten Einkaufsrechnung automatisch im Register Allgemein das Feld „Zugeordnete Nr." gefüllt. Das System trägt hier die Nummer der offenen Rechnung ein. Bei Bestellungen bleibt dieses Feld leer, alternativ wird hier das Feld „Auftragsnr." gefüllt.

Gutschriften

Das Handling bei Gutschriften ist vergleichbar mit dem der Rechnungen. Eine Gutschrift wird erstellt, wenn z.B. Artikel an einen Kreditor zurücksendet oder fälschlicher Weise zuviel geliefert wurden. Voraussetzung ist jedoch, dass ein entsprechender Gutschriftsbeleg des Lieferanten vorliegt.

Wie bereits im Bereich Verkauf beschrieben, kann auch im Einkauf bei einem Gutschriftsbeleg zwischen einer echten Gutschrift und einem Storno unterschieden werden. Dazu ist über das Design das Feld „Storno" im Gutschriftskopf einzublenden.

Bei einer „echten“ Gutschrift werden die Felder „Ausgleich-mit Belegart“, „Ausgleich-mit Belegnr.“ bzw. „Ausgleichs ID“ im Belegkopf nicht gefüllt. Damit findet bei der Buchung auch kein automatischer Ausgleich mit einem offenen Posten statt.

Reklamationen

Einkaufsreklamationen werden verwendet, wenn Artikel aufgrund von Qualitätsproblemen an den Lieferanten zurückgeben werden. Die Buchung einer Reklamation hat vor allem zwei Auswirkungen:

- Die Waren-Lieferung wird rückgängig gemacht. Das heißt, gelieferte Artikel werden wieder vom Lager abgebucht.
- Der in Rechnung gestellte Betrag wird gutgeschrieben.

Das Vorgehen bei Reklamationen ist vergleichbar mit dem bei Bestellungen, denn sie lassen eine Trennung zwischen Lieferung und Faktura zu. Zusätzlich kann bei den Reklamationen ein Reklamationsgrund angegeben werden, der beim Buchen in die Posten übernommen wird.

Die Reklamationsgründe werden unter *Einkauf / Bestellungsabwicklung / Einrichtung / Reklamationsgründe* eingerichtet.

Die gebuchten Belege

Durch die Buchungen werden zu allen drei offenen Belegen die entsprechenden gebuchten Belege erstellt, die offenen Belege werden gelöscht.

Eine Ausnahme bilden Rechnungen, die aus mehreren Belegen (Lieferungen) erzeugt wurden. In diesem Fall müssen die erledigten Bestellungen manuell oder über eine Stapelverarbeitung (*Verwaltung / IT-Verwaltung / Daten löschen / Einkaufsbelege / ...*) gelöscht werden.

Aus der Rechnung wird eine gebuchte Rechnung, die unter Menüpunkt *Einkauf / Historie / Gebuchte Rechnungen* zu finden ist. Analog verhält es sich mit den Gutschriften. Diese sind dann als *Gebuchte Gutschriften* ebenfalls in der Historie zu finden. Die Reklamationen werden nach dem Buchen als *Gebuchte Rücklieferungen* im Menü geführt.

5.3.5 Stornieren von gebuchten Belegen

Ein in Microsoft Dynamics NAV gebuchter Beleg kann nicht mehr verändert werden. Wurde versehentlich eine falsche Buchung abgesetzt, so muss der gebuchte Beleg storniert, anschließend neu erstellt und wieder gebucht werden.

Stornieren von gebuchten Wareneingängen

Wurde eine Lieferung falsch gebucht und noch keine Rechnung erstellt, so kann die Lieferung storniert werden. Dazu wird aus der gebuchten Lieferung der Menüpunkt Funktion▼ / *Wareneingang stornieren* aufgerufen. Die Stornierung bezieht alle zuvor markierten Lieferzeilen ein.

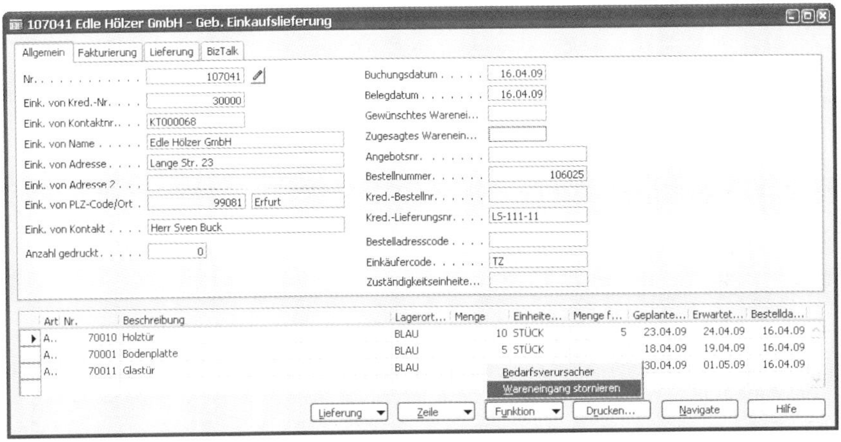

Durch den Storno des Wareneingangs wird in der gebuchten Lieferung unter der Zugangszeile eine zusätzliche Lieferzeile mit negativer Menge eingefügt.

Bei der Stornierung von gebuchten Lieferungen ist zu beachten, dass nur komplette Lieferzeilen (keine Teilmengen) storniert werden können. Außerdem wird zusätzlich geprüft, ob die verbuchten Zugänge noch nicht durch Abgänge komplett oder teilweise ausgeglichen wurden. Ist dies der Fall, so ist eine Stornierung nicht möglich.

Beim Drucken des Lieferscheins kann im Register Optionen angegeben werden, ob die Korrekturzeilen ausgegeben werden sollen oder nicht. Ist im Feld „Korrekturzeilen anzeigen“ kein Haken gesetzt, so wird ein Lieferschein gedruckt, der nur die nicht stornierten Zeilen enthält.

Um schnell von einer Bestellung zu den gebuchten Lieferungen zu gelangen, können diese über den Menüpunkt Bestellung▼ / *Lieferungen* direkt aus der Bestellung heraus aufgerufen werden.

Stornieren von gebuchten Rechnungen

Soll eine gebuchte Rechnung storniert werden, so ist dies über die Erstellung und Buchung einer Gutschrift zu realisieren.

Um Fehlerquellen beim Erfassen der Gutschrift zu minimieren, kann mit der Funktion Beleg kopieren... gearbeitet werden. Diese wird in der Einkaufsgutschrift über die Schaltfläche Funktion ▼ / *Beleg kopieren...* aufgerufen.

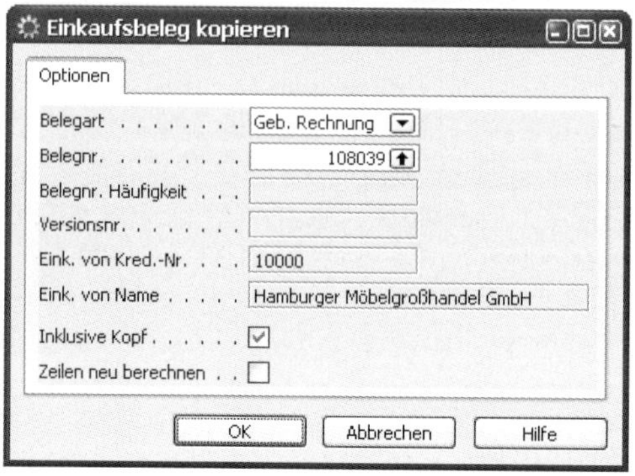

Über die Felder „Belegart“ und „Belegnr.“ wird die zu stornierende gebuchte Rechnung ausgewählt. Anschließend werden die grau hinterlegten Felder vom System gefüllt.

Wird im Feld „Inklusive Kopf“ ein Haken gesetzt, werden die Daten aus dem Rechnungskopf in den Gutschriftskopf übernommen. Die Belegzeilen werden unabhängig von diesem Haken in den neuen Beleg übernommen. Wird im Feld „Zeilen neu berechnen“ ein Haken gesetzt, fügt die Stapelverarbeitung die Zeilen aus dem zu kopierenden Beleg in den neuen Beleg ein, behält die Artikelnummern und die Artikelmengen bei, berechnet jedoch die Beträge in den Zeilen auf der Basis der Kreditoreninformationen des neuen Belegkopfes.

Somit werden die Artikelpreise und die Rabatte, die speziell mit dem Kreditor im neuen Kopf verknüpft sind, neu berechnet. Dies soll jedoch bei der Stornierung einer gebuchten Rechnung so nicht erfolgen. Deshalb ist hier im Feld „inklusive Kopf“ ein Haken zu setzen und im Feld „Zeilen neu berechnen“ nicht.

Die Funktion Beleg kopieren reduziert den Erfassungsaufwand deutlich und verhindert zudem Eingabefehler. In allen ungebuchten Belegen kann diese Funktion genutzt werden, um bereits vorhandene gebuchte und ungebuchte Belege zu kopieren. Bei der Übernahme der gebuchten Rechnung in eine Gutschrift wird zusätzlich der Ausgleich mit der Belegnummer der Rechnung gesetzt.

Sollen durch die Gutschrift mehrere zuvor gebuchte Rechnungen ausgeglichen werden, so kann im Register Fakturierung mit der „Ausgleichs ID“ analog zu ihrer Verwendung in den Buch.-Blattzeilen gearbeitet werden.

Nach dem Buchen ist eine gebuchte Gutschrift entstanden, die die zu stornierende Rechnung ausgleicht. Der „Saldo (MW)“ auf der Kreditorenkarte wurde entsprechend verringert und die Ware vom Lager wieder abgebucht.

5.3.6 Bestellvorschlag

Die Verarbeitung von Artikeln, die wiederbestellt werden müssen, findet im Bestellvorschlag statt. Im Mittelpunkt steht hierbei die automatische Ermittlung der zu bestellenden Artikelmengen, die sich aus dem Bedarf (z.B. aus Verkaufsaufträgen) und der Deckung (z.B. aus Lagerbestand und Bestellungen) ergeben. Die im Bestellvorschlag ermittelten Mengen und Bestellzeitpunkte können durch eine Vielzahl von Parametern detailliert gesteuert und so an die spezifischen Vorgaben des Einkaufs und der Lagerhaltung angepasst werden.

Die dem Bestellvorschlag zu Grunde liegende Tabelle Bestellvorschlagszeile wird auch im Planungsvorschlag und in der Auftragsplanung der Produktion verwendet. In diesem Abschnitt wird im Wesentlichen die Beschaffung über Bestellungen behandelt, Aspekte der Produktionsplanung werden nicht dargestellt.

Bestellvorschlag füllen

Die Bestellvorschläge werden über *Einkauf / Planung / Bestellvorschläge* aufgerufen. Hierbei können verschiedene Bestellvorschläge angelegt werden, um z.B. Artikel zu gruppieren bzw. zusammenzufassen. Die Auswahl erfolgt analog zu den Buch.-Blättern über das Feld „Name“.

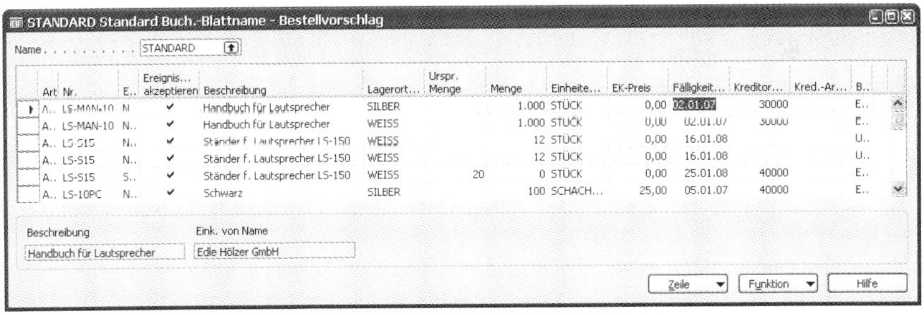

Die automatische Berechnung der zu bestellenden Mengen und damit das Füllen des Bestellvorschlages erfolgt in einem Planungslauf, der über den Menüpunkt Funktion▼ / *Planung berechnen…* durch die Stapelverarbeitung Planung ber. - Best.-Vorschlag gestartet wird.

Werden mehrere Bestellvorschläge genutzt, kann im Register Artikel durch geeignete Filter die Auswahl der zu bestellenden Artikel eingeschränkt werden. Generell werden in einem Planungslauf nur die Artikel verarbeitet, die im Feld

„Wiederbeschaffungsverfahren“ im Register Planung der Artikelkarte bzw. der Lagerhaltungsdatenkarte (Artikelkarte Artikel▼ / *Lagerhaltungsdaten*) einen Eintrag enthalten.

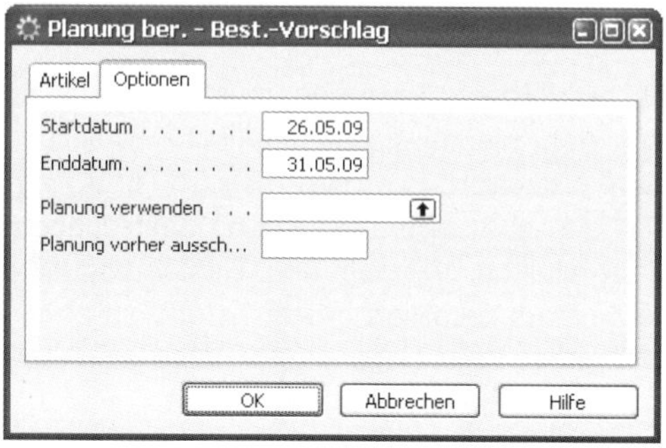

Im Register Optionen wird der Planungszeitraum durch das „Startdatum“ und das „Enddatum“ eingegrenzt. Dabei werden keine Bedarfe und Deckungen berücksichtigt, die nach dem „Enddatum“ liegen. Das „Startdatum“ gibt das Datum für die neu zu erstellende Bestellung vor. Gleichzeitig werden hierüber überfällige Bedarfe abgegrenzt und gesondert im Bestellvorschlag eingefügt.

Weiterhin kann eine Absatzplanung im Feld „Planung verwenden“ ausgewählt werden. Im Feld „Planung vorher ausschließen“ kann ein Datum angegeben werden, vor dem diese Absatzplanung nicht berücksichtigt wird.

Im Ergebnis der Stapelverarbeitung wird der Bestellvorschlag für die ausgewählten Artikel neu gefüllt. Abhängig von den Planungsparametern der Artikel und dem angegebenen Startdatum können dabei pro Artikel eine oder mehrere Zeilen entstanden sein.

Zeilen deren „Fälligkeitsdatum“ vor dem gewählten Startdatum liegt, sind überfällig. Diese Zeilen sollten im Bestellvorschlag nach der Stapelverarbeitung gefiltert und vorrangig behandelt werden.

In der Stapelverarbeitung Planung ber. - Best.-Vorschlag werden Bedarf und Deckung bis zum „Enddatum“ berücksichtigt. Der Bedarf eines Artikels setzt sich dabei aus dem negativen Lagerbestand und aus Vorgängen, in denen Mengen vom Lager abgehen werden, zusammen, wie Aufträge, Rahmenaufträge, Bestellungen mit negativen Mengen, Komponenten in Fertigungsaufträgen oder Umlagerungsaufträgen. Bedarfe zu reservierten Mengen werden nicht berücksichtigt, da diese bereits mit einem Beleg verknüpft sind, der eine Deckung dieses Bedarfs darstellt.

Die Deckung des Artikels ergibt sich aus dem positiven Lagerbestand und aus Vorgängen, die dem Lager zugehen werden, wie Bestellungen, Aufträge mit negativen Mengen, Produkte aus Fertigungsaufträgen oder Umlagerungsaufträgen.

Die Abgrenzung in Bezug auf das Enddatum erfolgt in Verkaufsaufträgen über das Feld „Warenausg.-Datum“, in Bestellungen über das Feld „Erwartetes Wareneingangsdatum“. Maßgeblich ist dabei der Eintrag in der jeweiligen Auftrags- bzw. Bestellzeile. Der Lagerbestand wird unabhängig vom Buchungsdatum der Artikelposten immer in der gesamten Höhe einbezogen.

Auftragszeilen, die für eine Direktlieferung gekennzeichnet sind, werden nicht in einen Planungslauf einbezogen. Daher sollten nach dem Füllen des Bestellvorschlages noch die zur Direktlieferung gekennzeichneten Auftragszeilen in den Bestellvorschlag geholt werden. Dies erfolgt über den Menüpunkt Funktion▼ */ Direktlieferung / Aufträge holen…* .Gleiches gilt für Auftragszeilen, die als Spezialauftrag gekennzeichnet wurden. Diese werden über den Menüpunkt Funktion▼ */ Spezialauftrag / Aufträge holen…* in den Bestellvorschlag übernommen.

Bestellungen erstellen

Aus dem gefüllten Bestellvorschlag heraus erfolgt die Erstellung der offenen Belege, die zur Deckung des Bedarfs führen. Hierzu sind einige Felder zu beachten, die im Folgenden beschrieben werden.

In der Spalte „Beschaffungsmethode“ wird anhand der Optionen <Einkauf>, <Fertigungsauftrag> oder <Umlagerung> festgelegt, welche Art von Beleg (Bestellung, Fertigungsauftrag oder Umlagerungsauftrag) aus der Bestellvorschlagszeile erstellt werden soll. Der Wert dieser Spalte wird anhand des Feldes „Beschaffungsmethode“ aus dem Register Beschaffung der Artikelkarte bzw. der Lagerhaltungsdatenkarte vorgegeben. Dabei ist die Option <Umlagerung> nur in den Lagerhaltungsdaten verfügbar.

Ist in der Spalte „Ereignismeldung akzeptieren“ ein Haken gesetzt, wird die in der Spalte „Ereignismeldung“ ausgewählte Option beim Erstellen des Beleges umgesetzt. Dafür stehen folgende Auswahlen zur Verfügung:

<Neu>
: Bei dieser Option wird ein neuer offener Fertigungsauftrag oder eine neue Einkaufsbestellung angelegt.

<Menge ändern>
: Hierbei erfolgt eine Mengenänderung für den Artikel in einem bestehenden Fertigungsauftrag oder in einer bestehenden Zeile einer Bestellung.

<Neu berechnen>
: Diese Auswahl bewirkt die Neuplanung des Fälligkeitsdatums („Erwartetes

Wareneingangsdatum") bei einem bestehenden Fertigungsauftrag oder einer bestehenden Bestellung.

<Neu berechnen & Menge ändern>
Die Auswahl dieser Option verbindet die beiden vorhergehenden und bewirkt damit die Neuplanung des Fälligkeitsdatums und eine Mengenänderung in einem bestehenden Fertigungsauftrag oder einer bestehenden Bestellung.

<Stornieren>
Hierbei erfolgt eine Stornierung eines bestehenden Fertigungsauftrages oder einer bestehenden Bestellung.

In Belegen wie Einkaufsbestellungen, die einen Bezug zu einem Kreditor haben, sind Änderungen an den Mengen bzw. Datumsangaben der bereits erstellten Belege meist unerwünscht. Somit sollte für die Beschaffungsmethode <Einkauf> nur die Ereignismeldung <Neu> genutzt werden. Die anderen Optionen können sinnvoll sein, wenn es sich um interne Vorgänge wie Fertigungsaufträge handelt.

Um zu verhindern, dass andere Ereignismeldungen als <Neu> im Bestellvorschlag generiert werden, kann in allen Bestellzeilen sowie allen Bestellvorschlagszeilen mit der Beschaffungsmethode <Einkauf> im Feld „Planungsflexibilität" die Option <Keine> eingetragen werden. Steht die Spalte nicht zur Verfügung, kann sie über *Anicht / Spalte anzeigen...* eingeblendet werden. Diese Spalte steht auch in den Zeilen einer Bestellung zur Verfügung und sollte dort ebenfalls zur Ansicht gebracht werden.

Zur Erstellung von Bestellungen aus dem Bestellvorschlag ist es notwendig, dass in der Spalte „Kreditorennr." ein Kreditor eingetragen wurde. Als Vorgabewert wird hierbei der im Feld „Kreditorennr." im Register Beschaffung auf der Artikelkarte bzw. der Lagerhaltungsdatenkarte eingetragene Kreditor verwendet. Ist die Spalte „Kreditorennr" leer oder soll bei einem anderen Kreditor bestellt werden, so muss der gewünschte Kreditor in der Bestellvorschlagszeile entsprechend hinterlegt werden.

Über den LookUp in der Spalte „Kreditorennr" gelangt man nicht standardmäßig in die Kreditorenübersicht aller Kreditoren, sondern es wird die Kreditorenübersicht des Artikel-/Lieferantenkatalogs des entsprechenden Artikels aufgerufen. Hier werden neben der Kreditorennummer auch die Lieferzeit und die Kreditorenartikelnummer angezeigt. Über den Menüpunkt Artikel/Lief.▼ / *EK-Preise* können weiterhin die Einkaufspreise aufgelistet werden.

Anhand des ausgewählten Kreditors in der Spalte „Kreditorennr." werden auch die hinterlegten Beschaffungszeiten verarbeitet, indem ausgehend vom Fälligkeitsdatum das Bestelldatum berechnet wird. Die Spalte „Bestelldatum" kann über *Ansicht / Spalte anzeigen* zur Ansicht gebracht werden.

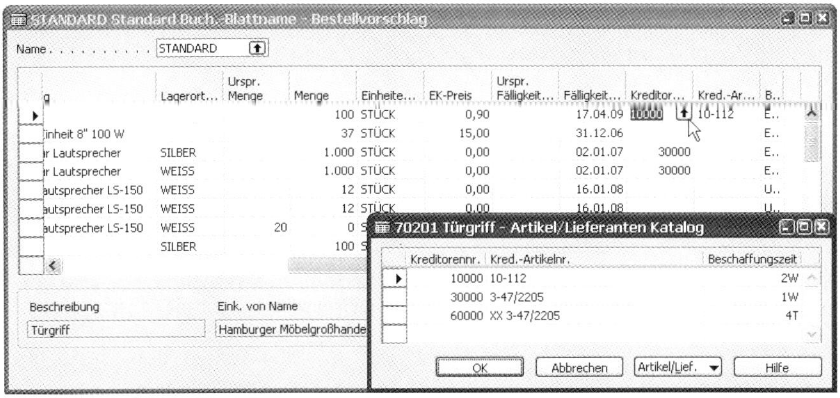

Wurden beim Kreditor im Artikel/Lieferanten Katalog keine Angaben zur Beschaffungszeit hinterlegt, wird die Beschaffungszeit aus dem gleichnamigen Feld auf der Artikelkarte bzw. der Lagerhaltungsdatenkarte für die Datumsberechnung herangezogen. Dabei wird noch ein Sicherheitszuschlag berücksichtigt, der im Feld „Sicherh.-Zuschl. Beschaff.-Zt." im Register Planung der Artikelkarte bzw. der Lagerhaltungsdatenkarte hinterlegt wird. Ist in diesem Feld kein Wert hinterlegt, so wird der Eintrag aus dem Feld „Vorg. Sich.-Zuschl. Besch.-Zt." in der Produktion Einrichtung herangezogen.

In den Fällen, in denen ein solcher Sicherheitszuschlag in der Produktion erwünscht ist, jedoch für Artikel, die über den Einkauf beschafft werden, kein Sicherheitszuschlag kalkuliert werden soll, ist auf der Artikelkarte bzw. der Lagerhaltungsdatenkarte im Feld „Sicherh.-Zuschl. Beschaff.-Zt." die Datumsformel 0T zu hinterlegen.

Nach der Bearbeitung der eingefügten Zeilen im Bestellvorschlag können aus den Bestellvorschlagszeilen über den Menüpunkt **Funktion▼** / *Ereignismeldung durchführen* die Belege erstellt bzw. verändert werden:

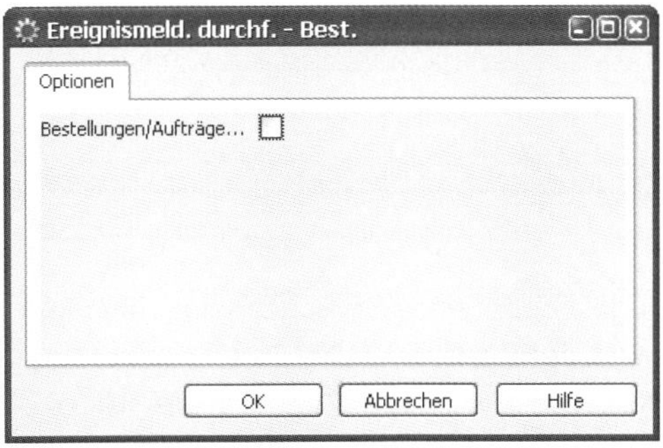

Für den gleichzeitigen Druck des erstellten Beleges ist im Feld „Bestellungen/Aufträge drucken“ im Register Optionen ein Haken zu setzen.

Entsprechend der in der Spalte „Beschaffungsmethode“ ausgewählten Optionen wurden im Ergebnis der Stapelverarbeitung Bestellungen, Fertigungsaufträge oder Umlagerungsaufträge für die Zeilen erstellt, bei denen im Feld „Ereignismeldung akzeptieren“ einen Haken gesetzt war.

Bei der Erstellung von Bestellungen werden die Bestellvorschlagszeilen eines Kreditors in einer Bestellung zusammengefasst, auch wenn diese in den Datumsangaben der Felder „Fälligkeitsdatum“ und „Bestelldatum“ abweichen.

Die berechneten Datumsangaben werden in die Zeilen der Bestellung übernommen. Das „Fälligkeitsdatum“ aus dem Bestellvorschlag wird zum „Erwarteten Wareneingangsdatum“ in der Bestellzeile. Die Datumsangaben im Kopf der Bestellung werden mit dem Arbeitsdatum vorbelegt und haben keinen Bezug zum Bestellvorschlag.

Weitere Parameter für den Bestellvorschlag

Die Steuerung der Bestellmenge und der Bestellzeitpunkte erfolgt durch die Planungsparameter, die sich auf der Artikelkarte bzw. der Lagerhaltungsdatenkarte im Register Planung befinden.

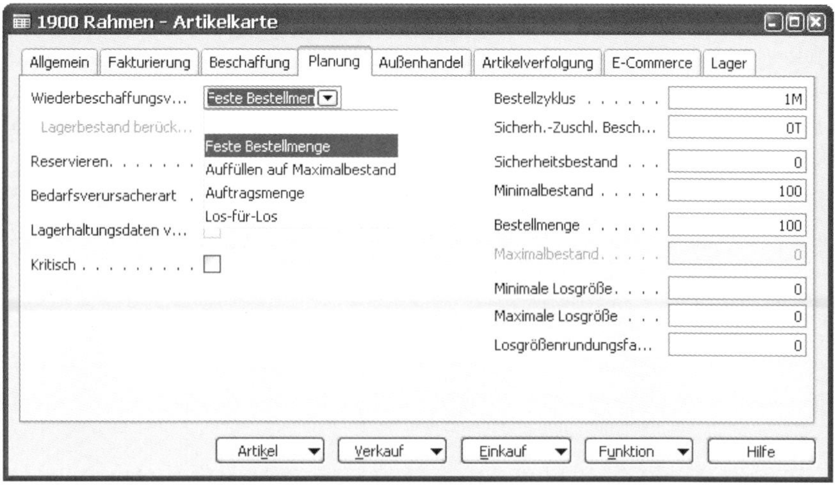

Im Feld „Wiederbeschaffungsverfahren“ muss ein Wert eingetragen sein, damit der Artikel bzw. der Artikel für eine Variante und für einen Lagerort im Planungslauf verarbeitet werden kann. In Abhängigkeit von der Auswahl werden einige Felder deaktiviert und für die Eingabe gesperrt. Diese Planungsparameter finden dann im Planungslauf keine Berücksichtigung. Die einzelnen Optionen haben folgende Bedeutung:

<Feste Bestellmenge>
Es wird das Feld „Bestellmenge“ als Standardlosgröße benutzt, d.h., dass die im Bestellvorschlag vorgeschlagene Menge mindestens den dort angegebenen Wert aufweist. Das Feld „Maximalbestand“ ist deaktiviert.

<Auffüllen auf Maximalbestand>

Es wird das Feld „Maximalbestand“ verwendet, um die maximale Losgröße zu ermitteln, d.h., dass die im Bestellvorschlag ermittelte Menge der Differenz aus dem Maximalbestand und dem Verfügbarkeitssaldo aus Bedarf und Deckung ist. Dieses Wiederbeschaffungsverfahren stellt sicher, dass der Maximalbestand niemals überschritten wird, was z.B. bei Kühlware von größter Wichtigkeit ist. Das Feld „Bestellmenge“ ist deaktiviert.

<Auftragsmenge>

Diese Methode ist für nicht-lagerhaltige Artikel konzipiert, die auftragsbezogen disponiert werden. Bis auf das Feld „Sicherh.-Zuschl. Beschaff.-Zt.“ sind die Felder der Planungsparameter deaktiviert. Die im Bestellvorschlag ermittelten Mengen beziehen sich direkt auf Mengen in Verkaufsauftragszeilen. Es werden Reservierungen zwischen den Verkaufsauftragszeilen und den Bestellvorschlagszeilen erzeugt. Diese Reservierungen bleiben nach dem Erstellen der Bestellung (bzw. des Fertigungsauftrags) erhalten.

<Los-für-Los>
Diese Methode ist ebenfalls für nicht-lagerhaltige Artikel, die auftragsbezogen disponiert und in Losen zusammengefasst werden. Dieses Wiederbeschaffungsverfahren kann jedoch auch in Verbindung mit einem Lagerbestand für lagerhaltige Artikel genutzt werden, wenn im Feld „Lagerbestand berücksichtigen“ ein Haken gesetzt wird. Die Felder „Minimalbestand“, „Bestellmenge“ und „Maximalbestand“ sind deaktiviert. Die im Bestellvorschlag ermittelten Mengen beziehen sich direkt auf Mengen in Verkaufsauftragszeilen. Dabei werden Mengen, die zeitlich innerhalb eines Bestellzyklus liegen, zusammengefasst.

Im Feld „Bestellzyklus“ wird eine Datumsformel angegeben, die den Planungszeitrahmen des Artikels darstellt. Hierbei werden Bedarfe und Deckungen, die innerhalb eines Bestellzyklus liegen, zusammengefasst und im Bestellvorschlag in einer Zeile dargestellt, falls sich hieraus eine Unterdeckung ergibt. Ist kein Bestellzyklus angegeben, so beträgt der Planungszeitrahmen einen Tag (1T).

Das Feld „Sicherh.-Zuschl. Beschaff.-Zt.“ gibt eine zusätzliche Zeitspanne an, die zwischen der Fälligkeit eines Bedarfes und dem Bestelldatum liegt. Diese

Datumsermittlung und die damit zusammenhängenden Folgen für das Feld „Sicherh.-Zuschl. Beschaff.-Zt." wurden im Abschnitt Bestellung erstellen bereits erläutert.

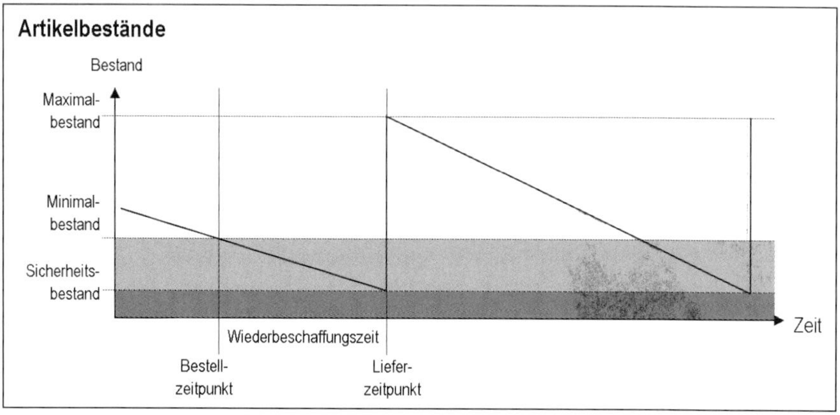

Artikelbestände

Die Felder „Sicherheitsbestand" und „Minimalbestand" steuern den Zeitpunkt der Wiederbeschaffung bei den lagerhaltigen Wiederbeschaffungsverfahren <Feste Bestellmenge> und <Auffüllen auf Maximalbestand>. Die Einstellungen dieser Felder sollten so gewählt werden, dass der Sicherheitsbestand nicht größer als der Minimalbestand ist.

Der Sicherheitsbestand ist die Menge, die immer am Lager verfügbar sein sollte, um gegen Schwankungen des Bedarfs während der Beschaffungszeit eines Artikels geschützt zu sein. Durch die Unterschreitung des Verfügbarkeitssaldos aus Bedarf und Deckung unter den Sicherheitsbestand wird eine Bestellvorschlagszeile erzeugt, die vom Fälligkeitsdatum aus rückwärts geplant wurde. Das bedeutet, dass das Bestelldatum vom Fälligkeitsdatum aus in die Vergangenheit berechnet wurde, so dass die vorgeschlagene Menge den Verfügbarkeitssaldo zum Fälligkeitsdatum mindestens wieder auf den Sicherheitsbestand bringt.

Liegt der Verfügbarkeitssaldo zwischen dem Minimalbestand und dem Sicherheitsbestand, so wird eine Bestellvorschlagszeile erzeugt, die vom Bestelldatum vorwärts geplant wird. Das heißt, dass erst zum Zeitpunkt des auftretenden Bedarfs bestellt wird und von hier ausgehend das Fälligkeitsdatum in die Zukunft berechnet wird, so dass die vorgeschlagene Menge den Verfügbarkeitssaldo mindestens wieder auf die Höhe des Minimalbestands bringt.

In einigen Fällen ist es nicht erwünscht, dass für einen Artikel sowohl vorwärts als auch rückwärts geplant wird. Dann sollte der Sicherheitsbestand gleich dem

Minimalbestand gesetzt werden, so dass wie bei einer Unterschreitung des Sicherheitsbestandes rückwärts geplant wird.

Durch Angaben in den Feldern „Minimale Losgröße“, „Maximale Losgröße“ und „Losgrößenrundungsfaktor“ können die im Bestellvorschlag ermittelten Mengen modifiziert werden. Unterschreitet eine vorgeschlagene Menge die „Minimale Losgröße“, so wird die „Minimale Losgröße“ in der Bestellvorschlagzeile eingetragen.

Ist die vorgeschlagene Menge größer als die „Maximale Losgröße“, so wird die „Maximal Losgröße“ in die Bestellvorschlagszeile eingetragen und eine weitere Bestellvorschlagszeile mit der verbleibenden Menge angelegt. Auf diese Menge werden wiederum die beschriebenen Regeln bezüglich der minimalen und der maximalen Losgröße angewendet.

Der „Losgrößenrundungsfaktor“ beinhaltet eine Rundungsvorschrift, die bei der Ermittlung der im Bestellvorschlag vorgeschlagenen Menge berücksichtigt wird.

Sollen bei der Erstellung des Bestellvorschlages unterschiedliche Lagerorte berücksichtigt werden, ist es empfehlenswert die Lagerhaltungsdaten der Artikel für das Definieren der Planungsparameter zu nutzen. Generell ist es zwar möglich, dass die Stapelverarbeitung zur Erstellung der Bestellvorschläge für die unterschiedlichen Lagerorte auf die Planungsparameter der Artikelkarte zurückgreift, jedoch werden hierbei nicht alle Parameter, wie z.B. der Sicherheitsbestand, der Minimalbestand und der Maximalbestand mit herangezogen.

Insbesondere erfordert somit die lagerortspezifische Wiederbeschaffung bei Minimalbestandsunterschreitung die Hinterlegung der Planungsparameter auf der Lagerhaltungsdatenkarte des entsprechenden Artikels.

5.4 Einkaufspreise und -rabatte

Genau wie im Verkauf kann auch im Einkaufsmodul eine preisliche Differenzierung bei Artikeln vorgenommen werden. Die Preisfindung unterscheidet sich allerdings geringfügig.

Der Preis eines Artikels wird hierbei mehrstufig ermittelt: Zuerst wird geprüft, ob ein individueller Preis für den Kreditoren hinterlegt ist. Ist dieser nicht vorhanden, so wird geprüft, ob in den Lagerhaltungsdaten zum Artikel ein Preis hinterlegt wurde. Ist auch dies nicht der Fall, da z.B. keine Lagerhaltungsdaten existieren, so wird der Einkaufspreis aus der Artikelkarte verwendet. Microsoft Dynamics NAV prüft also beginnend beim spezifischen Preis bis hin zum allgemeinen Preis.

5.4.1 Einkaufspreise auf der Artikelkarte

Die einfachste Form der Einkaufspreispflege wird in der Artikelkarte durchgeführt.

Beim Buchen eines Artikelzugangs z.B. über eine Einkaufsrechnung wird der Preis („EK-Preis") dieses Artikels in das Feld „EK-Preis (neuester)" übertragen. Beim Anlegen eines Einkaufsbelegs wird der Wert des Feldes „EK-Preis (neuester)" als Einkaufspreis vorgeschlagen.

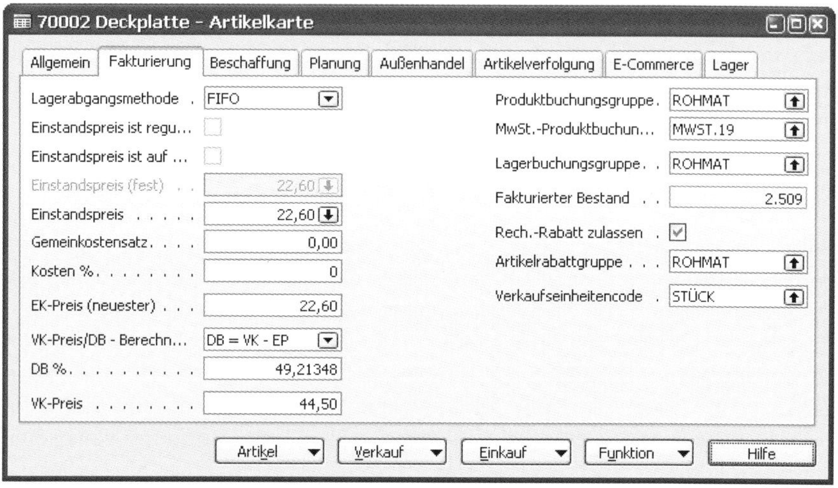

Etwas spezifischer, nämlich pro Lagerort, sind die Preise in den Lagerhaltungsdaten. Auch dort kann ein Einkaufspreis hinterlegt werden. Werden zu dem Lagerort keine Lagerhaltungsdaten gefunden oder ist dort kein Preis hinterlegt (EK-Preis ist Null), so wird der Preis der Artikelkarte verwendet.

5.4.2 Alternative Einkaufspreise

Um eine preisliche Differenzierung verschiedener Kreditoren, Einheiten und anderer Bedingungen zu realisieren, kann aus der Artikelkarte heraus über den Menüpunkt Einkauf▼ / *Preise* eine Preisübersicht aufgerufen werden.

Im oberen Bereich des Fensters können Filter gesetzt werden, um die Ansicht aller EK-Preise auf einzelne Artikel, Kreditoren und/oder Zeiträume einzuschränken.

Es können nicht nur unterschiedliche Preise für unterschiedliche Kreditoren eingegeben werden; zusätzlich können die Preise auch nach Einheitencode, Währungscode, Variantencode, Mengenstaffeln und Startdatum differenziert werden.

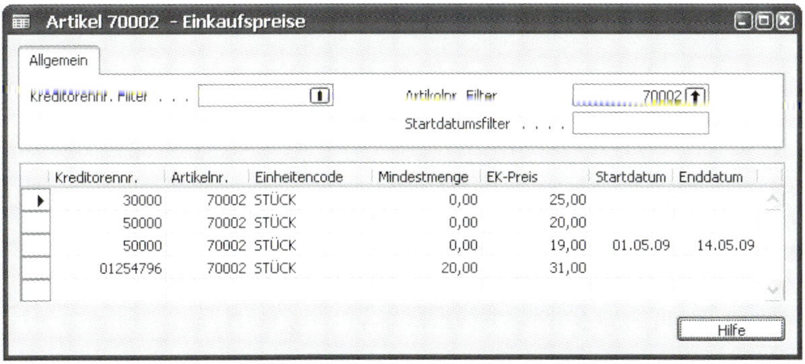

Beim Einrichten der alternativen Einkaufspreise ist unbedingt darauf zu achten, dass die Gültigkeit der Preise durch Einträge in den Spalten „Startdatum“ bzw. „Enddatum“ abgegrenzt werden, um nachträgliche Korrekturen bzw. Zweideutigkeiten zu vermeiden.

Alternativ kann die Eingabe und Preispflege auch über das Fenster Artikel/Lieferanten Katalog erfolgen, welches u. a. aus der Artikelkarte über den Menüpunkt Einkauf▼ / *Lieferanten* aufgerufen wird.

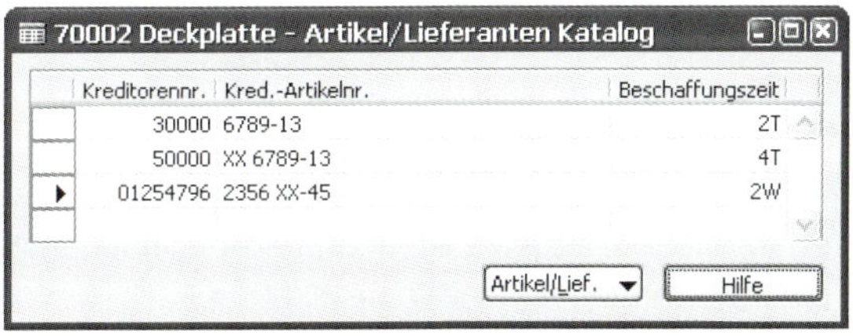

5.4.3 Einkaufsrabatte

Die Konditionen der Kreditoren können über eine rein preisliche Differenzierung hinausgehen. So können z.B. auch Artikelrabatte, Mengenrabatte und Rechnungsrabatte gewährt werden.

Einkaufszeilenrabatte

Zeilenrabatte können auf einen generellen Rabatt zurückzuführen sein, den ein Kreditor gewährt oder auf einen Mengenrabatt, der nur bei Abnahme einer bestimmten Mindestmenge gültig ist. Zeilenrabatte werden in Microsoft Dynamics NAV im Formular Einkaufszeilenrabatte erfasst, welches über den Menüpunkt Einkauf▼ / *Zeilenrabatte* aus der Artikelkarte aufgerufen wird:

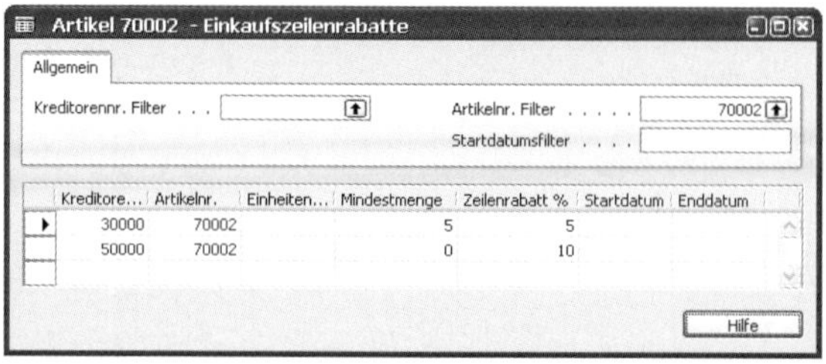

Analog zum Fenster Einkaufspreise können über die Filter im Kopfbereich die angezeigten Daten zur besseren Übersicht eingeschränkt werden. Im Zeilenbereich werden analog zu den Einkaufspreisen die einzelnen Rabatte der Lieferanten für die Artikel erfasst.

Mengenrabatte

Mengenrabatte sind in Microsoft Dynamics ebenfalls Zeilenrabatte. Sie werden somit im selben Formular erfasst. Mengenrabatte werden über die Spalten „Mindestmenge“ und „Zeilenrabatt %“ realisiert. Die Eingaben der Mengenstaffel unterscheiden sich nur in diesen beiden Spalten.

Mehrstufige Mengenstaffeln können schnell mit der Funktion **F8** erfasst werden, da sie sich nur in den Spalten „Mindestmenge“ und „Zeilenrabatt %“ unterscheiden.

Rechnungsrabatte

Rechnungsrabatte werden gewährt, wenn der Gesamtrechnungsbetrag einen bestimmten Wert überschreitet. Im Gegensatz zu Zeilenrabatten beziehen sich Rechnungsrabatte auf alle in einer Rechnung fakturierten Artikel.

Dementsprechend werden Rechnungsrabatte auch pro Kreditor hinterlegt. Die Eingabe erfolgt aus der Kreditorenkarte heraus über den Menüpunkt Einkauf▼ / *Rechnungsrabatte*.

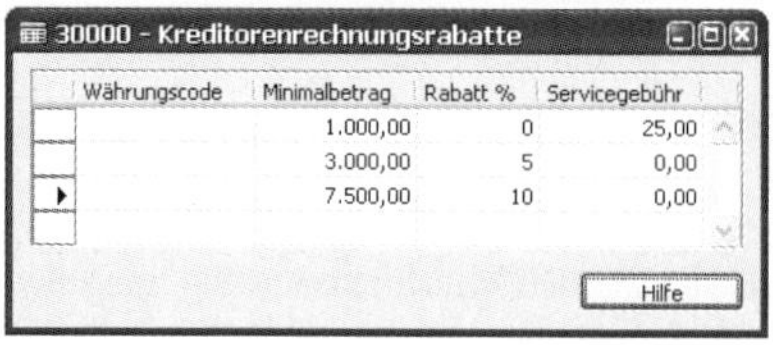

Rechungsrabatte können nach Währungen differenziert werden. Über eine Servicegebühr kann ein Mindermengenzuschlag realisiert werden.

Eine Berechnung der Rechnungsrabatte erfolgt in der Bestellung sowie den anderen Einkaufsbelegen durch Aufruf des Menüpunktes Funktion▼ / *Rechnungsrabatt berechnen.* Ist in der Kreditoren & Einkauf Einrichtung das

Feld „Rechnungsrab. berechnen“ aktiviert, so wird der Rechnungsrabatt außerdem in folgenden Fällen berechnet:

- Statistik (oder beim Drucken von F9)
- Beim Aufruf Buchen▼ / *Testbericht*
- Beim Drucken
- Beim Buchen des Belegs

Um mögliche Rechnungsrabatte auf der Einkaufsseite immer ziehen zu können, sollte deshalb das Feld „Rechnungsrab. berechnen“ immer gesetzt sein. Ansonsten werden Rechnungsrabatte nur berücksichtigt, wenn der Menüpunkt Funktion▼ / *Rechnungsrab. berechnen* im Verkaufsbeleg aufgerufen wird. In einigen Situationen ist es auch erforderlich zuerst diese Funktion auszurufen, damit anschließend die Rechnungsrabatte automatisch berechnet werden.

Wird ein Rechnungsrabatt berechnet, aus dem sich eine Servicegebühr ergibt, so wird für diese eine zusätzliche Zeile in den Beleg eingefügt. Dafür muss in der Kreditorenbuchungsgruppe das Sachkonto für Servicegebühren hinterlegt sein.

Einzelne Zeilen eines Verkaufsbeleges können bei der Berechnung des Rechungsrabattes ausgelassen werden. Dies wird durch einen Haken im Feld „Rech.-Rabatt zulassen“ festgelegt. Als Vorgabe für dieses Feld gilt das gleichnamige Feld auf der Artikelkarte. Der zu rabattierende Rechnungsbetrag wird um die Beträge der ausgelassenen Zeilen reduziert.

Ausweis der Rechnungsrabatte

Auf den Einkaufsbelegen wird der Rechnungsrabattbetrag oberhalb des Nettobetrages ausgewiesen.

Eink. von Kred.-Nr. 30000 — 16 April 2009

USt-IdNr. 697528465 — Bestellnr. 106025
Einkäufer Thomas Zeilund — EK-Preise inkl. MwSt. Nein

Nr.	Beschreibung	Menge	Einheit	EK-Preis	Raba %	Rech.-R zulasse	MwSt.-Ke	Betrag
70010	Holztür	25	Stück	45,20		Ja	MWST.19	1.130,00
70001	Bodenplatte	40	Stück	35,10		Ja	MWST.19	1.404,00
70011	Glastür	10	Stück	63,00		Ja	MWST.19	630,00

Zwischensumme	**3.164,00**
Rechnungsrabattbetrag	-158,20
Total EUR ohne MwSt.	**3.005,80**
19% MwSt.	571,10
Total EUR inkl. MwSt.	**3.576,90**

Ob für den Rechnungsrabatt und/oder den Mengenrabatt eigene Sachbuchungen erzeugt werden, hängt von der Einstellung des Feldes

„Rabattbuchung“ in der Kreditoren & Einkauf Einrichtung ab. Dort kann eingestellt werden, ob für beide Rabatte eigene Sachposten entstehen sollen (Option <Alle Rabatte>), nur für eine der beiden Rabattarten (Option <Zeilenrabatte> bzw. <Rechnungsrabatte>) oder keine eigenen Posten (Option <Keine Rabatte>) erzeugt werden sollen.

5.5 Direktlieferung

Um Verladekosten und -zeiten zu sparen werden Waren häufig direkt vom Kreditor zum Endkunden geliefert. Solche Vorgänge werden als Direktlieferungen oder Streckengeschäfte bezeichnet und können in Microsoft Dynamics NAV abgebildet werden. Hierbei ist die richtige Reihenfolge bei der Eingabe und der Abwicklung wichtig.

5.5.1 Anlegen einer Direktlieferung

Beim Anlegen einer Direktlieferung gilt der Grundsatz: Zuerst Verkauf - dann Einkauf. Bei der Erfassung des Verkaufsauftrags ist Folgendes zu beachten:

Für Artikel, die direkt vom Kreditor an den Debitor geliefert werden, muss die Spalte „Direktlieferung“ in der jeweiligen Verkaufszeile auf <Ja> gesetzt werden. Der Auftrag ist damit fertig angelegt und kann bestätigt werden.

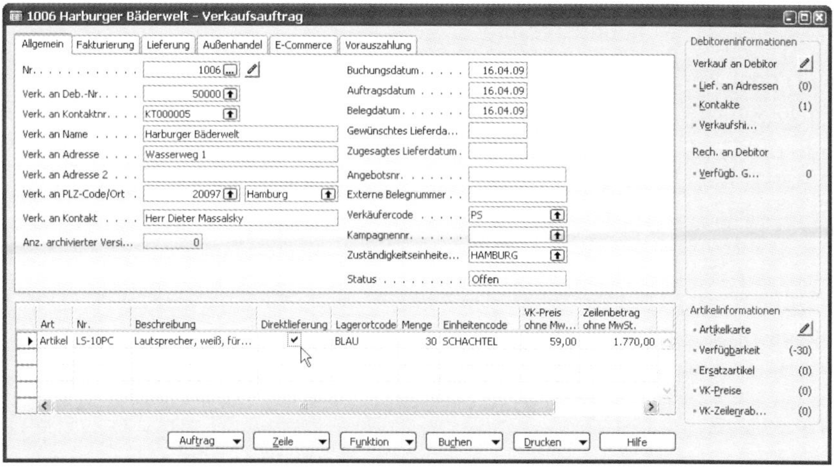

Im nächsten Schritt muss die dazu passende Kreditorenbestellung angelegt werden. Zunächst wird eine Einkaufsbestellung angelegt, in die der gewünschte Kreditor eingegeben wird. Anschließend wird im Register „Lieferung“ in das Feld

„Verk. an Deb.-Nr." der Debitor angegeben, an den die Lieferung erfolgen soll. Darüber hinaus kann im Feld „Lief. an Code" auf die am Debitor hinterlegten Lieferadressen zugegriffen werden.

Jetzt kann über den Menüpunkt Bestellung▼ / *Direktlieferung / Auftrag holen* der Debitorenauftrag ausgewählt werden, der zuvor angelegt wurde. Damit werden alle im Auftrag als Direktlieferung markierten Zeilen in die Einkaufsbestellung übernommen. Als Ergebnis liegen ein Auftrag und eine oder mehrere dazu passende Bestellungen vor. In der Bestellung ist als Lieferanschrift die Adresse des Endkunden anzugeben.

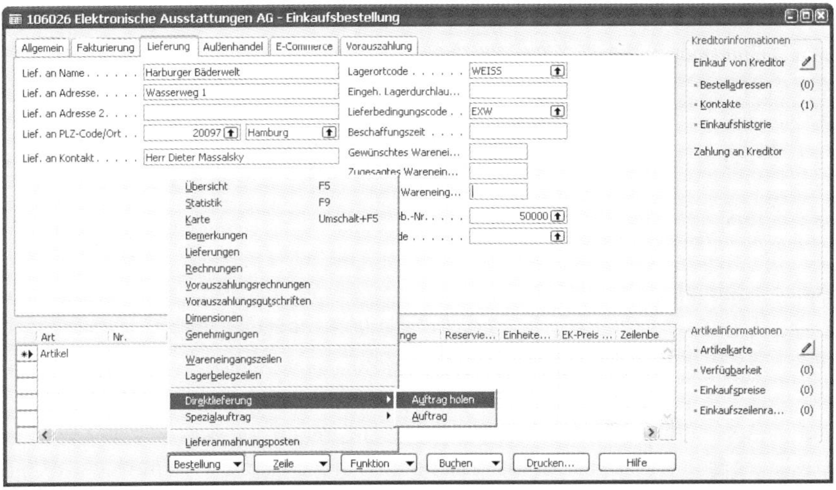

Beide Belege sind miteinander verknüpft und lassen sich gegenseitig über die Menüpunkte Funktion▼ / *Direktlieferung / Auftrag* (aus der Bestellung) und Funktion▼ / *Direktlieferung / Bestellung* (aus dem Auftrag) aufrufen. Bei diesen Aufrufen werden die Fenster schreibgeschützt geöffnet.

Voraussetzung für eine korrekte Abwicklung der Direktlieferung ist, dass Auftragsdaten und Bestelldaten übereinstimmen. Deshalb können weder in der Bestellung noch im Auftrag Änderungen an den Zeilen durchgeführt werden. Müssen trotzdem Änderungen durchgeführt werden, da z.B. der Auftrag mit falschen Daten erzeugt wurde, so muss zuerst die Bestellzeile gelöscht werden. Anschließend kann die Auftragszeile modifiziert und erneut über Funktion▼ / *Direktlieferung / Auftrag holen* übernommen werden. In diesem Fall werden bereits vorhandene Zeilen nicht ein zweites Mal erzeugt.

5.5.2 Bestellvorschläge

Als Direktlieferung angelegte Aufträge können auch in Bestellvorschlägen berücksichtigt werden. Wenn die Direktlieferung über Bestellvorschläge beschafft werden soll, so muss in den Verkaufszeilen ein Einkaufscode eingetragen werden, in dem die Option <Direktlieferung> aktiviert wurde.

Anschließend wird in den Bestellvorschlägen der Menüpunkt Funktion ▼ / *Direktlieferung / Auftrag holen* angesprochen und der gewünschte Auftrag ausgewählt. Dadurch werden alle Zeilen mit geeignetem Einkaufscode in den Bestellvorschlag eingefügt. Die durch diesen Bestellvorschlag erzeugten Zeilen werden automatisch mit dem Auftrag verknüpft.

Die Verwendung dieser Funktion ist dann sinnvoll, wenn für einen Auftrag Direktlieferungen von verschiedenen Kreditoren benötigt werden. Im Bestellvorschlag kann so zu jeder Zeile der entsprechende Kreditor zugeordnet werden.

5.5.3 Lieferung und Faktura

Da die Lieferung direkt vom Kreditor an den Debitor erfolgt, müssen auch beide Lieferungen gleichzeitig im System gebucht werden. In Microsoft Dynamics NAV wird mit der Lieferung in einem Beleg (Auftrag oder Bestellung) automatisch eine Lieferung in dem anderen Beleg gebucht.

Bei der Faktura der Einkaufsrechnung prüft das System, ob die Verkaufsrechnung bereits fakturiert wurde. Deshalb muss bei der Faktura einer Direktlieferung immer zuerst die Verkaufsrechnung gebucht werden, bevor die Einkaufsrechnung im System fakturiert werden kann.

Mit diesem Vorgehen soll verhindert werden, dass die Kreditorenrechung bezahlt wird, ohne dass der Debitor überhaupt eine Rechnung erhalten hat und somit Liquiditätsengpässe auftreten können. Da Lieferscheine des Kreditors nicht immer an den Auftraggeber gesendet werden, ist die Kreditorenrechnung der einzig verlässliche Hinweis, dass eine Auslieferung erfolgt ist und somit auch die Verkaufsrechnung gebucht werden kann.

Hinderlich kann diese Reihenfolgeprüfung werden, wenn der Debitor nur eine Sammelrechnung am Monatsende erhalten möchte, der Kreditor seine Rechnung aber bereits am Monatsanfang mit sofortiger Fälligkeit stellt. In diesem Fall muss unbedingt vor der Lieferung eine entsprechende Vereinbarung zur Fakturierung mit dem Kunden erfolgen.

5.6 Artikel Zu- und Abschläge

Die Anschaffungskosten eines Artikels bestehen nicht nur aus seinem Einkaufspreis. Zusätzlich dürfen auch Anschaffungsnebenkosten, wie z.B. Transportkosten oder Abgaben aktiviert, also dem Einstandspreis zugeschlagen und als Lagerwert geführt werden. Umgekehrt führen Rabatte und Rückvergütungen zu einem geringeren Lagerwert, also zu Abschlägen.

Anschaffungsnebenkosten beziehen sich häufig auf mehrere Einkaufspositionen (z.B. Transportkostenpauschale für alle Positionen), liegen teilweise erst nach dem (Waren-)Rechnungseingang vor und können auch von einem anderen Kreditor bezahlt werden (z.B. Spediteurrechnungen). All diese Fälle lassen sich in Microsoft Dynamics NAV mit Hilfe von Zu- und Abschlägen abbilden.

5.6.1 Einrichten der Artikel Zu-/Abschläge

Die Einrichtung der Artikel Zu-/Abschläge erfolgt über *Marketing & Vertrieb / Auftragsabwicklung / Einrichtung / Artikel Zu-/Abschläge*.

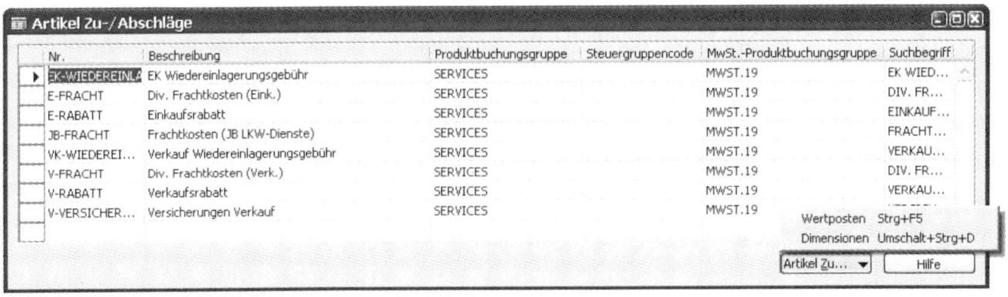

Hier können die notwendigen Zu- und Abschläge, sowohl für den Einkauf als auch für den Verkauf hinterlegt werden. Beispiele von Artikel Zu-/Abschlägen sind Fracht und Versicherung, wenn dafür keine eigenen Artikel angelegt wurden. Für jeden Eintrag muss die Produktbuchungsgruppe und die MwSt.-Produktbuchungsgruppe festgelegt werden. Über diese Angabe erfolgt die Ermittlung des Sachkontos auf dem die Buchung in der Finanzbuchhaltung erfolgen soll.

5.6.2 Erfassen von Zu-/Abschlägen mit der Bestellung

Dazu muss für die Zeile, in der der <Zu-/Abschlag (Artikel)> erfasst wurde, der Menüpunkt Zeile▼ / *Artikel Zu-/Abschlagszuweisung* aus dem Einkaufsbeleg aufgerufen werden.

Befinden sich im gleichen Einkaufsbeleg auch Artikelzeilen, so werden diese sofort für die Zuweisung von Zu- und Abschlägen vorgeschlagen.

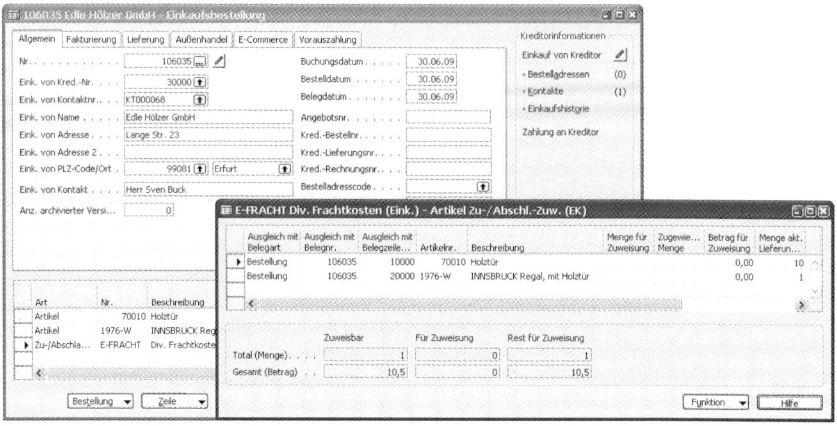

Häufig ergibt sich bei der Verteilung von Zu- und Abschlägen auf mehrere Positionen das Problem der „gerechten" Verteilung. Wird z.B. eine Transportpauschale für drei verschiedene Artikel verlangt, so stellt sich die Frage, welcher Artikel welchen Anteil an den Transportkosten tragen soll.

Bei einer Abrechnung der Transportkosten nach Gewicht beispielsweise ergibt sich das Problem, dass der Buchhaltung oft nicht die Gewichte der einzelnen Positionen vorliegen und es zu aufwändig wäre, diese zu ermitteln. Aus diesem Grund werden in der Praxis oftmals Vereinfachungsregeln angewendet, die es gestatten die Anschaffungsnebenkosten zu gleichen Teilen oder nach Einkaufsbetrag auf die Bestellpositionen zu verteilen.

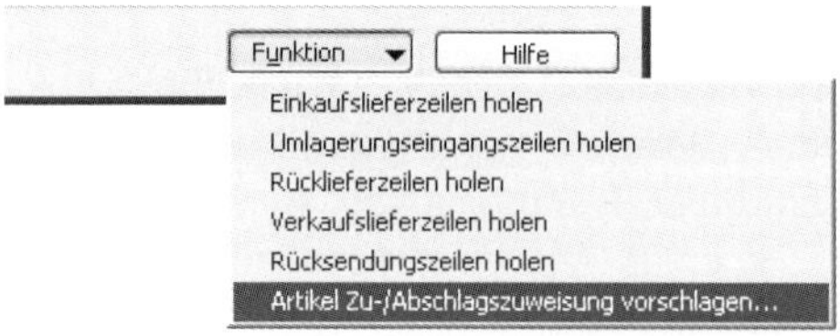

Über den Menüpunkt **Funktion▼** / *Artikel Zu-/Abschlagszuweisung vorschlagen...* kann der Zeilenbetrag der Zu-/Abschlagszeile auf die ausgewählten Artikelzeilen entsprechend der Abfrage verteilt werden. Im Formular „Artikel Zu-/ Abschl.-Zuw. (EK)" wird dabei die Spalte „Menge für Zuweisung" gefüllt. Die hier eingetragenen Werte können anschließend manuell verändert werden. Die Spalte „Betrag für Zuweisung" wird entsprechend der Anteile vom System berechnet und vorgegeben. Diese Werte können nicht geändert werden.

Beim Buchen wird dann eine Verbindung zwischen den Artikeln und dem Artikel Zu-/Abschlag erstellt. Dieser wird in den erzeugten Wertposten bei dem Artikel sichtbar.

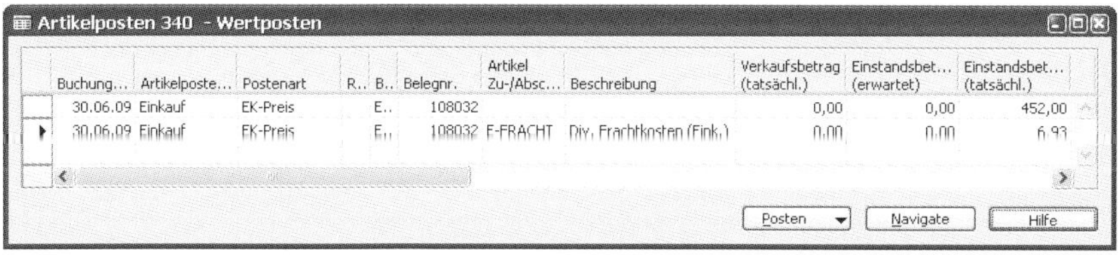

Artikelposten 340 - Wertposten

Buchung...	Artikelposte...	Postenart	R..	B..	Belegnr.	Artikel Zu-/Absc...	Beschreibung	Verkaufsbetrag (tatsächl.)	Einstandsbet... (erwartet)	Einstandsbet... (tatsächl.)
30.06.09	Einkauf	EK-Preis		E..	108032			0,00	0,00	452,00
30.06.09	Einkauf	EK-Preis		E..	108032	E-FRACHT	Div. Frachtkosten (Eink.)	0,00	0,00	6,93

Posten | Navigate | Hilfe

Zusätzlich zum eigentlichen Wertposten wurde ein zweiter mit der Postenart <EK-Preis> und einem tatsächlichen Einstandsbetrag erzeugt. Dieser stellt die zusätzlichen Frachtkosten dar. Im Wertposten ist im Feld „Artikel Zu-/Abschlagsnr." der entsprechende „Artikel Zu-/Abschlagscode" hinterlegt.

Wurde ein Artikel ausgewählt der die Lagerabgangsmethode <Standard> hat, so werden vom System zusätzlich zum eigentlichen Wertposten zwei weitere für die Frachtkosten erzeugt.

Artikelposten 341 - Wertposten

Buchung...	Artikelposte...	Postenart	R..	B..	Belegnr.	Artikel Zu-/Absc...	Beschreibung	Verkaufsbetrag (tatsächl.)	Einstandsbet... (erwartet)	Einstandsbet... (tatsächl.)
30.06.09	Einkauf	EK-Preis		E..	108032			0,00	0,00	233,20
30.06.09	Einkauf	EK-Preis		E..	108032	E-FRACHT	Div. Frachtkosten (Eink.)	0,00	0,00	3,57
30.06.09	Einkauf	Abweichung		E..	108032			0,00	0,00	-3,57

Posten | Navigate | Hilfe

Ein Posten mit der Postenart <EK-Preis> und ein Posten mit der Postenart <Abweichung>. Dieser Posten gleicht den eigentlichen Frachtwertposten wieder aus. Das ist deshalb notwendig, da dieser Artikel zum „Einstandspreis (fest)", der auf der Artikelkarte steht, bewertet wird.

5.6.3 Nachträgliches Erfassen von Zu-/Abschlägen bei gebuchten Einkaufsbelegen

In Microsoft Dynamics NAV ist es ebenfalls möglich, Zu- und Abschläge auf beliebige bereits gebuchte eingehende und ausgehende Belege zu erfassen. Da der eigentliche Beleg bereits gebucht wurde, müssen die zusätzlichen Kosten in einer separaten Rechnung erfasst werden.

In der neu angelegten Einkaufsrechnung wird in den Einkaufszeilen nur die Zeile für den Artikel Zu-/Abschlag erfasst. Dabei sind die Spalten „Art" mit <Zu-/Abschlag (Artikel)>, die „Nr." mit dem entsprechenden Wert, die Menge mit „1" und der „EK-Preis" mit dem Einkaufspreis zu füllen. Nun wird dieser Abschlag der bereits gebuchten Einkaufslieferung über Zeile▼ / *Artikel Zu/Abschlagszuweisung* zugewiesen.

Da in dieser Rechnung keine Artikelzeilen verfügbar sind, ist das geöffnete Formular leer. Über Funktion▼ / *Einkaufslieferzeilen holen* muss die Lieferung ausgewählt werden, für die die Frachtkosten nachträglich erfasst werden sollen.

Mehrere Lieferungen oder einzelne Zeilen einer Lieferung können durch entsprechendes Markieren und OK übernommen werden.

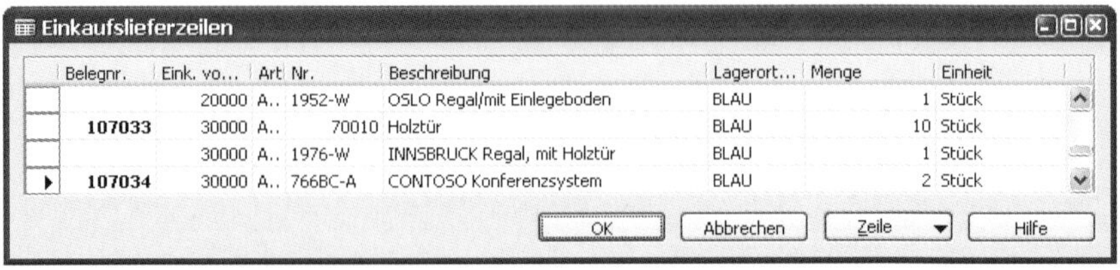

Die ausgewählten Zeilen werden nun in das Formular Artikel Zu-/Abschl.-Zuw. (EK) eingetragen. Anschließend ist die Verfahrensweise für die Verteilung der Frachtkosten identisch mit den beschriebenen Schritten im vorhergehenden Abschnitt.

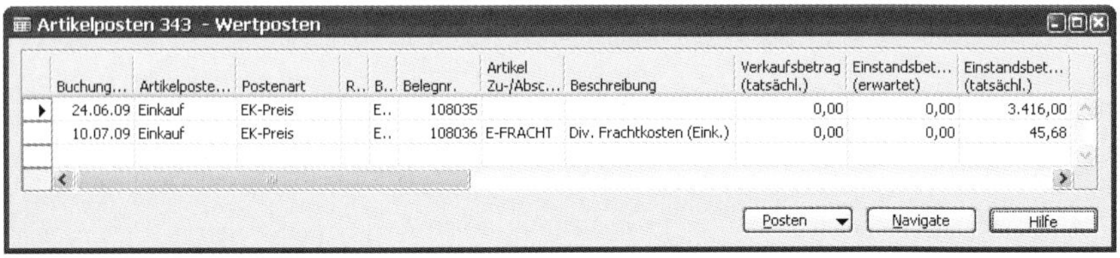

Im Ergebnis der Buchung wurde hier dem Wertposten aus der Lieferung ein zusätzlicher Wertposten mit der Postenart <EK-Preis> hinzugefügt, was den Einstandspreis des Artikels erhöht.

5.6.4 Artikel Zu/Abschläge im Verkauf

Im Verkaufsbereich können über Zu- und Abschläge Aufwendungen z.B. für Versicherungen so an den Debitor weiterberechnet werden, dass der Umsatz und damit der Deckungsbeitrag der verkauften Artikel erhöht wird.

Wie im Einkauf kann auch im Verkauf die Zu- oder Abschlagsbuchung gleichzeitig im selben Verkaufsbeleg oder nachträglich in einem separaten Beleg nach bereits erfolgter Lieferung bzw. Fakturierung des Ursprungsbelegs erfolgen.

Durch die Buchung von Zu-/Abschlägen im Verkauf wird der Verkaufspreis der einzelnen Artikelbuchung verändert. Dabei wird das Feld „Verkaufsbetrag (tatsächl.)" im Wertposten entsprechend angepasst.

Nach der Buchung werden im System entsprechende Wertposten zu den Artikeln aus den ausgewählten Lieferungen erzeugt, in denen im Feld „Verkaufsbetrag (tatsächl.)" der Zu- oder Abschlag ausgewiesen wird. Hierauf basierend, werden die Verkaufsstatistiken für die Artikel aktualisiert.

5.6.5 Wertgutschriften im Verkauf

Artikel Zu- und Abschläge können ebenfalls für die Abbildung von Wertgutschriften an Debitoren verwendet werden. Dabei muss der Einzelpreis der Artikel korrigiert werden, die Menge der ausgelieferten Artikel verändert sich jedoch nicht. Das kann z.B. bei Preisnachlässen aufgrund von Reklamationen oder falsch berechneten Preisen notwendig sein.

Auch hier ist der schon mehrfach beschriebene Weg zu gehen. Es wird an den Debitor eine neue Gutschrift erstellt. Hierzu kann die Funktion Beleg kopieren verwendet werden, um den Ausgleich mit der bereits gestellten Rechnung vorzunehmen und die verwendeten Preisinformationen zu erhalten.

Aus den eingefügten Zeilen kann man ersehen, welche Mengen eines Artikels zu welchem Preis berechnet wurden. Diese Zeilen sollten vor dem Buchen entfernt werden, da sonst auch die Ware wieder ans Lager gebucht werden würde.

In der Zeile mit dem Zu-/Abschlag sind wieder über Zeile▼ / *Artikel Zu-/ Abschlagszuweisung* und über die Funktion▼ / *Lieferzeilen holen* und *Artikel Zu-/Abschlagszuweisung vorschlagen* die entsprechenden Lieferungen zuzuweisen.

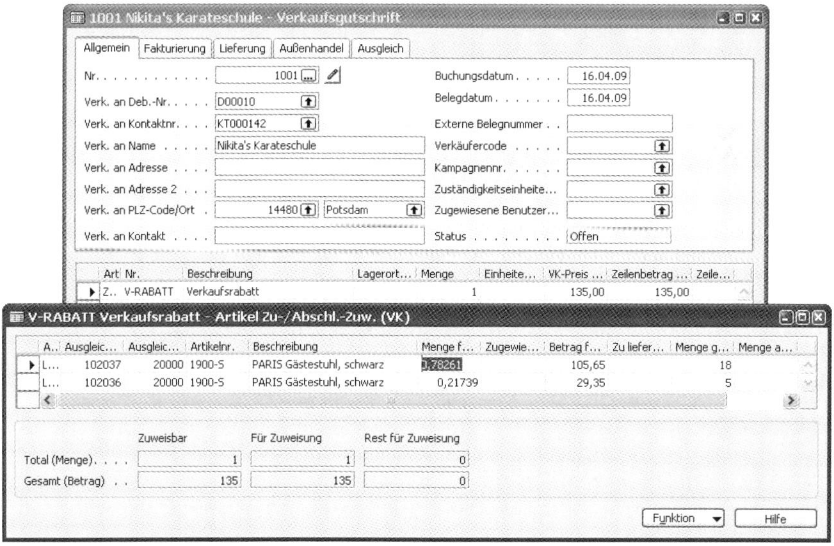

Im Ergebnis der Buchung wurden unter anderem ein detaillierter Debitorenposten und Wertposten erzeugt. Der detaillierte Debitorenposten vermindert den „Restbetrag" des Debitorenpostens und somit auch den offenen

Saldo des Debitors. Das ist ausgehend vom Debitorenposten in den detaillierten Debitorenposten einzusehen.

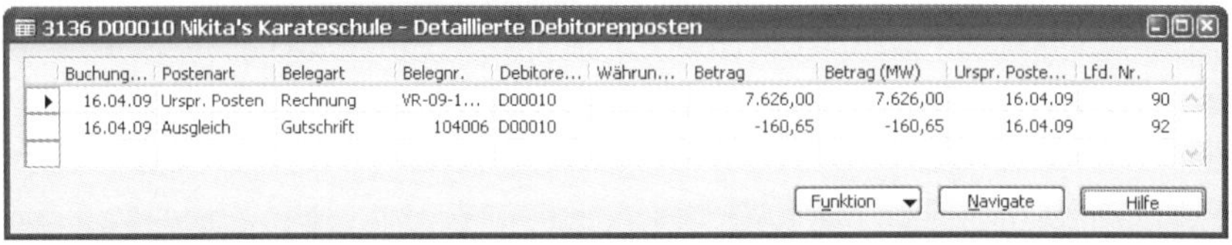
3136 D00010 Nikita's Karateschule - Detaillierte Debitorenposten

Buchung...	Postenart	Belegart	Belegnr.	Debitore...	Währun...	Betrag	Betrag (MW)	Urspr. Poste...	Lfd. Nr.
16.04.09	Urspr. Posten	Rechnung	VR-09-1...	D00010		7.626,00	7.626,00	16.04.09	90
16.04.09	Ausgleich	Gutschrift	104006	D00010		-160,65	-160,65	16.04.09	92

Funktion | Navigate | Hilfe

Auf der Lagerseite fand keine Artikelbewegung statt. Der Lagerbestand hat sich nicht geändert. Die Buchung hatte eine Änderung des „Verkaufsbetrag (tatsächl.)“ zur Folge. Dem schon existierenden Wertposten der ersten Verkaufsbuchung wurde ein weiterer Wertposten hinzugefügt, der die Werte aus der ersten Buchung vermindert.

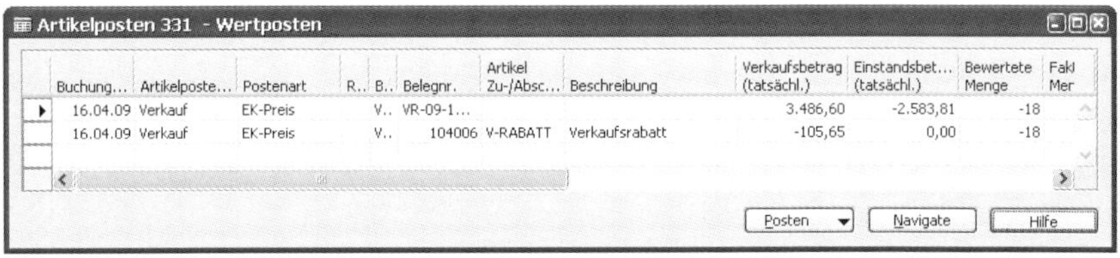
Artikelposten 331 - Wertposten

Buchung...	Artikelposte...	Postenart	R..	B..	Belegnr.	Artikel Zu-/Absc...	Beschreibung	Verkaufsbetrag (tatsächl.)	Einstandsbet... (tatsächl.)	Bewertete Menge	Fakt Mer
16.04.09	Verkauf	EK-Preis		V..	VR-09-1...			3.486,60	-2.583,81	-18	
16.04.09	Verkauf	EK-Preis		V..	104006	V-RABATT	Verkaufsrabatt	-105,65	0,00	-18	

Posten | Navigate | Hilfe

5.7 Lieferterminzusagen und Verfügbarkeitsplanung

Mit der Funktionalität der Datumskalkulation kann der Sachbearbeiter dem Debitor genauere Informationen über den Zeitpunkt der Verkaufslieferung geben. Diese Datumskalkulation ist auch die Basis für die Lieferterminzusage und die Verfügbarkeitsplanung.

5.7.1 Datumskalkulation im Verkauf

Wird ein Verkaufsbeleg, z.B. ein Verkaufsauftrag neu angelegt, so werden im Kopf nicht nur die Felder „Buchungsdatum“, „Auftragsdatum“ und „Belegdatum“ mit dem Arbeitsdatum vorbelegt, sondern auch das „Warenausg.-Datum“. Dieses Datum gehört zur Kette der Datumskalkulation in den Verkaufsbelegen.

Das „Warenausgangsdatum“ gibt an, wann die Ware für den Versand zum Kunden bereitgestellt wird. Es ist maßgeblich für die Beschaffung. Zum Warenausgangsdatum wird die Kommissionierzeit addiert und dieses Datum ergibt dann das „Geplante Warenausgangsdatum“. An diesem Tag verlässt demnach die Ware tatsächlich das Haus zum Kunden.

Das „Geplante Lieferdatum“ bestimmt den Tag, an dem die Ware beim Kunden eintreffen soll. Zwischen dem geplanten Warenausgangsdatum und dem geplanten Lieferdatum liegt die Transportzeit

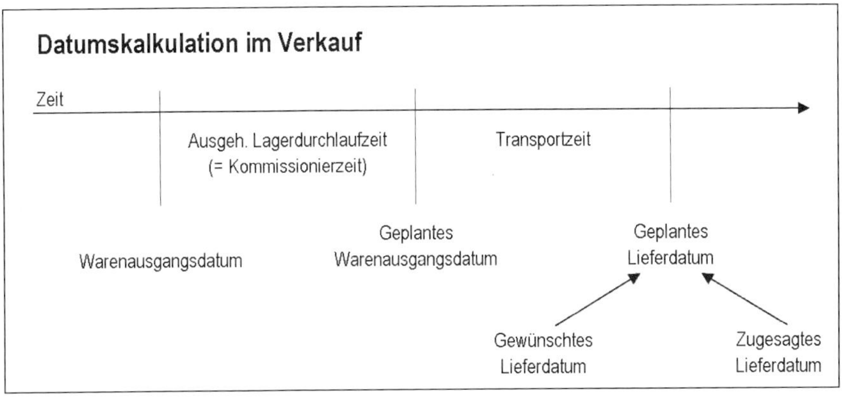

Die drei Datumsangaben können manuell für jeden Beleg beeinflusst werden. Die Zeitspannen zwischen den genauen Terminen werden in Einrichtungen vorgegeben und können individuell für den Beleg angepasst werden. Zusätzlich zu den bereits beschriebenen Datumsangaben, können weitere Lieferdaten festgehalten werden, die die Planung indirekt beeinflussen.

Das „Gewünschte Lieferdatum“ beinhaltet die Vorgabe des Kunden, wann die Ware an der Lieferadresse eintreffen soll. Wird dem Kunden zugesagt, dass die Ware an einem bestimmten Tag an der gewünschten Lieferadresse ist, so wird dieses Datum im Feld „Zugesagtes Lieferdatum“ erfasst. Die Felder „Gewünschtes Lieferdatum“ und „Zugesagtes Lieferdatum“ sind Vorgaben für das Feld „Geplantes Lieferdatum“.

Die Kommissionierzeit wird in Microsoft Dynamics NAV als „Ausgehende Lager-durchlaufzeit“ bezeichnet. Diese kann pro Lagerort auf der Lagerortkarte im Register Logistik angegeben werden. Wenn ohne Lagerorte gearbeitet wird oder die Kommissionszeit immer gleich ist kann diese auch in der Lager Einrichtung im Register Allgemein angegeben werden.

Die Transportzeit hängt vom Zusteller ab. Auf der Debitorenkarte kann im Register Lieferung ein Zusteller (z.B. DHL) mit einer Zustellertransportart (z.B. STANDARD) angegeben werden. Wurde für diese Zustellertransportart eine Transportzeit hinterlegt, so wird diese in das Feld „Transportzeit“ auf der Debitorenkarte übernommen. Dieser Wert kann jedoch auch manuell eingetragen bzw. überschrieben werden.

Sowohl die „Ausgeh. Lagerdurchlaufzeit“ als auch die „Transportzeit“ werden als Datumsformeln definiert.

Art	Nr.	Beschreibung	Menge	Warenausg...	Ausgeh. Lagerdurch...	Geplantes Warenaus...	Transportzeit	Geplantes Lieferdatum	Gewünschtes Lieferdatum	Zugesagtes Lieferdatum
Artikel	1920-S	ANTWERP Konferenztisch	2	17.04.09	2T	19.04.09	1T	20.04.09		20.04.09

Bei der Eingabe von „Warenausgangsdatum“, „Geplantes Warenausgangsdatum“ und „Geplantes Lieferdatum“ unterstützt Microsoft Dynamics NAV sowohl die Vorwärts- als auch die Rückwärtskalkulation der Datumsangaben. Die Kalkulation kann dabei für den gesamten Beleg im Kopf oder pro Zeile in den Verkaufszeilen durchgeführt werden.

Vorwärtskalkulation:

Warenausgangsdatum
+ Kommissionierzeit
= Geplantes Warenausgangsdatum

Geplantes Warenausgangsdatum
+ Transportzeit
= Geplantes Lieferdatum

Rückwärtskalkulation:

Geplantes Lieferdatum
- Transportzeit
= Geplantes Warenausgangsdatum

Geplantes Warenausgangsdatum
- Kommissionierzeit
= Warenausgangsdatum

Auf dem Ausdruck der Verkaufsrechnung wird das Buchungsdatum der Lieferung als „Gebuchtes Lieferdatum“ ausgegeben. Dieses Datum ist steuerrechtlich relevant.

5.7.2 Datumskalkulation im Einkauf

In den Einkaufsbelegen gibt es analoge Felder für die Datumskalkulation, damit das System bei den Lieferterminzusagen ebenfalls die Wareneingänge zu einem bestimmten Zeitpunkt berücksichtigen kann.

Das „Bestelldatum“ gibt das Datum an, an dem die Bestellung ausgelöst werden soll. Die Beschaffungszeit beinhaltet die Dauer, die vom Zeitpunkt der Bestellung bis zur Anlieferung vergeht. Aus dem Bestelldatum und der Beschaffungszeit ergibt sich das „Geplante Wareneingangsdatum“. Dieses Datum bestimmt den Zeitpunkt, an dem die Ware an der Warenannahme (Laderampe) voraussichtlich angeliefert wird.

Ist die Ware eingetroffen, wird hier noch eine Bereitstellungszeit berücksichtigt bzw. aufgeschlagen. Diese beinhaltet z.B. die Qualitätsprüfung. Erst nach dieser Zeit ist die Ware für den Verkauf verfügbar und ergibt das „Erwartete Wareneingangsdatum“.

Zusätzlich können noch weitere Datumsfelder der Datumskalkulation gefüllt werden, die dann bei Auswertungen herangezogen werden können.

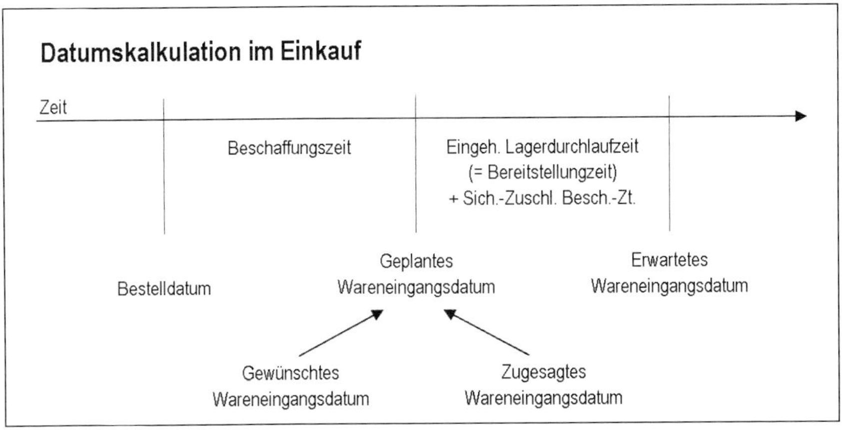

Das „Gewünschte Wareneingangsdatum“ bestimmt den Zeitpunkt, an dem die Ware angeliefert werden soll. Das „Zugesagte Wareneingangsdatum“ ist der Tag, der vom Lieferanten für die Anlieferung fest zugesagt wurde. Beide Datumsangaben bedingen das „Geplante Wareneingangsdatum“.

Die Bereitstellungszeit wird in Microsoft Dynamics NAV als „Eingehende Lagerdurchlaufzeit“ bezeichnet. Diese kann pro Lagerort auf der Lagerortkarte im Register Logistik angegeben werden. Wenn ohne Lagerorte gearbeitet wird oder die Lagerdurchlaufzeit immer gleich ist, kann diese auch in der Lager Einrichtung im Register Allgemein angegeben werden.

Zusätzlich zur „Eingehenden Lagerdurchlaufzeit“ kann in Microsoft Dynamics NAV eine Pufferzeit, die „Sicherh.-Zuschl. Beschaff.-Zeit“ eingerichtet werden. Diese Zeit wird bei der Datumskalkulation berücksichtigt und hat Auswirkungen auf das Datum, an dem der Artikel für den Verkauf zur Verfügung steht.

Die Beschaffungszeit hängt vom Lieferanten ab. Auf der Kreditorenkarte kann diese für einen bestimmten Kreditor im Register Lieferung im Feld „Beschaffungszeit“ angegeben werden. Wird der Artikel bei mehreren Lieferanten bezogen, so kann die Beschaffungszeit im Artikel-/Lieferantenkatalog (Artikelkarte Einkauf▼ / *Lieferanten*) hinterlegt werden.

Sowohl die „Eingeh. Lagerdurchlaufzeit“, die „Sicherh.-Zuschl. Beschaff.-Zeit“ als auch die „Beschaffungszeit“ werden als Datumsformeln definiert.

Art	Nr.	Beschreibung	Lagerort...	Menge	Bestelldatum	Beschaffun...	Geplantes Wareneingang...	Eingeh. Lagerdurch...	Erwartetes Wareneingan...
Artikel	LS-10PC	Lautsprecher, weiß, für PC	BLAU	40	10.07.09	2T	14.07.09	1T	15.07.09

Analog zum Verkauf unterstützt Microsoft Dynamics NAV auch im Einkauf sowohl die Vorwärts- als auch die Rückwärtskalkulation zwischen den ersten drei Datumsfeldern:

Vorwärtskalkulation:

Bestelldatum
+ Beschaffungszeit
= Geplantes Wareneingangsdatum

Geplantes Wareneingangsdatum
+ Lagerdurchlaufzeit
+ Sicherheitszuschlag Beschaff.-Zeit
= Erwartetes Wareneingangsdatum

Rückwärtskalkulation:

Erwartetes Wareneingangsdatum
- Lagerdurchlaufzeit
- Sicherheitszuschlag Beschaff.-Zeit
= Geplantes Wareneingangsdatum

Geplantes Warenausgangsdatum
- Beschaffungszeit
= Bestelldatum

Standardmäßig wird die „Sicherh.-Zuschl. Beschaff.-Zeit" auf der Artikelkarte im Register Planung angegeben. Ist hier kein Eintrag vorgenommen worden, werden die Einträge aus den Lagerhaltungsdaten herangezogen. Hierbei wird vom System geprüft, ob für den Artikel für den genutzten Lagerort Lagerhaltungsdaten existieren.

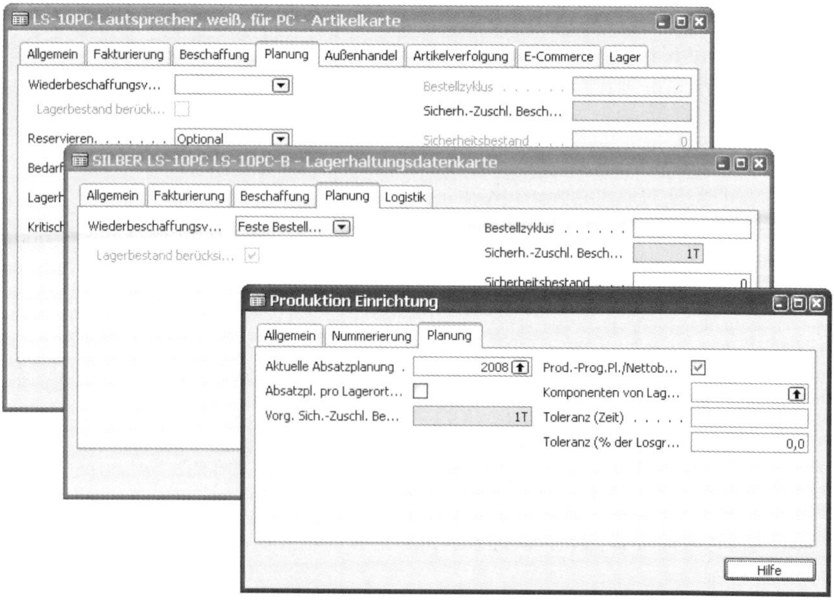

Ist dies der Fall, wird die Angabe aus dem Feld „Sicherh.-Zuschl. Beschaff.-Zt." in die Bestellzeile kopiert und mit verwendet. Existiert kein Eintrag in den Lagerhaltungsdaten, wird der Wert aus dem Feld „Vorg. Sich.-Zuschl. Besch.-Zt." aus der Produktion Einrichtung (*Produktion / Einrichtung / Produktion Einrichtung*) aus dem Register Planung genutzt. Wird der Wert an einer der beiden Stellen geändert, muss der Artikel in der Zeile neu geholt werden, damit die Daten in der Bestellzeile aktualisiert werden.

Art	Nr.	Beschreibung	Menge	Bestelldatum	Beschaffun...	Geplantes Wareneingang...	Eingeh. Lagerdurch...	Erwartetes Wareneingan...
Artikel	LS-10PC	Lautsprecher, weiß, für PC	30	15.04.09	2T	17.04.09	1T	19.04.09

Im obigen Beispiel wird also zu dem 1T eingehender Lagerdurchlaufzeit noch 1T Sicherheitszuschlag addiert, was zur Folge hat, dass das „Geplante Wareneingangsdatum" bei der Rückwärtskalkulation auf den 17.04.2009 und nicht auf den 18.04.2009 gesetzt wird.

Um die Einstellungen zum Sicherh.-Zuschl. Beschaff.-Zeit zu umgehen, kann auf der Artikelkarte im Feld „Sicherh.-Zuschl. Beschaff.-Zeit" 0T eingetragen werden. Dadurch werden die Angaben in den Lagerhaltungsdaten und in der Produktion Einrichtung nicht berücksichtigt.

5.7.3 Lieferterminzusagen im Verkauf

Mit der Datumsberechnung werden die Ausgangsinformationen für die Lieferterminzusage für den Debitor bereitgestellt. Werden die Datumsangaben im Kopf geändert, werden diese Informationen an die Zeilen weitergegeben. Es ist jedoch möglich, für einzelne Artikelzeilen unterschiedliche Datumsangaben zu verwalten.

Lieferterminzusagen ohne konkreten Liefertermin

Wenn der Debitor bei seiner Bestellung keinen gewünschten Liefertermin angibt, kann die Planung vom System vorgenommen werden. Es ist dabei kein manueller Eingriff erforderlich. Es erfolgt vom System eine Vorwärtskalkulation.

Der Liefertermin kann dann in den Verkaufszeilen in der Spalte „Geplantes Lieferdatum" abgelesen werden. Voraussetzung dabei ist, dass der gewünschte Artikel in ausreichender Menge im entsprechenden Lagerort verfügbar ist.

Lieferterminzusagen bei Angabe eines konkreten Liefertermins

Gibt der Debitor bei seiner Bestellung einen konkreten Liefertermin an, so wird dieser im Feld „Gewünschtes Lieferdatum" eingetragen. Das System berechnet anhand der Lagerdurchlaufzeit und der Transportzeit das Warenausgangsdatum. Hier kommt die Rückwärtskalkulation zum Einsatz.

Wird nun das geplante Lieferdatum auf das gewünschte Lieferdatum des Kunden gesetzt, wird sichergestellt, dass die Artikel zum berechneten Warenausgangsdatum für die Lieferung verfügbar sind. Dem Kunden kann nun sein Liefertermin bestätigt werden.

Gibt es im weiteren Verlauf des Auftrags Änderungen an den Datumsangaben, so werden die restlichen Datumsfelder entsprechend neu berechnet und geändert. Sind die Artikel weiterhin verfügbar, ändert sich das gewünschte Lieferdatum nicht. Das Warenausgangsdatum wird entsprechend aktualisiert.

Lieferterminzusagen bei nicht verfügbaren Artikeln

Bestellt ein Debitor einen Artikel zu einem bestimmten Termin, prüft das System die Verfügbarkeit. Ist der Artikel zum berechneten Warenausgangsdatum nicht verfügbar, erscheint eine Bestandswarnung, wenn dies in der Debitoren & Verkauf Einr. im Feld „Bestandswarnung“ festgelegt wurde.

Ist in dieser Bestandwarnung das Feld „Frühestes Verfügbarkeitsdatum“ nicht gefüllt, so existieren für diesen Artikel weder Einkaufsbestellungen, Umlagerungsaufträge, Fertigungsaufträge noch Rücksendungen, die den notwendigen Bedarf termingerecht decken könnten. Die Bestandswarnung ist mit JA zu bestätigen, damit der Artikel trotzdem in den Auftrag eingefügt wird.

Nun kann mit den Lieferterminzusagen ermittelt werden, wann die geforderte Menge verfügbar ist. Die Lieferterminzusagenzeilen werden aus dem Verkaufsauftrag über den Button Auftrag▼ / *Lieferterminzusagen* aufgerufen.

Die Werte aus dem Verkaufsauftrag werden in die Spalten „Gewünschtes Lieferdatum“ und „Urspr. Warenausgangsdatum“ kopiert. Über die Funktion

Berechnen ▼ / *Beschaffungszusage* wird vom System anhand der Einkaufs- und Produktionsbelege ermittelt, wann dieser Artikel frühestens verfügbar ist.

Aufgrund dieser Berechnung werden die Spalten „Frühestmög Warenausgangsdatum“ und „Geplantes Lieferdatum“ gefüllt. Wird dieses Formular mit Akzeptieren geschlossen, werden die Werte entsprechend in die Verkaufszeilen übertragen.

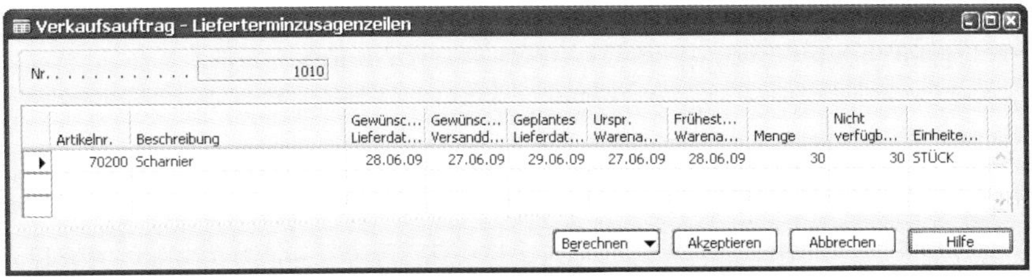

Aus den Verkaufszeilen kann nun dem Debitor das „Geplante Lieferdatum“ genannt werden. Weitere Änderungen an der Datumskalkulation werden wie gewohnt an die anderen Felder weitergereicht.

Lieferterminzusagen vor dem Arbeitsdatum

Gibt der Kunde ein gewünschtes Lieferdatum an, welches nach der Verfügbarkeitsprüfung auf ein Warenausgangsdatum vor dem aktuellen Datum verweist, gibt das System eine entsprechende Meldung aus.

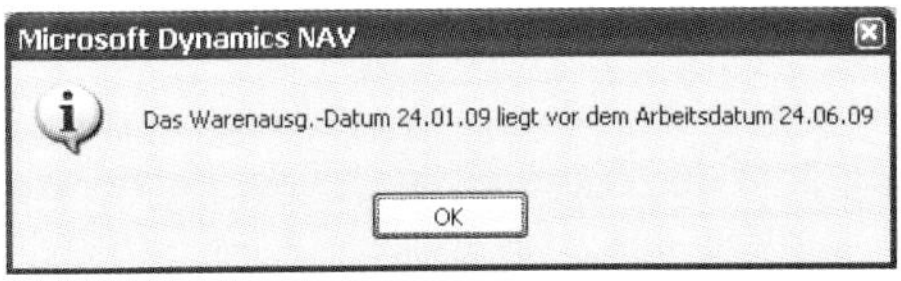

Nach der Bestätigung dieser Meldung wird das Warenausgangsdatum auf das berechnete Datum gesetzt. Nach dem Eingeben der erforderlichen Menge wird eine erneute Verfügbarkeitsprüfung durchgeführt. Nach dem Bestätigen mit JA , wird im Auftrag im Register Lieferung ein Haken im Feld „Fällige Lieferung“ vom System gesetzt.

Dieses Feld gibt an, dass die Lieferung in Bezug auf das gewünschte Lieferdatum verzögert ist, bzw. das Warenausgangsdatum vor dem Arbeitsdatum liegt. Dieses Feld kann für regelmäßige Auswertungen genutzt werden.

Um den Konflikt zwischen den Datumsangaben zu lösen, kann, wenn der Kunde auf diesen Liefertermin besteht, ggf. intern nach Lösungen durch z.B. kürzere Lagerdurchlaufzeiten gesucht werden. Andernfalls muss durch das Eingeben eines neuen Warenausgangsdatums (auf das Arbeitsdatum) geprüft werden, wann der Kunde frühest möglich seine Ware bekommen kann.

5.7.4 Verfügbarkeitsplanung im Einkauf

Die Grundlage für die Datumskalkulation von Bestellzugängen ist das gewünschte Wareneingangsdatum. An diesem Tag sollen die bestellten Waren eintreffen. Interne Arbeiten, die zur Bearbeitung des Wareneingangs notwendig sind, werden durch die eingehende Lagerdurchlaufzeit bei der Planung berücksichtigt. Nach Ablauf dieser Zeit stehen die Waren für die Produktion oder den Versand zur Verfügung.

Verfügbarkeitsplanung ohne konkretes Wareneingangsdatum

Bei der Anlage einer Einkaufsbestellung erfolgt im Register Lieferung keine Angabe im Feld „Gewünschtes Wareneingangsdatum". Damit nutzt das System nach der Eingabe eines Artikels die Vorwärtskalkulation.

Microsoft Dynamics NAV berechnet auf der Basis des Bestelldatums, welches mit dem Arbeitsdatum gefüllt wurde, das geplante und das erwartete Wareneingangsdatum. Wird nachträglich das Bestelldatum geändert, werden die folgenden Datumsangaben entsprechend neu berechnet und geändert.

Verfügbarkeitsplanung mit gewünschtem Wareneingangsdatum

Ist für einen Kundenauftrag bzw. für die Produktion ein konkretes Wareneinganssdatum relevant, so muss dieses bei der Bestellung im Register Lieferung im Feld „Gewünschtes Wareneingangsdatum" eingetragen werden. Im System wird das geplante Wareneingangsdatum mit dem eingegebenen gewünschten Wareneingangsdatum gleich gesetzt.

Anhand des Geplanten Wareneingangsdatums und der Bestellzeit wird das Bestelldatum berechnet. Das Datum an dem die Ware für den Verkauf bzw. die Produktion zur Verfügung steht, wird anhand der Lagerdurchlaufzeit und evtl. dem Sicherheitszuschlag ermittelt und im Feld „Erwartetes Wareneingangsdatum" eingetragen. Hierbei kommt sowohl die Rückwärts- als auch die Vorwärtskalkulation zum Einsatz.

Gibt es im weiteren Verlauf der Bestellung Änderungen an den Datums- bzw. Zeitangaben, so werden die restlichen Datumsfelder entsprechend neu berechnet und geändert.

Ist für die Berechnung das Datum relevant, an dem die Waren für den Verkauf zur Verfügung stehen, so ist nicht mit dem „Gewünschten Wareneingangsdatum" sondern mit dem „Erwarteten Wareneingangsdatum" zu kalkulieren.

Alle relevanten Datums- und Zeitfelder sind sowohl im Kopf als auch in den Zeilen verfügbar. Wird zuerst im Einkaufskopf mit dem „Gewünschten Wareneingangsdatum" gerechnet, und anschließend mit dem „Erwarteten

Wareneingangsdatum“ so werden die Datumsangaben im Kopf nicht geändert. Die Datumsangaben in den Zeilen werden anhand der zuletzt eingegeben Werte neu berechnet und aktualisiert.

Berechnetes Bestelldatum vor dem Arbeitsdatum

Wird durch die Datumskalkulation ein Bestelldatum berechnet, das vor dem Arbeitsdatum liegt, wird vom System eine entsprechende Meldung ausgegeben.

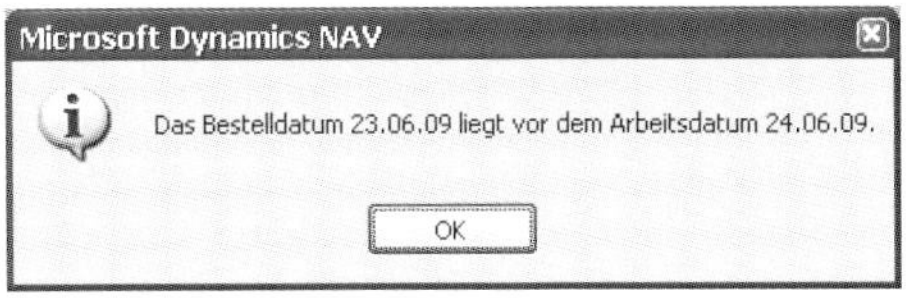

Diese Meldung erscheint nur, wenn das gewünschte Wareneingangsdatum manuell in der Zeile geändert wird. Bei der Änderung dieses Datums im Kopf, wird das Datum in den Zeilen aktualisiert, jedoch wird dann diese Meldung nicht ausgegeben.

Um den Datumskonflikt zwischen Arbeitsdatum und Bestelldatum zu lösen, kann intern ggf. die Lagerdurchlaufzeit geändert werden. Andernfalls kann mit dem Lieferanten verhandelt werden, ob es eine Möglichkeit gibt, die Lieferzeit zu verkürzen.

Wenn beide Möglichkeiten keinen Erfolg haben, kann nur das Bestelldatum mit dem Arbeitsdatum überschrieben werden, wobei eine neue Datumskalkulation angestoßen wird.

5.7.5 Verfügbarkeit bei Umlagerungsaufträgen

Bei der Berechnung von Lieferterminen bzw. Verfügbarkeiten spielt immer der Lagerort eine Rolle. Dabei kann es sicherlich auch vorkommen dass die bestellte Ware nicht am erforderlichen Lagerort verfügbar ist, jedoch an einem anderen. Nun muss festgestellt werden, ob die Liefertermine eingehalten werden können, wenn die Ware von dem einen Lagerort zum erforderlichen umgelagert wird.

Im Modul Lager unter Planung & *Ausführung / Umlagerungsaufträge* können Umlagerungen mit Datumskalkulation vorgenommen werden.

Die Berechnung des Wareneingangsdatums erfolgt nach folgender Formel:

Warenausgangsdatum
+ Ausgehende Lagerdurchlaufzeit
+ Transportzeit
+ Eingehende Lagerdurchlaufzeit
= Wareneingangsdatum

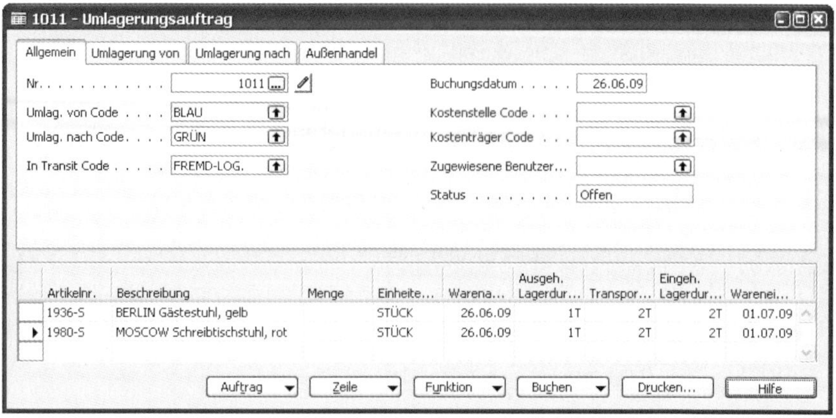

Die Transportzeit richtet sich dabei nach dem im Register Umlagerung eingegebenen „Zustellercode" und „Zustellertransportartencode". Nach der Eingabe kann der Wert im Feld „Transportzeit" manuell angepasst werden. Die Werte der ausgehenden und eingehenden Lagerdurchlaufzeit werden von den Vorgaben an den Lagerorten bestimmt und können ebenfalls manuell angepasst werden.

5.7.6 Nutzen von Kalendern

Bei der Datumsberechnung bleiben Sonn- und Feiertage unberücksichtigt. Das bedeutet, dass ein Wareneingangsdatum auch auf einen Sonntag fallen kann. Im System kommt diese Ware rechtzeitig an, um an den Kunden ausgeliefert zu werden. In der Realität kann die Terminkette so jedoch nicht realisiert werden.

Sollen bei der Datumskalkulation arbeitsfreie Tage berücksichtigt werden, muss in Microsoft Dynamics NAV die Funktionalität des Kalenders eingerichtet und die einzelnen Kalender zugewiesen werden.

Einrichten von Kalendern

In Microsoft Dynamics NAV stehen zwei Arten von Kalendern zu Verfügung. Auf der einen Seite die Basiskalender und auf der anderen die Spezifischen Kalender. Mit dem Basiskalender werden die Arbeitstage und die arbeitsfreien Tage festgelegt. Er ist die Grundlage für die Einrichtung der Spezifischen Kalender.

Der Spezifische Kalender ergibt sich als Kopie des Basiskalenders plus spezielle Termine des Geschäftspartners. Der Basiskalender wird unter *Verwaltung / Anwendung Einrichtung / Allgemein / Basiskalender* gepflegt. Hier können alle notwendigen Kalender angelegt werden. Über Funktion▼ / *Basiskalender pflegen* können die arbeitsfreien Tage definiert werden.

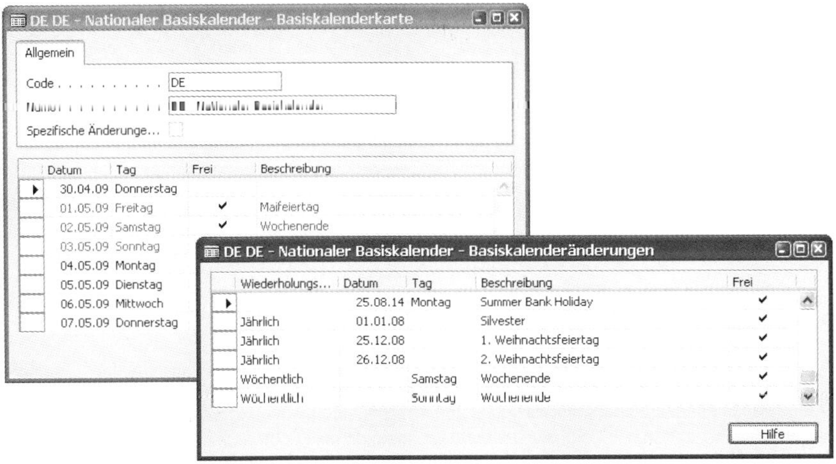

Zuweisen der spezifischen Kalender

Soll der Basiskalender bei der Berechnung der Liefertermine genutzt werden, so ist in den Firmendaten (*Verwaltung / Anwendung Einrichtung / Allgemein / Firmendaten*) im Register Lieferung im Feld „Basiskalendercode" der Basiskalender für das Unternehmen einzutragen.

Die spezifischen Kalender der Geschäftspartner können im Register Lieferung im Feld „Basiskalendercode" der Debitoren- und Kreditorenkarte sowie im Register Logistik im Feld „Basiskalendercode" auf der Lagerortkarte eingetragen werden.

Wenn kein Basiskalender zugewiesen wurde, werden alle Tage als Arbeitstage gerechnet. Das ist auch der Fall, wenn in den Belegen kein Lagerort angegeben wurde.

Bei der Nutzung der Kalender ist zu beachten, dass alle Datumsformeln intern auf Tage umgerechnet werden. Anschließend werden die freien Tage damit verrechnet. Das kann dazu führen, dass die Angabe 1W (1 Woche) 9 Tagen entspricht und nicht 7 Tagen, da Samstag und Sonntag als Feiertag zusätzlich gerechnet werden. Die Zeitspannen beziehen sich dann nur auf Arbeitstage.

5.8 Nummernserienverwaltung

Die Nummernserienverwaltung wird überall dort eingesetzt, wo es darum geht, Nummern vom System vergeben zu lassen. Dabei handelt es sich vor allem um folgende Bereiche:

- Stammdaten (z.B. Debitoren-, Kreditoren- und Artikelnummern)
- Erfassungsdaten (z.B. vorläufige Rechnungsnummern / Rechnungserfassung)
- Buchungsdaten (z.B. Rechnungsnummern)

5.8.1 Aufbau der Nummernserienverwaltung

In der Einrichtung wird hinterlegt, welche Nummernserie für welchen Zweck verwendet werden soll. So kann z.B. die gleiche Nummernserie für gebuchte Gutschriften und gebuchte Rechnungen verwendet werden.

Sind für Stamm- oder Bewegungsdaten Nummernserien hinterlegt, vergibt Microsoft Dynamics NAV beim Neuanlegen eines Datensatzes durch das Betätigen der **Enter**-Taste im Feld „Nr." automatisch die nächste Nummer.

Alternativ kann über den Assist-Button explizit eine Nummernserie ausgewählt werden.

Somit ergibt sich nachfolgender Aufbau über drei Ebenen.

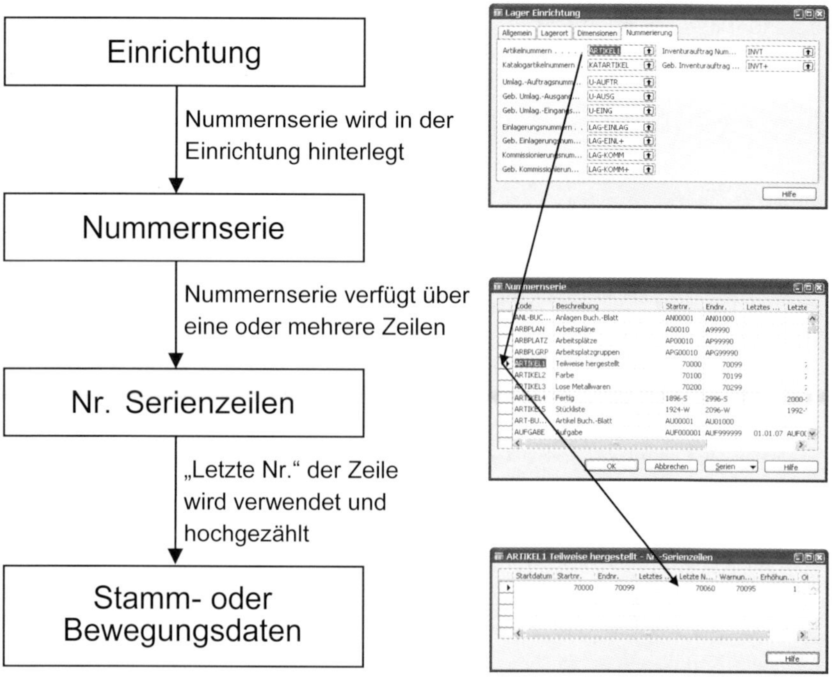

Zu jeder Nummernserie gibt es eine oder mehrere Zeilen, in denen die eigentlichen Nummern hinterlegt sind. Mehrere Zeilen werden immer dann angelegt, wenn eine Nummer nur während eines bestimmten Zeitraumes gelten soll (z.B. wenn in Eingangsrechnungen das Jahr des Rechnungseingangs gespeichert werden soll).

5.8.2 Nummernserien

In den Nummernserien kann das Verhalten bei der Vergabe von Nummern über Parameter eingestellt werden. Sie werden über *Finanzmanagement / Einrichtung / Nummernserie* eingerichtet.

Die Spalten „Startnr.", „Endnr.", „Letztes Datum verwendet" und „Letzte Nr. verwendet" enthalten FlowFields, welche die Werte der aktuellen Nummernserienzeile anzeigen.

Über die „Standardnr." kann gesteuert werden, ob die Nummer automatisch vergeben oder erst nach explizierter Auswahl durch den Anwender zugewiesen wird. Standardmäßig sollte dieses Feld auf <Ja> gesetzt werden. Nur wenn in der Spalte „Manuelle Nr." ein Haken gesetzt ist, kann alternativ eine Nummer auch manuell zugewiesen werden.

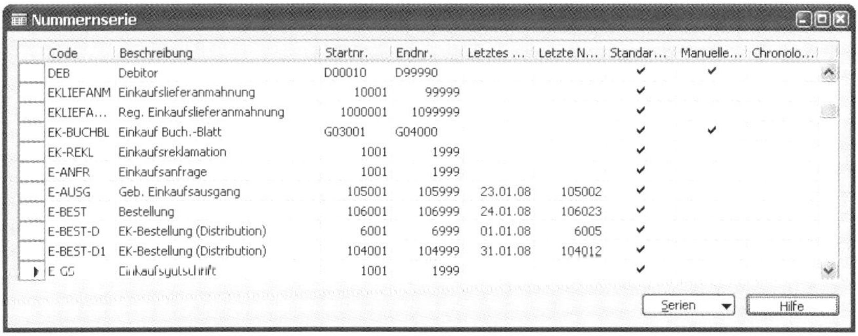

Code	Beschreibung	Startnr.	Endnr.	Letztes ...	Letzte N...	Standar...	Manuelle...	Chronolo...
DEB	Debitor	D00010	D99990			✔	✔	
EKLIEFANM	Einkaufslieferanmahnung	10001	99999			✔		
EKLIEFA...	Reg. Einkaufslieferanmahnung	1000001	1099999			✔		
EK-BUCHBL	Einkauf Buch.-Blatt	G03001	G04000			✔	✔	
EK-REKL	Einkaufsreklamation	1001	1999			✔		
E-ANFR	Einkaufsanfrage	1001	1999			✔		
E-AUSG	Geb. Einkaufsausgang	105001	105999	23.01.08	105002	✔		
E-BEST	Bestellung	106001	106999	24.01.08	106023	✔		
E-BEST-D	EK-Bestellung (Distribution)	6001	6999	01.01.08	6005	✔		
E-BEST-D1	EK-Bestellung (Distribution)	104001	104999	31.01.08	104012	✔		
E GS	Einkaufsgutschrift	1001	1999			✔		

Buchungen aus Belegen und Buch.-Blattzeilen, für die eine Nummernserie hinterlegt wurde, werden nur ausgeführt, wenn die jeweils nächste Nummer der Nummernserie als Belegnummer verwendet wurde. Wird in der Nummernserie zusätzlich die Spalte „Chronologisch" auf <Ja> gesetzt, prüft NAV, ob auch das Buchungsdatum aufsteigend vergeben wurde.

Bei der Definition einer Nummernserie als „Chronologisch" ist folgendes zu beachten: Wird z.B. für die Rechnungseingangsnummern der Haken chronologisch gesetzt, so sind die Eingangsrechnungen zeitlich in der richtigen Reihenfolge zu buchen. Werden diese auf unterschiedliche Buchungsblätter verteilt, muss zwischen den Buchungsblättern gewechselt werden, um die jeweils nächste Zeile zu buchen. Wird dies unterlassen, lassen sich nachträglich keine Eingangsrechnungen mehr mit der Nummernserie buchen, deren Buchungsdatum vor dem der zuletzt gebuchten Eingangsrechnung liegt.

Eine Nummernserie wird den Stammdaten bzw. den Bewegungsdaten über einen Eintrag in der Einrichtung zugewiesen. So wird z.B. in der Lager Einrichtung hinterlegt, welche Nummernserie für Artikelnummern verwendet wird. Sollen für Stammdaten getrennte Nummernkreise, das heißt, mehrere Nummernserien geführt werden, ergibt sich das Problem, dass nur eine Nummernserie in der Einrichtung hinterlegt werden kann.

In Microsoft Dynamics NAV wird dies durch Verbindungen zwischen Nummernserien ermöglicht. Um mehrere Nummernserien zu verbinden, stellt man sich auf die Nummernserie, die in der Einrichtung hinterlegt ist (z.B. Artikel1) und ruft den Menüpunkt Serien▼ / *Verbindungen* auf. In dem jetzt geöffneten Fenster können alle Nummernserien hinterlegt werden, die alternativ verwendet werden können.

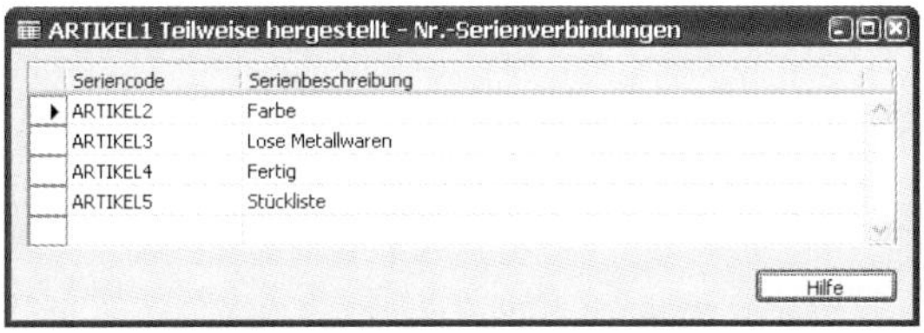

Beim Anlegen eines neuen Datensatzes kann durch das Öffnen des Assist-Button oder mit der Funktionstaste **F6** im Feld „Nr." zwischen den möglichen Nummernserien gewählt werden.

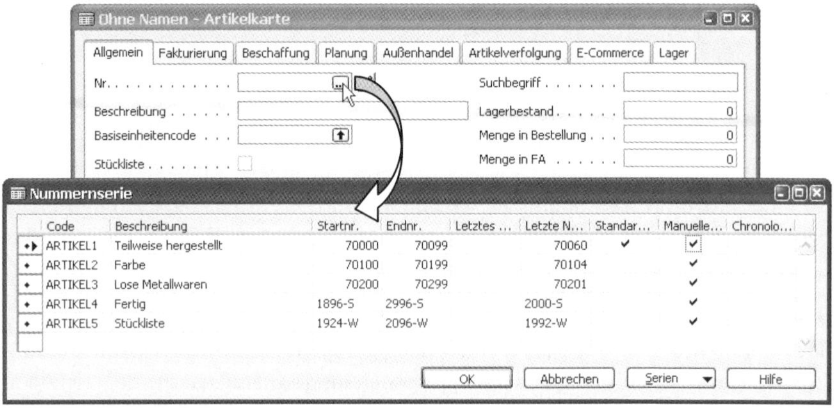

In dem aufgerufenen Fenster werden die in der Einrichtung hinterlegte Nummernserie sowie alle mit ihr verbundenen Nummernserien zur Auswahl angezeigt.

Können mehrere Nummernserien alternativ verwendet werden und erfolgt keine Auswahl über den Assist-Button (es wird nur **Enter** gedrückt), verwendet Microsoft Dynamics NAV automatisch die Nummernserie, des aktuellen Datensatzes. Diesen relativ unkontrollierten Automatismus kann man abschalten, indem man in allen alternativ möglichen Nummernserien die Spalte „Standardnr." auf <Nein> setzt. In diesem Fall muss der Anwender explizit eine Nummernserie über den Assist-Button auswählen. Das Drücken nur der **Enter**-Taste führt dann zu einer Fehlermeldung.

5.8.3 Nummernserienzeilen

Zu jeder Nummernserie können eine oder mehrere Nummernserienzeilen angelegt werden. Zur Eingabe von Nummernserienzeilen stellt man sich in dem Fenster Nummernserien auf die entsprechende Nummernserie und ruft den Menüpunkt Serien ▼ / *Zeilen* auf:

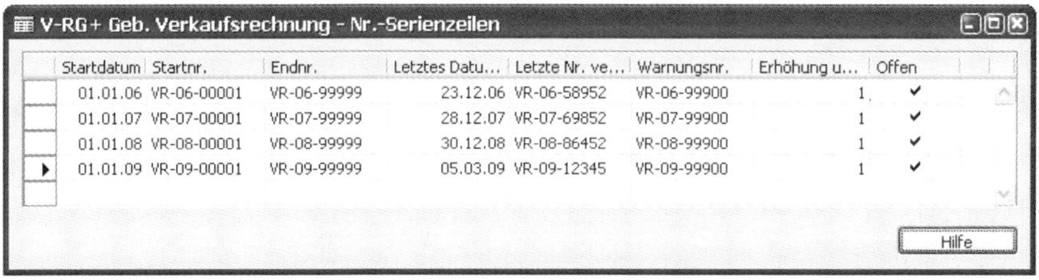
V-RG+ Geb. Verkaufsrechnung - Nr.-Serienzeilen

Startdatum	Startnr.	Endnr.	Letztes Datu...	Letzte Nr. ve...	Warnungsnr.	Erhöhung u...	Offen
01.01.06	VR-06-00001	VR-06-99999	23.12.06	VR-06-58952	VR-06-99900	1	✔
01.01.07	VR-07-00001	VR-07-99999	28.12.07	VR-07-69852	VR-07-99900	1	✔
01.01.08	VR-08-00001	VR-08-99999	30.12.08	VR-08-86452	VR-08-99900	1	✔
01.01.09	VR-09-00001	VR-09-99999	05.03.09	VR-09-12345	VR-09-99900	1	✔

Hilfe

Mehrere Nummernserienzeilen werden meistens dann verwendet, wenn eine Nummernserie nur für einen bestimmten Zeitraum Gültigkeit hat. Im oben abgebildeten Beispiel wird in der Rechnungseingangsnummer anhand des Buchungsdatums die Jahreszahl verschlüsselt. Innerhalb eines Jahres werden die Nummern fortlaufend vergeben. Dies hat den Vorteil, dass zum Jahreswechsel sowohl Rechnungsnummern aus dem vorangegangenen Jahr als auch aus dem laufenden Jahr gebucht und automatisch mit der entsprechenden Belegnummer versehen werden können.

Über die Spalten „Startnr." und „Endnr." werden die zur Verfügung stehenden Nummern definiert. In der Spalte „Erhöhung um Nr." kann die Schrittweite eingestellt werden. Die jeweils zuletzt verwendete Nummer kann in der Spalte „Letzte Nr. verwendet" abgelesen werden. Erreicht diese die „Endnr.", so wird die Spalte „Offen" auf <Nein> gesetzt.

Soll eine Nummernserienzeile manuell geschlossen werden, so ist in der Spalte „Endnr." die „Letzte Nr. verwendet" einzutragen. Der Haken in der Spalte „Offen" wird nun vom System entfernt.

Um das Ende einer Nummernserie anzukündigen, kann die Spalte „Warnungsnr." verwendet werden. Wird die „Warnungsnr." erreicht, zeigt Microsoft Dynamics NAV bei jeder Verwendung der Nummernserie eine Warnung an.

5.8.4 Buchungsnummernserien

In Microsoft Dynamics NAV kann bei Rechnungen, Gutschriften, Lieferungen und Rücksendungen zwischen gebuchten und ungebuchten Nummernserien unterschieden werden. Die Nummernserien werden in Debitoren & Verkauf Einrichtung und Kreditoren & Einkauf Einrichtung hinterlegt. Die Nummernserien werden standardmäßig nur für Buchungen aus Belegen (z.B. Bestellungen und Aufträgen bzw. Gutschriften) im Einkaufs- und Verkaufsmodul verwendet.

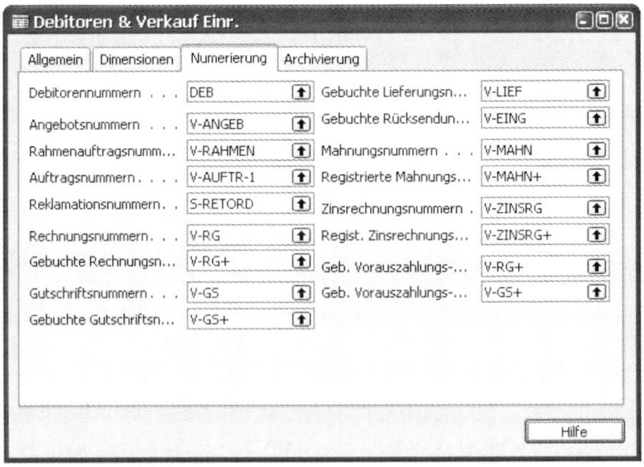

Die Belegnummer für die gebuchten Belege wird erst während des Buchungsvorgangs vergeben. Wird also zwischenzeitlich ein angelegter Auftrag wieder gelöscht, entsteht dadurch keine Lücke im Nummernkreis der gebuchten Belege. Wurde der angestoßene Buchungsvorgang durch eine Fehlermeldung abgebrochen, so „merkt" sich das System die verwendete Nummer. Nach der Beseitigung der Fehlerursache verwendet das System die gemerkte Buchungsnummer und vergibt keine neue.

Demnach kann es durchaus vorkommen, dass die Nummernserie der gebuchten Belege eine Lücke enthält, wenn Belege bei denen die Buchung angestoßen wurde durch eine Fehlermeldung nicht fertig bebucht wurde. Soll ein solcher Beleg gelöscht werden, warnt das System vor der bevorstehenden Lücke in der Nummernserie.

In Belegen, wie z.B. im Verkaufsauftrag, wird die Nummernserie für die gebuchten Belege schon zum Zeitpunkt der Neuanlage des Beleges geholt (Felder „Buchungsnr.-Serie“, „Lieferungsnr.-Serie“ und „Rücksendungsnr.-Serie“ in den Verkaufsbelegen). Diese Nummernserien können nicht nachträglich geändert werden. Daher ist es notwendig, dass alle Nummernserien für die gebuchten Belege eingerichtet worden sind, bevor ein offener Einkaufs- oder Verkaufsbeleg angelegt wird. Fehlen diese Angaben, kann der Beleg nicht gebucht werden.

5.8.5 Nummernserien in Buchungsblättern

Neben der jeweiligen Einrichtung der einzelnen Module können Nummernserien auch in Buchungsblättern hinterlegt werden. Dabei kann zwischen Nummernserien für die Erfassung und Buchungsnummernserien unterschieden werden.

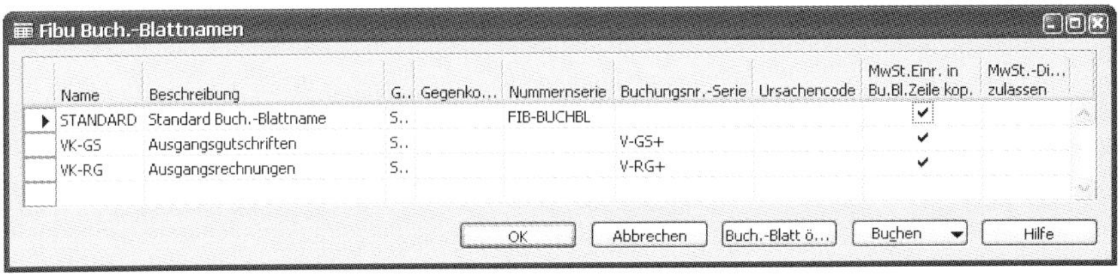

Werden Rechnungen und Gutschriften auch über Buchungsblätter erfasst und sollen auch dort die gleichen Buchungsnummernserien verwendet werden, so kann dies z.B. durch eigene Buchungsblätter (Buchungsblattnamen) erreicht werden, in denen die Nummernserie in der Spalte „Buchungsnr. Serie“ hinterlegt wird. Bei einer solchen Konfiguration sollte allerdings darauf geachtet werden, dass in den entsprechenden Buchungsblättern nur und auch nur dort die entsprechenden Belege (Rechnungen bzw. Gutschriften) erfasst werden.

Werden Buchungsnummernserien verwendet, so verlieren die in den Zeilen benutzten Belegnummern ihre Bedeutung. Diese existieren nur bis zum Buchen oder Löschen der Zeile und werden in Microsoft Dynamics NAV nicht gespeichert.

5.9 Textbausteine

Häufig sind für einzelne Verkaufspositionen längere Erläuterungen oder technische Spezifikationen erforderlich. Um diese Texte nicht bei jedem Auftrag erneut zu erfassen, bietet Microsoft Dynamics NAV die Möglichkeit der automatischen Textbausteine. Diese können zu Artikeln, Ressourcen, Sachkonten sowie Standardtexten erfasst werden. Im Folgenden wird die Einrichtung beispielhaft für Artikel beschrieben.

Aus der Artikelkarte heraus kann über den Menüpunkt Artikel▼ / *Textbausteine* folgendes Fenster geöffnet werden.

Die Textbausteine können nach unterschiedlichen Sprachen sowie Gültigkeitszeiten differenziert werden. In den Registern Verkauf und Einkauf kann eingestellt werden, in welchen Belegen (Angebot, Anfrage, Auftrag, Bestellung usw.) sie verwendet werden sollen.

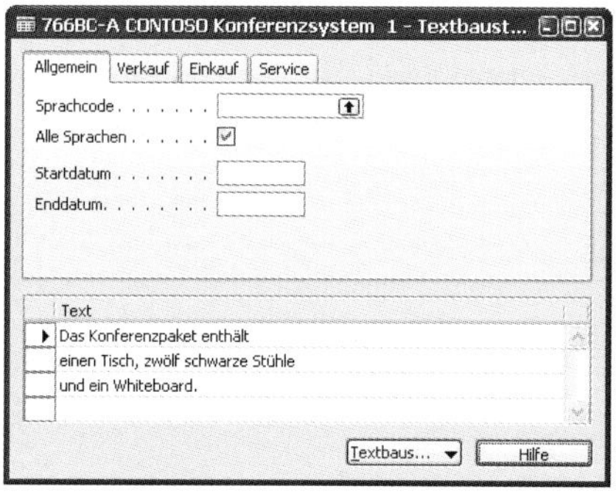

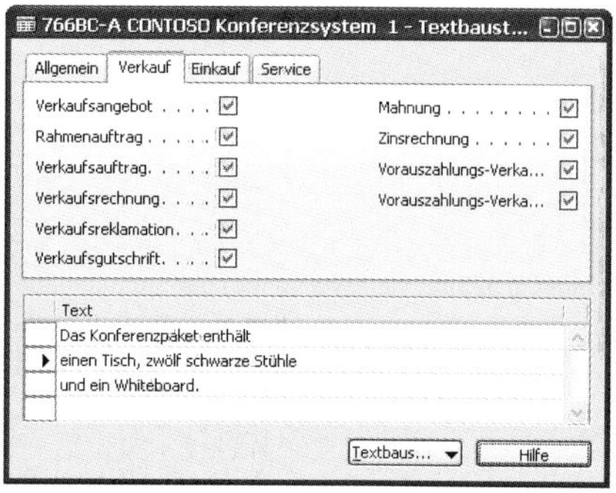

Beim Einrichten der Textbausteine ist darauf zu achten, dass entweder das Feld „Sprachcode" oder das Feld „Alle Sprachen" gefüllt ist. Sind beide Felder leer, wird der Textbaustein nicht gezogen, wenn ein Sprachcode genutzt wird.

Über das Feld „Automat. Textbaustein" kann in den Stammdatenkarten der Artikel, Ressourcen und Sachkonten eingestellt werden, ob der Textbaustein automatisch bei Verwendung des Datensatzes in den Belegzeilen entfaltet werden soll. Wird dies nicht eingestellt, so muss der Textbaustein manuell über den Menüpunkt Funktion▼ / *Textbausteine einfügen* in den Beleg eingefügt werden. Textbausteine, die für Standardtextcodes erfasst wurden, werden immer automatisch eingefügt.

6 Artikelverwaltung und Lagerhaltung

In diesem Kapitel werden die speziellen Vorgänge und Zusammenhänge im Bereich des Lagers wie die Artikelpflege, die Funktionen zur Lagerregulierung und die Durchführung der Inventur beschrieben.

6.1 Artikel & Lager Einrichtung

Zur Einrichtung des Moduls gehören neben der Neuanlage von Artikeln auch die unterschiedlichen Parameter in der Lager Einrichtung, durch die die Verhaltensweise von Microsoft Dynamics NAV festgelegt werden kann. Im Folgenden werden die einzelnen Bereiche der Einrichtung beschrieben.

6.1.1 Artikel einrichten

In den Artikelstammdaten kann eine Vielzahl von Informationen hinterlegt werden, die dann in den unterschiedlichen Modulen von Microsoft Dynamics NAV genutzt werden.

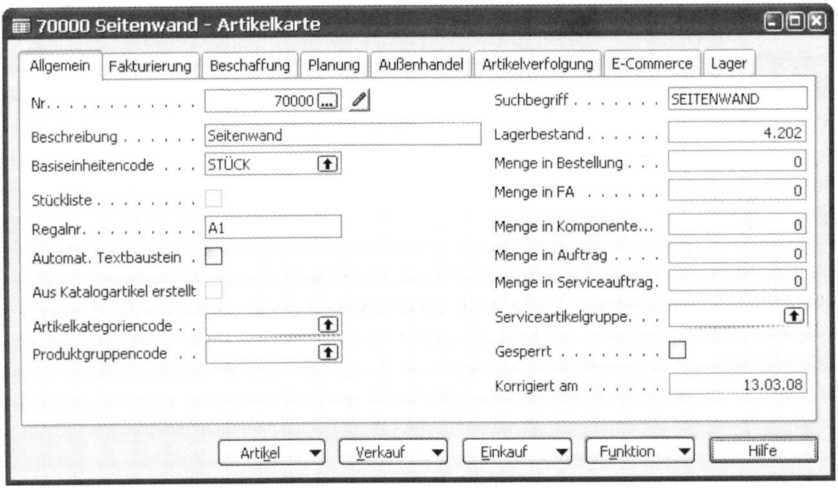

Die „Nr." des Artikels muss eindeutig sein. Es kann also immer nur einen Artikel mit einer bestimmten Nummer geben.

Für die im „Basiseinheitencode" angegebene Einheit muss immer die „Menge pro Einheit" 1 hinterlegt sein (z.B. 1 kg, 1 Liter, 1 Stück). Alle weiteren Einheiten können ein Vielfaches oder einen Teil davon betragen. Die Basiseinheit kann nicht mehr geändert werden, wenn auf dem Artikel bereits Bewegungen (Zu- oder Abgänge) gebucht wurden.

Das Feld „Stückliste“ wird automatisch auf <Ja> gesetzt, sobald für diesen Artikel über **Artikel▼** / *Stückliste / Stückliste* Komponenten angelegt worden sind, aus denen sich dieser Artikel zusammensetzt.

Wurde zu dem Artikel ein Textbaustein erfasst, so wird über den Haken im Feld „Automat. Textbaustein“ erreicht, dass zusätzlich zum eigentlichen Artikel mit der Artikelbeschreibung auch automatisch der Textbaustein in den Einkaufs- bzw. Verkaufsbeleg eingefügt wird. Ist der Haken nicht gesetzt, kann der Textbaustein in dem entsprechenden Beleg auch über **Funktion▼** / *Textbausteine einfügen* nachträglich eingefügt werden.

Der „Suchbegriff“ bzw. dessen Anfang kann alternativ zur Artikelnummer in Erfassungsbelegen verwendet werden. Hierbei ist zu berücksichtigen, dass bei mehreren gleichlautenden Suchbegriffen immer der erste übereinstimmende Datensatz verwendet wird.

Auf der rechten Seite der Artikelkarte befindet sich darüber hinaus eine Reihe von Feldern (FlowFields), die einen Überblick über die logistischen Bewegungen des Artikels, wie den Lagerbestand, geben.

Im Register Fakturierung sind vor allem Einstellungen zur Bewertung des Artikels zusammengefasst.

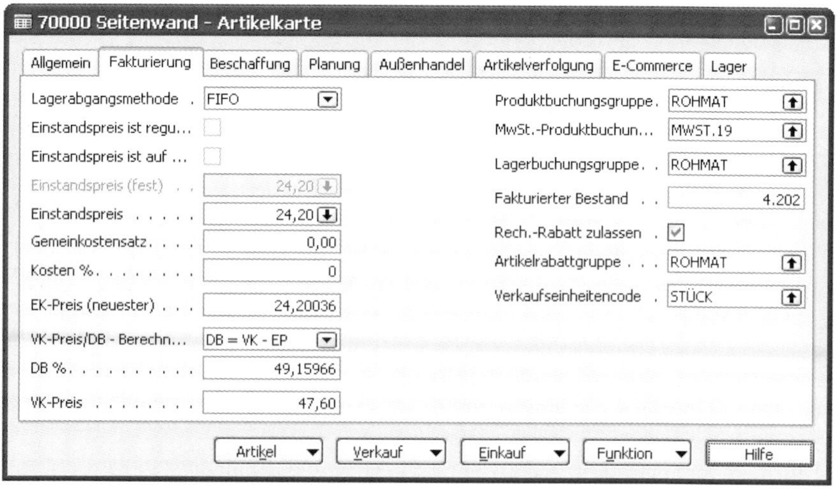

Als „Lagerabgangsmethode“ wird die Einstellung <FIFO> (first in - first out) vom Standard voreingestellt. Mit dieser Methode werden die als erstes gekauften Artikel auch als erstes wieder verbraucht.

Die Einstellung der Lagerabgangsmethode sollte gut überlegt und nach Rücksprache mit dem Wirtschaftsprüfer / Steuerberater vorgenommen werden. Denn sobald eine Zugangs- oder Abgangs-Buchung auf dem Artikel stattgefunden hat, kann die Lagerabgangsmethode nicht mehr geändert werden.

Weitere Informationen zur Einstellung der Lagerabgangsmethode sind im Kapitel 6.5.1 innerhalb von Artikelpostenausgleich und Lagerregulierung zu finden.

Je nach Lagerabgangsmethode wird das Feld „Einstandspreis“ in den Buchungsblättern und Belegzeilen aus dem Feld „Einstandspreis“ oder (bei der Lagerabgangsmethode <Standard>) aus dem Feld „Einstandspreis (fest)“ gefüllt. Der Einstandspreis ist der Wert, der bei bestandserhöhenden Buchungen zur Bewertung in der Finanzbuchhaltung herangezogen wird.

Einträge in den Feldern „Gemeinkostensatz“ und „Kosten%“ erhöhen den errechneten Einstandspreis. Einträge sollten nur bei einem festen Einstandspreis (Lagerabgangsmethode <Standard>) und auch dann nur nach Rücksprache mit dem Wirtschaftsprüfer / Steuerberater vorgenommen werden.

Die Felder „Einstandspreis ist reguliert“ und „Einstandspreis ist auf Sachkonten gebucht“ werden beim Anlegen eines neuen Artikels auf <Ja> gesetzt. Nach einer Buchung mit diesem Artikel werden die Haken aus den Feldern entfernt. Mit den Stapelverarbeitungen „Lagerreg. fakt. Einst.-Preise“ und „Lagerreg. buchen“ werden diese Felder z.T. wieder auf <Ja> gesetzt. Diese Felder dienen der Steuerung und der Performanceoptimierung bei den genannten Stapelverarbeitungen.

Der „EK-Preis (neuester)“ wird bei jedem Einkauf und Zugang dieses Artikels mit dem gebuchten Einkaufspreis überschrieben und beim Anlegen neuer Bestellungen automatisch als Einkaufspreis vorgeschlagen, wenn kein spezieller Einkaufspreis bei den Kreditoren hinterlegt wurde.

Der „Verkaufspreis“ wird beim Anlegen von Aufträgen und Rechnungen automatisch vorgeschlagen, wenn keine speziellen Preise für den Debitor hinterlegt wurden.

Die Felder „Produktbuchungsgruppe“, „MwSt.-Produktbuchungsgruppe“ und „Lagerbuchungsgruppe“ müssen ausgefüllt werden und dienen der Integration in die Finanzbuchhaltung. Diese Einstellungen am Artikel sollten nicht mehr geändert werden, wenn Buchungen erfolgt sind, da sonst die Abstimmungsarbeiten nur erschwert oder gar nicht mehr vorgenommen werden können.

Im Register Bestellung kann in das Feld „Kreditorennr.“ der Hauptlieferant dieses Artikels eingetragen werden. Ist das Feld gefüllt, so wird dieser Kreditor automatisch als Lieferant bei Bestellvorschlägen eingetragen. Gibt es für den Artikel mehrere Lieferanten, so werden diese unter dem Menüpunkt Einkauf▼ / *Lieferanten* eingetragen.

Im Register Planung werden je nach Auswahl des „Wiederbeschaffungsverfahrens“ die benötigten Felder änderbar geschaltet. Die Felder „Minimalbestand“, „Maximalbestand“ und „Bestellmenge“ werden für den lagerübergreifenden Bestellvorschlag und die Planungsvorschläge (PPS) verwendet. Bei Einsatz des Logistik-Moduls können je Lagerort Bestellparameter bzw. Lagerhaltungsdaten hinterlegt werden.

In den Menü-Schaltflächen am unteren Rand der Artikelkarte können weitere wertvolle Informationen zum Artikel aufgerufen werden. Im Bereich Artikel sind unter anderem die Übersetzungen und die Stückliste zu finden. In den Bereichen Einkauf und Verkauf können z.B. die speziellen Preise und Rabatte hinterlegt werden.

6.1.2 Lager Einrichtung

Die Einrichtung für das Lagermodul erfolgt über den Menüpunkt *Lager / Einrichtung / Lager Einrichtung*.

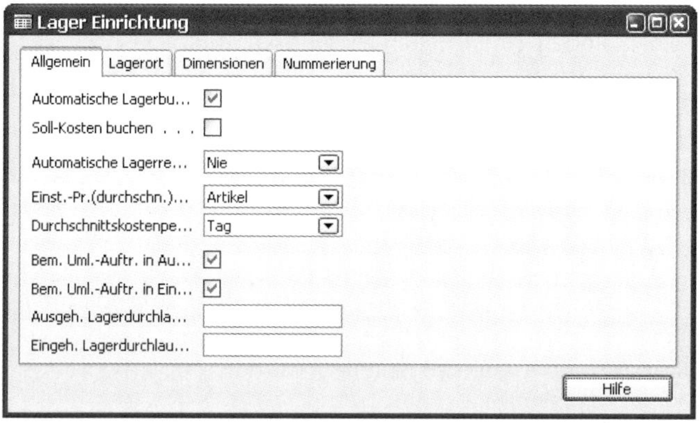

Im Register Allgemein kann über einen Haken im Feld „Automatische Lagerbuchung“ erreicht werden, dass bei Artikelbewegungen sofort die entsprechende Bestandsbuchung in der Finanzbuchhaltung erzeugt wird.

Sollen dabei auch gelieferte aber noch nicht fakturierte Lagerbewegungen in der Finanzbuchhaltung auf Interimskonten gebucht werden, so kann das Feld „Soll-Kosten buchen“ aktiviert werden.

Mit dem Feld „Automatische Lagerregulierung“ kann festgelegt werden, ob und wann Kosten beim Buchen von Transaktionen automatisch reguliert werden sollen. Der Regulierungsvorgang und seine Auswirkungen sind die gleichen wie bei der Stapelverarbeitung *Lagerreg. fakt. Einst. Preise*.

Wird das Feld „Lagerort notwendig“ im Register Lagerort aktiviert, muss bei jeder Buchung ein Lagerort angegeben werden, anderenfalls bricht das System die Buchung mit einer Fehlermeldung ab. Damit wird sichergestellt, dass keine Buchungen auf den „leeren“ Lagerort erfolgen. Weiterhin wird so sichergestellt, dass bei Auswertungen über Lagerorte keine Werte des „leeren“ Lagerortes „verschwinden“. Wird also im System mit Lagerorten gearbeitet, sollte in der Einrichtung im Feld „Lagerort notwendig“ ein Haken gesetzt werden.

6.1.3 Lagerbuchungsgruppen

Für Artikelgruppen, deren Bestandswerte buchhalterisch auf unterschiedlichen Sachkonten ausgewiesen werden sollen, werden unterschiedliche Lagerbuchungsgruppen definiert.

Für jede zu buchende Kombination aus Lagerbuchungsgruppe und Lagerort muss ein „Lagerkonto“ sowie optional ein „Lagerkonto (interim)“ hinterlegt werden. Alle weiteren Spalten sind je nach Notwendigkeit aus den Geschäftsprozessen zu definieren.

Nach dem Ausführen der Stapelverarbeitungen *Lagerreg. fakt. Einst. Preise* und *Lagerregulierung buchen* entspricht der Saldo des Kontos aus der Spalte „Lagerkonto“ dem tatsächlichen Wert der Artikel am Lager.

Auf den Interimskonten werden Lieferungen ausgewiesen, zu denen noch keine Rechnung gebucht wurde. Das Feld „Lagerkonto (Interim)“ enthält die Nummer des Sachkontos, auf das Vorgänge mit Soll-Kosten für Artikel gebucht werden. Beim Fakturieren eines Artikels wird der vorläufige Wert vom Interimskonto abgebucht und der fakturierte tatsächliche Betrag auf das Konto im Feld „Lagerkonto“ zugebucht.

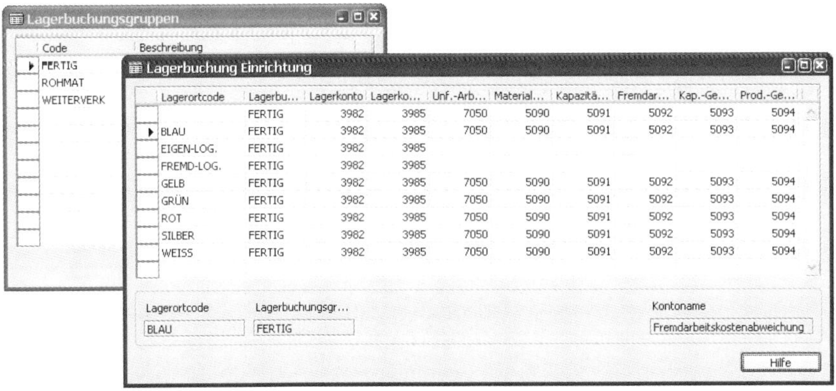

Das angegebene „Lagerkonto (Interim)“ wird nur bebucht, wenn im Unternehmen mit Soll-Kosten gearbeitet wird und dieses im System auch eingerichtet ist. Das wird durch einen Haken im Feld „Soll-Kosten buchen“ im Register Allgemein in der Lager Einrichtung definiert.

Bei der Einrichtung der Lagerbuchungsgruppen hat es sich bewährt, zunächst von den vorhandenen Lagerbestandskonten im Kontenplan (z.B. Rohmaterial, Fertigware) auszugehen. Diese dienen dann als Basis für die weitere Einrichtung.

Für die spätere differenzierte Auswertungsmöglichkeit sind folgende Hinweise zu beachten:

- Für jedes Lagerkonto in der Finanzbuchhaltung (im Kontenplan) sollte eine Lagerbuchungsgruppe angelegt werden.
- Ist in der Finanzbuchhaltung nur ein Konto angelegt, werden jedoch differenzierte Auswertungen benötigt, so können mehrere Lagerbuchungsgruppen angelegt werden, die auf das eine Sachkonto verweisen.

6.1.4 Lagerbuchungsperioden

Mit Hilfe von Lagerbuchungsperioden kann sichergestellt werden, dass Buchungen aus Warenwirtschaft und Lager nur in offenen Perioden erfolgen können. Durch die Trennung von Lagerbuchungsperioden und Buchhaltungsperioden kann verhindert werden, dass während des Monatsabschluss in der Finanzbuchhaltung weitere Lagerbuchungen in der abzuschließenden Periode vorgenommen werden, die den Lagerwert wieder verändern würden.

Die Sperrung der Buchhaltungsperioden in der Finanzbuchhaltung über den zugelassenen Buchungszeitraum betreffen auch die Lagerbuchungen.

Lagerbuchungsperioden werden unter dem Menüpunkt *Finanzmanagement / Lager / Bewertung / Lagerbuchungsperioden* aufgerufen.

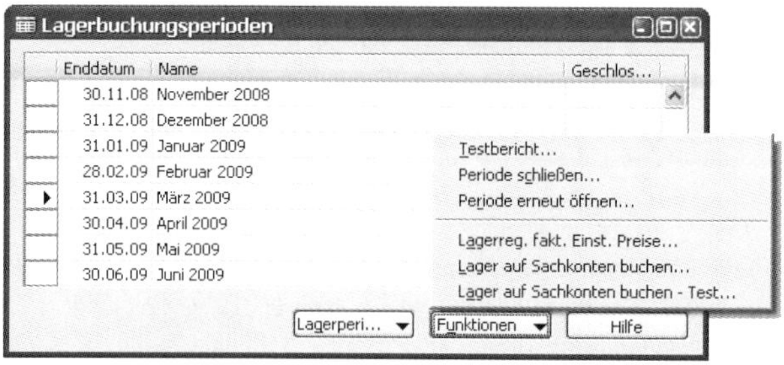

Eine Lagerbuchungsperiode wird durch das Feld „Enddatum“ definiert. Ist die Lagerbuchungsperiode geschlossen, können keine Artikelbuchungen vorgenommen werden, deren Buchungsdatum vor oder am Enddatum liegen.

Zum Periodenende sollte die Lagerbuchungsperiode geschlossen werden, um sie für unerwünschte Buchungen zu sperren. Lagerbuchungsperioden können nur gesperrt werden, wenn:

- keine offenen, negativen Artikelposten vorhanden sind, deren Buchungsdatum vor dem oder am Enddatum liegt und
- die Stapelverarbeitung *Lagerreg. fakt. Einst. Preise* für alle Artikel ausgeführt wurde.

Über den Menüpunkt Funktionen▼ / *Testbericht* kann ein Testbericht aufgerufen werden, der alle Artikel ggf. unter Angabe der Artikelpostennummer ausgibt, die verhindern, dass die ausgewählte Lagerbuchungsperiode geschlossen werden kann. Zunächst müssen alle negativen Lagerbestände ausgebucht werden. Nach dem Ausführen der Stapelverarbeitung *Lagerreg. fakt. Einst. Preise* kann nun die Lagerbuchungsperiode über den Menüpunkt Funktionen▼ / *Periode schließen...* geschlossen werden.

Wird durch die Stapelverarbeitung *Lagerreg. fakt. Einst. Preise* ein Artikelposten neu bewertet, dessen Buchungsdatum in eine abgeschlossene Lagerbuchungsperiode fällt, wird ein Wertposten zum Startdatum der ersten offenen Lagerbuchungsperiode erzeugt.

Nach dem Abschluss der Lagerbuchungsperiode kann der Lagerwert durch die Finanzbuchhaltung abgestimmt, die Lagerregulierung auf die Sachkonten gebucht und die Buchhaltungsperiode geschlossen werden.

Sollte beim Abstimmen des Lagerwertes festgestellt werden, dass Korrekturbuchungen auf Artikelebene notwendig sind, kann die Lagerbuchungsperiode über den Menüpunkt Funktionen▼ / *Periode erneut öffnen...* wieder zum Buchen geöffnet werden. Alle Vorgänge, die das Schließen und Öffnen von Lagerbuchungsperioden betreffen, werden in dem Lagerbuchungsperioden-Posten protokolliert und können für die aktuelle Zeile über den Menüpunkt Lagerperiode▼ / *Lagerperiodenposten* eingesehen werden.

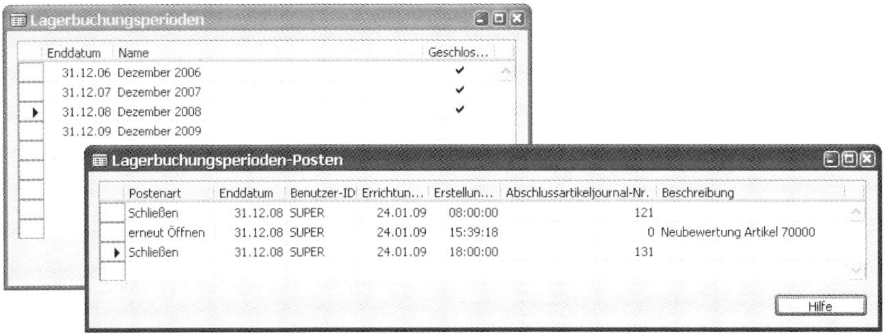

Im Feld „Abschlussartikeljournal-Nr." wird die Nummer des letzten Artikeljournals gespeichert, das zum Zeitpunkt des Schließens gebucht war. Zusätzliche Informationen zu Lagerperioden-Posten können nach Drücken von **F2** im Feld „Beschreibung" hinterlegt werden.

6.2 Artikelbuchungen

In Kapitel 5 wurde behandelt, wie Artikel eingekauft und verkauft werden können. In der Praxis sind damit jedoch noch nicht alle Artikelbewegungen erfasst. Insbesondere Vorgänge wie Verbrauch, Produktion, Ausschuss, Inventurdifferenzen, Wertänderungen oder Umlagerungen lassen sich mit Ein- und Verkäufen nicht abbilden. Zu diesem Zweck stellt Microsoft Dynamics NAV im Modul Lager verschiedene Buchungsblätter zur Verfügung.

6.2.1 Artikelbuchungsblätter

Artikelbuchungsblätter dienen der Erfassung jeder Form von Zu- und Abgängen sowie Umlagerungen und Neubewertungen. Im Menü *Lager / Lager* stehen vier verschiedene Artikel Buch.-Blätter zur Verfügung, die für den benannten Zweck die entsprechend notwendigen Spalten enthalten:

- Artikel Buch.-Blätter
  dienen einfachen Zu- und Abgangsbuchungen.
- Umlagerungs Buch.-Blätter
  dienen dem Buchen von Umlagerungen von einem Lager in ein anderes sowie zur Änderung der Seriennummer, Chargennummer, Kostenstelle, des Kostenträgers und Lagerplatzes.
- Inventur Buch.-Blätter
  dienen der Erfassung und Buchung von Inventurdifferenzen und sind Grundlage für die Erstellung von Zähllisten.
- Neubewertungs Buch.-Blatt
  Diese Buchungsblätter können verwendet werden, um den Lagerwert von Artikeln zu verändern, z.B. nach einer Inventur. Hier wird der aktuelle Wert eines Artikels angezeigt und es kann dann ein neuer Wert zugewiesen werden.

Bei allen vier Menüpunkten gelangt man in ein Fenster, welches auf dem Datensatz „Artikel Buch.-Blattzeile" beruht. Die Fenster unterscheiden sich lediglich darin, dass nur diejenigen Spalten zur Verfügung stehen, die in dem entsprechenden Zusammenhang benötigt werden. Dadurch müssen keine unnötigen Spalten übersprungen werden, das Buchungsblatt wird insgesamt übersichtlicher und die Arbeit effektiver.

Im Folgenden werden die (einfachen) Artikel Buch.-Blätter erläutert, die über den gleichnamigen Menüpunkt aufgerufen werden können:

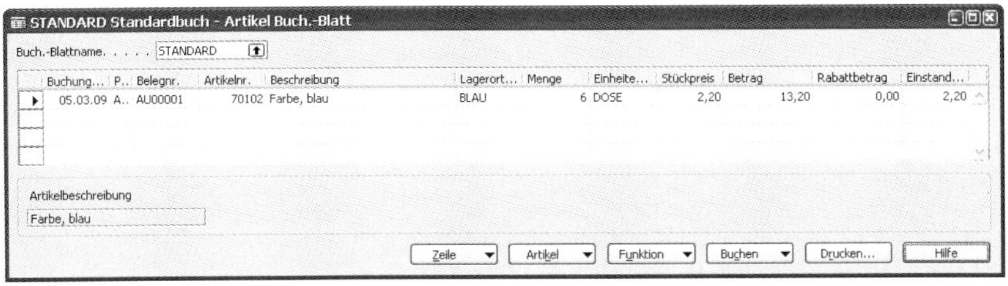

In die Spalte „Buchungsdatum“ wird der Tag des Geschäftsvorfalls eingetragen, in der Spalte „Postenart“ wird die Art des Geschäftsvorfalls ausgewählt. Dabei kann es sich um einen <Zugang>, <Abgang>, <Einkauf> oder um einen <Verkauf> handeln.

Mit Hilfe der „Belegnummer“ können gleichartige Vorgänge zusammengefasst und später über die Funktion Navigate wieder nachvollzogen werden.

Wichtig bei allen Buchungen, durch die der Lagerbestand erhöht wird, ist ein korrekter Eintrag im Feld „Einstandspreis“. Dieser sollte immer genau geprüft werden, denn der Eintrag eines falschen Einstandspreises kann zur Berechnung eines falschen Lagerwertes in der Finanzbuchhaltung führen.

Die erfassten Zeilen in den Artikel Buch.-Blättern müssen nicht unmittelbar nach der Erfassung gebucht werden. Eine Auswirkung auf den Lagerbestand des Artikels haben sie jedoch erst, wenn sie über die Funktion Buchen▼ / *Buchen* gebucht worden sind.

Es ist zwar möglich, einen Verkaufsauftrag bzw. eine Bestellung für die Rechnungsbuchung über die Fibu Buch.-Blätter und die Lagerbewegung über die Artikel Buch.-Blätter zu buchen, dabei ist jedoch folgendes zu beachten:

1. Wird dabei die gleiche Belegnummer verwendet, können alle dabei erzeugten Posten auch über Navigate abgefragt werden. Bei diesem Vorgang werden keine druckbaren Belege (Rechnungen, Lieferscheine) erzeugt.
2. Darüber hinaus wird die Deckungsbeitragsberechnung der Statistik im entsprechenden Debitor bzw. Kreditor nicht gefüllt.

Grundsätzlich ist von der Nutzung der Artikel Buch.-Blätter als Korrekturinstrument für falsche Lagerbestände bzw. zur Korrektur von Einkäufen und

Verkäufen abzuraten. Die Folgeprobleme (Lagerwerte, Rohertrag) sind in der Praxis oft dramatisch.

Sollten die Artikel Buch.-Blätter trotzdem dafür genutzt werden, ist es zu empfehlen, die Buchungsbelege auszudrucken und abzulegen, um die Ursache der Lagerwertveränderung in der Finanzbuchhaltung nachträglich nachweisen zu können.

Um mehreren Personen gleichzeitig die Arbeit mit Artikel Buch.-Blättern zu ermöglichen, können (analog zur Finanzbuchhaltung) mehrere Buchungsblattnamen angelegt werden.

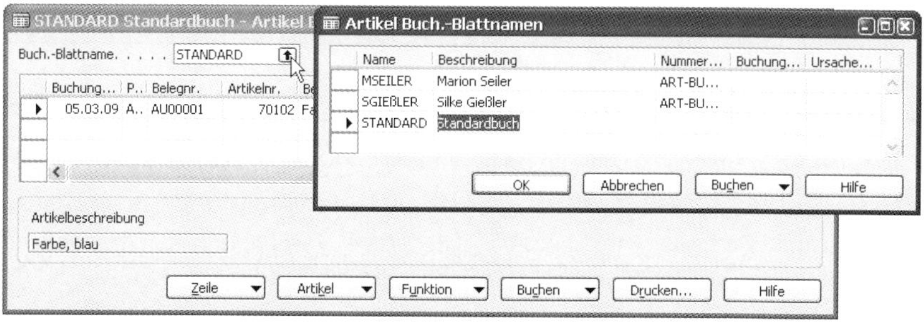

So kann z.B. für jeden Mitarbeiter ein eigenes Buchungsblatt (Buchungsblattname) eingerichtet werden. In den Buchungsblattnamen können bei Bedarf Nummernserien sowie Buchungsnummernserien hinterlegt werden.

6.2.2 Wiederkehrende Artikel Buch.-Blätter

Werden in regelmäßigen Abständen immer wieder die gleichen oder ähnlichen Artikelbuchungen durchgeführt, können dafür wiederkehrende Artikelbuchungsblätter verwendet werden.

Die Wiederk. Artikel Buch.-Blätter werden aus dem Hauptmenü *Einkauf* über *Lager & Bewertung / Wiederk. Artikel Buch.-Blätter* aufgerufen. Sie unterscheiden sich von normalen Artikel Buch.-Blättern darin, dass sie zusätzliche Spalten enthalten und dass sie nach dem Buchen nicht gelöscht werden.

Mit Hilfe zusätzlicher Felder wird gesteuert, wann und mit welcher Menge die nächste Buchung durchgeführt werden soll.

Über die „Wiederholungsart“ wird eingestellt, welche Menge für die nächste Buchung zur Verfügung gestellt werden soll. Ist die „Wiederholungsart“ auf <Variabel> eingestellt, so wird nach jedem Buchungsvorgang die Menge gelöscht, so dass sie beim nächsten Buchungsvorgang neu ausgefüllt werden muss. Bei der Einstellung <Fix> bleibt die Menge nach einer Buchung erhalten.

Die „Wiederholungsrate“ gibt an, in welchen Abständen eine Buchung abgesetzt werden soll. Dazu wird das Buchungsdatum nach der Buchung um den entsprechenden Zeitraum erhöht. Eine Buchung wird nur solange wiederholt, bis das „Ablaufdatum“ erreicht ist.

In den Spalten „Belegnr.“ und „Beschreibung“ kann abweichend von normalen Buchungsblättern ein Platzhalter verwendet werden (z.B. %3 oder %4), um Datumsinformationen wie z.B. Nummer oder Name des aktuellen Monats in den Text einzufügen. Weitere Informationen hierzu sind in der Online-Hilfe zu finden.

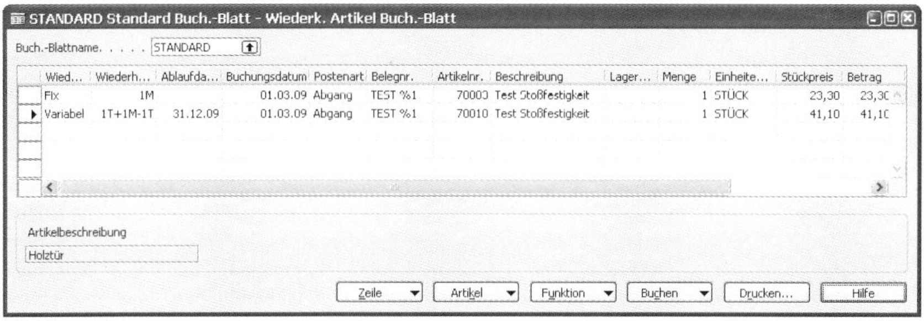

Soll eine Buchung zum jeweils Letzten des Monats ausgeführt werden, reicht es nicht aus, eine Wiederholungsrate von „1M“ zu verwenden. Nach der Februarbuchung würde das Datum auf den 28.3. bzw. 29.3. gesetzt werden. Stattdessen arbeitet die Formel „1T+1M-1T“ zuverlässig.

Die wiederkehrenden Buchungen werden nur unter bestimmten Voraussetzungen ausgelöst: Das Ablaufdatum darf noch nicht erreicht sein und das Arbeitsdatum muss nach dem Buchungsdatum liegen. In allen anderen Fällen erscheint die Meldung „Es gibt nichts zu buchen“.

6.2.3 Lagerorte

Die Lagerorte in Microsoft Dynamics NAV bilden die verschiedenen Lager ab, die ein Unternehmen besitzt. Dabei kann es sich z.B. um ein Hauptlager, Außenlager, Sperrlager, Wareneingangslager, Baustellenlager usw. handeln.

Wird ein Artikel von einem Lager in ein anderes transportiert, so muss der Artikel auf das entsprechende Lager umgebucht (umgelagert) werden. Dazu stehen die "Umlagerungs Buch.-Blätter“ zur Verfügung, bei denen die erforderlichen Spalten „Lagerortcode“ und „Neuer Lagerortcode“ bereits standardmäßig eingeblendet sind. Bei einer Umlagerung werden in Microsoft Dynamics NAV zwei neue Artikelposten vom Typ <Umlagerung> erzeugt: Einer für den Abgang vom bisherigen Lagerort und einer für den Zugang auf dem neuen Lagerort.

Dauert der Transport der Ware mehrere Tage, Wochen oder Monate, so können dafür Transitlagerorte eingerichtet werden, um genaue Auskunft über aktuellen Standort der Ware geben zu können. Die Definition eines Lagerortes als Transitlager erfolgt auf der Lagerortkarte im Register Allgemein im Feld „Als Transitlager verwenden".

Wird ein Artikel auf einem Lagerort geführt, beim Abgang bzw. Verkauf jedoch aus einem anderen Lagerort ausgeliefert (abgebucht), so werden diese beiden Artikelposten nicht miteinander ausgeglichen. Das bedeutet: Es findet keine Zuordnung von Zugang (Einkauf) und Abgang (Verkauf) statt. Dies kann dazu führen, dass die Bestandsbewertung in Microsoft Dynamics NAV nicht korrekt arbeitet. Gleiches gilt für die Verwendung unterschiedlicher Seriennummern, Chargennummern und Lagerplätzen bei der Buchung.

Die Einrichtung der Lagerorte erfolgt über den Menüpunkt *Lager / Einrichtung / Lagerorte*:

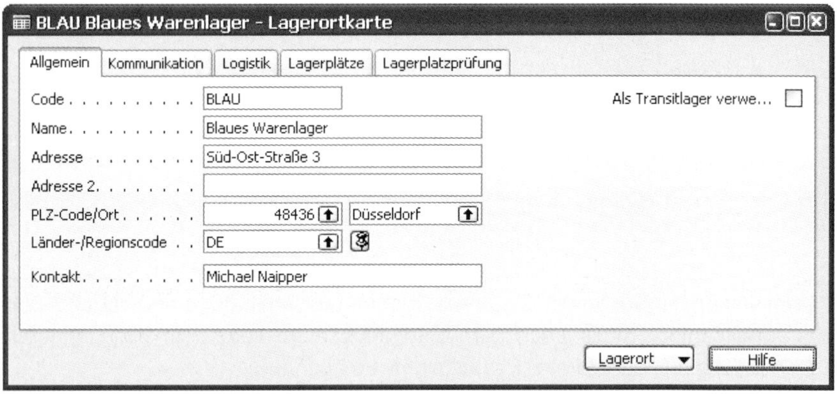

Neben Adress- und Kommunikationsdaten sind eine Reihe von Einstellungen für das Modul Logistik möglich. Dieses Modul wird allerdings nicht im Rahmen dieses Buches dargestellt.

In der Lager Einrichtung (*Lager / Einrichtung / Lager Einrichtung*) kann durch einen Haken im Feld „Lagerort notwendig" erzwungen werden, dass bei jeder Artikelbuchung im System ein Lagerort angegeben werden muss. Wird mit Lagerorten gearbeitet, sollte diese Einrichtung vorgenommen werden, da in einigen Auswertungen und Darstellungen der leere Lagerort nicht berücksichtigt wird.

Auf den Einkaufsbestellungen wird als Lieferadresse die Anschrift des Lagerortes ausgegeben, an den die Lieferung erfolgen soll.

6.2.4 Artikelposten und Wertposten

Grundsätzlich wird in Microsoft Dynamics NAV zwischen der physischen und der wertmäßigen Artikelbewegung unterschieden. Das bedeutet: Wird ein Artikel von einem Kreditor angeliefert und eingelagert, so findet zunächst nur die physische Lagerbewegung statt. Wertmäßig wird der Artikel erst mit der Einkaufsrechnung gebucht, da auch erst dann der verlässliche Wert feststeht.

Im Gegensatz zu Aufträgen und Bestellungen fallen bei Buchungen über die Artikelbuchungsblätter physische und wertmäßige Artikelbewegung immer zusammen.

Bei einer physischen Lagerbewegung werden Artikelposten erzeugt, bei einer wertmäßigen Lagerbewegung Wertposten. Zusätzlich können zu einer physischen Lagerbewegung auch Wertposten entstehen. Erfolgt die physische Lagerbewegung ohne eine wertmäßige Lagerbewegung, so wird zum Artikelposten noch ein Wertposten zur vorläufigen Bewertung des Artikelpostens angelegt. Dieser Wertposten ist im Feld „Soll-Kosten" mit <Ja> gekennzeichnet.

Innerhalb der Artikelposten können aber auch Informationen über den (aktuellen) Wert der Artikelbewegung abgerufen werden, welche über FlowFields auf die zugehörigen Wertposten zeigen.

Die Artikelposten zu einem Artikel können aus der Artikelkarte über den Menüpunkt **Artikel▼** / *Posten / Posten* aufgerufen werden:

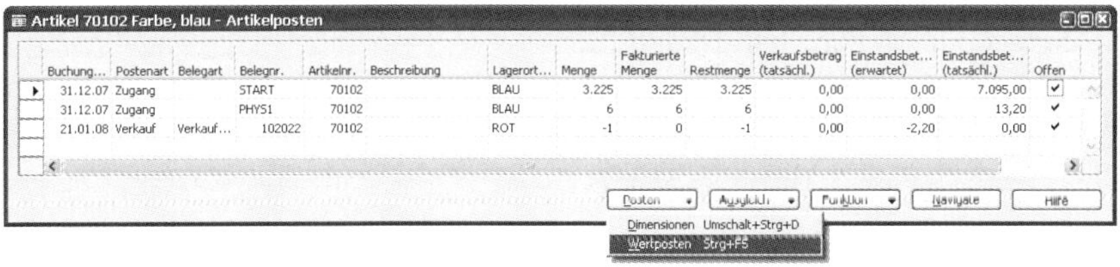

Die Spalte „Menge" gibt die physisch bewegte Menge, die Spalte „Fakturierte Menge" die bewertete Menge an. Abweichungen zwischen beiden Werten entstehen dann, wenn in einem Auftrag, einer Bestellung oder einer Reklamation bisher nur die Lieferung und nicht die Rechnung gebucht wurde.

In der Spalte „Einstandsbetrag (erwartet)" wird der voraussichtliche Wert der zu erwartenden Rechnung bzw. Gutschrift dargestellt. Dieser Wert kann über die Lagerregulierung auf Interimskonten gebucht werden, um die erwarteten Rechnungseingänge in der Finanzbuchhaltung darzustellen. Der „Einstandsbetrag (tatsächl.)" ist der für die Lagerbewertung ausschlaggebende Wert. Diese Einstandbeträge sind FlowFields auf die zum Artikelposten gehörenden Wertposten.

Wertposten werden immer dann erzeugt, wenn ein wertrelevanter Vorgang gebucht wird. Auf welche Vorgangsart ein Wertposten zurückzuführen ist, kann an der Postenart erkannt werden:

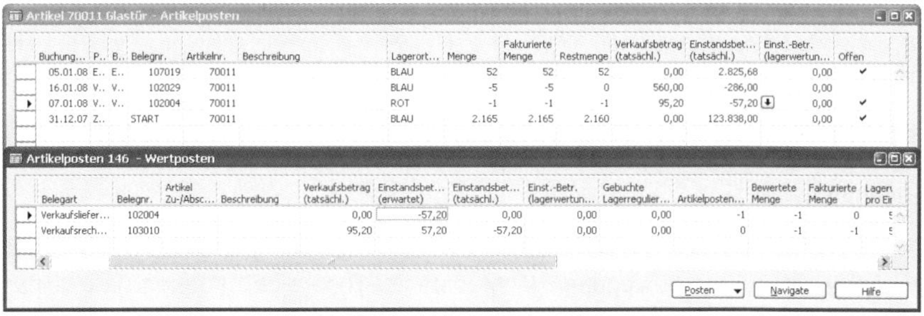

<EK-Preis>

Entstehen bei den regulären Artikelbewegungen wie Einkauf, Verkauf, Zu- oder Abgang. Bei Verkaufs- und Abgangsposten können durch nachträgliche Wertänderungen im Rahmen der Lagerregulierung mehrere Wertposten der Art <EK-Preis> erzeugt werden.

<Neubewertung>

Wertänderungen die vom Anwender über die Neubewertungsbuchungsblätter vorgenommen wurden.

<Rundung>

Rundungen werden bei Bedarf durch die Lagerregulierung automatisch erzeugt. Sie entstehen, wenn die Summe aller Abgänge sich wertmäßig vom Zugang unterscheidet. Zum Beispiel werden drei Stück für 10,00 € eingekauft und einzeln wieder verkauft. Jedem einzelnen Stück wird in diesem Fall ein Abgangswert von 3,33 € zugewiesen. Der verbleibende Cent wird als Rundungsposten ausgebucht.

<Kosten>

Wird in Zugangsbuchungen das Feld „Kosten %“ gefüllt, so entstehen neben dem herkömmlichen Wertposten der Postenart <EK-Preis> noch ein weiterer Wertposten der Postenart <Kosten>. In diesem Wertposten werden die zusätzlichen Kosten separat ausgewiesen.

<Abweichung>

Wird mit Standardkosten, also einem festen Einstandsbetrag gearbeitet, so wird über die Posten der Art <Abweichung> die Differenz zwischen dem festen und dem tatsächlichen Einstandspreis dokumentiert.

6.2.5 Einheitenumrechnung

Häufig werden Artikel in anderen Packungsgrößen eingekauft, als sie später verkauft bzw. verbraucht werden. In Microsoft Dynamics NAV können daher Artikelbuchungen in verschiedenen Einheiten durchgeführt werden. Zu diesem Zweck muss bei jedem Artikel ein „Basiseinheitencode" hinterlegt werden, der die „Menge pro Einheit" 1 aufweist. Bei allen anderen Einheiten für diesen Artikel wird in der Spalte „Menge pro Einheit" ein Vielfaches bzw. eine Teilmenge der Basiseinheit angegeben.

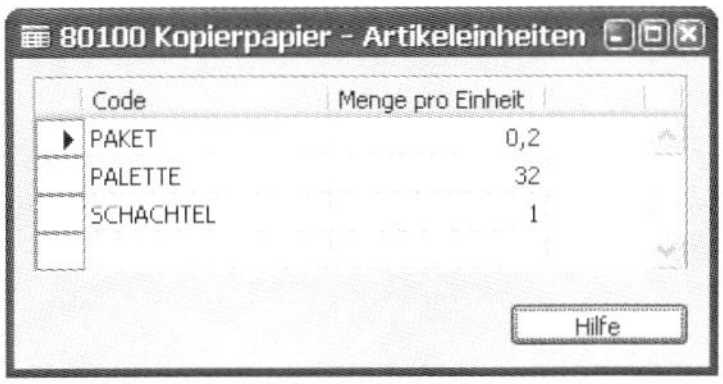

In diesem Beispiel sind die Einheiten wie folgt zu lesen: Die Basiseinheit ist Schachtel. Eine Palette hat 32 Schachteln. Ein Paket hat 0,2 Schachteln oder in einer Schachtel sind (1 / 0,2 = 5) 5 Pakete.

In den Artikel Buch.-Blattzeilen sowie in den Einkaufs- und Verkaufszeilen kann der Einheitencode angegeben werden, in dem die Buchung erfolgt. Microsoft Dynamics NAV rechnet die Menge dann zusätzlich in Mengen in Bezug auf den Basiseinheitencode um.

Mengenangaben in Artikelposten und bei Lagerbeständen erfolgen grundsätzlich im Basiseinheitencode. In den Artikelstammdaten in der Artikelkarte kann ein „Verkauf Einheitencode" und „Einkauf Einheitencode" vorbelegt werden. Dieser wird dann automatisch bei Verkaufs- bzw. Einkaufsbelegen in den Zeilen vorgeschlagen.

Um Verwirrungen zwischen dem Einkauf-, Verkauf- und Basiseinheitencode bei der Arbeit zwischen den Abteilungen zu vermeiden, ist die Arbeit mit nur einer Einheit, dem Basiseinheitencode, zu empfehlen. Falls Umrechnungen notwendig sind, kann in den Belegzeilen auch in der Spalte „Menge" gerechnet werden. Als Basiseinheit sollte die Einheit gewählt werden, in der der Artikel im Unternehmen „gedacht" wird.

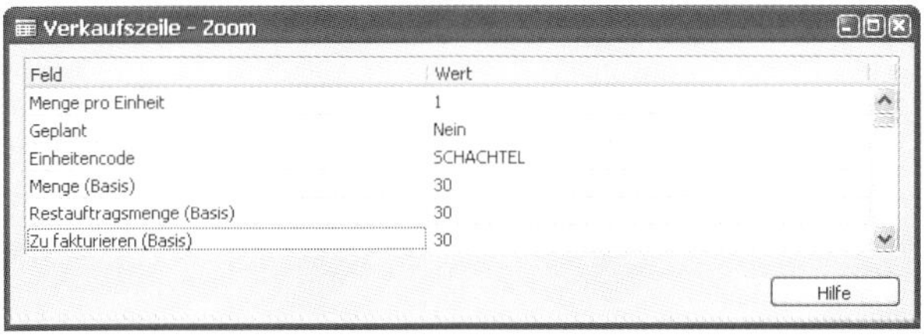

In allen Belegzeilen gibt es Spalten mit „... (Basis)“ für die Mengenangaben in der Basiseinheit und ein Feld „Menge pro Einheit“, das den Umrechnungsfaktor zwischen Menge und der Basismenge enthält. Alle diese Spalten mit ihren Werten können über den Zoom (**Strg** + **F8**) eingesehen werden.

6.3 Inventur

Die Inventur dient der Feststellung und Bewertung der Lagerbestände. In der Praxis werden verschiedene Methoden zur Ermittlung der Bestandsmengen und zur Bewertung dieser Mengen angewandt. Die Art der Bewertung der Lagerbestände hängt unter anderem von der Rechtsform, der Unternehmensgröße, der Branche und der zuständigen Finanzbehörde ab.

Bei der Ermittlung der Bestandsmengen können drei verschiedene Methoden angewandt werden:

- Stichtagsinventur
  Am Tag der Bewertung werden alle Lagerbestände gezählt und bewertet. Dies ist die einfachste Form der Inventur, da die Bestände zum Bewertungszeitpunkt exakt bestimmt werden können. Nachteil ist die geringe zeitliche Flexibilität. Ist z.B. der Bewertungszeitpunkt der Jahreswechsel, muss die Inventur zu Silvester bzw. am Vortag durchgeführt werden.

- Vorgelagerte / Nachgelagerte Inventur
  In diesem Fall muss die Bewertung innerhalb von drei Monaten vor oder zwei Monaten nach dem Bewertungszeitpunkt durchgeführt werden. Der berechnete Lagerbestand wird um die zwischenzeitlichen Bestandsveränderungen korrigiert. Die Bestandsveränderungen werden durch eine Fortschreibung der Lagerbestände berechnet. Sollen die Inventurdifferenzen bei der nachgelagerten Inventur in das abgelaufene Geschäftsjahr gebucht werden, so muss entweder ein Buchungsdatum aus dem abgelaufenen Geschäftsjahr verwendet oder eine manuelle Abgrenzungsbuchung vorgenommen werden.

- Laufende Inventur
  Bei einer laufenden Inventur werden kontinuierlich die Bestände aufgenommen und laufend fortgeschrieben. Dabei kann z.B. in jedem Monat eine andere Warengruppe erfasst werden, so dass zum Jahresende alle Bestände einmal erfasst wurden. Die zwischenzeitlichen Veränderungen werden durch Bestandsfortschreibung ermittelt. Auf diese Weise kann die mit der Inventur verbundene Arbeit über das gesamte Jahr verteilt werden.

Die vor- und nachgelagerte Inventur sowie die laufende Inventur erfordern eine Fortschreibung der Lagerbestände, um aus den Inventurbeständen die Bestände zum Bewertungszeitpunkt zu ermitteln. Microsoft Dynamics NAV verfügt über eine außerordentlich leistungsfähige Bestandsbewertungsfunktionalität, so dass alle drei Methoden anwendbar sind.

6.3.1 Zählbestand und Buchbestand

Die Bestandsbewertung in Microsoft Dynamics NAV geht von zwei Lagerbeständen aus:

1. Zählbestand
   Der Zählbestand ist der Lagerbestand, der im Lager körperlich aufgenommen und gezählt werden kann.

2. Buchbestand
   Der Buchbestand ist der Bestand, der in der Bilanz ausgewiesen wird.

Werden Soll-Kosten auf Interimskonten gebucht, so entspricht der Zählbestand der Summe aus Bestands- und Interimskonten.

Beide Bestände unterscheiden sich um Eingangs- und Ausgangslieferungen, die noch nicht fakturiert wurden. Dieser Zusammenhang kann durch folgende Grafik erläutert werden:

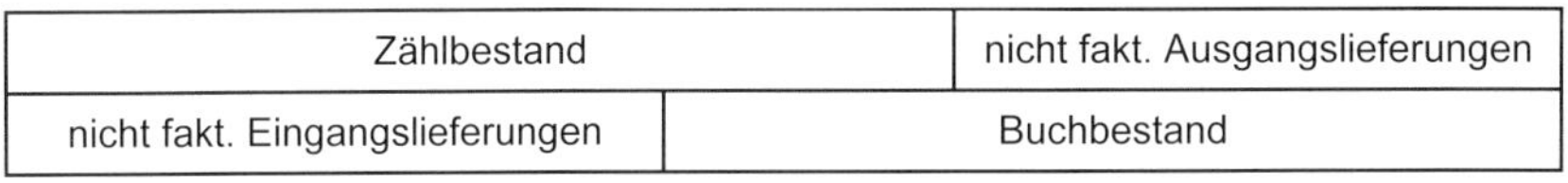

In der Bilanz wird der Buchbestand ausgewiesen. In der Inventur kann jedoch nur der Zählbestand bzw. es können nur die Differenzen zu diesem ermittelt und gebucht werden. Dieses Vorgehen ist deshalb korrekt, weil die Differenzen des ermittelten Zählbestands zu dem im System geführten Zählbestand mit den Abweichungen im Buchbestand übereinstimmen:

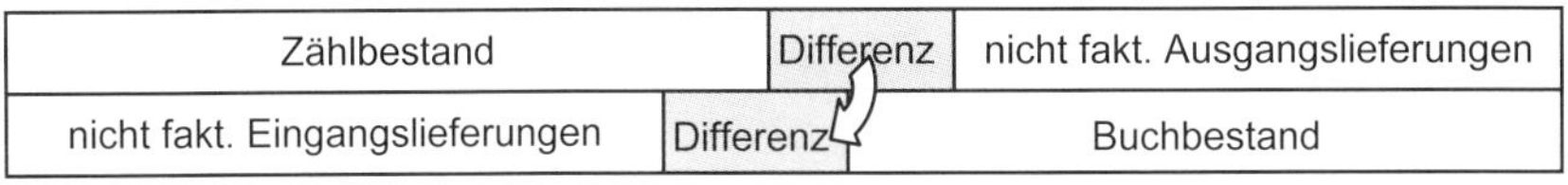

Mit anderen Worten: Durch die Korrektur (das Buchen) der Differenzen im Zählbestand wird ebenfalls der Buchbestand korrigiert. Was im Zählbestand fehlt, muss auch im Buchbestand fehlen.

Sowohl der Zählbestand als auch der Buchbestand können als Menge und als Wert (bewertete Menge) berechnet werden. Nachfolgend werden deshalb folgende Begriffe verwendet. In Klammern sind die entsprechenden Felder des Artikelpostens angegeben.

	Menge	Wert
Zählbestand	Mengenmäßiger Zählbestand („Menge“)	Wertmäßiger Zählbestand („Einstandsbetrag (erwartet)“ + „Einstandsbetrag (tatsächl.)“)
Buchbestand	Mengenmäßiger Buchbestand („Fakturierte Menge“)	Wertmäßiger Buchbestand („Einstandsbetrag (tatsächl.)“)

6.3.2 Durchführen der Inventur

Die Inventur wird in Microsoft Dynamics NAV in drei Schritten durchgeführt:

1. Füllen der Inventurbuchungsblätter und Berechnen des mengenmäßigen Zählbestands aus dem System.
2. Drucken der Zähllisten und körperliche Bestandsaufnahme.
3. Eingeben der gezählten Bestände und Buchen der Inventurdifferenzen.

Füllen der Inventurbuchungsblätter

Die Inventur Buch.-Blätter werden aus dem Hauptmenü *Lager / Lager* über den Menüpunkt *Inventur Buch.-Blätter* aufgerufen. Um diese im Weiteren verwenden zu können, müssen im nächsten Schritt über den Menüpunkt Funktion▼ / *Lagerbestand berechnen...* die Zählbestände jedes Artikels berechnet und in die Inventur Buch.-Blätter eingetragen werden.

Ist ein großer Artikelbestand im Unternehmen vorhanden oder sind mehrere Lagerorte betroffen, die räumlich von einander getrennt sind, empfiehlt es sich mehrere Buchungsblätter anzulegen und diese nach den einzelnen Lagerorten und/oder Artikelparametern getrennt zu füllen.

Jeder Artikel darf pro Lagerort und Variante nur in einem Buch.-Blatt auftreten, da andernfalls bei der zweiten Buchung zu hohe Differenzen gebucht werden.

Wird der Haken im Feld „Artikel nicht auf Lager“ gesetzt, so werden auch Artikel in die Inventur einbezogen, die im System einen Lagerbestand von Null ausweisen. In keinem Fall werden Artikel in die Inventur einbezogen, auf denen noch keine Bewegungen stattgefunden haben (bei denen keine Artikelposten existieren).

Die Lagerbestände werden getrennt nach Lagerorten ausgewiesen. Soll eine weitere Differenzierung erfolgen, z.B. nach Kostenstellen, so muss dies in dem Feld „Nach Dimensionen“ angegeben werden. Durch Klicken auf den Assist-Button erscheint ein Auswahlmenü mit allen Dimensionen.

Eine Trennung nach Dimensionen ist dann sinnvoll, wenn auch die Inventurdifferenzen diesen Dimensionen zugeordnet werden sollen, wenn also z.B. eine Kostenstelle mit den von ihr zu vertretenden Fehlmengen belastet werden soll und eine entsprechende Zuordnung möglich ist.

Als Ergebnis der Funktion Lagerbestand berechnen werden die Inventurbuchungsblätter gefüllt, einschließlich der Spalten „Einstandspreis“ und „Inventurmenge“.

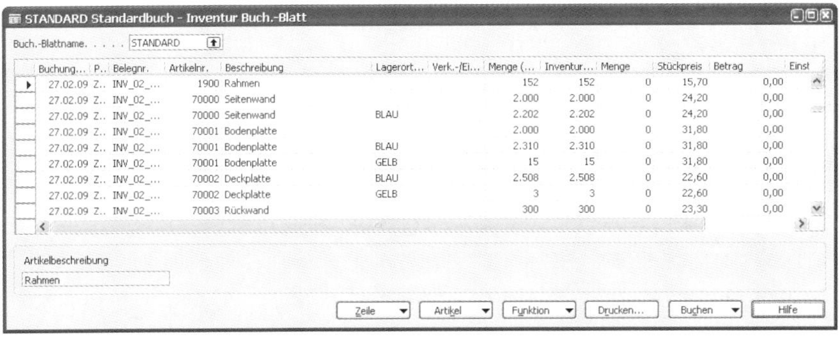

Das System berechnet dabei die Lagerbestände zu dem Zeitpunkt, an dem die Stapelverarbeitung „Lagerbestand berechnen“ ausgeführt wurde. Hier ist unbedingt darauf zu achten, dass nachträgliche Lieferungen sowohl verkaufs- als auch einkaufsseitig nicht berücksichtigt werden. Die nach dem Füllen des Inventur Buch.-Blattes und vor dem tatsächlichen Zählen gebuchten Artikelbewegungen treten somit als Differenzen auf.

Es werden beispielsweise über die Funktion Lagerbestand berechnen 5 Artikel als Soll-Bestand in das Inventur Buch.-Blatt eingetragen. Anschließend erfolgt eine Anlieferung von 2 Stück, die im System geliefert und fakturiert werden. Bei der Inventur werden somit 7 Stück als Ist-Bestand gezählt und auch im Inventur Buch.-Blatt eingetragen. Das System berechnet daraus einen Zugang von 2 Stück und berücksichtigt die bereits erfolgte Zugangsbuchung nach der Funktion Lagerbestand berechnen nicht! Nach dem Buchen des Inventur Buch.-Blattes wird im System nun ein Lagerbestand von 9 anstelle von 7 Stück gefuhrt.

Zähllisten und Bestandsaufnahme

Das gefüllte Inventur Buch.-Blatt ist die Grundlage für die Zähllisten. Diese werden aus dem Inventur Buch.-Blatt über den Button Drucken... erstellt.

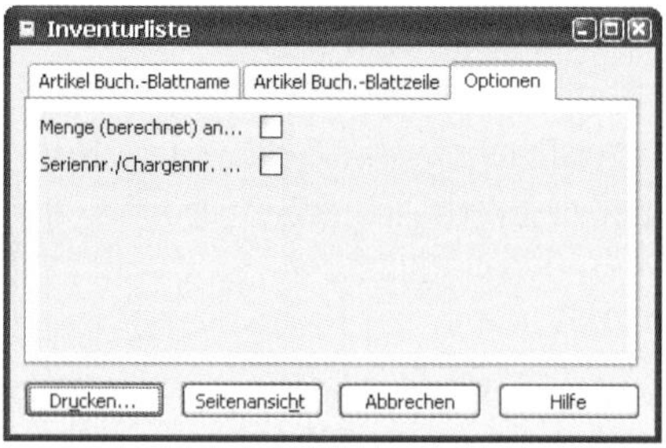

Wird im Register Optionen im Feld „Menge (berechnet) anzeigen“ ein Haken gesetzt, werden die vom System berechneten Lagerbestände in die ausgedruckten Zähllisten übernommen. Auf eine Ausgabe der berechneten Mengen in den Zähllisten sollte in der Regel jedoch verzichtet werden, da die Sorgfalt der Inventur darunter leiden könnte.

Ein Haken im Feld „Seriennr./Chargennr. anzeigen“ bewirkt, dass die Serien- bzw. Chargennummern zu den entsprechenden Artikeln ausgegeben werden. Auch hier sollte dann ein besonderes Augenmerk auf die Sorgfalt bei der Inventurdurchführung gelegt werden.

Darüber hinaus kann im Register „Artikel Buch.-Blattzeile“ ein Filter auf einen bestimmten Lagerort gelegt werden, wenn für jeden Lagerort eine eigene Zählliste ausgedruckt werden soll. Alternativ dazu können mehrere Inventur Buch.-Blätter angelegt werden aus denen dann die unterschiedlichen Zähllisten ausgedruckt werden können.

Inventurliste 9. März 2009
CRONUS AG Seite 2
SUPER

Buchung	Belegnr.	Artikelnr.	Beschreibung	Kostenstelle Code	Kostenträge Code	Lagerortcod	Lagerplatzc	Inventurmenge
27.02.09	INV_02_2009	70001	Bodenplatte					________
27.02.09	INV_02_2009	70001	Bodenplatte			BLAU		________
27.02.09	INV_02_2009	70001	Bodenplatte			GELB		________
27.02.09	INV_02_2009	70002	Deckplatte			BLAU		________
27.02.09	INV_02_2009	70002	Deckplatte			GELB		________
27.02.09	INV_02_2009	70003	Rückwand					________
27.02.09	INV_02_2009	70003	Rückwand			BLAU		________

Die Zählmenge kann direkt in den ausgedruckten Inventurlisten eingetragen werden, so dass diese mit Unterschriften versehen, später als Buchungsbelege dienen. In diesem Fall dürfen weder die berechneten Mengen noch Serien- und Chargennummern ausgedruckt werden.

Buchen der Inventurdifferenzen

Die in den Zähllisten angegebenen Mengen werden im nächsten Schritt in den Inventur Buch.-Blättern in die Spalte „Inventurmenge“ eingetragen.

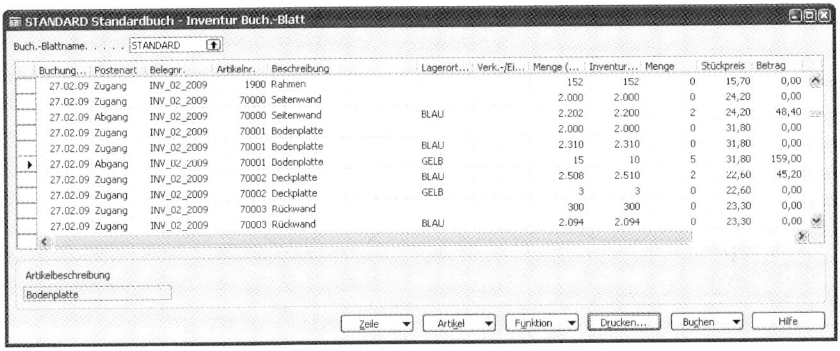

Buchung...	Postenart	Belegnr.	Artikelnr.	Beschreibung	Lagerort...	Verk.-/Ei...	Menge (...	Inventur...	Menge	Stückpreis	Betrag
27.02.09	Zugang	INV_02_2009	1900	Rahmen			152	152	0	15,70	0,00
27.02.09	Zugang	INV_02_2009	70000	Seitenwand			2.000	2.000	0	24,20	0,00
27.02.09	Abgang	INV_02_2009	70000	Seitenwand	BLAU		2.202	2.200	2	24,20	48,40
27.02.09	Zugang	INV_02_2009	70001	Bodenplatte			2.000	2.000	0	31,80	0,00
27.02.09	Zugang	INV_02_2009	70001	Bodenplatte	BLAU		2.310	2.310	0	31,80	0,00
27.02.09	Abgang	INV_02_2009	70001	Bodenplatte	GELB		15	10	5	31,80	159,00
27.02.09	Zugang	INV_02_2009	70002	Deckplatte	BLAU		2.508	2.510	2	22,60	45,20
27.02.09	Zugang	INV_02_2009	70002	Deckplatte	GELB		3	3	0	22,60	0,00
27.02.09	Zugang	INV_02_2009	70003	Rückwand			300	300	0	23,30	0,00
27.02.09	Zugang	INV_02_2009	70003	Rückwand	BLAU		2.094	2.094	0	23,30	0,00

Microsoft Dynamics NAV vergleicht die „Inventurmenge“ mit der „Menge (berechnet)“, errechnet daraus die „Menge“ und trägt ein, ob es sich um die „Postenart“ <Zugang> oder <Abgang> handelt. Bei serien- oder chargennummernpflichtigen Artikeln muss die Serien- oder/und Chargennummer des Zugangs oder Abgangs erfasst werden.

Wurden alle Zeilen ausgefüllt und die Werte über den Testbericht geprüft, wird das Inventur Buch.-Blatt über den Menüpunkt Buchen▼ / *Buchen* gebucht. Damit werden die mengenmäßigen Lagerbestände korrigiert. Eine Korrektur der wertmäßigen Lagerbestände erfolgt im Rahmen der Lagerregulierung.

Bei Zugangsbuchungen muss in jedem Fall geprüft werden, ob in der Spalte „Stückpreis“ der korrekte Wert steht, da die Zugänge nach der Lagerregulierung mit diesem Wert in den wertmäßigen Buchbestand eingehen.

Werden Artikel manuell in das Inventur Buch.-Blatt eingetragen, so wird das Systemfeld „Inventur“ nicht auf <Ja> gesetzt und es kommt beim Buchen bzw. beim Füllen der Spalte „Inventurmenge“ zu einer Fehlermeldung. Weitere Artikel können nur über die Funktion „Lagerbestand berechnen“ hinzugefügt werden.

Inventurbelege

Neben dem Vorgehen über die Inventur Buch.-Blätter bietet Microsoft Dynamics NAV die Möglichkeit die Inventur anhand von Inventurbelegen komfortabler durchzuführen. Sie bieten folgende Funktionalitäten:

- Es kann in mehreren Erfassungsbelegen gearbeitet werden, die in einem Inventurauftrag zur Inventurdifferenz zusammengefasst werden. Damit können individuelle Inventurlisten erstellt werden. Der gleiche Artikel kann am gleichen Lagerort (in Microsoft Dynamics NAV) in unterschiedlichen Erfassungsbelegen mehrfach vorhanden sein, ohne dass diese Werte manuell zusammengefasst werden müssen.
- Der Lagerbestand wird über eine Funktion berechnet, die mehrfach und zu beliebigen Zeitpunkten aufgerufen werden kann. Im Gegensatz zu den Inventur Buch.-Blättern ist die Berechnung des Lagerbestands damit nicht (nur) vom Füllen des Beleges abhängig. Dies ermöglicht, eine bessere Inventurvorbereitung, da die Inventurbelege bereits vor dem Inventurtermin und unabhängig von ausstehenden Lieferungen gefüllt und bearbeitet werden können.
- Bei serien- oder chargennummernpflichtigen Artikeln werden die tatsächlich vorhanden Nummern erfasst. Beim Beenden des Inventurauftrages wird automatisch ein Soll-Ist-Abgleich durchgeführt und die Inventurdifferenz pro Serien- und Chargennummer ermittelt. Diese werden übersichtlich im Bericht Inventurauftr.-Diff.-Übersicht dargestellt.
- Es wird mit ungebuchten und gebuchten Belegen gearbeitet, was die Nachvollziehbarkeit der Inventur erhöht und eine Reihe zusätzlicher Funktionen bietet, wie z.B. die Funktion Beleg kopieren.

Für die Arbeit mit den Inventurbelegen stehen Inventuraufträge und Inventurerfassungen zur Verfügung.

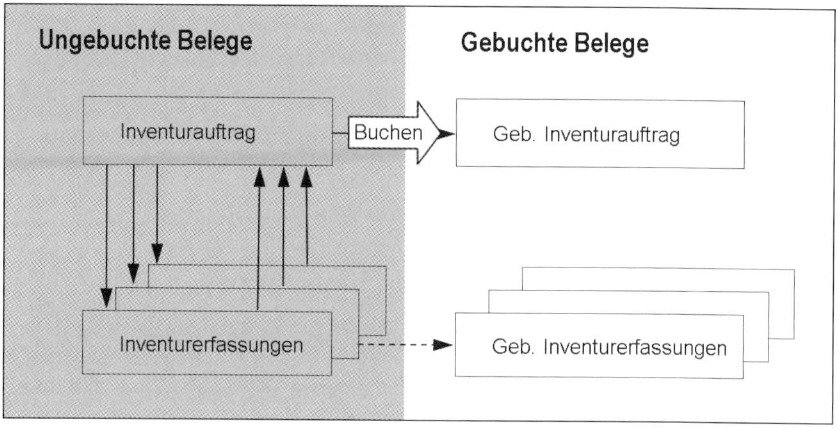

Zunächst wird ein Inventurauftrag (Menüpunkt: *Lager / Lager / Inventurauftrag*) angelegt, in dem festgelegt wird, welchen Rahmen die zugehörige Inventur hat.

Dazu können im Kopf Lagerort, Verantwortlicher und Zeitangeben eingetragen werden. Die Zeilen können mit dem Artikel gefüllt werden, welche die Inventur beinhalten soll.

Aus den Inventuraufträgen können ein oder mehrere Inventurerfassungen (Menüpunkt: *Lager / Lager / Inventurerfassungen*) erzeugt werden. Sinnvoll kann es beispielsweise sein, pro zählenden Mitarbeiter eine Inventurerfassung einzurichten. Die Inventurerfassungen sind Basis für die Zähllisten und dienen der Protokollierung der gezählten, gewogenen und gemessenen Werte. Abschließend muss die Inventurerfassung beendet werden, womit der Inventurauftrag aktualisiert wird.

Sind alle Inventurerfassungen eines Inventurauftrages beendet, muss auch der Inventurauftrag beendet werden, um anschließend, nach Prüfung der Einstandspreise, die Inventur zu buchen. Bei der Buchung werden neben Artikel-, Wert- und Inventurposten auch ein Gebuchter Inventurauftrag und eine bzw. mehrere Gebuchte Inventurerfassungen erzeugt. (Menüpunkt: *Lager / Historie / Gebuchte Belege / Geb. Inventur Auftrag* bzw. *Lager / Historie / Gebuchte Belege / Geb. Inventur Erfassung*)

Verantwortliche und Erfasser können nur in Inventurauftrag und -erfassung hinterlegt werden, wenn diese als Mitarbeiter angelegt sind und lesender Zugriff auf die Mitarbeiterdaten besteht.

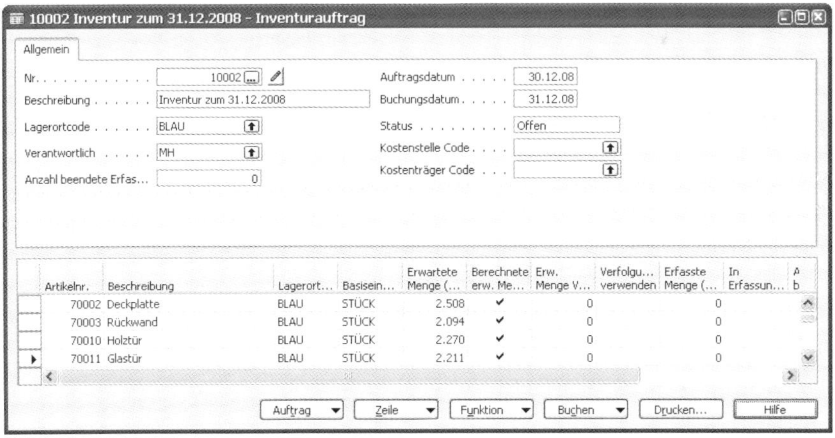

6.3.3 Inventurposten

Um auch zu einem späteren Zeitpunkt nachvollziehen zu können, welche Bestände bei einer Inventur gezählt wurden, werden Inventurposten erzeugt, in denen die Inventurergebnisse gespeichert werden.

Nach einer Inventur können sich die Bestände durch nachträgliche Artikel-, Einkaufs- und Verkaufslieferungen noch verändern. Aus diesem Grund werden in den Inventurposten auch der berechnete Bestand zum Inventurzeitpunkt und die Nummer des letzten berücksichtigten Artikelpostens angezeigt.

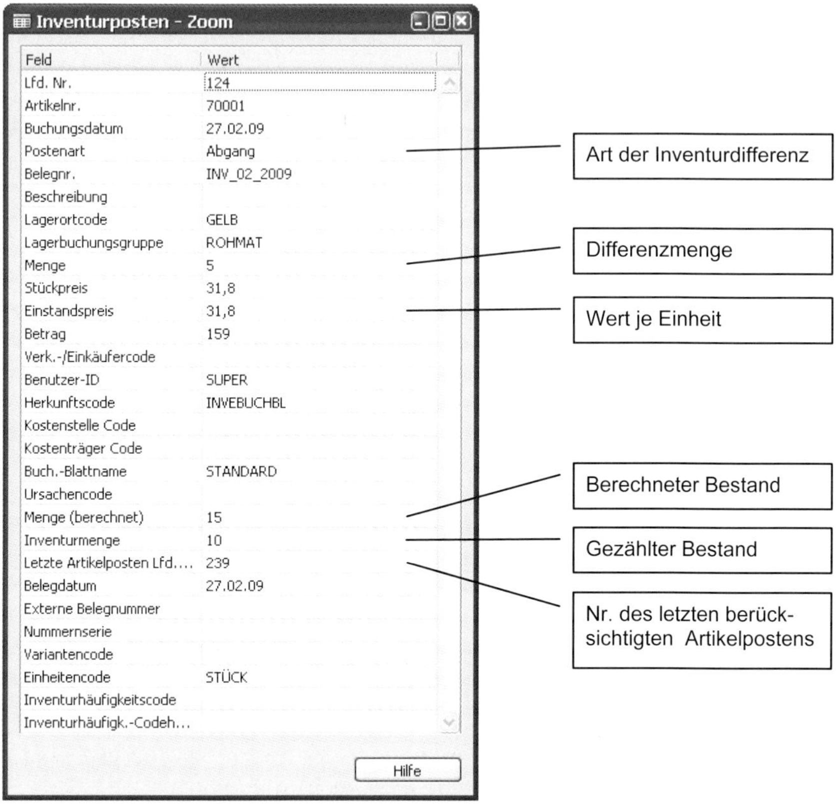

6.3.4 Neu- und Umbewertung von Lagerbeständen

Aus einer Reihe von Gründen kann sich die Notwendigkeit ergeben, den Wert der Lagerbestände selektiv oder pauschal zu ändern:

- Artikel konnten über einen längeren Zeitraum nicht verkauft werden und erleiden einen Wertverlust (liegezeitbedingte Lagerabwertung).
- Eine Verkaufsgutschrift oder ein anderer Zugang wurde mit einem falschen Einstandspreis gebucht.
- Ein Artikel wurde beschädigt oder hat aus anderen Gründen an Wert verloren oder zugenommen.

Zu diesem Zweck stehen in Microsoft Dynamics NAV Neubewertungsbuchungsblätter zur Verfügung, die über den Menüpunkt *Lager / Lager / Neubewertungs Buch.-Blätter* aufgerufen werden.

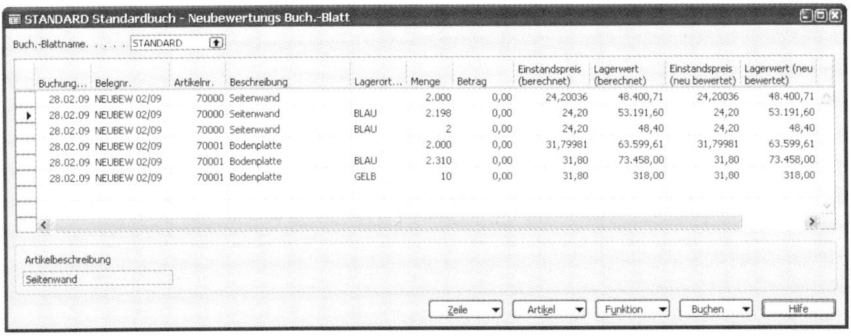

Mit Hilfe des Neubewertungsbuchungsblattes kann der Wert einzelner offener Artikelposten korrigiert oder der Lagerwert des gesamten Lagerbestandes angepasst werden. Die Neubewertung läuft in drei Schritten ab:

1. Füllen der Neubewertungs-Buchungsblätter
2. Festlegen der neuen Werte
3. Buchen der Neubewertung

Füllen der Neubewertungs-Buchungsblätter

Mit Hilfe des Neubewertungs Buch.-Blattes kann der Wert einzelner offener Artikelposten korrigiert oder der Lagerwert des gesamten Lagerbestandes angepasst werden.

Zum Korrigieren einzelner offener Artikelposten kann das Neubewertungs Buch.-Blatt manuell gefüllt werden. Dazu wird zunächst die Artikelnummer in die entsprechende Spalte eingetragen und anschließend der zu korrigierende Artikelposten in der Spalte „Ausgleich-mit Lfd. Nr.“ ausgewählt. Die Spalten „Buchungsdatum“, „Einstandspreis (berechnet)“ und „Lagerwert (berechnet)“ werden mit den Werten des Artikelpostens gefüllt und sind nicht änderbar.

Soll eine Neubewertung für eine abgeschlossene Lagerbuchungsperiode durchgeführt werden, muss die Stapelverarbeitung zum Füllen der Buchungsblattzeile genutzt werden, da nur hier das Buchungsdatum beeinflussbar ist.

Soll der gesamte Lagerbestand angepasst werden oder sind viele Artikelposten zu korrigieren, wird das Neubewertungs Buch.-Blatt durch die Stapelverarbeitung Lagerwert berechnen gefüllt. Sie wird über den Menüpunkt Funktion▼ / *Lagerwert berechnen...* aufgerufen.

Bevor jedoch diese Routine gestartet werden kann, muss die Stapelverarbeitung *Lagerreg. fakt. Einst. Preise* ausgeführt werden. Das Ignorieren der entsprechenden Abfrage kann zu Fehlern beim Buchen bzw. Fehlern in den erzeugten Artikelposten führen!

Das Feld „Buchungsdatum“ dient neben der Vorgabe für das Buchungsdatum in den Zeilen, als Filter zur Abgrenzung des Lagerbestandes und der Artikelposten, die in das Buchungsblatt übernommen werden können. In den Zeilen kann das Buchungsdatum nicht mehr verändert werden.

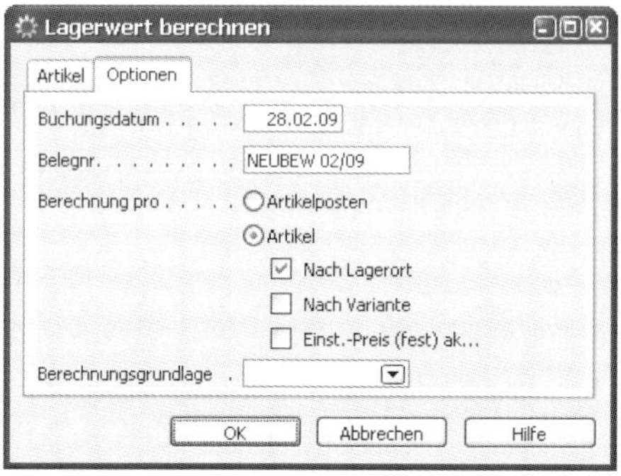

Sollen einzelne Artikelposten korrigiert werden, ist die Option <Artikelposten> auszuwählen. Die Stapelverarbeitung trägt nun für jeden offenen Artikelposten innerhalb des Filters eine Zeile in das Buchungsblatt ein. Dies entspricht dem manuellen Vorgehen, mit dem Unterschied, dass als Buchungsdatum das Vorgabedatum eingetragen wird.

Soll der gesamte Lagerbestand eines Artikels angepasst werden, ist die Option <Artikel> zu wählen. Nun kann eingestellt werden, ob eine Zeile pro Artikel oder eine Zeile pro Artikel und Lagerort oder Variante erstellt werden soll. So können z.B. für unterschiedliche Lagerorte unterschiedliche Bewertungen vorgenommen werden. Wird ein Haken im Feld „Einst.-Preis (fest) aktualisieren“ gesetzt, wird zudem bei Artikeln mit der Lagerabgangsmethode <Standard> der Einstandspreis im Feld „Einstandspreis (fest)“ beim Buchen auf den „Einstandspreis (neu bewertet)“ geändert.

Über die Einstellung im Feld „Berechnungsgrundlage“ kann bereits ein neuer Einstandspreis für den Artikel bzw. die Artikelgruppe vorgeschlagen werden. Folgende Optionen stehen hier zur Verfügung:

<Leer>:
Wird kein Wert ausgewählt, wird der aktuelle Wert aus dem Feld „Einstandspreis (berechnet)“ übernommen.

<Letzter EK-Preis>:
Der neue Einstandspreis wird aus dem Feld „EK-Preis (neuester)“ der Artikelkarte bzw. Lagerhaltungskarte übernommen.

<Einst.-Preis. - Stückliste>, <Einst.-Preis - Produktion>:
Der neue Einstandspreis ergibt sich aus der Summen der Einstandspreise der Stücklistenkomponenten bzw. der Fertigungsstückliste (PPS).

Festlegen der neuen Werte

Der vorgeschlagene neue Einstandspreis kann manuell geändert werden, indem entweder in der Spalte „Einstandspreis (neu bewertet)“ der Einstandspreis pro Stück oder in der Spalte „Lagerwert (neu bewertet)“ der Gesamtwert der angezeigten Menge eingetragen wird. Aus den berechneten und neu bewerteten Lagerwerten wird die Differenz ermittelt und in der Spalte „Betrag“ eingetragen.

Um alle Artikel- oder Wertposten zu dem Artikel in der aktuellen Zeile einzusehen, kann der Menüpunkt Artikel▼ / *Posten* bzw. *Wertposten* aufgerufen werden.

Buchen der Neubewertung

Vor dem Buchen sollte immer der Testbericht aufgerufen werden, um die Einzelzeilen und die Gesamtsumme der Veränderungen zu prüfen. Anschließend kann die Neubewertung über den Menüpunkt Buchen▼ / *Buchen und drucken* gebucht werden.

Im Ergebnis der Buchung werden die entsprechenden Artikel zu dem eingetragenen Einstandspreis neu bewertet. Es werden entsprechende Wertposten erzeugt. Nach dem Durchlauf der Stapelverarbeitung *Lagerreg. fakt. Einst. Preise* wird der „Einstandspreis“ auf der Artikelkarte anhand der offenen Artikelposten neu gefüllt. Wurden die Artikel jedoch zu Null bewertet, bleibt der zuvor eingetragene Einstandspreis auf der Artikelkarte unverändert.

Da mit Hilfe der Neubewertungs-Buchungsblätter der Lagerwert beliebig verändert und damit auch die Bilanz in erheblichem Umfang beeinflusst werden kann, sollten alle Neubewertungen exakt unter Angabe der Gründe dokumentiert und bis zur nächsten Betriebsprüfung aufbewahrt werden.

6.4 Handelsstücklisten

Microsoft Dynamics NAV verfügt über zwei Arten von Stücklisten: Die Handelsstückliste, mit deren Hilfe Verkaufspakete oder einfache Zusammenstellungen abgebildet werden können, und die Produktionsstückliste, die im Modul Produktion eingesetzt wird.

6.4.1 Handelsstücklisten anlegen

In Microsoft Dynamics NAV können sowohl Baukasten- als auch Strukturstücklisten sowie Mischformen verwaltet werden. Baukastenstücklisten enthalten nur die direkt eingehenden Komponenten, die selber wieder über Stücklisten verfügen können. Strukturstücklisten enthalten alle Komponenten aller Produktionsstufen.

Wurde an einem Artikel eine Stückliste hinterlegt, wird dies durch einen Haken im Feld „Stückliste" der Artikelkarte angezeigt. Die Stückliste eines Artikels wird aus der Artikelkarte über den Menüpunkt Artikel▼ / *Stückliste / Stückliste* aufgerufen:

766BC-B CONTOSO Bürosystem - Stückliste

Art	Nr.	Beschreibung	Stückliste	Kompon...	Einheite...	Installier...	Position
Artikel	1952-W	OSLO Regal/mit Einlegeboden	✔	1	STÜCK		
Artikel	1928-W	ST.MORITZ Regal/mit Schubladen	✔	1	STÜCK		
Artikel	1976-W	INNSBRUCK Regal, mit Holztür	✔	1	STÜCK		
Artikel	1964-W	INNSBRUCK Regal/mit Glastür	✔	1	STÜCK		
Artikel	70060	Beschläge		1	STÜCK		
Artikel	1896-S	ATHENS Schreibtisch		1	STÜCK		
Artikel	1908-S	LONDON Schreibtischstuhl, blau		1	STÜCK		
Artikel	1928-S	AMSTERDAM Lampe		1	STÜCK		
Artikel	70102	Farbe, blau		1	DOSE		
Ressource	MARLIES	Marlies Dressler		3	STUNDE		

Stückl. entfa... Hilfe

Als Komponenten (Spalte „Art") einer Stückliste können Artikel oder Ressourcen erfasst werden. Dabei kann die „Komponentenmenge" sowie der „Einheitencode" angegeben werden.

Über die Funktion Stückliste entfalten können Baukastenstücklisten in Strukturstücklisten umgewandelt werden. Das bedeutet, alle Stücklistenartikel werden in ihre Einzelkomponenten zerlegt.

Diese Funktion wird nach dem Aufruf sofort ohne weitere Sicherheitsabfrage ausgeführt und ist nach ihrem Durchlauf nicht umkehrbar. Das bedeutet, wurde diese Funktion versehentlich ausgeführt, müssen die Zeilen des Beleges gelöscht und anschließend neu angelegt werden.

6.4.2 Einstandspreisberechnung

Der Einstandspreis eines Stücklistenartikels kann entweder direkt eingetragen oder aus den Komponenten berechnet werden. Im zweiten Fall muss in der

Artikelkarte der Menüpunkt Artikel▼ / *Stückliste / Stückl. Einst.-Preis berechnen* aufgerufen werden:

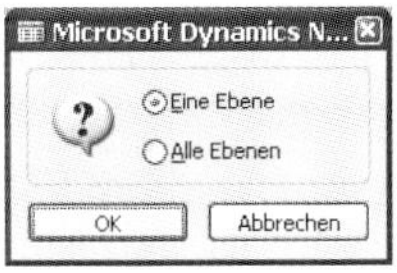

Sind in der Stückliste wiederum Stücklisten enthalten, so kann über die beiden Optionsknöpfe eingestellt werden, wie der Einstandspreis berechnet wird. Bei der Option <Eine Ebene> werden die aktuellen Einstandspreise der Artikel- und Stücklistenkomponenten verwendet. Bei der Option <Alle Ebenen> werden zuvor die Einstandspreise der enthaltenen Stücklistenartikel aus deren Stückliste berechnet (usw.).

Die Stapelverarbeitung füllt das Feld „Einstandspreis (fest)“, dessen Wert bei der Lagerabgangsmethode <Standard> in das Feld „Einstandspreis“ übernommen wird.

Soll regelmäßig der Einstandspreis aller Stücklisten berechnet werden, so kann dies durch einen „Dummyartikel“ erreicht werden, der alle Stücklistenartikel als Stücklistenkomponenten enthält. Wird dieser Dummyartikel mit der Option <Alle Ebenen> berechnet, werden die Einstandspreise aller Stücklistenartikel neu berechnet.

6.4.3 Stücklisten in Einkaufs- und Verkaufsbelegen entfalten

In den Einkaufs- und Verkaufsbelegen können entweder der Stücklistenartikel oder die Komponenten ein bzw. verkauft werden. Werden die Komponenten gebucht, bleibt der Bestand des Stücklistenartikels unverändert.

Ein Stücklistenartikel kann in seine Einzelkomponenten mit Hilfe der Funktion Stückliste entfalten zerlegt werden. Diese Funktion steht in den Einkaufs- und Verkaufsbelegen unter dem Menüpunkt Funktion▼ / *Stückliste entfalten* zur Verfügung.

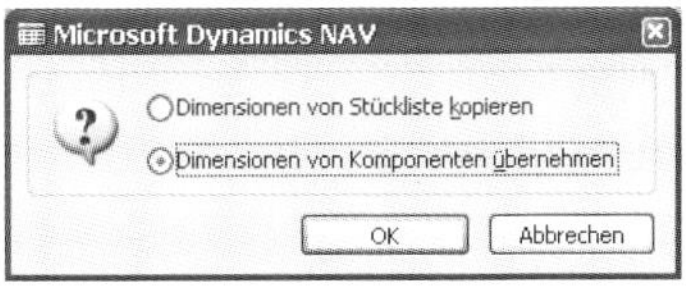

Beim Ausführen der Funktion erscheint zunächst eine Abfrage, ob die Dimensionen des Stücklistenartikels oder die der Komponentenartikel in die Belegzeilen übernommen werden sollen.

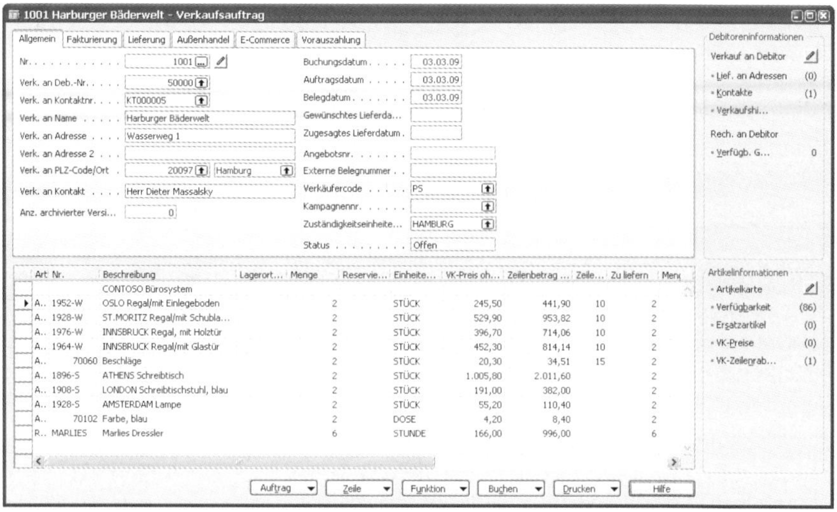

Im Ergebnis der Funktion *Stückliste entfalten* z.B. in einem Verkaufsauftrag, wird die Zeile mit dem Stücklistenartikel in eine Textzeile (Spalte „Art“ gleich <leer>) umgewandelt. Darunter wurde für jede Stücklistenkomponente eine Artikelzeile angelegt, wobei sich die Menge aus der Anzahl des Stücklistenartikels multipliziert mit der Komponentenmenge je Stücklistenartikel ergibt.

6.4.4 Einfache Produktion mittels Stücklisten

Werden die Komponenten einer Stückliste zum Stücklistenartikel zusammengesetzt, so müssen die Komponenten aus dem Lagerbestand entfernt werden und stattdessen der Stücklistenartikel dem Lagerbestand zugebucht werden. Dieser Vorgang kann durch einzelne manuelle Artikelbuchungen oder mit Hilfe der Stücklisten Buch.-Blätter (*Lager / Lager / Stückliste Buch.-Blätter*) abgebildet werden.

Bei Verwendung der Stücklisten Buch.-Blätter werden der Stücklistenartikel und die herzustellende Menge in die Zeile eingetragen.

Durch die Funktion **Buchen▼** / *Buchen* werden ein Abgang der Einzelkomponenten und ein Zugang des Stücklistenartikels erzeugt. Hierbei kann keine Änderung der Komponentenmenge vorgenommen werden.

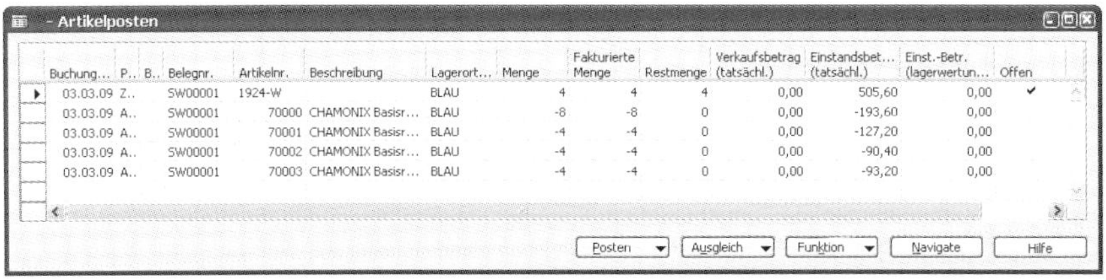

Neben dem Artikeljournal (*Lager / Historie / Journale*) und den Artikelposten werden darüber hinaus ein Stücklistenjournal und Stücklistenposten erzeugt, über die der Herstellungsprozess nachvollzogen werden kann.

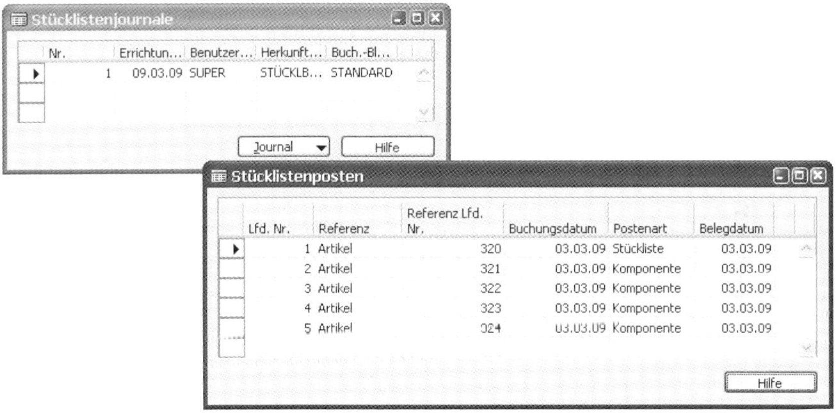

Mit dem Stücklisten Buch.-Blatt können nur einfache Produktionsvorgänge abgebildet werden, in denen die Komponentenmenge unverändert bleibt. Zur Abbildung von komplexen Produktionsvorgängen sollte das Manufacturing & PPS - Modul von Microsoft Dynamics eingesetzt werden.

6.5 Artikelpostenausgleich und Lagerregulierung

Die Lagerregulierung dient in erste Line der Ermittlung des Lagerwertes und der Buchung der Bestandsveränderungen in der Finanzbuchhaltung. Sie hat aber auch Auswirkungen auf andere Bereiche, so beispielsweise bei der Ermittlung des Deckungsbeitrags der Debitoren. Sie berücksichtigt nachträglich geänderte Einkaufspreise und lässt Einkäufe nach bereits erfolgten Verkäufen exakt in die Bewertung einfließen. Die Lagerregulierung ist eine der großen Stärken von Microsoft Dynamics NAV.

Grundlage der Bestandsbewertung bilden die Artikelposten und deren Ausgleich miteinander. Auf dieser Basis erfolgt eine Bewertung der Verkäufe und Abgänge zu Einstandspreisen. Anschließend kann der zuvor ermittelte Lagerwert direkt in die Finanzbuchhaltung gebucht werden.

6.5.1 Lagerabgangsmethoden

Durch die Lagerabgangsmethode werden Annahmen über die physische Bewegung der Artikel im Unternehmen getroffen. Es wird festgelegt, welche Zugänge mit welchen Abgängen ausgeglichen werden. Darüber hinaus bestimmt die Lagerabgangsmethode, wie die Einstandspreise des Artikels berechnet werden.

Zusätzlich steuert die Lagerabgangsmethode, wie bei der Neuanlage von Verkaufsbelegzeilen und Artikelbuchungsblattzeilen das Feld „Einstandspreis (MW)“ bzw. „Einstandspreis“ gefüllt wird.

Die Lagerabgangsmethode wird in der Artikelkarte im Register Fakturierung eingestellt. Sie kann nicht mehr geändert werden, sobald Buchungen zu dem Artikel vorliegen oder dieser in offenen Belegen verwendet wurde. Dabei stehen nachfolgende Lagerabgangsmethoden zur Auswahl:

<FIFO> – „First-In-First-Out“

Bei der Lagerabgangsmethode <FIFO> werden die ältesten Zugänge zuerst ausgeglichen. Diese Methode wird von Microsoft Dynamics NAV beim Anlegen eines neuen Artikels automatisch voreingestellt und ist die in der Praxis in Handelsunternehmen am häufigsten eingesetzte Methode.

Der „Einstandspreis“ wird aus den Einstandspreisen aller aktuell im Lager befindlichen (bestandserhöhenden) offenen Posten berechnet, berücksichtigt werden dabei nur die Restmengen.

Die FIFO-Methode darf handelsrechtlich angewandt werden. Im Steuerrecht wird diese Art der Vorratsbewertung nur nach bestimmten Kriterien benutzt.

<LIFO> – „Last-In-First-Out"

Bei der Lagerabgangsmethode <LIFO> werden die jüngsten Zugänge zuerst ausgeglichen. Diese Lagerabgangsmethode wird in Deutschland vom Gesetz als Regelfall angesehen. Sie darf aktuell nur dann nicht eingesetzt werden, wenn sie technologisch ausgeschlossen werden kann, z.B. bei verderblicher Ware.

Der „Einstandspreis" wird aus den Einstandspreisen aller aktuell im Lager befindlichen (bestandserhöhenden) offenen Posten berechnet, dabei werden nur die Restmengen berücksichtigt.

<Ausgewählt>

Bei der Lagerabgangsmethode <Ausgewählt> werden nur Artikelposten mit der gleichen Seriennummer miteinander ausgeglichen. Dazu muss auf der Artikelkarte zwingend ein Artikelverfolgungscode angegeben worden sein. Artikelbuchungen dürfen dann nur mit Seriennummern erfolgen.

Der Einstandspreis wird wie bei <FIFO> berechnet.

<Durchschnitt>

Die Lagerabgangsmethode <Durchschnitt> bewertet einen Lagerabgang, indem sie den gewogenen Durchschnitt des verbleibenden Lagerbestandes zum Bewertungsdatum auf den Lagerabgang überträgt.

Der Ausgleich der Artikelposten erfolgt wie bei <FIFO>, das heißt, die ältesten Posten werden zuerst ausgeglichen.

Die Bewertung der Verkäufe erfolgt jedoch nicht auf Basis der zugehörigen Zugänge, sondern auf Basis des durchschnittlichen Einstandspreises zum Zeitpunkt der Abgangsbuchung. Abweichend zu den anderen Lagerabgangsmethoden wird das Feld „Einstandsbetrag (tatsächl.)" in den Verkaufs-/ Abgangsposten nicht mit dem Einstandspreis des zugehörigen Einkaufs-/ Zugangspostens gefüllt, sondern mit dem zum Buchungsdatum gültigen durchschnittlichen Einstandspreis.

<Standard>

Bei der Lagerabgangsmethode <Standard> werden die Lagerzugänge mit dem aktuellen „Einstandspreis (fest)" aus der Artikelkarte bewertet. Die Lagerabgänge erhalten ihre Bewertung wie bei <FIFO> über die zugeordneten Zugangsbuchungen. Die Bewertung ist damit unabhängig von den tatsächlich fakturierten Beträgen.

Bei Buchungen von Artikeln mit der Lagerabgangsmethode <Standard> kann der Einstandpreis nicht verändert werden. Nur über das Neubewertungs Buch.-Blatt ist eine Auf- oder Abwertung des Artikels möglich.

Bei der Lagerabgangsmethode <Standard> wird wie bei <FIFO> der älteste Artikelposten zuerst ausgeglichen.

Das Feld „Kosten %"

Durch eine Eingabe in das Feld „Kosten %" wird bei allen Lagerabgangsmethoden außer bei <Standard> die Bewertung der Lagerbewegungen um den entsprechenden Prozentsatz höher vorgenommen als der tatsächliche Einkaufswert beträgt. Dies führt zu einer Differenz zwischen der fakturierten Einkaufsrechnung und dem ausgewiesenen Lagerbestand. Aus diesem Grund sollte dieses Feld nur nach Rücksprache mit dem Wirtschaftsprüfer / Steuerberater gefüllt werden.

6.5.2 Artikelpostenausgleich

Der Artikelpostenausgleich bildet die Basis der Lagerbewertung.

Artikelposten werden erzeugt, wenn physische Lagerbewegungen gebucht werden. Während der Buchung versucht das System die erzeugten Artikelposten mit bereits bestehenden offenen Artikelposten auszugleichen. Dabei werden Zugangsbuchen und Abgangsbuchungen miteinander ausgeglichen, die den gleichen Lagerort und die gleiche Variante aufweisen.

Wurde beim Artikel ein Artikelverfolgungscode hinterlegt, bei dem im Feld „Seriennr.-spezifische Verfolgung" bzw. „Chargennr.-spezifische Verfolgung" ein Haken gesetzt wurde, erfolgt ein Ausgleich zusätzlich nur bei gleicher Serien- bzw. Chargennummer.

Zugangsbuchungen sind durch eine positive Menge und einen Haken im Feld „Positiv" gekennzeichnet. Sie können beispielsweise aus Einkaufslieferungen und Zugangsbuchungen aus dem Artikel Buch.-Blatt aber auch aus Verkaufsgutschriften entstehen.

Abgangsbuchungen weisen dementsprechend eine negative Menge auf und haben keinen Haken im Feld „Positiv".

In den Artikelposten wird über das Feld „Offen" angezeigt, ob der Posten bereits vollständig ausgeglichen wurde. Das Feld „Restmenge" gibt an, welche Menge noch offen ist. Zu einem Artikelposten können über den Menüpunkt Ausgleich▼ / *Ausgeglichene Buchungen* die zugehörigen Zugangs- oder Abgangsposten angezeigt werden.

Welche Posten miteinander ausgeglichen wurden, wird im Hintergrund in den Artikelausgleichsposten gespeichert.

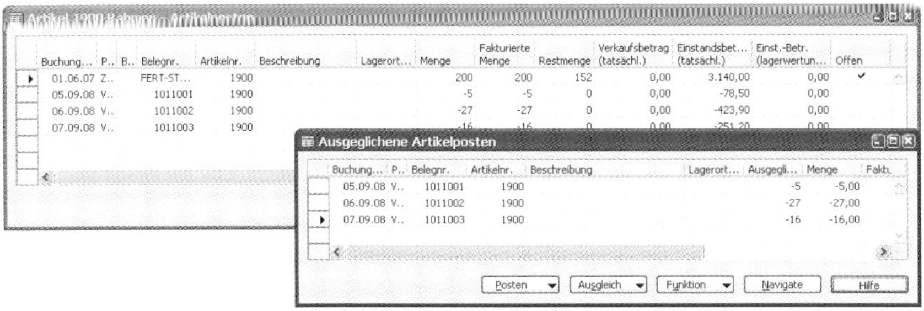

In welcher Reihenfolge Microsoft Dynamics NAV Posten bei den Buchungen miteinander ausgleicht, hängt von der Lagerabgangsmethode ab. Bei Artikel mit der Lagerabgangsmethode <FIFO>, <Durchschnitt> und <Standard> wird der älteste Posten zuerst ausgeglichen. Die Lagerabgangsmethode <LIFO> bewirkt den Ausgleich des jüngstens Postens. Wurde bei einem Artikel die Lagerabgangsmethode <Ausgewählt> hinterlegt, ergibt sich der Ausgleich aufgrund von Seriennummern automatisch.

Unabhängig von der Lagerabgangsmethode kann der Artikelpostenausgleich manuell übersteuert werden, indem in der Artikel Buch.-Blattzeile in der Spalte „Ausgleich mit Lfd. Nr." bzw. in der Einkaufszeile oder Verkaufszeile in der Spalte „Ausgleich mit Artikelposten" ein Artikelposten explizit angegeben wird.

Störungen beim Artikelpostenausgleich

Wie bereits erwähnt, bildet der Artikelpostenausgleich die Basis der Lagerbewertung in Microsoft Dynamics NAV. Es kann allerdings zu fehlerhaften Lagerwerten kommen, wenn Zugangs- und Abgangsposten nicht miteinander ausgeglichen werden. Im Folgenden wird dargestellt, wie diese Störungen vermieden bzw. beseitigt werden können.

Der Artikelpostenausgleich kann durch folgende Aktivitäten (fälschlicher Weise) verhindert werden:

- Es werden unterschiedliche **Lagerortcodes** verwendet, z.B. wird bei der Zugangsbuchung der Lagerort BLAU und bei der Abgangsbuchung der Lagerortcode ROT verwendet.
- Es werden verschiedene **Seriennummern** oder **Chargennummern** verwendet.
- Es werden unterschiedliche **Variantencodes** verwendet.

Im jedem dieser Fälle bleiben die Artikelposten als „Offen" stehen.

Wie die nachstehende Grafik verdeutlicht, werden somit nicht die korrekten Einkaufspreise in die Verkaufs-Wertposten übertragen. Eine Korrektur falscher Bestandsbuchungen kann somit nicht stattfinden:

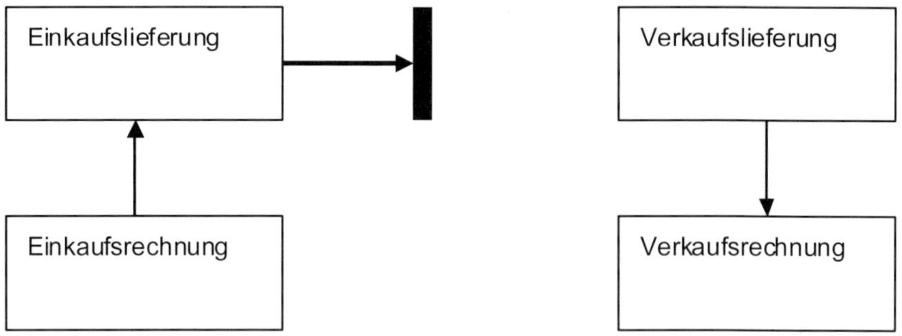

In allen Fällen können die nicht ausgeglichenen Posten zu einem Ausgleich gebracht werden, indem durch eine Umbuchung die nicht übereinstimmenden Werte korrigiert werden. Wurden z.B. bei Zugang und Abgang versehentlich unterschiedliche Lagerortcodes verwendet, so kann ein Ausgleich hergestellt werden, indem der Zugangsposten auf den Lagerort des Abgangspostens umgebucht wird.

Lagerort sowie Serien- und Chargennummern lassen sich über die Umlagerungs Buch.-Blätter umbuchen. Bei unterschiedlichen Variantencodes muss ein Zugang und Abgang über die Artikel Buch.-Blätter erzeugt werden.

6.5.3 Die Stapelverarbeitung „Lagerreg. fakt. Einst. Preise“

Grundlage der Bewertung der Lagerbewegungen ist der Einstandspreis bei Einkäufen und Zugängen. Zur Bewertung der Abgänge und Verkäufe müssen die Werte der zugehörigen Zugänge ermittelt werden. Der Weg dorthin führt über die Verkaufs-Artikelposten zu den Einkaufs-Artikelposten und von dort zu den Einkaufs-Wertposten. Dieser Zusammenhang wird durch folgende Grafik veranschaulicht:

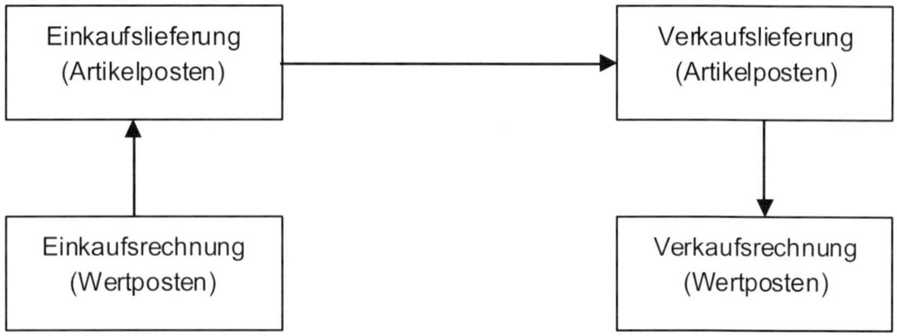

Die Pfeile symbolisieren dabei wie der Preis von den Einkaufs-Wertposten in die Verkaufs-Wertposten übertragen wird.

Die Bewertung der Verkäufe und Abgänge zu Einstandspreisen erfolgt mit Hilfe der Stapelverarbeitung *Lagerreg. fakt. Einst. Preise*. Diese überträgt den Wert der Einkaufs-Wertposten anhand des Artikelausgleichs in die Verkaufs-Wertposten. Über die Differenz zu den bestehenden Verkaufs-Wertposten wird ein neuer Wertposten erstellt.

Der Aufruf der Stapelverarbeitung *Lagerreg. fakt. Einst. Preise* erfolgt über den Menüpunkt *Finanzmanagement / Lager / Bewertung / Lagerreg. fakt. Einst. Preise...* .

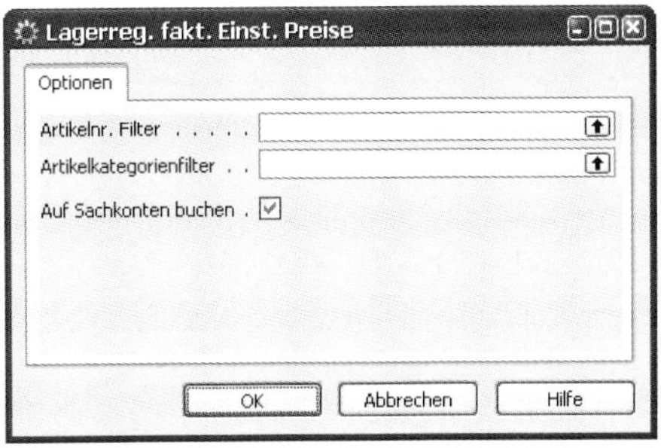

In die Felder „Artikelnr. Filter“ und „Artikelkategorienfilter“ sollten keine Filter gesetzt werden, da dies eine vollständige Regulierung der ausgewählten Artikel verhindern kann.

Der Haken im Feld „Auf Sachkonten buchen“ kann nur gesetzt werden, wenn automatische Lagerbuchungen in die Finanzbuchhaltung gestattet sind, d.h. wenn in der Lager Einrichtung ein Haken im Feld „Automatische Lagerbuchung“ gesetzt ist. Anderenfalls ist das Feld „Auf Sachkonten buchen“ nicht änderbar.

Die Stapelverarbeitung erzeugt je einen neuen Wertposten über die Differenz zwischen dem bisherigen „Einstandsbetrag (tatsächl.)“ eines Artikelpostens und dem neu ermittelten „Einstandsbetrag (tatsächl.)“. Dieser Wertposten ist als Regulierungsposten durch einen Haken im Feld „Regulierung“ gekennzeichnet.

Wird beim Aufruf der Stapelverarbeitung mindestens ein neuer Wertposten gebucht, wird ein neues Artikeljournal erstellt.

Auf der Artikelkarte wird bei allen regulierten Artikeln ein Haken im Feld „Einstandspreis ist reguliert“ gesetzt und der Wert im Feld „Einstandspreis“ neu berechnet.

Die automatische Ausführung der Stapelverarbeitung beim Buchen von Lagerbewegungen kann über das Feld „Automatische Lagerregulierung“ in der Lager Einrichtung gesteuert werden.

Im Anschluss an diese Verarbeitung weisen alle Wert- und damit auch die Artikelposten die aktuellen Einstandspreise aus. Über den Artikelbericht „Aktuellen Lagerwert ermitteln" (*Finanzmanagement / Lager / Berichte*) kann der Lagerwert für einzelne Artikel oder den gesamten Lagerbestand abgerufen werden. Dieser Bericht zeigt in den Spalten „Wert" die Summe des Feld „Einstandsbetrag (tatsächl.)" aller Wertposten eines Artikels an, die bis zum Enddatum gebucht wurden. Wurde im Register Optionen ein Haken im Feld „Inklusive Soll-Kosten" gesetzt, werden zusätzlich pro Artikel Sollkosten ausgewiesen, falls diese von den tatsächlichen Einstandpreisen abweichen. Sollkosten entstehen durch nicht fakturierte Lieferungen und werden durch summieren des Feldes „Einstandsbetrag (erwartet)" der Wertposten berechnet.

6.5.4 Störungen durch falsche Einstandspreise

Bei Fehlbuchungen und Rücknahmen von Verkaufsrechnungen werden in Microsoft Dynamics NAV Verkaufsgutschriften erstellt. Dabei soll der entsprechende Verkauf rückgängig gemacht werden, so dass der ursprüngliche Zustand wieder hergestellt wird.

Zum Zeitpunkt der Verkaufsgutschrift ist der Artikelposten der Verkaufslieferung meist mit einer Einkaufsbuchung ausgeglichen. Bei der anschließenden Gutschrift wird dieser Ausgleich nicht mehr rückgängig gemacht. Daher bleiben die Gutschrifts-Artikelposten als neue Zugangsbuchung im System offen stehen und verändern mit ihrem Einstandspreis den Lagerwert. Dieser Zusammenhang wird durch die nachstehende Grafik veranschaulicht:

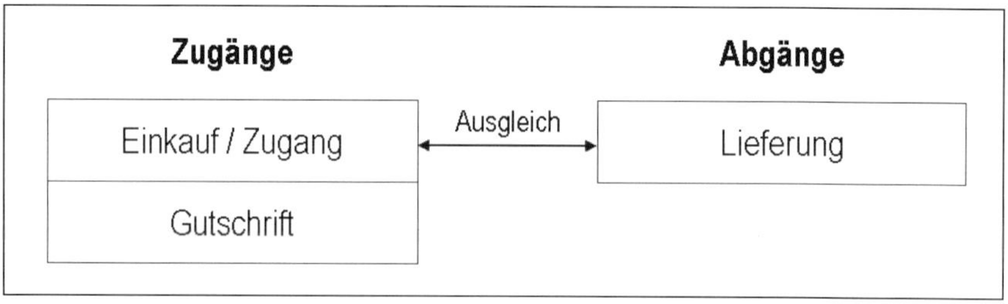

Aus diesem Grund ist es wichtig, bei Verkaufsgutschriften den „Einstandspreis (MW)" in den Zeilen zu beachten. Dieser Einstandspreis wird bei der manuellen Neuanlage einer Gutschrift von der Artikelkarte übernommen. Wird eine Verkaufsgutschrift durch die Funktion *Beleg kopieren…* z.B. aus einer Verkaufsrechnung erzeugt, wird der Einstandspreis aus der Verkaufsrechnung übernommen. Dieser Einstandspreis ist unter Umständen nicht der richtige Wert für die Bewertung des zu verbuchenden Zugangs.

Der Einstandspreis wird immer dann zur Bewertung der Lagerbestände herangezogen, wenn sich der Lagerbestand erhöht. Dies ist auf folgende Arten möglich:

- Einkäufe
- Zugänge
- Verkaufsgutschriften
- negative Mengen in Verkaufsrechnungen
- negative Abgangsbuchungen

Lediglich bei Einkäufen wird der Einstandspreis vom System automatisch auf Basis des Einkaufspreises ermittelt. In allen andern Fällen muss der Einstandspreis überprüft und ggf. manuell korrigiert werden.

Um Fehler beim Einstandspreis zu vermeiden, kann in den Gutschrifts- und Reklamationszeilen sowie den Artikelbuchungsblattzeilen durch einen Eintrag in dem Feld „Ausgegl. von Artikelposten" bzw. „Ausgegl. von Posten" der (geschlossene) Abgangsposten ausgewählt werden, von dem der Einstandspreis übernommen werden soll. Im Abgangs-Artikelposten wird beim Buchen das Feld „Nicht rückgelieferte Liefermenge" um die Menge der Zugangsbuchung reduziert. Wird bei einer anschließenden Lagerregulierung der Lagerwert des ausgewählten Abgangs-Artikelposten verändert, wird diese Veränderung auch an den Zugangsposten der Gutschrift weitergereicht und gebucht.

Die zwingende Angabe eines Artikelpostens im Feld „Ausgegl. von Artikelposten" kann in der Debitoren & Verkauf Einr. im Feld „Einst.-Preis-Rückverfolg. notw." eingestellt werden. Dies betrifft alle Zugänge, die aus Verkaufsbelegen gebucht werden.

6.5.5 Bestandsbewertung und Lagerbuchungen

Microsoft Dynamics NAV kann die Bewertung der Bestandsveränderungen und damit die Lagerbewegungen mit Hilfe der Lagerregulierung in die Finanzbuchhaltung buchen. Bevor im nächsten Abschnitt auf die Buchungsvorgänge innerhalb von Microsoft Dynamics NAV eingegangen wird, werden im Folgenden Standardbuchungsvorgänge bei einer klassischen Lagerbestandsführung kurz erläutert, um später die Unterschiede besser herausarbeiten zu können.

Buchungsvorgänge in der klassischen Lagerbestandsführung

Eine sehr verbreitete Buchungsmethodik besteht darin, unterjährig gar keine Bestandsveränderungen zu buchen, sondern diese erst mit der Inventur zum Jahresende festzustellen.

Als Beispiel wird hier ein Wareneinkauf zu 1.000,00 € und ein anschließender Verkauf der gleichen Ware zu 2.000,00 € verwendet:

1. Wareneinkauf in Höhe von 1.000,00 €

Konto	S	H
Warenbestand (B)	① 1.000	
Verbindlichkeiten (B)		① 1.000
Forderungen (B)		
Erlöse (GuV)		
Warenverbrauch (GuV)		

Da es sich sowohl beim Warenbestandskonto als auch beim Verbindlichkeitskonto um Bilanzkonten handelt, wirkt sich dieser Geschäftsvorfall nicht auf den Erfolg des Unternehmens aus.

2. Verkauf der Ware für 2.000,00 €

Konto	S	H
Warenbestand (B)	① 1.000	
Verbindlichkeiten (B)		① 1.000
Forderungen (B)	**② 2.000**	
Erlöse (GuV)		**② 2.000**
Warenverbrauch (GuV)		

Nach der einfachen Erlösbuchung weist die GuV im Beispiel einen Erfolg von 2.000,00 € aus. Dies ist jedoch nicht korrekt, da dem Erlös der Warenabgang gegenübersteht. Dieser wird durch eine weitere Buchung berücksichtigt:

3. Buchen des Lagerabgangs in Höhe von 1.000,00 €

Konto	S	H
Warenbestand (B)	① 1.000	**③ 1.000**
Verbindlichkeiten (B)		① 1.000
Forderungen (B)	② 2.000	
Erlöse (GuV)		② 2.000
Warenverbrauch (GuV)	**③ 1.000**	

Werden jetzt die beiden GuV-Konten, Erlöse und Warenverbrauch, zusammengefasst, so ergibt sich der korrekte Erfolg von 1.000,00 €. Der Saldo des Warenbestandskontos beträgt null.

Je nach Aufbau des Kontenplans und nach gewählter Buchungsmethode können die Kontenbezeichnungen variieren (z.B. Bestandsveränderung statt Warenverbrauch) und es können weitere Konten verwendet werden (z.B. ein eigenes Konto für den Abgang des Lagerbestandes).

Buchungsvorgänge in Microsoft Dynamics NAV

Während in dem oben genannten Beispiel die Ermittlung des Lagerverbrauchs beim Warenverkauf häufig mit großem manuellem Aufwand verbunden ist (Suchen des Einkaufsbelegs zum Ermitteln des Warenwertes), kann die Bewertung in Microsoft Dynamics NAV mit Hilfe der Lagerregulierung automatisch vorgenommen werden. Bevor auf die programmtechnische Handhabung eingegangen wird, werden die durch die Lagerregulierung ausgelösten Buchungsvorgänge erklärt.

Die Buchungsvorgänge in Microsoft Dynamics NAV laufen ähnlich wie im oben dargestellten Beispiel ab. Als größter Unterschied finden beim Wareneinkauf zwei Buchungen statt. Dies wird am folgenden Beispiel veranschaulicht:

1. Wareneinkauf in Höhe von 1.000,00 €

S Lagerbestand (B)	H

S Verbindlichkeiten (B)	H
	① **1.000**

S Forderungen (B)	H

S Warenverkauf (GuV)	H

S Lagerverbrauch (GuV)	H

S Dir. Kosten Verr. (GuV)	H

S Wareneinkauf (GuV)	H
① **1.000**	

S Lagerkorrektur (GuV)	H

Auch in Microsoft Dynamics NAV werden im ersten Schritt die Verbindlichkeiten erhöht. Der Wareneinkauf wird jedoch nicht auf einem Warenbestandskonto gebucht, sondern auf einem Aufwandskonto erfasst. Würde diese Buchung so stehenbleiben, hätte das Unternehmen mit diesem Vorgang einen Verlust in Höhe von 1.000,00 € erzielt. Dies ist jedoch nicht der Fall. Erst durch eine gesonderte Lagerregulierungsbuchung wird der Warenbestand korrigiert. Der Buchungssatz lautet:

Warenbestandskonto (Bilanz) an Bestandsveränderung (GuV).

In Microsoft Dynamics NAV wird das Konto der Bestandsveränderung über die Einrichtung des „Direkte Kosten Verr. Kontos“ in der Buchungsmatrix definiert.

2. Lagerregulierung beim Wareneinkauf

Konto	S	H
Lagerbestand (B)	**② 1.000**	
Verbindlichkeiten (B)		① 1.000
Forderungen (B)		
Warenverkauf (GuV)		
Lagerverbrauch (GuV)		
Dir. Kosten Verr. (GuV)		**② 1.000**
Wareneinkauf (GuV)	① 1.000	
Lagerkorrektur (GuV)		

Nach der Buchung ergibt sich über alle GuV-Konten ein Saldo von null. Der Vorgang ist also erfolgsneutral. Darüber hinaus wird ein Lagerbestand von 1.000,00 € ausgewiesen.

3. Warenverkauf für 2.000,00 €

Konto	S	H
Lagerbestand (B)	② 1.000	
Verbindlichkeiten (B)		① 1.000
Forderungen (B)	**③ 2.000**	
Warenverkauf (GuV)		**③ 2.000**
Lagerverbrauch (GuV)		
Dir. Kosten Verr. (GuV)		② 1.000
Wareneinkauf (GuV)	① 1.000	
Lagerkorrektur (GuV)		

Beim Verkauf der Ware wird auch in Microsoft Dynamics NAV die Buchung

Forderungen (Bilanz) an Warenverkaufskonto (GuV)

vorgenommen. Nach der Erlösbuchung weist die Gewinn- und Verlustrechnung in dem Beispiel einen Erfolg von 2.000,00 € aus. Dies ist jedoch nicht korrekt, da dem Erlös der Warenabgang gegenüber steht. Erst durch eine gesonderte Lagerregulierungsbuchung wird dies korrigiert.

4. Lagerregulierung beim Warenverkauf

S Lagerbestand (B)	H
② 1.000	
	④ 1.000

S Verbindlichkeiten (B)	H
	① 1.000

S Forderungen (B)	H
③ 2.000	

S Warenverkauf (GuV)	H
	③ 2.000

S Lagerverbrauch (GuV)	H
④ 1.000	

S Dir. Kosten Verr. (GuV)	H
	② 1.000

S Wareneinkauf (GuV)	H
① 1.000	

S Lagerkorrektur (GuV)	H

Mit der Buchung der Lagerregulierung wird wiederum eine Bestandsveränderung, hier auf dem Lagerverbrauchskonto, gebucht. Fasst man jetzt die beiden GuV-Konten, Erlöse und Lagerverbrauch, zusammen, so ergibt sich der korrekte Erlös. Im Beispiel von 1.000,00 €. Der Saldo des Warenbestandskontos beträgt null, d.h. es befinden sich keine Waren mehr im Lager.

Finden Wareneinkauf und -verkauf über Bestellungen und Aufträge im Einkaufs- und Verkaufsmodul statt, so wird an keiner Stelle direkt eines der oben verwendeten Konten angesprochen. Es werden Artikel, Ressourcen, Kreditoren oder Debitoren zum Erzeugen der Rechnungen verwendet. Alle Buchungsvorgänge werden also über die Integration in der Finanzbuchhaltung verarbeitet.

Die folgende Aufstellung gibt an, in welchen Buchungsgruppen und Buchungsmatrixzeilen die einzelnen Konten hinterlegt werden:

Konto	**Buchungsgruppe/ Matrixzeile**	**Zuordnung**
Lagerbestand	Lagerbuchungsgruppe	Artikel
Verbindlichkeiten	Kreditorenbuchungsgruppe	Kreditor
Forderungen	Debitorenbuchungsgruppe	Debitor
Wareneinkauf	Buchungsmatrixzeile	Kombination aus Geschäfts- und Produktbuchungsgruppen
Warenverkauf	Buchungsmatrixzeile	
Direkte Kosten Verr.Konto	Buchungsmatrixzeile	
Lagerverbrauch	Buchungsmatrixzeile	
Lagerkorrektur	Buchungsmatrixzeile	

Neben der Betrachtung von Einkäufen und Verkäufen gilt das oben Gesagte für **Zugänge** und **Abgänge** sinngemäß, nur dass hier die Aufwands- und Erlösbuchungen nicht stattfinden. Die Bestandsveränderungen werden bei Zu- und Abgängen über das Lagerkorrekturkonto gebucht. Bei Zugängen wird die Ware dabei mit dem in der Zugangszeile angegebenem Einstandspreis bewertet.

6.5.6 Buchen der Lagerwerte in die Finanzbuchhaltung

Mit Hilfe der Stapelverarbeitung *Lagerregulierung buchen* werden in Microsoft Dynamics NAV die ermittelten Lagerwerte in die Finanzbuchhaltung gebucht. Die Stapelverarbeitung wird über das Hauptmenü *Finanzmanagement / Lager / Bewertung / Lagerregulierung buchen* aufgerufen.

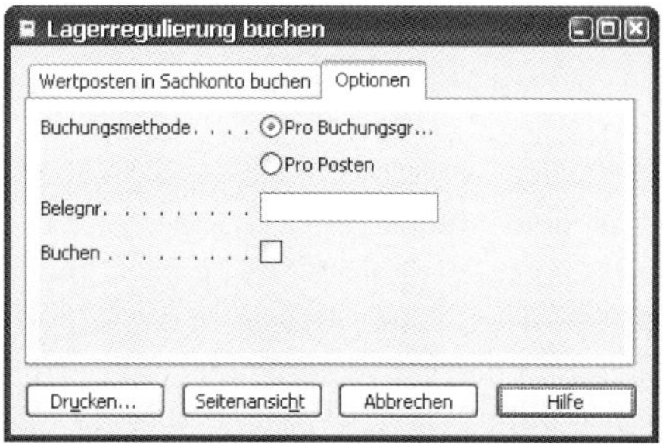

Wird in dem Feld „Buchungsmethode“ die Option <Pro Buchungsgruppe> gewählt, so werden gleichartige Buchungen pro Buchungsdatum und Buchungsgruppenkombination zusammengefasst. Die Auswahl der Option <Pro Posten> bewirkt, dass pro Wertposten zwei Sachposten erzeugt werden.

Eine „Belegnr.“ kann nur angegeben werden, wenn <Pro Buchungsgruppe> gebucht wird. Anderenfalls wird die Belegnummer des Wertpostens verwendet, die bei Einkaufs- oder Verkaufsvorgängen der Rechnungsnummer entspricht.

Mit Hilfe der Schaltfläche Drucken... wird ein Buchungsbeleg erstellt. Es ist nicht möglich, diesen Buchungsbeleg nach Ablauf der Stapelverarbeitung nachzudrucken.

Die Stapelverarbeitung bucht für jeden Wertposten die Differenz zwischen den Feldern „Einstandsbetrag (tatsächl.)“ und „Gebuchte Lagerregulierung“ auf die entsprechenden Sachkonten und aktualisiert den Betrag im Feld „Gebuchte Lagerregulierung“ des Wertpostens.

Bei gebuchten Lieferungen, für die noch keine Rechnung gebucht wurde, wird der voraussichtliche Wert im Feld „Einstandsbetrag (erwartet)“ ausgewiesen. Wenn in der Lagereinrichtung ein Haken im Feld „Soll-Kosten buchen“ gesetzt ist, wird die Differenz zwischen den Feldern „Einstandsbetrag (erwartet)“ und „Auf Sachkonto geb. Soll-Kosten“ auf Interims-Sachkonten gebucht. Diese sind in den entsprechenden Feldern in der Lagerbuchungsgruppe und in der Buchungsmatrix hinterlegt.

Wird nach dem Einbuchen der Rechnung erneut die Stapelverarbeitung *Lagerregulierung buchen* aufgerufen, wird die Sollkostenbuchung storniert und der Lagerwert wie gehabt eingebucht.

Die zu einem Wertposten gebuchten Sachposten können aus dem Fenster Wertposten über den Menüpunkt Posten / *Finanzbuchhaltung* und umgekehrt aus dem Fenster Sachposten über den Menüpunkt Posten / *Wertposten* angezeigt werden.

Im Hintergrund führt Microsoft Dynamics NAV in der Tabelle Wertposten in Sachkonto buchen alle Wertposten mit, deren Wert noch in die Finanzbuchhaltung gebucht werden muss. Die Einträge werden durch die Stapelverarbeitung *Lagerreg. fakt. Einst. Preise* erzeugt und nach dem Buchen wieder gelöscht. Die Tabelle dient der Performanceoptimierung und der Filterung beim Starten des Buchungsvorgangs.

Die automatische Ausführung der Stapelverarbeitung beim Buchen von Lagerbewegungen kann über einen Haken im Feld „Automatische Lagerbuchung" in der Lager Einrichtung gesteuert werden. Wurde das Feld „Automatische Lagerbuchung" aktiviert, muss in regelmäßigen Abständen diese Verarbeitung zusätzlich gestartet werden, um nachträgliche Preiskorrekturen zu berücksichtigen.

Nach erfolgter Lagerregulierung können die Werte in der Finanzbuchhaltung mit den Werten aus der Warenwirtschaft abgestimmt werden.

Die Summe der Sachpostenbuchungen auf den Warenbestandskonten in der Finanzbuchhaltung muss mit der Summe der Wertposten (Feld „Gebuchte Lagerregulierung") übereinstimmen. Zu Abstimmungszwecken können der Artikelbericht „Aktuellen Lagerwert ermitteln" (*Finanzmanagement / Lager / Berichte*) und der Bericht „Sachkonto - Kontoblatt" (*Finanzmanagement / Finanzbuchhaltung / Berichte / Posten*), gefiltert nach den Warenbestandskonten, genutzt werden.

Darüber hinaus zeigt die Auswertung Lager - Sachpostenabstimmung (*Finanzmanagement / Lager / Analyse & Berichtswesen / Lager - Sachpostenabstimmung*) bei entsprechend eingetragenen Filtern, ob Differenzen zwischen der Warenwirtschaft und der Finanzbuchhaltung bestehen.

6.5.7 Nachträgliche Preiskorrekturen

Nachdem die internen Vorgänge in Microsoft Dynamics NAV erklärt wurden, wird nun das Vorgehen bei nachträglichen Korrekturen dargestellt.

Nachträgliche Korrekturen von bereits vorgenommenen Lagerbewertungen können nur bei einer Reduktion des Lagerbestandes („Menge" < 0) auftreten.

Eine Bestandsverminderung kann durch folgende Vorgänge in Microsoft Dynamics NAV erzeugt werden:

- Abgangsbuchungen (z.B. aus Artikel- oder Stückliste Buch.-Blättern)
- Verkäufe
- Einkaufsgutschriften
- Negative Zugänge

Wird eine Bestandsreduktion durchgeführt, ohne dass die zugehörigen Einkaufspreise feststehen, so muss Microsoft Dynamics NAV zunächst vorläufige Lagerwerte annehmen, bis die tatsächlichen Einkaufspreise bekannt sind. Stimmen die tatsächlichen Einkaufspreise nicht mit den angenommenen, vorläufigen überein, so muss die Differenz nachträglich korrigiert werden.

Vorläufige Einkaufspreise können in folgenden Konstellationen auftreten:

- Die verkauften Waren sind nicht am Lager. Das heißt der Lagerbestand wird negativ.
- Die verkauften Waren sind bereits am Lager, jedoch liegt noch keine Einkaufsrechnung vor.

Zur vorläufigen Bewertung der Bestandsreduktionen wird der Einstandspreis aus der Artikelkarte verwendet. Dieser kann in den Einkaufs- und Verkaufszeilen manuell überschrieben werden.

Der Ablauf der nachträglichen Preiskorrektur wird nachfolgend in Einzelschritten am Beispiel eines Artikels mit der Abgangsmethode <FIFO> erläutert. Beim Verkauf wurde dabei ein vorläufiger Lagerwert von 800,00 € angenommen. Bei Zugang der Einkaufsrechnung beträgt der Wert jedoch 1.000,00 €, so dass der Verkauf nachträglich korrigiert werden muss:

1. Nach der Verkaufsbuchung wird ein Lagerabgang in Höhe von 800,00 € gebucht. Diesem Lagerabgang steht kein Lagerzugang gegenüber, so dass der Lagerbestand und der Lagerwert (-800,00 €) negativ sind. Nach der Ausführung der Stapelverarbeitungen *Lagerreg. fakt. Einst. Preise* und *Lagerregulierung buchen* wird dieser Abgang in Höhe von -800,00 € in die Finanzbuchhaltung übertragen. Dieser Wert wird im Wertposten im Feld „Gebuchte Lagerregulierung" eingetragen.

2. Die Einkaufsrechnung über 1.000,00 € wird gebucht. Ein Lagerzugang in Höhe von 1.000,00 € wird erzeugt. Dadurch beträgt der Lagerbestand 0 Stück bei einem Lagerwert in Höhe von 200,00 € (1.000,00 € – 800,00 €).

3. Durch die Stapelverarbeitung *Lagerreg. fakt. Einst. Preise* wird der Wert in Höhe von 1.000,00 € aus den Einkaufswertposten mit dem Betrag der Verkaufswertposten (-800,00 €) verglichen und über die Differenz wird ein neuer Verkaufswertposten über -200,00 € erstellt.

4. Durch die Stapelverarbeitung *Lagerregulierung buchen* werden die Werte der Felder „Einstandsbetrag (tatsächl.)“ und „Gebuchte Lagerregulierung“ in den Wertposten miteinander verglichen und die Differenz wird in der Finanzbuchhaltung gebucht.
   Auf der Einkaufsseite stimmen beide Felder überein. Auf der Verkaufsseite wurde der neu erstellte Wertposten noch nicht gebucht, so dass die Differenz von 200,00 € in die Finanzbuchhaltung übertragen wird. Anschließend beträgt der Lagerwert 0,00 €. Der zunächst angenommene, falsche Lagerwert wurde somit korrigiert.

Die Korrekturen finden statt, nachdem der zugehörige Einkauf gebucht und die Stapelverarbeitungen zur Lagerregulierung ausgeführt wurden. Zwischen Verkauf und Einkauf und der damit verbundenen Korrektur der Bestandsbewertung kann auch ein Periodenwechsel liegen, so dass Bewertungen aus Vorperioden Einfluss auf die aktuelle Periode haben können.

Durch die Stapelverarbeitung *Lagerreg. fakt. Einst. Preise* werden die nachträglichen Bewertungen einer Verkaufsbuchung zum Buchungsdatum der Verkaufsrechnung vorgenommen, d.h. eine nachträgliche Bewertung wird immer in der Periode des betreffenden Beleges vorgenommen, auch wenn die Grundlage dieser Neubewertung in einer Vorperiode liegt. Ist das Buchungsdatum der Vorperiode bereits zum Buchen gesperrt, bricht die Stapelverarbeitung mit einer Fehlermeldung ab. Abhilfe kann hier der Einsatz von Lagerbuchungsperioden schaffen.

7 Systemadministration

Im nachfolgenden Kapitel werden die Abläufe zur Handhabung der Microsoft Dynamics NAV Datenbank beschrieben. Insbesondere geht es um die Systemadministration, die Erstellung von Datensicherungen, den Export und Import von Objekten sowie die Einrichtung von Benutzern im System und deren Zugriffsrechte.

7.1 Die Microsoft Dynamics NAV Datenbank

Dieser Abschnitt beschreibt den Aufbau und die Arbeitsweise der Microsoft Dynamics NAV - Datenbank. Er richtet sich dabei sowohl an Systemadministratoren als auch an Anwender, die sich für die Funktionsweise der Microsoft Dynamics NAV - Datenbank interessieren.

7.1.1 Datenbankgrundlagen

Datenbanken dienen dazu, Daten zu speichern und bei Bedarf zur Verfügung zu stellen. Die Daten werden dabei ausschließlich in Tabellen gespeichert. Die unterschiedlichen Formulare, die dem Anwender auf dem Bildschirm angezeigt werden (Karten, Übersichten), sind „nur Fenster" auf die in der Datenbank liegenden Tabellen.

Tabellen bestehen im Allgemeinen aus Zeilen und aus Spalten. Die Zeilen werden in einer Datenbank als Datensätze und die Spalten als Felder bezeichnet.

Beispiel Telefonliste:

Nummer	Vorname	Nachname	Telefon
1	Thomas	Fischer	030 / 885985-0
2	Michael	Meyer	040 / 336 697
3	Domenic	Mohrholz	0331 / 7777-007

Eine Telefonliste oder ein Adressbuch ist bereits eine einfache Datenbank mit einer einzigen Tabelle – unabhängig davon, ob diese auf einem Computer oder auf Papier abgespeichert bzw. geschrieben wurde.

Professionelle Datenbanken, wie Microsoft Dynamics NAV, bestehen aus mehreren hundert Tabellen und weisen eine Reihe zusätzlicher Eigenschaften auf. Eine wichtige Eigenschaft computergestützter Datenbanken besteht darin, einzelne Tabellen miteinander zu verknüpfen. Wenn z.B. ein Verkaufsauftrag für einen Debitor erfasst werden soll, ist es nicht erforderlich, in dem

Auftragsdatensatz alle benötigten Daten des Debitorendatensatzes (Name, Adresse usw.) zu speichern. Stattdessen reicht es aus, die Nummer des Debitors einzutragen. Die Datenbank kann anhand dieser Nummer den entsprechenden Debitor finden und auf die Adressdaten zugreifen. Diese Verknüpfungen von einem Datensatz (Auftrag) auf einen anderen Datensatz (Debitoren) werden in der Datenbanksprache „Verweise" bzw. „Tabellenrelationen" genannt. Deshalb werden solche Datenbanken, die diese Fähigkeit besitzen, auch als „relationale Datenbanken" bezeichnet.

7.1.2 Datenbanken für Microsoft Dynamics NAV

Das Herzstück von Navision ist C/SIDE (Client/Server Integrated Development Environment). C/SIDE ist eine integrierte Entwicklungsumgebung der neuesten Generation. Sie beinhaltet neben der Schnittstelle zur Datenbank und zum Betriebssystem auch die komplette Client/Server-Kommunikation sowie die Entwicklungsumgebung für die Anpassung der Software an die speziellen Unternehmensanforderungen und Geschäftsprozesse.

Als Datenbanksystem kann für Microsoft Dynamics NAV entweder die eigene native Datenbank (direkt in C/SIDE integriert) oder der Microsoft SQL Server eingesetzt werden.

Beide Datenbanken haben ihre Vorteile. So ist die C/SIDE-Datenbank schnell, robust und pflegeleicht, die SQL-Datenbank hingegen höher skalierbar und bietet sich somit für große komplexe Installationen mit sehr vielen Usern und riesigem Datenvolumen an.

Ein Wechsel zwischen den Datenbanken ist beim Einsatz von Microsoft Dynamics NAV denkbar einfach. Eine Datensicherung der einen Plattform kann in die andere Plattform ohne Probleme eingelesen werden.

Die weiteren Ausführungen beziehen sich auf die Arbeit mit dem Microsoft Dynamics NAV Server bzw. auf die Arbeit mit der C/SIDE-Datenbank.

Die C/SIDE Datenbank benötigt, nachdem sie fachmännisch aufgesetzt wurde, wenig laufende Pflege. Lediglich die Größe der Datenbank muss periodisch geprüft und bei Bedarf manuell angepasst werden. Mit regelmäßigen Datensicherungen und daraus zum Datenbanktest erstellten Rücksicherungen, hat man bereits ein hohes Maß an Systemsicherheit.

Die C/SIDE Datenbank wird in einer einzigen Datenbankdatei abgespeichert. Diese Datei besitzt die Dateierweiterung „.fdb" (**f**inancials **d**ata**b**ase) und erhält meistens den Namen „database.fdb" bzw. „kundenname.fdb".

Die Datensicherung besitzt die Dateierweiterung „.fbk" (**f**inancials **b**ac**k**up).

7.1.3 Lokale Datenbank und Server

Auf die Microsoft Dynamics NAV - Datenbank (C/SIDE-Datenbank) kann entweder lokal von einem Arbeitsplatz oder zentral über einen Server zugegriffen werden. Wird direkt auf die Datenbankdatei zugegriffen, d.h. die Datenbank wird lokal geöffnet, kann kein zweiter Anwender die Datenbank öffnen. Dies ist vergleichbar mit einem Word-Dokument, das auch immer nur von einer Person gleichzeitig bearbeitet werden kann. Es ist dabei egal, ob die Datenbankdatei auf dem Arbeitsplatz oder auf einem File-Server liegt.

Wenn mehrere Personen gleichzeitig mit Microsoft Dynamics NAV arbeiten sollen, wird ein zusätzliches Programm benötigt, welches die Zugriffe von mehreren Anwendern steuert. Dieses Programm ist der Microsoft Dynamics NAV-Server. Diese Server-Software ist von der Hardware-Plattform zu unterscheiden, auf dem die Microsoft Dynamics NAV - Datenbank liegt. Dieses System wird im Allgemeinen auch als Microsoft Dynamics NAV - Server bezeichnet.

Der Microsoft Dynamics NAV - Server muss eingreifen, wenn mehrere Anwender gleichzeitig auf dieselben Daten zugreifen und diese ändern wollen. Zum Beispiel wollen zwei Anwender zur gleichen Zeit Daten desselben Artikels ändern. Da nur ein Artikeldatensatz dieses Artikels existieren darf, entsteht ein Konflikt, den der Server abfangen muss. Der Server wird in diesem Fall die Änderungen des Anwenders akzeptieren, der zuerst mit seiner Arbeit fertig ist und dem anderen Anwender mitteilen, dass seine Änderungen verworfen wurden:

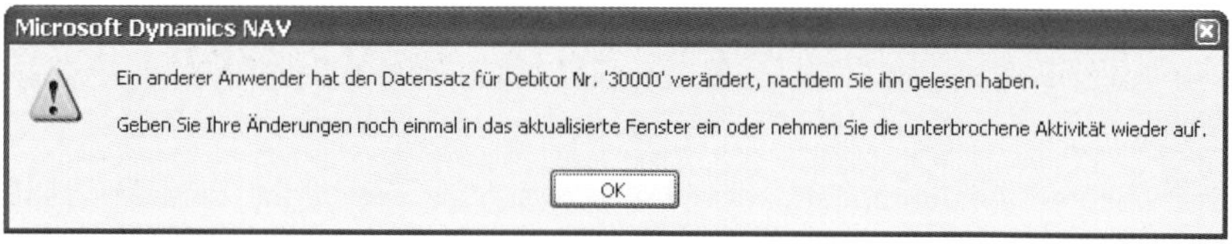

Neben der Arbeit mit Microsoft Dynamics NAV über den Server (als Echtsystem) können ebenso weitere Testdatenbanken auf den Arbeitsplätzen vorhanden sein. Um eine Datenbank zu öffnen, muss der Befehl *Datei / Datenbank / Öffnen...* aufgerufen werden.

Zum lokalen Öffnen einer Datenbank muss der Datenbankname in das gleichlautende Feld eingetragen werden. Um eine Datenbank über einen Server zu öffnen, muss der Servername in das entsprechende Feld eingetragen werden. Das jeweils andere Feld bleibt leer. Im Register Erweitert kann eingestellt werden, welches Netzwerkprotokoll verwendet werden soll.

Erfolgt die Authentifizierung über Windows, greift Microsoft Dynamics NAV auf den Benutzernamen von Windows zu. Bei der Datenbankserver Authentifizierung muss sich der Anwender mit einer Benutzer-ID und dem zugehörigen Kennwort legitimieren, um Zugriff auf die Datenbank zu erhalten.

Da kaufmännische Datenbanken und deren Datensicherungen über viele Jahre und somit auf verschiedenen Systemen verfügbar gehalten werden müssen, ist im Vorfeld genau zu überlegen welche der Authentifizierungen genutzt werden soll.

7.1.4 Datenbankinformationen

Die Datenbankinformationen geben Aufschluss über die Größe, den Füllgrad und den Speicherort sowie die angemeldeten Benutzer der Datenbank.

Sie können über *Datei / Datenbank / Informationen* abgefragt werden:

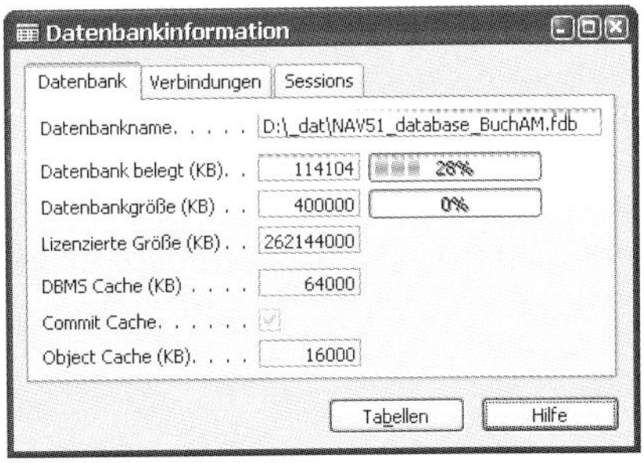

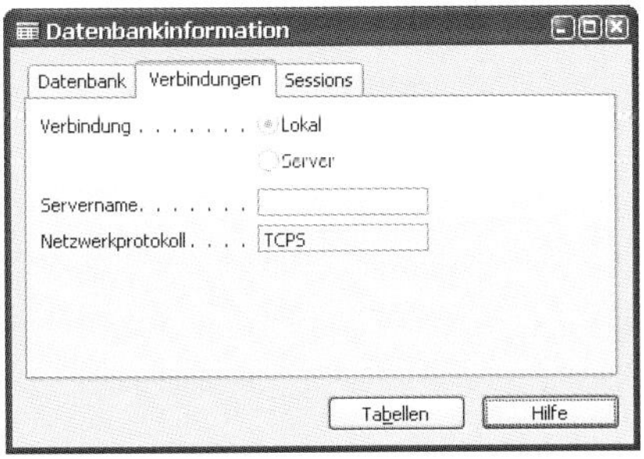

Im Feld „Datenbankname" werden der Pfad und der Name der verwendeten Datei angegeben. In „Datenbankgröße (KB)" wird die Größe der Datenbank-Datei und in „Datenbank belegt (KB)" die darin gespeicherte Datenmenge angezeigt. Das Feld „Lizenzierte Größe (KB)" hatte eine Bedeutung, als die Datenbank nur durch Lizenzerweiterungen vergrößert werden konnte.

Ein Cache wird dazu verwendet, um Daten im Hauptspeicher des Computers zu speichern. Da auf den Hauptspeicher schneller zugegriffen werden kann als auf die Festplatte, wird das Gesamtsystem dadurch schneller.

Das Feld „DBMS Cache (KB)“ gibt die Cache-Größe auf dem Server an. Wurde beim Start von Microsoft Dynamics NAV der „Commit Cache“ aktiviert, werden auch Schreibaktionen im Cache zwischengespeichert. Dies beschleunigt das System, da somit Vorgänge abgeschlossen werden können, bevor die Daten auf die (langsameren) Festplatten geschrieben werden.

Im Register Sessions wird angezeigt, wie viele Anwender aktuell in der Datenbank angemeldet sind („Aktive Sessions“) und wie viele Anmeldungen mit der aktuellen Lizenz insgesamt möglich sind („Lizenzierte Sessions“).

Etwas irritierend enthält die angezeigte Zahl im Feld „Lizenzierte Sessions“ nicht nur Anzahl der lizenzierten Sessions der Benutzer, sondern auch die Anzahl der lizenzierten Lizenzen des Navision Application Servers (NAS). Die Überwachung der Anzahl der aktiven Nutzer erfolgt trotzdem jederzeit korrekt. Es können sich immer nur so viele Nutzer gleichzeitig anmelden, wie lizenziert sind. Die Anzahl der NAS wird davon getrennt verwaltet.

Über den DrillDown-Button im Feld „Aktive Sessions“ kann das Fenster Datenbanksessions aufgerufen werden, in dem angezeigt wird, welche Anwender gerade mit dem Server verbunden sind und wann sich diese angemeldet haben.

In der Spalte „Leerlaufzeit“ wird angezeigt, seit wann keine Datenbankanforderung der einzelnen Sessions beim Server eingegangen ist. Wenn das Feld leer ist, führt die Session aktuell eine Datenbankanforderung aus.

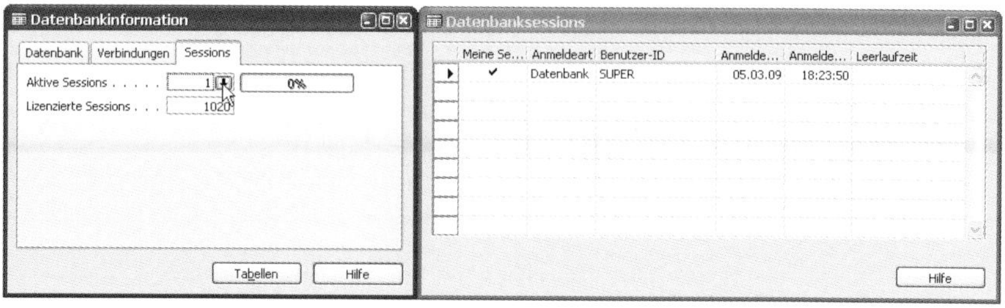

Eine geöffnete Session kann durch einen Administrator beendet werden, indem die entsprechende Zeile im Formular Datenbanksessions ausgewählt und mit **F4** gelöscht wird. Die Verbindung des Benutzers zum Server wird unterbrochen, und der Benutzer muss das Programm neu starten, um die Arbeit fortzusetzen.

7.1.5 Erweitern der Datenbank

Die Datenbank benötigt intern freien Platz um einerseits das Versionsprinzip aufrecht zu erhalten und andererseits Daten mit hoher Geschwindigkeit zwischenpuffern zu können.

Die Weiterentwicklung der C/SIDE-Datenbank hat mit der Version 5.0 eine Änderung gebracht. Während früher ein Füllgrad von 65 % bis 85 % für die beste Performance sorgte, sichert ab Version 5.0 ein Füllgrad von 40 % bis 60 % die höchste Performance.

Ein Füllgrad **über 80 %** ist zu **vermeiden**. Ab einem Füllgrad von **90% muss** die Datenbank zwingend **erweitert werden**, da sonst riskiert wird, dass einzelne Prozesse nicht mehr durchgeführt werden können.

Die Geschwindigkeit mit der Microsoft Dynamics NAV arbeitet, hängt in erster Linie von der Anzahl und der Geschwindigkeit der verwendeten Festplatten ab. Je mehr Festplatten verwendet werden, desto mehr Lese-/Schreibvorgänge können gleichzeitig stattfinden.

Die Anzahl der eingesetzten Festplatten hängt im Wesentlichen von folgenden Faktoren ab:

- Größe der Datenbank
- Anzahl der Anwender
- Datendurchsatz der eingesetzten Funktionen

Microsoft Dynamics NAV hat die Möglichkeit mehrere Datenbankteile auf mehreren Festplatten zu verwalten. Sinnvollerweise sollte jeder Datenbankteil auf einer eigenen Festplatte liegen. Für eine höhere Sicherheit sind die Festplatten zu spiegeln.

Über den Menüpunkt *Datei / Datenbank / Erweitern...* gelangt man in das Fenster Datenbank erweitern.

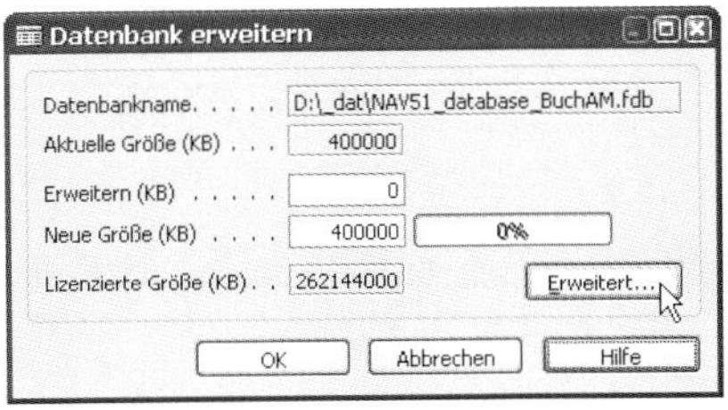

Wird lediglich mit einer Datenbankdatei gearbeitet, kann man in diesem Fenster die Erweiterung vornehmen, indem man den zusätzlich benötigten Platz in das Feld „Erweitern (KB)" oder die gewünschte Größe in das Feld „Neue Größe (KB)" einträgt.

Besteht die Datenbank aus mehreren Datenbankteilen, muss die Erweiterung in dem Fenster „Datenbank erweitern (erweitert)“ vorgenommen werden. In dieses gelangt man aus dem Fenster Datenbank erweitern über die Schaltfläche Erweitert:

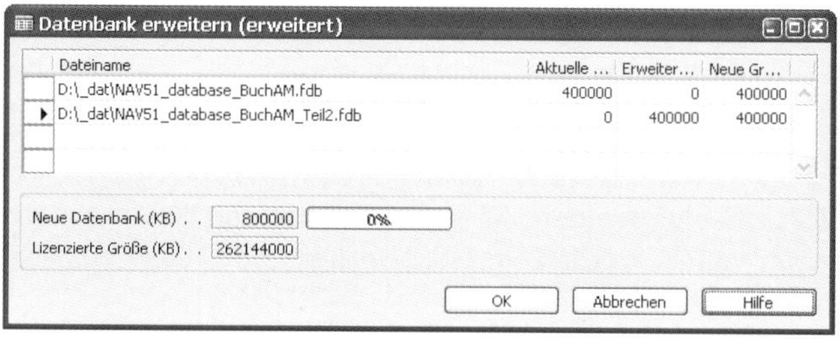

Bei der Arbeit mit mehreren Datenbankteilen sollte beachtet werden, dass beim Aufsetzen der Datenbank alle zu diesem Zeitpunkt geplanten Datenbankdateien angelegt werden – auch wenn dies aufgrund der Auslastung noch nicht notwendig wäre.

Die einzelnen Datenbankdateien der Datenbankteile sollten gleich groß sein, und demnach auch um die gleiche Größe erweitert werden.

7.2 Datensicherung

Microsoft Dynamics NAV verfügt über eine eigene Funktion zur Sicherung der Datenbank in eine „.fbk“-Datei (**F**inancials **B**ac**k**up). Eine komplette Datensicherung enthält alle Daten und Objekte der Datenbank. Es empfiehlt sich, diese Datensicherung auf einem Netzlaufwerk durchzuführen, das täglich per Band-Laufwerk gesichert wird. Zum Beispiel auf ein Laufwerk des File-Servers.

Darüber hinaus sollte regelmäßig aus einer Datensicherung wieder eine Datenbank durch Datenrücksicherung aufgebaut werden. Dies sollte auf einem vom Microsoft Dynamics NAV - Server getrennten System erfolgen. Nur eine erfolgreiche Datenrücksicherung stellt ein Mindestmaß an Datensicherheit dar, da alle Feldinhalte und Schlüssel geprüft und neu erstellt werden. Nur so ist sichergestellt, dass im Falle einer Havarie die Datensicherung auch ihre Funktion erfüllt.

Bei dem Thema der Datensicherung muss weiterhin zwischen zwei Beweggründen unterschieden werden: Zum einen wird im Havariefall eine schnell wieder einsetzbare Datenbank benötigt und zum anderen wird die

Datensicherung für die Prüfung des Unternehmens durch den Betriebsprüfer benötigt.

Bei einer Betriebsprüfung reicht es nicht aus, nur die aktuellen Zahlen und die Zahlen der vergangenen Jahre zu präsentieren, sondern hier ist auch die Berechnungsgrundlage nachzuweisen. Diese Nachweispflicht wird oft mit einem aktuellen System nicht erfüllt, da bei Updates (AfA, Lohn, Steuer, Krankenkassen) die Berechnungsgrundlagen überschrieben werden und nicht mehr nachweisbar sind.

Die Datensicherung ist das einzige Sicherheitsnetz für die Microsoft Navision Datenbank, wenn die Serverplattform ausfällt oder z.B. durch Brand oder Vandalismus zerstört wird.

Eine Datensicherung ist nur dann eine Sicherung, wenn sie entfernt vom Server und vor Zerstörung gesichert aufbewahrt wird. Es ist also erforderlich, Kopien der Datensicherung gesichert und an verschiedenen Orten, insbesondere außerhalb der Firmenräume, zu lagern. Hierbei ist das Medium (Band, DVD, CD usw.), seine Haltbarkeit und die Verfügbarkeit entsprechender Laufwerke zu beachten, auf dem die Datensicherung aufbewahrt wird. Viele Elektronikversicherungen bedingen meist Datensicherungen auf Bändern, dies ist im Einzelfall gesondert zu klären.

7.2.1 Erstellen einer Datensicherung

Die Datensicherungsfunktion von Microsoft Dynamics NAV wird über den Menüpunkt *Extras / Datensicherung erstellen…* aufgerufen:

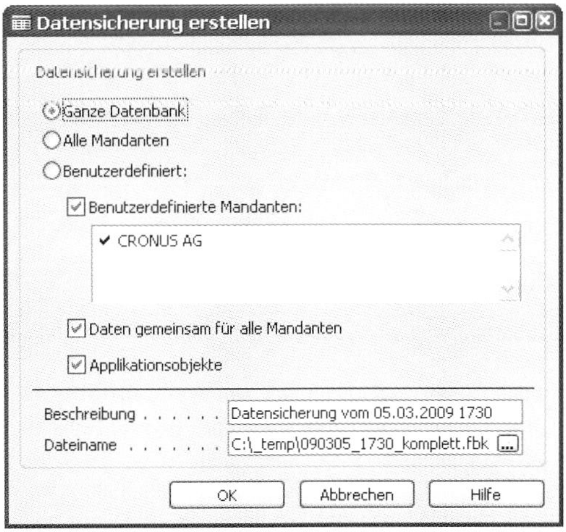

Es ist notwendig die monatliche Datensicherung für die Nachweispflicht immer mit der Option <Ganze Datenbank> zu erstellen. Nur so ist sichergestellt, dass die *.fbk-Datei alle Daten enthält, die für einen Neuaufbau auf einem externen System benötigt werden.

Zusätzlich gibt es für Teilsicherungen folgende benutzerdefinierte Möglichkeiten:

- Benutzerdefinierte Mandanten:
  Die zu sichernden Mandanten können einzeln ausgewählt werden, indem ein Haken in das Feld vor dem Mandantennamen gesetzt wird.
- Daten gemeinsam für alle Mandanten
  Einige Tabellen gelten für alle Mandanten gemeinsam (z.B. Zugriffsrechte), das heißt, eine Änderung in einen Mandanten führt zur selben Änderung in allen anderen Mandanten der gleichen Datenbank. Diese Daten werden nur gesichert, wenn das entsprechende Feld aktiviert wurde.
- Applikationsobjekte
  Neben den Mandantendaten beinhaltet die Microsoft Dynamics NAV - Datenbank auch den Quellcode für die Funktionen, Fenster, Berichte und andere Objekte. Diese sollten immer gesichert werden.

Wird die Datenbank ohne Applikationsobjekte gesichert, kann die Rücksicherung nur in eine Datenbank mit einem identischen Versionsstand erfolgen.

Eine echte, von der aktuellen Umgebung unabhängige und somit in einigen Monaten oder Jahren für eine Datenrücksicherung verwendbare Datensicherung wird nur dann erzeugt, wenn die Option <Ganze Datenbank> bei der Erstellung der Datensicherung ausgewählt wurde.

Der unter „Beschreibung“ eingegebene Text wird vor der Rücksicherung angezeigt und sollte einen Hinweis auf den Inhalt bzw. den Stand der Datensicherung enthalten. Der „Dateiname“ kann entweder direkt mit der Angabe des Pfades eingetragen werden oder der Pfad wird über den Assist-Button ausgewählt.

Ist die Datenbank schon so groß, dass die Datensicherung eine Größe von 2GB überschreitet, wird eine weitere Sicherungsdatei erstellt. Der Name dieser Datei wird automatisch mit einer fortlaufenden Nummer gebildet. Ist schon eine Nummer im Namen vorhanden, wird diese automatisch um eins erhöht. Um einer Verfälschung des Namens der Datensicherung vorzubeugen, sollte der Zusatz „_1“ im Namen verwendet werden.

Während der Datensicherung wird ein Fenster eingeblendet, das Informationen über die Größe der Datensicherung, den verfügbaren Platz auf dem Datenträger sowie den Fortschritt der Datensicherung anzeigt:

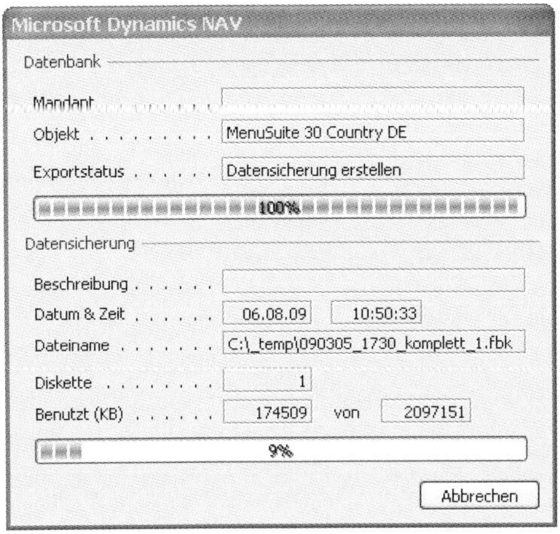

Eine Microsoft Dynamics NAV - Datensicherung kann auch durchgeführt werden, wenn in der Datenbank gearbeitet wird. Durch das Versionsprinzip wird sichergestellt, dass ein konsistenter Datenbankstand gesichert wird. Dabei werden alle Vorgänge gesichert, die zum Zeitpunkt des Starts der Datensicherung vollständig abgeschlossen waren.

Die Datensicherung einer Microsoft Dynamics NAV - Datenbank verfügt nach dem Rücklesen und vor dem ersten Schließen der Datenbank nicht über den Zugriffsschutz des Benutzer- und Kennwortsystems. Aus diesem Grund darf nur den dazu ausgewählten Benutzern über die Rechtevergabe innerhalb von Microsoft Dynamics NAV das Recht zugewiesen werden, Datensicherungen zu erstellen und Rücksicherungen durchzuführen. Außerdem ist mit den Datenträgern, auf denen die Datensicherungen gespeichert sind, dementsprechend sensibel umzugehen.

Dass an dieser Stelle die Datenbank nicht über den Schutz verfügt, ist korrekt, denn wenn eine Datenbank aus einer Datensicherung von vor 10 Jahren erstellt wird, sollten in der Zwischenzeit die Passwörter geändert worden sein, und sind meist nicht mehr verfügbar. Damit die Datenbank trotzdem verwendbar ist, wurde hier die Möglichkeit geschaffen direkt nach dem Rücksichern einen Administrator mit neuem Passwort und vollen Rechten anzulegen.

7.2.2 Rücklesen einer Datensicherung

Zum Rücklesen einer Datensicherung ist der Menüpunkt *Extras / Datensicherung importieren…* aufzurufen. Zunächst erscheint ein Dateiauswahl-Dialog, in dem die gewünschte Sicherungsdatei selektiert werden kann. Anschließend öffnet Microsoft Dynamics NAV das Fenster für die Datenrücksicherung.

Hier werden im oberen Bereich die „Beschreibung", „Datum & Zeit" und der „Dateiname" der zu importierenden Datensicherung angezeigt.

Als Optionen für den Import stehen wieder <Ganze Datensicherung>, <Alle Mandanten> und <Benutzerdefiniert> zur Verfügung. Hier sollte immer die Option <Ganze Datensicherung> gewählt werden.

Der Import von „Applikationsobjekten" und „Daten gemeinsam für alle Mandanten" ist nur möglich, wenn diese sich noch nicht in der Datenbank befinden. Ebenfalls kann kein Mandant in die Datenbank importiert werden, der bereits in der Datenbank existiert. Das heißt, eine Rücksicherung der „CRONUS AG" ist nur möglich, wenn sich kein Mandant mit diesem Namen in der Datenbank befindet. Sollen Applikationsobjekte in einer Datenbank geändert werden, müssen diese über den „Object Designer" eingelesen werden.

Das Rücklesen einer Datensicherung beinhaltet nicht nur das Einlesen der Daten und Objekte, sondern auch den Neuaufbau der Schlüssel in den Tabellen. Dadurch kann die Datenrücksicherung erhebliche Zeit in Anspruch nehmen.

Um einen Übungsmandanten auf Basis der aktuellen Buchungsstände und Einrichtungsparameter eines Mandanten zu erzeugen, kann zunächst eine Datensicherung erstellt, anschließend der Originalmandant umbenannt (z.B. „CRONUS XY GmbH") und zum Schluss die Datensicherung rückgelesen werden. Dabei muss zwingend sichergestellt sein, dass während und nach diesem Vorgang kein Anwender in der Datenbank arbeitet! Dies kann nur erreicht werden, wenn der Microsoft Dynamics NAV - Server gestoppt und die Datenbank lokal geöffnet wird.

7.2.3 Datenbankkopien

Die Datenbankkopie ist eine einfache physische Kopie der Datenbankdatei („.fdb“). Eine Datenbankkopie ist als zusätzlicher Schutz zur Microsoft Dynamics NAV - Datensicherung zu verstehen.

Eine Datenbankkopie allein reicht jedoch nicht als Datensicherung, da bei einer einfachen Kopie kein Test der Datenbank durchgeführt wird, der frühzeitig auf mögliche Probleme hinweist.

Beim Erstellen einer Datenbankkopie muss sichergestellt werden, dass zu der Zeit, zu der die Kopie der Datenbank erstellt wird, kein Anwender in der Datenbank arbeitet oder sich an- oder abmeldet! Anderenfalls wird die Kopie vollständig unbrauchbar! Ein Zugriff auf die Datenbank kann nur verhindert werden, wenn vor dem Kopieren der Microsoft Dynamics NAV - Serverdienst des Systems beendet wird, auf dem der Microsoft Dynamics NAV - Server arbeitet!

7.2.4 HotCopy-System

Eine doppelte Sicherheit zu den manuellen Datensicherungen bietet ein Sicherungssystem über den HotCopy-Server. Dieser erstellt aus der laufenden Datenbank eine Datensicherung sowie eine Datenrücksicherung inkl. einer Datenbankprüfung. Anschließend steht Ihnen eine lauffähige Datenbank zur Verfügung.

Die hierbei erstellte Datenbank sollte auf einem externen System gesichert und rollierend (3x täglich - 7x die Woche) überschrieben werden. Im Havariefall steht damit sofort eine einsatzfähige Datenbank zur Verfügung, bei der auf die zeitaufwendige Prozedur der Datenrücksicherung verzichtet werden kann.

Das externe System kann eine oder mehrere externe Festplatten umfassen, die in den normalen Datensicherungen des File-Servers mit integriert sind.

Es ist zu beachten, dass HotCopy nicht als alleinige Datensicherung genutzt werden kann, da für die langfristige Aufbewahrung „echte“ Datensicherungen benötigt werden. Als permanentes Prüfsystem mit der Möglichkeit sofort auf nur wenige Stunden bzw. Tage alte Datenbanken zugreifen zu können, ist HotCopy genial und unverzichtbar.

7.3 Verwalten von Objekten

Die Funktionsweise von Microsoft Dynamics NAV, das heißt die Algorithmen, der Aufbau der Formulare, Tabellen, Berichte, usw. ist in den Applikationsobjekten definiert. Neue Versionsstände der Datenbank sowie Programmänderungen und -erweiterungen werden durch geänderte Objekte realisiert, die in die Datenbank eingelesen werden.

7.3.1 Der „Object Designer"

Der „Object Designer" ist das Hauptmenü der Entwicklungsumgebung von Microsoft Dynamics NAV. In ihm werden alle Objekte der Datenbank angezeigt, neue erstellt (New), vorhandene verändert (Design) oder gestartet (Run). Der „Object Designer" wird über den Menüpunkt *Extras / Object Designer* oder die Tastenkombination **Groß**+**F12** aufgerufen:

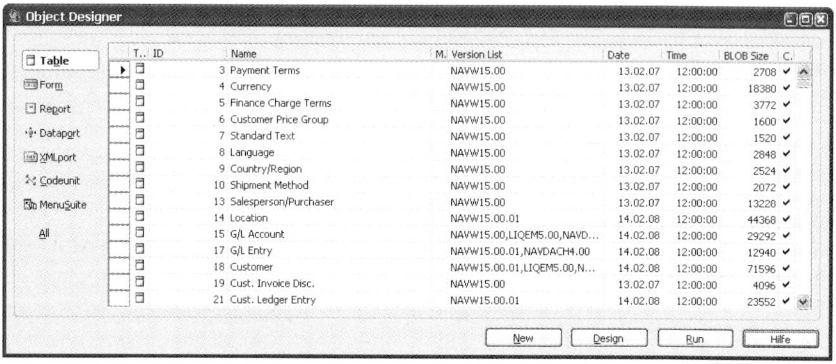

Auf der linken Seite des Fensters kann die angezeigte Objektart gewählt werden:

Objektart	**Beschreibung**
Table	Tabellen für die Struktur der Daten
Form	Fenster bzw. Formulare zum Darstellen der Daten
Report	Berichte, Stapelverarbeitungen und Belege
Dataport	Schnittstellen zum Ex- und Import von Daten
XMLport	XML-Schnittstellen
Codeunit	Funktionen, Prozeduren
MenuSuite	Objekte für die Hauptmenüstruktur
All	alle Objektarten

In der rechten Seite des Fensters werden die Objekte und deren Eigenschaften angezeigt. In diesem Formular stehen die Funktionen der Standard-Anwendung, wie z.B. Filtern, Suchen, Sortieren zur Verfügung.

Die „ID" eines Objektes ist eine eindeutige Nummer und kann Hinweise auf die Herkunft des Objektes geben. Es gelten dabei folgende Nummernkonventionen:

1	bis	9.999	Internationale Basisversion
10.000	bis	49.999	Landesspezifische Erweiterungen
50.000	bis	99.999	Kundenspezifische Erweiterungen
100.000	bis	999.999.999	Add-On´s und Zusatzmodule

In den Spalten „Modified“, „Date“ und „Time“ wird angezeigt, ob und wann das Objekt zum letzten Mal geändert wurde. Alle drei Spalten sind änderbar.

Das Häkchen in der Spalte „Modified“ sollte niemals entfernt werden, da es ein Prüfzeichen beim Einlesen neuer oder geänderter Objekte ist.

In der „Version List“ kann eingetragen werden, für welche Module das Objekt Änderungen enthält und wer diese Änderungen vorgenommen hat. Die Bezeichnungskonventionen dafür sollten zuvor abgesprochen werden.

7.3.2 Zugriffsrechte auf Objekte

Die Zugriffsrechte auf die Objekte in Microsoft Dynamics NAV hängen von der verwendeten Lizenzdatei ab. Um mit einer Kundenlizenz überhaupt Zugriffsrechte auf Objekte zu erhalten, sind mindestens die entsprechenden Design-Module erforderlich. Es können folgende Lizenzen erworben werden:

Table Designer	Zugriff auf Tabellenfelder, nicht jedoch auf den Quellcode
Form Designer	Zugriff auf die Formgestaltung (ohne Quellcode)
Report Designer	Zugriff auf Reports und Dataports inkl. Quellcode
Application Builder	Zugriff auf den Quellcode außer auf System- oder Postenobjekte
Solution Developer	Zugriff auf den Quellcode aller Objekte

Neben den entsprechenden Designmodulen müssen die Objekte bzw. entsprechenden Standard-Module lizenziert worden sein. Um z.B. das Fenster für Bestellungen verändern zu können, muss neben dem Form Designer auch das Bestellwesen lizenziert sein. Zusatzobjekte im Nummernbereich 50.000 bis 99.999 müssen durch den betreuenden Software-Partner für Microsoft Dynamics NAV lizenziert werden.

Eine weitere Voraussetzung für den Zugriff auf die Entwicklungsumgebung ist die Einrichtung der entsprechenden Zugriffsrechte auf der Datenbank durch den Systemadministrator.

7.3.3 Auslesen von Objekten

Microsoft Dynamics NAV Objekte können von einer Datenbank in eine andere durch Export und anschließenden Import übertragen werden.

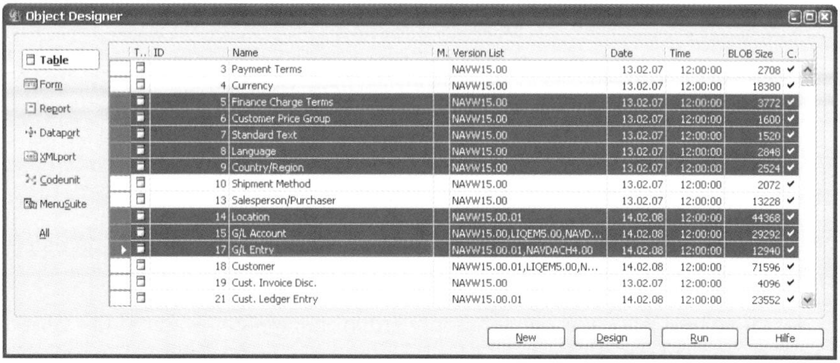

Zum Auslesen von Objekten müssen zunächst die gewünschten Objekte markiert werden. Wurden keine Objekte markiert, wird nur das aktuelle Objekt exportiert. Nach dem Markieren können die ausgewählten Objekte über den Menüpunkt *Datei / Export...* als Datei abgespeichert werden:

Zum Exportieren der Objekte stehen zwei verschiedene Formate zur Verfügung: „Navision Object Format (*.fob)“ ist das Microsoft Dynamics NAV-eigene Objektformat und wird in der Regel verwendet. Bei der Option „Text Format (*.txt)“ wird eine ASCII-Datei erzeugt, die die Beschreibung der Objekte enthält. Die Textdateien können unter anderem dazu genutzt werden, um die Objekte in Entwicklungswerkzeuge und Hilfsprogramme einzulesen. Der Export von Textdateien ist nur mit einer Entwicklerlizenz möglich.

Um alle geänderten Objekte einer Datenbank auszulesen, kann folgendes Vorgehen gewählt werden: Zunächst wird auf der linken Seite des Object Designers die Schaltfläche [All] betätigt, um alle Objekttypen anzuzeigen. Anschließend wird in der Spalte „Modified“ der Filter <Yes> gesetzt, damit nur noch die geänderten Objekte angezeigt werden. Jetzt müssen alle aktuell angezeigten Objekte durch *Bearbeiten / Alle markieren* bzw. [Strg]+[A] markiert und durch den Befehl *Datei / Export...* ausgelesen werden.

7.3.4 Einlesen von Objekten

Das Einlesen von Objekten erfolgt ebenfalls aus dem Object Designer über den Aufruf des Menüpunktes *Datei / Import....* Dabei wird zunächst ein Dateiauswahlfenster geöffnet, in dem die Objektdatei ausgewählt werden muss. Anschließend prüft Microsoft Dynamics NAV die enthaltenen Objekte:

In Abhängigkeit der neuen Objekte in der Objektdatei und der vorhandenen Objekte in der Datenbank, kann die Prüfung der Objektdatei ergeben, dass von einem oder mehreren Objekten unterschiedliche Versionen vorliegen.

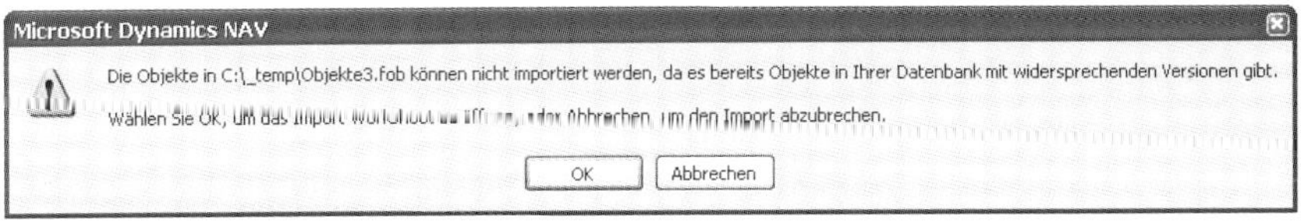

Dies tritt auf, wenn dasselbe Objekt in der Importdatei und in der Datenbank verändert wurde. Microsoft Dynamics NAV meldet auch bei identischen Objekten Konflikte, wenn die Objekte in der Datenbank als „Modified“ gekennzeichnet sind. Damit obliegt die Prüfung der Versionsstände dem Anwender.

Treten Konflikte auf, muss das Import Worksheet geöffnet werden. Treten keine Konflikte auf, kann gewählt werden, ob es geöffnet werden soll.

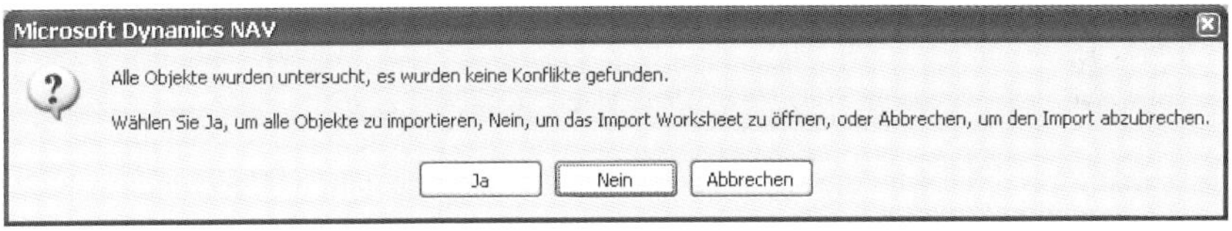

Auch wenn Microsoft Dynamics NAV nicht die Notwendigkeit sieht beim Import der Objekte das Import Worksheet zu öffnen, sollte doch dieser Weg beschritten werden, da sonst kein Einfluss auf die Importart der Objekte genommen werden kann.

Im Import Worksheet wird angegeben, welche Objekte in die Datenbank übernommen bzw. welche Objekte beibehalten werden sollen. In der Spalte „Action“ kann eingestellt werden, wie mit den Objekten zu verfahren ist.

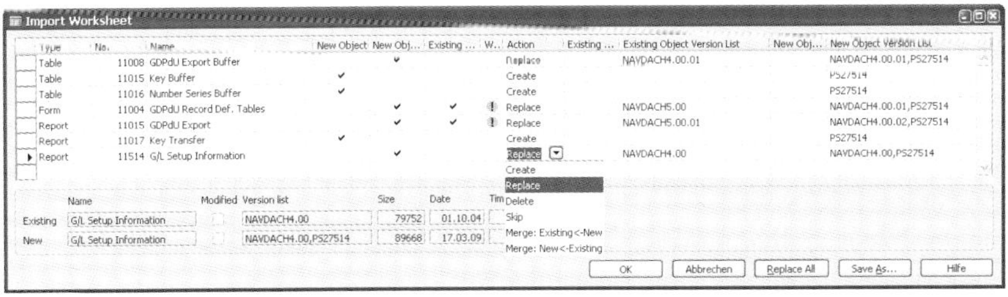

Die wesentlichen Optionen sind hierbei:

- Skip: Überspringen; die bestehende Version wird beibehalten
- Replace: Ersetzen; die bestehende Version wird durch die neue ersetzt
- Create: Erzeugen; das neue Objekt wird in die Datenbank eingefügt

Bei Tabellen gibt es darüber hinaus noch zwei Merge-Funktionen (= Verschmelzen / Zusammenführen). Von der Verwendung dieser Funktionen sollte dringend Abstand genommen werden, da nur Strukturen automatisch zusammengeführt werden können, die keine Konflikte, wie gleiche Feldnummern für verschiedene Feldtypen oder neue Schlüssel, enthalten. Sind in beiden Objekten sich widersprechende Änderungen vorhanden, müssen diese manuell zusammengeführt werden.

Ist sicher, dass die neuen Objekte auf dem vorhandenen Objektstand aufsetzen und vollständig importiert werden können, empfiehlt es sich vor dem Import immer über die Schaltfläche Replace All bei allen Objekten die Option <Replace> als Aktion festzulegen, um sicherzustellen, dass keine Merge- oder ungewollte Skip-Funktionen verwendet werden.

Nach der Funktion „Replace All" darf bei allen Objekten nur noch die Optionen <Replace> bzw. <Create> eingetragen sein. Nur dann ist sichergestellt, dass die neuen Objekte des Updates korrekt in die Datenbank eingefügt werden.

7.3.5 Objektänderungen und Benutzereinstellungen

Verschiedene Einstellungen werden von Microsoft Dynamics NAV benutzerspezifisch in einer „.zup"-Datei gespeichert. Zu diesen benutzerspezifischen Einstellungen zählen unter anderem Fenstergröße und -position, die angezeigten Spalten in Formularen, die Spaltenbreite sowie die zuletzt verwendeten Parameter beim Aufruf von Berichten.

Diese Einstellungen werden beim Importieren eines Objektes gelöscht, so dass die Anwender die oben beschriebene Einstellung von eingelesenen Objekten erneut vornehmen müssen.

Der seit der Version 4.xx vorhandene Navigationsbereich inkl. der Shortcuts ist davon nicht betroffen. Diese Einstellungen werden nicht in der zup-Datei gespeichert sondern direkt in der Datenbank.

7.4 Lizenz-Datei

Mit der Installation von Microsoft Dynamics NAV werden alle Basismodule und Funktionen in der Datenbank implementiert. Um diese verwenden zu können, müssen sie zuvor durch den Erwerb der entsprechenden Lizenz „freigeschaltet" werden. Dies erfolgt durch den betreuenden Software-Partner für Microsoft Dynamics NAV, der eine Lizenzdatei („ .flf" **F**inancials **L**izenz **F**ile) konfiguriert.

Bei einer Lizenzerweiterung muss somit nur eine neue Lizenzdatei eingespielt werden und die zusätzlichen Module stehen ohne weitere Installationsvorgänge zur Verfügung.

In einer Client-Server-Umgebung wird sowohl eine Lizenz am Client als auch am Server verwendet. Wird mit einer lokalen Datenbank gearbeitet, ist die lokale Lizenz im Installations-Verzeichnis von Microsoft Dynamics NAV ausschlaggebend, bei der Arbeit am Server ist die Lizenzdatei des Servers für die Zugriffsrechte ausschlaggebend. Dabei wird immer die Lizenzdatei mit dem Namen „fin.flf“ verwendet.

Die Lizenzdatei der Firma stellt somit den Wert der Microsoft Dynamics NAV Module dar und sollte ausschließlich auf dem Serversystem installiert werden. Auf den Arbeitsplätzen der Anwender ist nur eine Lizenzdatei des CRONUS-Demomandanten zu installieren.

7.4.1 Ändern der Lizenzdatei am Client

Informationen über die aktuell verwendete Lizenz können über den Menüpunkt *Extras / Lizenzinformation* über die Menüleiste aufgerufen werden.

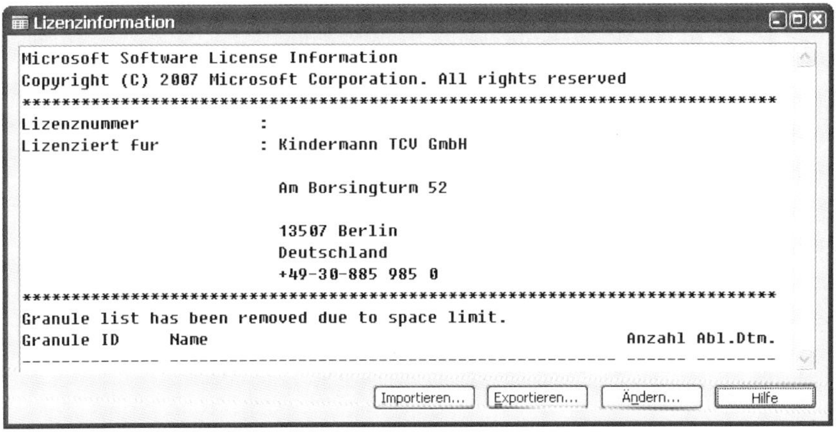

Neben der Lizenznummer, dem Namen und der Anschrift des Lizenznehmers enthält die Lizenzdatei Informationen über die freigeschalteten Module.

Über Importieren... kann eine Lizenzdatei aus einem anderen Verzeichnis oder von einem Datenträger in das Installationsverzeichnis von Microsoft Dynamics NAV kopiert werden. Aus Sicherheitsgründen ist von der Verwendung dieser Funktion außer auf Testsystemen abzuraten, da die Lizenz physisch kopiert wird. Es empfiehlt sich stattdessen, die Funktion Ändern... zu nutzen.

Über Ändern... wird die Lizenzdatei temporär nur für den aktuell geöffneten Client geändert. Nach dem Beenden und dem Neustart von Microsoft Dynamics NAV wird wieder die ursprüngliche Lizenzdatei verwendet.

Über [Exportieren...] kann eine Kopie der Lizenzdatei in ein anderes Verzeichnis oder auf einen Datenträger gespeichert werden. Alternativ kann die Datei „fin.flf“ auch manuell aus dem Client- oder Serververzeichnis kopiert werden.

Aus Sicherheitsgründen wird beim Ändern der Lizenzdatei die Datenbank geschlossen bzw. die Verbindung zum Server getrennt. In diesem Fall kann der zuletzt geöffnete Mandat in der zuletzt gearbeiteten Datenbank über den Menüpunkt *Datei / 1 (*[Alt]+[D]+[1]*)* am schnellsten erneut aufgerufen werden.

7.4.2 Ändern der Lizenzdatei am Server

In einer Client-Server-Umgebung wird die Lizenz geändert, indem die neue „fin.flf“ in das Installationsverzeichnis des Servers kopiert wird. Die Änderungen werden bei den Clients erst nach erneuter Anmeldung wirksam.

Eine erhöhte Useranzahl ist dabei erst in der Datenbank verfügbar, wenn zusätzlich der Navision Server Dienst beendet und anschließend neu gestartet wurde. Die neue Useranzahl wird zwar auch ohne diese Prozedur angezeigt, sie steht jedoch dem Anwender noch nicht zur Verfügung.

Auf dem Server sollte nur eine, die aktuelle Lizenz, gespeichert sein. Bei einer Aktualisierung der Lizenz ist somit sichergestellt, dass die aktuell genutzte Lizenz an der richtigen Stelle ersetzt wird.

7.4.3 Dateitypen für Microsoft Navision

Im Folgenden werden die unterschiedlichen Dateitypen und deren Bedeutung für Microsoft Navision näher erläutert:

Erweiterung	**Aktion**	**Bemerkung**
fin.exe	Programmdatei	Diese Datei ist das eigentliche Programm Microsoft Dynamics NAV. Auf diese Datei wird die Verknüpfung erstellt.
*.flf	Lizenzdatei (**f**inancials **l**icense **f**ile)	Mit der Installation von Microsoft Dynamics NAV werden alle Module und Funktionen in der Datenbank implementiert. Um sie verwenden zu können, müssen diese zuvor durch den Erwerb der entsprechenden Lizenz „freigeschaltet“ werden. Diese Lizenz wird als *.flf – Datei gespeichert. Die Lizenzdatei des Unternehmens sollte nur auf dem Navision-Server und nicht auf den Arbeitsplätzen abgelegt werden.

Erwei-terung	**Aktion**	**Bemerkung**
*.flf	Lizenzdatei (**f**inancials **l**icense **f**ile)	Standardmäßig hat die Lizenzdatei den Namen fin.flf.
*.zup	Benutzerspezifische Einstellungen (setup)	Alle benutzerspezifischen Einstellungen, wie Fenstergröße, Spaltenbreite oder eingeblendete Spalten, werden in dieser Datei gespeichert.
*.fbk	Datensicherungsdatei (**f**inancials **b**ac**k**up)	Eine komplette Datensicherung enthält alle Daten und Objekte der Datenbank.
*.fdb	Datenbankdatei (**f**inancials **d**ata**b**ase)	Alle Tabellen, Formulare, Berichte, Schnittstellen und Funktionen werden in der Microsoft Dynamics NAV-Datenbank meist in einer einzigen Datei abgespeichert. Diese Datei beinhaltet auch die Entwicklungsumgebung und den Quellcode für die Objekte.
*.fob	Objektdatei (**f**inancials **ob**jects)	Zum Exportieren bzw. Importieren von Objekten in eine Datenbank stehen zwei verschiedene Formate zur Verfügung in denen sie gespeichert werden können. In der Regel wird das Microsoft Navision eigene Objektformat („.fob“ **F**inancials **Ob**jects“) verwendet.

7.5 Zugriffsrechte

Während die Lizenzdatei die grundsätzlichen Zugriffsrechte auf die gekauften Module frei gibt, werden durch die Benutzerrechte die Zugriffsrechte der einzelnen Anwender definiert.

7.5.1 Prinzip der Zugriffsrechte

Zur Steuerung der Benutzerrechte stehen in Microsoft Dynamics NAV Benutzer, Rollen sowie Zugriffsrechte zur Verfügung. Dabei werden in den Rollen Zugriffsrechte zusammengefasst, die z.B. für die Durchführung eines bestimmten Prozesses erforderlich sind. Einzelnen Benutzern werden dann diese Rollen zugeordnet.

Grundsätzlich verfügt ein Benutzer zunächst über keine Zugriffsrechte. Erst durch die explizite Zuweisung von Rollen darf ein Anwender die entsprechenden Aktionen durchführen. Dabei stört es nicht, wenn Zugriffsrechte einem Benutzer über verschiedene Rollen mehrfach zugeordnet werden.

Die Zugriffsrechte werden für einzelne Objekte vergeben. Um z.B. ein Fenster aufrufen zu können, sind die Benutzerrechte sowohl für das Fenster als auch die angezeigte Tabelle erforderlich.

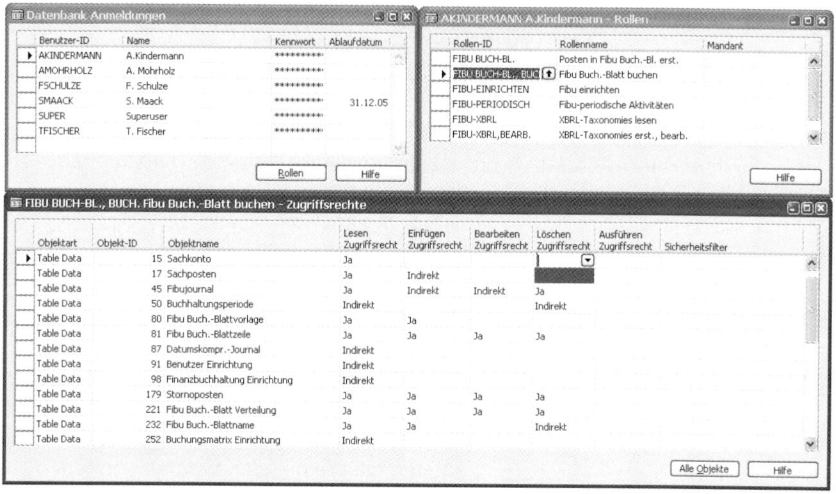

Um die Verwaltung der Zugriffsrechte nicht zu komplex zu gestalten, werden in den Rollen des Standard-Systems Zugriffsrechte auf alle Fenster, Berichte, Schnittstellen und Funktionen gegeben und lediglich die Zugriffsrechte auf die Tabellendaten eingeschränkt. Individuell können jedoch auch Zugriffsrechte für Fenster, Berichte usw. explizit zugewiesen werden.

Das System prüft beim Zuweisen der Rollen zu den Benutzern ab, ob schon ein Benutzer SUPER-Rechte hat. Ist dies nicht der Fall, erscheint eine Warnung:

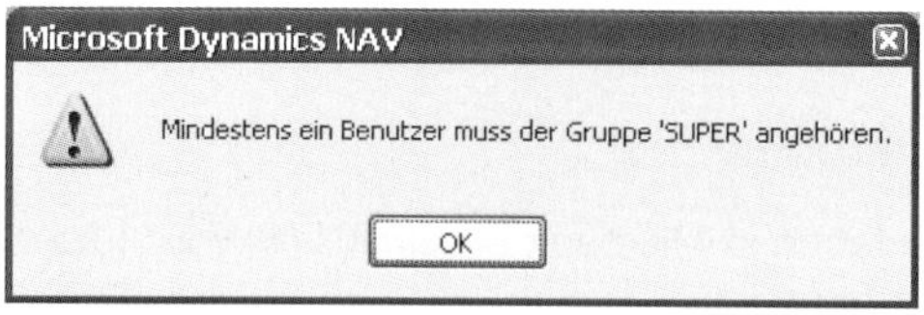

Diese Prüfung erfolgt auch beim Löschen der Rollen bei den Benutzern. Allerdings wird in diese Prüfung das „Ablaufdatum“ nicht mit einbezogen.

Es muss immer mindestens ein Benutzer über Superbenutzerrechte verfügen. Ist dessen Zugang nicht mehr verfügbar (z.B. weil der einzige Superbenutzer sein Kennwort vergessen hat), kann nur noch durch eine sehr aufwendige Prozedur durch den betreuenden Software-Partner für Microsoft Dynamics NAV geholfen werden.

7.5.2 Anlegen von Benutzern und Kennwörtern

Es gibt in Microsoft Dynamics NAV zwei grundsätzliche Möglichkeiten, um Benutzer zu verwalten: Als Datenbank-Anmeldung oder als Windows-Anmeldung.

Die Datenbank-Anmeldung wird ausschließlich in der Microsoft Dynamics NAV Datenbank verwaltet und verwendet, während bei der Windows-Anmeldung auf das Anmeldesystem von MS Windows (ab Windows 2000) zugegriffen wird. Im letzteren Fall entfällt für den Anwender eine gesonderte Anmeldeprozedur in Microsoft Dynamics NAV. Die Windows-Anmeldung greift auf die ADS (Aktive Directory Services) des Windows 2000 Server-Betriebssystems zu und ist damit nutzbar, sobald der Microsoft Dynamics NAV -Server auf einem Windows 2000 Server betrieben wird.

Da kaufmännische Datenbanken und deren Datensicherungen über viele Jahre und somit auf verschiedenen Systemen verfügbar gehalten werden müssen, ist im Vorfeld genau zu überlegen, welche der beiden Authentifizierungen genutzt werden soll.

Benutzer auf Basis der Windows-Anmeldung können über den Menüpunkt *Extras / Sicherheit / Windows Anmeldungen* angelegt, geändert und gelöscht werden. Benutzer auf Basis der Datenbank-Anmeldung können über den Menüpunkt *Extras / Sicherheit / Datenbank Anmeldungen* verwaltet werden:

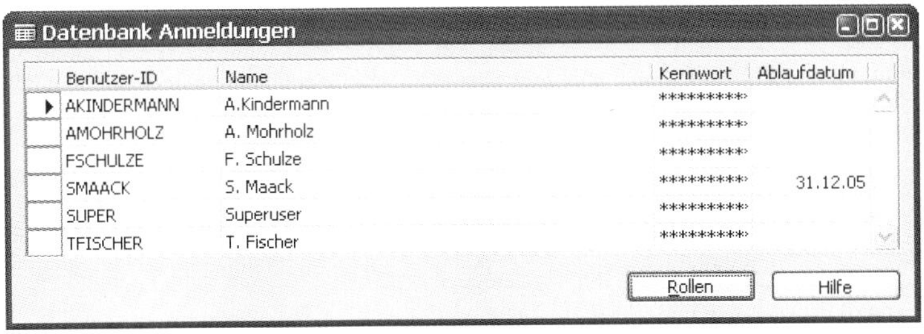

Mit dem in der Spalte „Benutzer-ID“ angegebenen Code muss sich der Anwender in Microsoft Dynamics NAV anmelden. Als „Kennwort“ kann der Systemadministrator zunächst ein Anfangskennwort festlegen, das später vom Anwender manuell geändert werden sollte.

Nach der im „Ablaufdatum“ festgelegten Zeit kann sich der Benutzer nicht mehr in Microsoft Dynamics NAV anmelden. Dabei gilt das Datum auf der Plattform des Microsoft Dynamics NAV - Servers, nicht das Datum des anmeldenden Clients.

7.5.3 Ändern des Kennwortes

Jeder Anwender mit der Standard-Rolle ALLE kann sein Kennwort über den Menüpunkt *Extras / Sicherheit / Kennwort...* ändern.

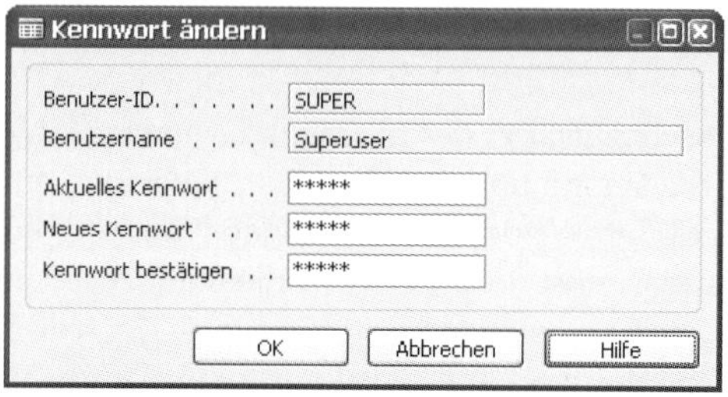

Das Kennwort kann ebenfalls vom Systemadministrator in der Datenbank-Anmeldung durch Überschreiben des alten Kennwortes geändert werden.

7.5.4 Anlegen und Ändern von Benutzerrechten

Für die Standardapplikation befinden sich bereits vorgefertigte Rollen für alle Prozesse im System. Diese sind in der Datenbank jedoch nur enthalten, wenn die Datenbank aus einer Standard-Datenbank („CRONUS AG“) hervorgegangen ist oder über eine Datensicherung aus der Standard-Datenbank die „Daten gemeinsam für alle Mandanten“ importiert wurden. Beim Erstellen einer neuen Datenbank (*Datei / Datenbank / Neu*) wird nur die Rolle SUPER für Super-Benutzerrechte angelegt.

Für neu erzeugte Objekte müssen zusätzliche Rollen mit den entsprechenden Zugriffsrechten errichtet werden.

Die Standardbenutzerrechte basieren nur auf Tabellendaten. Die Rechte für alle Fenster, Berichte, Schnittstellen und Funktionen (Module) werden in der Rolle ALLE vergeben. Diese Rolle benötigt jeder Anwender.

Durch Eintragen der „Objekt ID“ 0 gelten die Zugriffsrechte für alle Objekte der entsprechenden „Objektart“.

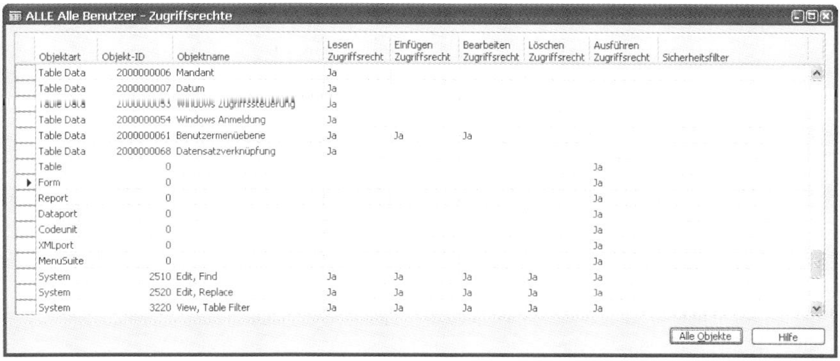

ALLE Alle Benutzer - Zugriffsrechte

Objektart	Objekt-ID	Objektname	Lesen Zugriffsrecht	Einfügen Zugriffsrecht	Bearbeiten Zugriffsrecht	Löschen Zugriffsrecht	Ausführen Zugriffsrecht	Sicherheitsfilter
Table Data	2000000006	Mandant	Ja					
Table Data	2000000007	Datum	Ja					
Table Data	2000000053	Windows Zugriffssteuerung	Ja					
Table Data	2000000054	Windows Anmeldung	Ja					
Table Data	2000000061	Benutzermenüebene	Ja	Ja	Ja			
Table Data	2000000068	Datensatzverknüpfung	Ja					
Table	0						Ja	
Form	0						Ja	
Report	0						Ja	
Dataport	0						Ja	
Codeunit	0						Ja	
XMLport	0						Ja	
MenuSuite	0						Ja	
System	2510	Edit, Find	Ja	Ja	Ja	Ja	Ja	
System	2520	Edit, Replace	Ja	Ja	Ja	Ja	Ja	
System	3220	View, Table Filter	Ja	Ja	Ja	Ja	Ja	

Alle Objekte | Hilfe

Für <Table Data> können verschiedene Stufen von Rechten für Lesen, Einfügen, Bearbeiten (Ändern), Löschen und Ausführen vergeben werden. Dabei können jeweils folgende Optionen gewählt werden.

<leer>: kein Zugriff auf die Daten möglich

<Ja>: Zugriff möglich

<Indirekt>: Indirekter Zugriff über ein anderes Objekt (z.B. Modul) möglich

Indirekte Zugriffsrechte werden dann vergeben, wenn ein Anwender bestimmte Informationen zwar nicht sehen darf, diese aber während seiner Arbeit von Microsoft Dynamics NAV verarbeitet werden müssen. Zum Beispiel werden beim Erstellen von Bestellungen Informationen aus der Finanzbuchhaltung Einrichtung benötigt. Da nicht jeder, der eine Bestellung erstellen darf, auch die Einrichtungsparameter der Finanzbuchhaltung sehen soll, werden für diese nur indirekte Rechte vergeben.

Durch Betätigen der Schaltfläche [Alle Objekte] werden alle in der Datenbank befindlichen Objekte angezeigt. In diesem Fenster können die gewünschten Berechtigungen zugewiesen werden. Wird dann das Formular mit [OK] verlassen, werden nur noch die Objekte angezeigt, denen Berechtigungen zugewiesen wurden.

Benutzerrechte dürfen nur diejenigen Anwender vergeben, die dazu selbst explizit die Zugriffsrechte erhalten haben und sie dürfen auch nur Rechte vergeben, die sie selbst besitzen.

7.5.5 Benutzerrechte auf Fensterebene

In Microsoft Dynamics NAV können Zugriffsrechte nur für alle Spalten einer Tabelle vergeben werden. Soll eine Anwendergruppe nur einen Teil der Spalten (Felder) sehen, z.B. Zu- und Abgänge im Lagerbestand, jedoch ohne die Ein- und Verkaufspreise, müssen für diese Anwender spezielle Formulare erstellt werden, die nur die erlaubten Felder enthalten.

Im zweiten Schritt muss sichergestellt werden, dass die Anwender nur ihre eigenen Ansichten sehen können. Dazu kann für jeden Anwender ein individuelles Hauptmenü gestaltet werden, das beim Starten von Microsoft Dynamics NAV aufgerufen wird. Von diesem Hauptmenü muss dann in die gewünschten speziellen Formulare verzweigt werden.

Die Bearbeitung des Navigationsbereiches erfolgt über die Menüleiste über *Extras / Navigationsbereich-Designer.* Hierfür sind gesonderte Rechte erforderlich, die in der Rolle SUPER (NAVIPANE) zusammengefasst sind.

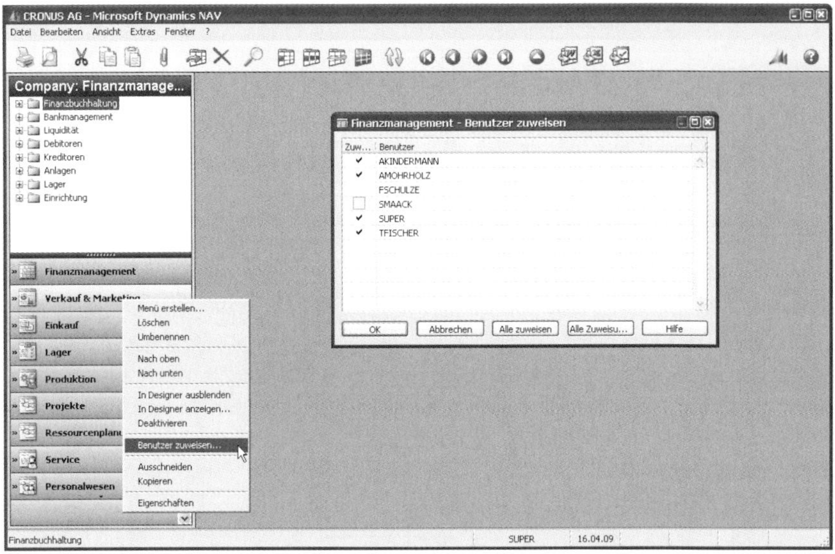

Um sicherzustellen, dass ein Anwender nicht über einen Umweg (z.B. LookUp) doch Zugriff auf abgesperrte Bereiche erhält, sollten zusätzlich Zugriffsrechte auf Fensterebene vergeben werden. Dazu muss aus der Rolle ALLE die Zeile für alle Formulare gelöscht werden und die Zugriffe auf die benötigen Fenster für die entsprechenden Anwender manuell neu erstellt werden. Diese Einrichtung kann im Einzelfall einen erheblichen Aufwand bedeuten.

7.5.6 Benutzer Einrichtung und Zeitregistrierung

Neben Benutzerrechten können für die einzelnen Anwender noch andere Einstellungen vorgenommen werden. Dazu kann über den Menüpunkt *Verwaltung / Anwendung Einrichtung / Benutzer / Benutzer Einrichtung* das Fenster Benutzer Einrichtung aufgerufen werden.

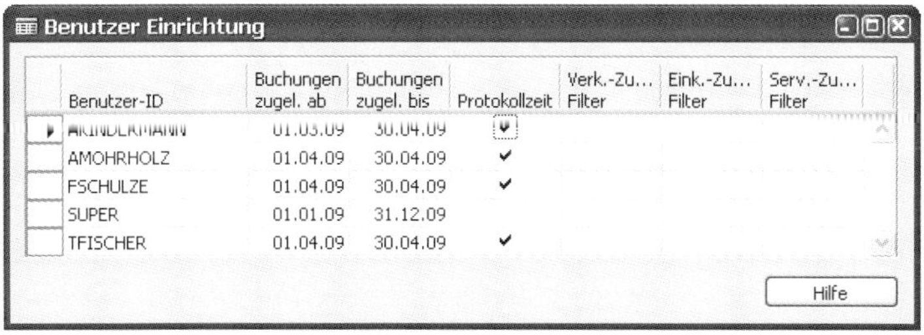

Benutzer Einrichtung

Benutzer-ID	Buchungen zugel. ab	Buchungen zugel. bis	Protokollzeit	Verk.-Zu... Filter	Eink.-Zu... Filter	Serv.-Zu... Filter
AKINDERMANN	01.03.09	30.04.09	✔			
AMOHRHOLZ	01.04.09	30.04.09	✔			
FSCHULZE	01.04.09	30.04.09	✔			
SUPER	01.01.09	31.12.09				
TFISCHER	01.04.09	30.04.09	✔			

Hilfe

Für die in diesem Fenster angelegten Benutzer sind Buchungen nur im angegeben Zeitraum („Buchungen zugel. ab“ und „Buchungen zugel. bis“) möglich. Wurden Benutzer in dem Fenster nicht angelegt oder wurde der Zeitraum nicht eingeschränkt, so gelten die Einstellungen in der Finanzbuchhaltung Einrichtung. Das heißt, die Eintragungen in der Benutzer Einrichtung haben Vorrang vor den Eintragungen in der Finanzbuchhaltung Einrichtung.

Darüber hinaus lassen sich in den Spalten „Verk.-Zuständigk.-Einh. Filter“, „Eink.-Zuständigk.-Einh. Filter“ und „Serv.-Zuständigk.-Einh. Filter“ Einschränkungen auf Kunden- und Lieferantendaten setzen. Durch diese Einschränkungen können Anwender mit durchschnittlichen Systemkenntnissen nicht die Daten der für sie gesperrten Zuständigkeitseinheiten einsehen.

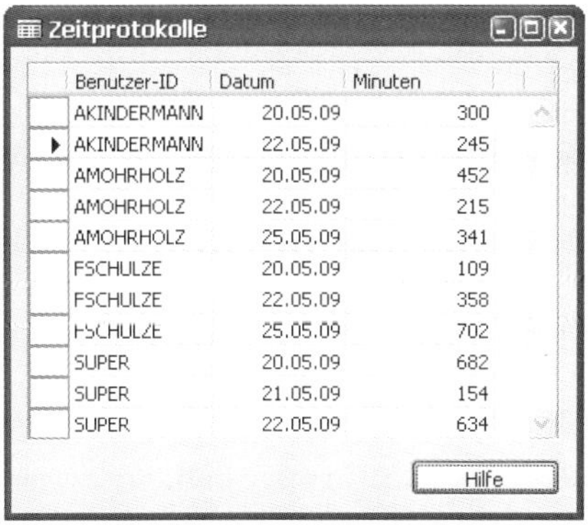

Zeitprotokolle

Benutzer-ID	Datum	Minuten
AKINDERMANN	20.05.09	300
AKINDERMANN	22.05.09	245
AMOHRHOLZ	20.05.09	452
AMOHRHOLZ	22.05.09	215
AMOHRHOLZ	25.05.09	341
FSCHULZE	20.05.09	109
FSCHULZE	22.05.09	358
FSCHULZE	25.05.09	702
SUPER	20.05.09	682
SUPER	21.05.09	154
SUPER	22.05.09	634

Hilfe

Wird in der Spalte „Protokollzeit“ ein Haken gesetzt, so wird die Zeit gemessen, die der betreffende Anwender in Microsoft Dynamics NAV angemeldet ist. Dabei werden keine Start- und Endzeiten notiert, sondern nur die kumulierten Minuten eines Tages. Das Zeitprotokoll kann über den Menüpunkt *Verwaltung / IT-Verwaltung / Benutzer / Zeitprotokolle* aufgerufen werden.

Die Protokollzeit wird immer beim Ausloggen eines Benutzers aus der Datenbank oder beim Mandantenwechsel berechnet.

7.5.7 Druckerauswahlen

Um durch Microsoft Dynamics NAV die Prozesse im Unternehmen zu optimieren, kann es erforderlich sein, dass ein bestimmter Bericht immer auf dem selben Drucker ausgedruckt werden soll. Zu diesem Zweck stellt Microsoft Dynamics NAV die Druckerauswahlen zur Verfügung, in denen festgelegt wird, für welche Anwender welche Berichte auf welchem Drucker gedruckt werden. Dies festzulegen ist vor allem sinnvoll, wenn dem Anwender vor dem Ausdruck kein Auswahlfenster angezeigt wird, wie z.B. beim Aufruf von *Buchen und Drucken* in Verkaufsaufträgen oder Einkaufsbestellungen.

Derartige Einstellungen funktionieren allerdings nur dann reibungslos, wenn der Drucker auf allen Systemen die gleiche Bezeichnung hat. Bei einer individuellen Druckerauswahl über die Benutzer-ID können Schwierigkeiten auftreten, wenn ein Anwender sich an einem System anmeldet, das über andere Druckerbezeichnungen verfügt. In diesem Fall ist kein Drucker zugewiesen.

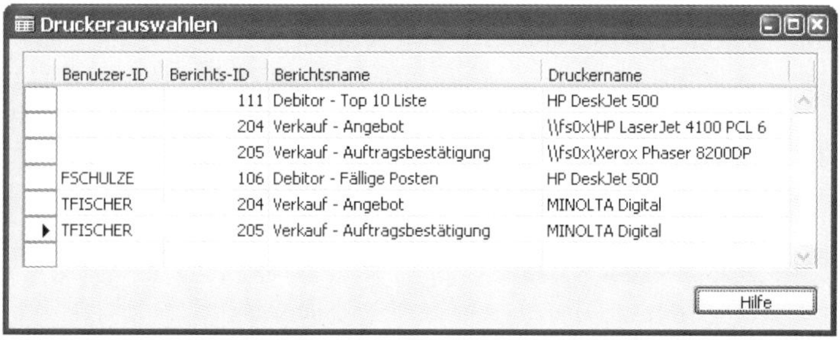

Benutzer-ID	Berichts-ID	Berichtsname	Druckername
	111	Debitor - Top 10 Liste	HP DeskJet 500
	204	Verkauf - Angebot	\\fs0x\HP LaserJet 4100 PCL 6
	205	Verkauf - Auftragsbestätigung	\\fs0x\Xerox Phaser 8200DP
FSCHULZE	106	Debitor - Fällige Posten	HP DeskJet 500
TFISCHER	204	Verkauf - Angebot	MINOLTA Digital
TFISCHER	205	Verkauf - Auftragsbestätigung	MINOLTA Digital

Die Druckerauswahl wird über *Verwaltung / Anwendung Einrichtung / Allgemein/ Druckerauswahlen* aufgerufen:

Bei den Einstellungen in den Druckerauswahlen handelt es sich um Vorgabewerte. Wird bei einem Bericht das Anforderungsfenster angezeigt, so kann in dem nachfolgenden Druckdialog der Drucker noch manuell geändert werden.

Wird in einer Druckerauswahlzeile keine „Benutzer ID" angegeben, so gilt die Einstellung für alle Anwender. Wird analog dazu als „Bericht ID" 0 eingetragen, gelten die Einstellungen für alle Berichte.

7.5.8 Sperren von Benutzern

Ist ein Mitarbeiter aus dem Unternehmen ausgeschieden, so muss sichergestellt werden, dass dieser nicht mehr auf die Daten in der Datenbank zugreifen kann.

Dazu ist der entsprechende Benutzer im System zu sperren jedoch nicht zu löschen. Hat ein User einmal in der Datenbank gearbeitet, so wurde seine

Anmeldung bei den Transaktionen bzw. Vorgängen im System mit erfasst und gespeichert. Wird dieser Benutzer nur gelöscht, werden dadurch Fehler bei einer Datenbankprüfung ausgegeben, die wieder behoben werden müssen, um die Konsistenz der Daten zu gewährleisten.

Um einen Benutzer zu sperren, ist im Fenster Datenbankanmeldungen im Feld „Ablaufdatum" der entsprechende Wert einzutragen. Nach dem im „Ablaufdatum" angegebenen Datum, kann sich der Benutzer nicht mehr in Microsoft Dynamics NAV anmelden. Dabei gilt jedoch das Datum auf der Plattform des Microsoft Dynamics NAV - Servers, nicht das Datum des anmeldenden Clients.

Um auch durch Datumsmanipulation zu verhindern, dass sich der Nutzer erneut anmelden kann, sind zusätzlich alle hinterlegten Rollen für den Anwender zu löschen und anschließend das „Kennwort" zu ändern.

Somit ist sichergestellt, dass sich ein ausgeschiedener Mitarbeiter nicht mehr in Microsoft Dynamics anmelden kann.

7.6 Periodische Sicherheitsprüfung

In regelmäßigen Abständen, am besten monatlich, bei großen Systemen 14-tägig oder wöchentlich, sollte die Sicherheit des Systems vor Datenverlust und -missbrauch überprüft werden.

Fasst man die zu prüfenden Punkte zur Datensicherheit von Microsoft Dynamics NAV zusammen, so kann folgende Checkliste für die monatliche Prüfung genutzt werden. Die einzelnen Bereiche daraus werden nachfolgend beschriebenen.

- ☑ Prüfen der eingerichteten Anwender in der Datenbank insbesondere der Superbenutzer-Rechte und der ausgeschiedenen Mitarbeiter
- ☑ Prüfen des zugelassenen Buchungszeitraums bzw. der freigegebenen Buchungsperioden
- ☑ Saldenabstimmung in der Finanzbuchhaltung
- ☑ Erstellen einer Datensicherung (Microsoft Dynamics NAV) mit anschließender Rücksicherung in eine neue lokale Datenbank
- ☑ Prüfen dieser lokalen Datenbank und beseitigen der Fehler in der Echt-Datenbank
- ☑ Prüfen der Benutzerrechte auf dem Microsoft Dynamics NAV - Server

7.6.1 Prüfen der eingerichteten Anwender

In bestimmten Situationen kann es sinnvoll sein, bestimmten Anwendern Superbenutzerrechte oder Superbenutzerrechte für Daten zu geben. Häufig wird später vergessen, diese Rechte wieder zu entziehen, wenn der Grund für ihre Vergabe weggefallen ist.

Aus diesem Grunde muss regelmäßig überprüft werden, welche Anwender über Superbenutzerrechte verfügen und ob diese dazu noch berechtigt sind. Die Prüfung lässt sich am einfachsten durchführen, indem aus dem Fenster Rollen für die Rollen „Super" und „Super(Daten)" alle Datenbank Anmeldungen abgefragt werden.

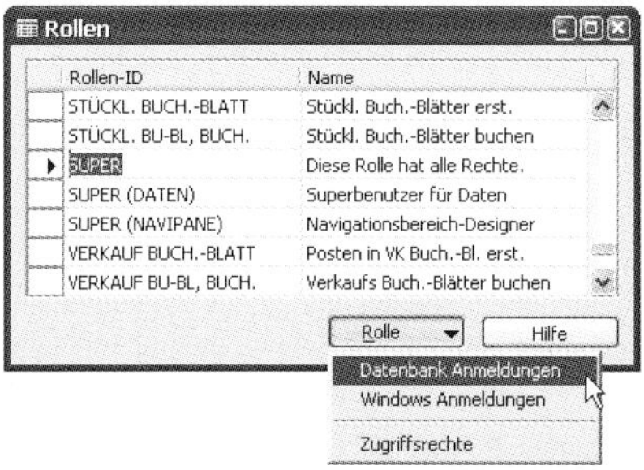

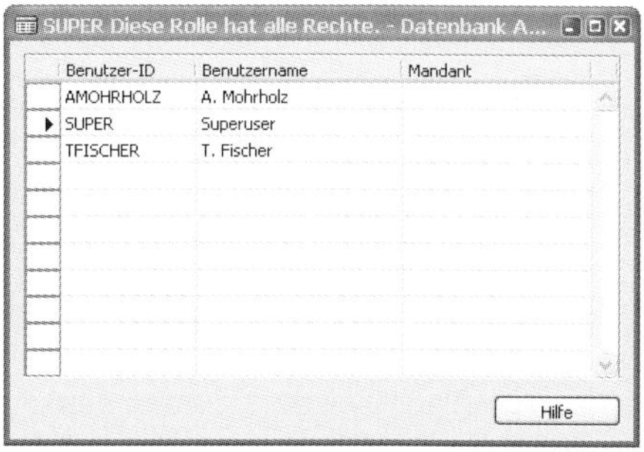

Ein weiterer Punkt, der in diesem Zusammenhang überprüft werden sollte, sind ausgeschiedene Mitarbeiter. Diese sollten nicht aus der Benutzerliste gelöscht, werden, da die Benutzer-ID in einer Reihe von Tabellen (z.B. Sachposten) mit einer relationalen Beziehung hinterlegt wird.

Ein Löschen der Benutzer-ID würde dazu führen, dass ggf. nicht mehr nachvollzogen werden kann, welchem Mitarbeiter eine Benutzer-ID zugeordnet war und dass ggf. eine bereits benutzte ID später einer anderen Person zugeordnet wird.

Stattdessen muss die Benutzer-ID eines ausgeschiedenen Mitarbeiters gesperrt werden. Dazu müssen ihm alle Rollen entzogen (gelöscht), das Kennwort geändert und ein bereits erreichtes Ablaufdatum eingetragen werden. Darüber hinaus kann in dem Benutzernamen ein Hinweis auf den Status geschrieben werden, z.B. „(gesp)".

Wurde ein Kennzeichen für ausgeschiedene Mitarbeiter hinterlegt, kann zur Überprüfung auf alle Mitarbeiter gefiltert werden, die dieses Kennzeichen nicht enthalten („<>(gesp)"). In der dann entstandenen Benutzerliste kann überprüft werden, ob alle Mitarbeiter noch aktiv sind. Die Benutzer-ID sollte in keinem Fall geändert werden.

7.6.2 Prüfen der Buchungsperioden

Ebenfalls sollte monatlich geprüft werden, ob die zugelassenen Buchungsperioden für alle Anwender korrekt gesetzt sind. Hier gilt das Prinzip der Selbstbeschränkung. Da unterjährig meist das Datum vierstellig eingegeben wird (z.B. „13.07.“) ist man daran so gewöhnt, dass es im Jahreswechsel oft zu Eingabe- und damit zu Buchungsfehlern kommt. Im Januar möchte man noch eine Buchung für den Dezember vornehmen und gibt den 30.12. ein, die Buchung erfolgt damit ein Jahr später als gewünscht. Dass das Buchungsdatum dabei sofort richtig angezeigt wurde, also mit der Jahresangabe des laufenden Jahres, hilft dabei nicht immer.

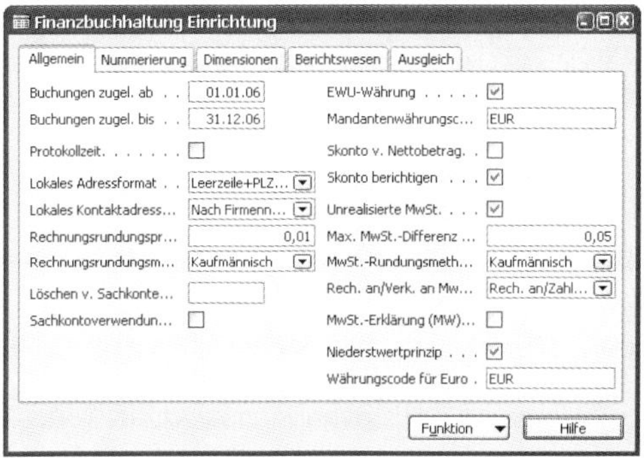

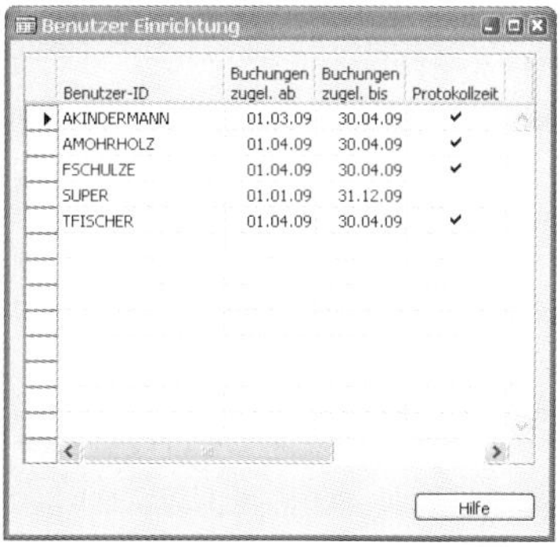

Dieses Problem tritt unabhängig von Microsoft Dynamics NAV auf, kann aber durch die Beschränkung des Buchungszeitraumes wirkungsvoll ausgeschaltet werden.

Weiterhin ist zu beachten, dass in Microsoft Dynamics NAV zu jedem möglichen Datum gebucht werden kann, auch wenn für dieses keine Buchhaltungsperiode eingerichtet wurde (z.B. im Jahre 3001).

Der zugelassene Buchungszeitraum kann entweder in der Finanzbuchhaltung Einrichtung und / oder individuell in der Benutzereinrichtung eingeschränkt werden.

Eine individuelle Einstellung in „Benutzer Einrichtung“ übersteuert hierbei die Einstellung in der Finanzbuchhaltung Einrichtung.

7.6.3 Saldenabstimmung in der Finanzbuchhaltung

Zu den Aufgaben der Finanzbuchhaltung gehört es im Rahmen der monatlichen Systemprüfung eine Saldenabstimmung der Forderungs-, Verbindlichkeits- und Steuerkonten vorzunehmen. Dabei werden die Beträge bzw. Restbeträge der

Debitoren-, Kreditoren- und MwSt.-Posten mit den Beträgen der gebuchten Sachposten in der Finanzbuchhaltung verglichen.

Bei systemkonformer Nutzung können hier keine Differenzen auftreten, da Microsoft Dynamics NAV eine Konsistenz innerhalb der Systembuchungen sicherstellt. Eine Differenz kann nur auftreten, wenn eines der Konten (Forderungen, Verbindlichkeiten, Steuern) in der Finanzbuchhaltung direkt bebucht wird. Dies wird dadurch ausgeschlossen, indem das Feld „Direkt" im Sachkonto auf <Nein> gesetzt wird (der Haken wird entfernt). Dennoch sollten die Salden monatlich abgestimmt werden, um Fehlbuchungen rechtzeitig zu erkennen.

Eine Abstimmung der Forderungs- und Verbindlichkeitskonten erfolgt am einfachsten, indem für jede Debitoren- und Kreditorenbuchungsgruppe eine komplette Saldenliste auf dem Bildschirm oder dem Drucker erstellt wird. Der Gesamtsaldo kann dann mit dem Sachkontosaldo verglichen werden. Sind in mehreren Buchungsgruppen die gleichen Forderungs- bzw. Verbindlichkeitskonten hinterlegt, so müssen die Salden dieser Saldenlisten zunächst zusammengezählt und anschließend mit dem Sachkonto verglichen werden.

Ein Abgleich der Steuerkonten mit den MwSt.-Posten kann am einfachsten durchgeführt werden, indem unterhalb des MwSt.-Abrechnungsschemas weitere Rubriken der Art <Kontosumme> für jedes Steuerkonto eingefügt werden. Die in diesen Rubriken ausgewiesenen Beträge können dann mit den Steuerbeträgen der Rubriken der Art <MwSt.-Summe> im Abrechnungsschema verglichen werden. Wurde im Abrechnungsschema mit Rubriken der Art <Kontosumme> gearbeitet, so müssen die Kontrollzeilen mit der Art <MwSt.-Summe> gebildet werden.

7.6.4 Datensicherung erstellen und rücksichern

Die Datensicherung ist das einzige Sicherheitsnetz für die Microsoft Dynamics NAV Datenbank, wenn die Serverplattform ausfällt oder z.B. durch Brand oder Vandalismus zerstört wird. Eine Datensicherung ist nur dann eine Sicherung, wenn sie entfernt vom Server und vor Zerstörung gesichert aufbewahrt wird. Es kann sinnvoll sein, Kopien der Datensicherung an verschiedenen Orten zu lagern.

Zu jeder regelmäßigen Datensicherung gehört auch ein regelmäßiges Rücklesen dieser Datensicherung. Nur so kann sichergestellt werden, dass im Falle eines Datenverlustes die erstellten Datensicherungen auch funktionieren.

Bei der Erstellung der Datensicherung ist zu beachten, dass eine echte, von der aktuellen Umgebung unabhängige und somit in einigen Monaten oder Jahren für eine Datenrücksicherung verwendbare Datensicherung erzeugt wird. Dies ist nur dann gewährleistet, wenn die Option <Ganze Datenbank> bei der Erstellung der Datensicherung ausgewählt wurde.

Eine Datensicherung und Rücksicherung stellt eine komplexe Datenbankprüfung dar, da alle Feldinhalte und Schlüssel neu erstellt werden.

7.6.5 Prüfen der Datenbank

Microsoft Dynamics NAV verfügt über einen eingebauten Test der Datenbank, in dem die Konsistenz der Daten und mögliche Beschädigungen untersucht werden. Dieser Datenbanktest wird über den Menüpunkt *Datei / Datenbank / Prüfen…* aufgerufen:

Im Register Allgemein kann ausgewählt werden, in welchem Umfang die Datenbank geprüft werden soll.

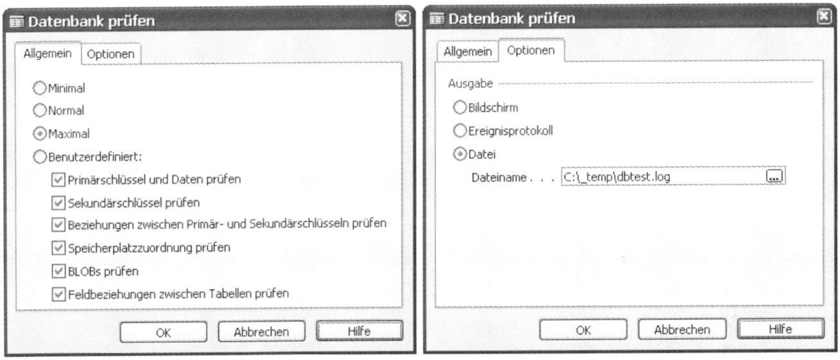

Die einzelnen Routinen prüfen folgende Sachverhalte ab:

- „Primärschlüssel und Daten prüfen":
  Können alle Datensätze gelesen werden und enthalten die Felder Daten der richtigen Feldtypen? Werden die Datensätze entsprechend des Primärschlüssels in aufsteigender Reihenfolge sortiert?
- „Sekundärschlüssel prüfen":
  Ist der Aufbau der Sekundärschlüssel fehlerfrei?
- „Beziehung zwischen Primär- und Sekundärschlüssel prüfen":
  Ist die Verknüpfung zwischen Primär- und Sekundärschlüsseln korrekt?
- „Speicherplatzzuordnung prüfen":
  Gibt es in der Datenbank keine undefinierten oder „verlorenen" Blöcke?

- „BLOBs prüfen“:
  Können alle Felder des Typs BLOB gelesen werden?
- „Feldbeziehungen zwischen den Tabellen prüfen“:
  Lassen sich die relationalen Beziehungen zwischen den Tabellen herstellen?
  Es werden dabei auch die Druckerzuordnungen anhand des aktuellen Arbeitsplatzes geprüft. Dies führt dazu, dass für jeden Drucker der auf dem Arbeitsplatz des Prüflaufes nicht eingerichtet ist, eine Vielzahl von Fehlermeldungen erscheinen. Dieser Umstand kann von dem betreuenden Microsoft Dynamics NAV-Partner behoben werden, indem die Eigenschaft „TestTableRelation“ des Druckernamens in der Druckerauswahl auf <Nein> gesetzt wird.

Im Register Optionen kann angegeben werden, wie die auftretenden Fehler ausgegeben werden sollen. Zur Auswahl stehen folgende Möglichkeiten:

- <Bildschirm>
  Tritt bei der Prüfung der Datenbank ein Fehler auf, so unterbricht Microsoft Dynamics NAV die Prüfung, bis die Fehlermeldung bestätigt wurde. Dies kann zu einer Vielzahl von Fehlermeldungen führen, so dass bestimmte grundsätzliche Fehler (z.B. fehlende Relationen) zunächst korrigiert werden sollten, bevor der Test fortgesetzt wird.
- <Ereignisprotokoll>
  Tritt bei der Prüfung der Datenbank ein Fehler auf, so unterbricht Microsoft Dynamics NAV die Prüfung nicht, sondern schreibt die Fehlermeldung in das Ereignisprotokoll des Betriebssystems. Nach Abschluss der Prüfung kann dieses dann ausgewertet werden.
- <Datei>
  Tritt bei der Prüfung der Datenbank ein Fehler auf, so unterbricht Microsoft Dynamics NAV die Prüfung nicht, sondern schreibt die Fehlermeldung in die im Feld „Dateiname“ angegebene Datei. Nach Abschluss der Prüfung kann diese dann ausgewertet werden.

Je nach Größe der Datenbank kann der vollständige Test eine längere Zeit in Anspruch nehmen.

Das Prüfen der Datenbank sollte immer auf einer lokalen Datenbank und nicht im Echt-System erfolgen, da es bei festgestellten Fehlern dazu kommen kann, dass sich die Datenbank anschließend nicht mehr öffnen lässt. Die festgestellten Fehler sollten dann sowohl in der lokalen als auch in der Echt-Datenbank beseitigt werden.

7.6.6 Prüfen der Zugriffsrechte am Server

Neben den Zugriffsrechten in der Microsoft Dynamics NAV-Datenbank sind auch die Zugriffsrechte im Betriebssystem des Microsoft Dynamics NAV - Servers zu überprüfen. Dies ist erforderlich, da an einigen Stellen ein direkter Zugriff auf das Dateisystem des Servers gestattet werden muss.

Bei unzureichender Einrichtung der Serverplattform kann aus allen Funktionen, die das Laden oder Speichern von Dateien ermöglichen (z.B. Bild importieren/exportieren oder Datensicherung erstellen/einlesen) unter Windows der Explorer aufgerufen werden. Somit wird ein Zugriff auf das Dateisystem des Servers möglich.

An allen Stellen, die einen Zugriff auf das Internet bieten (Aufruf Homepage oder Paketverfolgung) kann der Internetbrowser auf dem Server geöffnet werden.

Über die entsprechenden Rechte auf dem Server muss verhindert werden, dass unberechtigte Personen Zugriff auf Daten oder Programme des Servers bekommen.

Durch Einspielen von Updates und Servicepacks kann die Konfiguration und Rechtevergabe der Serverplattform geändert werden. Aus Sicherheitsgründen sollten deshalb diese Benutzerrechte in der periodischen Sicherheitsprüfung mitgeprüft werden.

7.7 Microsoft Dynamics NAV - Client und Server

Bei Microsoft Dynamics NAV muss zwischen dem Client-Programm und dem Server-Programm unterschieden werden. Der Microsoft Dynamics NAV - Server stellt die Daten für die Clients zur Verfügung und sorgt dafür, dass mehrere Anwender gleichzeitig auf die Datenbankdatei zugreifen können. Der Microsoft Dynamics NAV - Client wird von dem Anwender gestartet, um mit Microsoft Dynamics NAV zu arbeiten.

Bei einem Einplatzsystem ist kein Server erforderlich. Es reicht aus einen Client zu installieren, über den lokal auf die Datenbank zugegriffen wird.

7.7.1 Installation und Start eines Clients

Die Installation eines Clients wird über die Produkt-CD durchgeführt. Das Installationsprogramm fragt die erforderlichen Informationen ab und beginnt den Installationsvorgang sobald alle Daten eingegeben wurden.

Dabei ist zu empfehlen, dass alle Installationen auf allen Arbeitsplätzen gleich vorgenommen werden, damit ein späterer Support einfacher und genauer durchgeführt werden kann. Entgegen den Vorschlägen bei der Installation von der CD sollte das Installationsverzeichnis für Microsoft Dynamics NAV wie folgt lauten:

Navision Financials 2.01 bis 2.65:	C:\Fin260\
Navision Attain 3.01 bis 3.70:	C:\Att370\
Microsoft Navision ab 4.0:	C:\Nav40\
Microsoft Dynamics NAV 5.0	C:\Nav50\

Nach der Installation sind alle Aufrufe zum Starten von Microsoft Dynamics NAV aus dem Windows-Menü Start zu entfernen, wenn hier keine Startparameter für den Client mitgegeben werden können.

Startparameter am Client

Für den korrekten Start eines Clients können folgende Startparameter, jeweils durch Kommata getrennt, am Verknüfungs-Icon unter Eigenschaften im Feld „Ziel“ angegeben werden:

- servername=<Servername> (z.B. servername=nav)
  Über den Parameter „servername“ wird angegeben, mit welchem Server der Client beim Start verbunden werden soll. Hier kann ebenfalls die IP-Adresse des Servers eingegeben werden.

- nettype=<protokolltyp> (z.B. nettype=tcp)
  Über „nettype“ wird angegeben, über welches Protokoll der Server und die Clients miteinander kommunizieren sollen. Dabei stehen die Optionen <tcp> (TCP/IP normal), <tcps> (TCP/IP secure) und <netb> (NetBEUI) zur Verfügung.

- objectcache=<xxxx> (z.B. objectcache=32000)
  In den Objekten in Microsoft Dynamics NAV ist definiert, wie Funktionen ausgeführt werden sollen, wie Formulare und Berichte aussehen usw.. Diese Objekte sind in der Datenbank gespeichert und werden bei Bedarf an den Client überspielt. Wird ein Bericht mehrfach nacheinander ausgeführt, kann das Objekt im Objektcache des lokalen Rechners gespeichert werden, um den Ablauf zu beschleunigen. Die Größe des Objektcache wird in KB angegeben und ist von der verwendeten Microsoft Dynamics NAV - Version abhängig.

  Folgende Einstellungen haben sich dabei als ideal erwiesen:

Für Navision Financials:	4000 KB
Für Navision Attain:	8000 - 16000 KB
Für Microsoft Dynamics NAV:	32000 KB.

- cache=<xxxx> (z.B. „cache=64000“ für 64 MB Cache)
  Durch den Parameter „Cache“ wird die Größe des Datenbank-Cache in KB eingestellt. Der Cache wird dazu verwendet, um Daten bzw. Informationen im Hauptspeicher zwischenzuspeichern und somit die Antwortzeiten zu verkürzen. Es sollte mindestens 32000, besser 64000 bis maximal 128000 eingestellt werden.

- id=<user-ID>> (z.B. „id=C:\Nav50_%username%)
  Über den Parameter „id“ wird angegeben, welche Setup-Datei (*.zup) Microsoft Dynamics NAV verwenden soll. In der Setup-Datei sind Einstellungen über die zuletzt verwendeten Datensätze, die Spaltenanordnung in Fenstern, die Lage und Größe der Fenster usw. benutzerspezifisch gespeichert.

  Wird für den Parameter ID der Platzhalter %username% verwendet, so bezieht er sich nicht auf den Usernamen von Microsoft Dynamics NAV sondern auf den Usernamen der Windowsanmeldung.

- database=<Datenbank-Datei> (z.B. database=C:_dat\database_AM.fdb)
  Bei einem lokalen Aufruf der Datenbank kann über den Parameter „database“ die gewünschte Datenbankdatei ausgewählt werden, die beim Start von Microsoft Dynamics NAV geöffnet werden soll. Wird dieser Parameter genutzt, sollte der Parameter „servername“ nicht angegeben werden.

- company=<Mandantenname> (z.B. company="CRONUS AG“)
  Über diesen Parameter kann gesteuert werden, welcher Mandant der Datenbank geöffnet werden soll. Diese Angabe übersteuert die Speicherung in der *.zup-Datei. Enthält der Name Leerzeichen so ist dieser in Anführungszeichen einzuschließen.

- temppath=<Pfadangabe> (z.B. temppath=C:\NAV50A\temp\ )
  In dieses hier angegebene Verzeichnis wird während der Arbeit mit Microsoft Dynamics NAV eine Datei angelegt, mit der das System arbeitet. Dieser Parameter ist unbedingt erforderlich, wenn mit mehreren Clients auf dem Arbeitsplatz gearbeitet wird.

Eine vollständige Startzeile für eine Client-Verknüpfung hat z.B. folgende Syntax:

C:\Nav50\fin.exe nettype=tcp, servername=nav, objectcache=32000,
cache=64000, id=C:\Nav50_%username%, company="Kindermann TCV
GmbH“, temppath=C:\Nav50\TEMP

Diese Einstellungen finden sich bei der geöffneten Datenbank unter *Extras / Optionen* wieder:

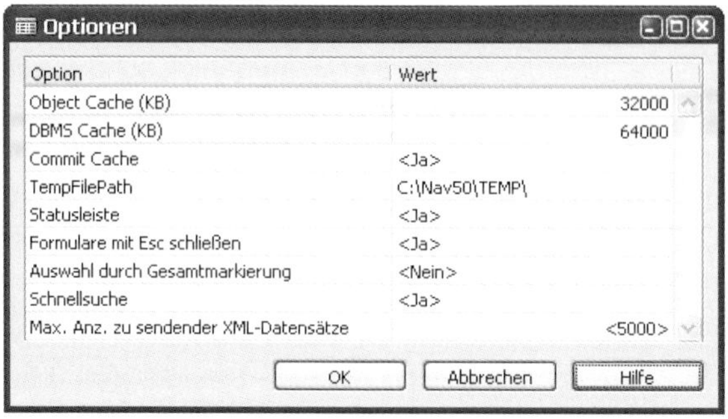

Mehrere Client-Installationen auf dem Arbeitsplatz

Um Microsoft Dynamics NAV mehrmals zu öffnen, müssen zwingend mehrere Clients auf dem Arbeitsplatz existieren. Das mehrfache Starten der gleichen Installation kann verheerende Auswirkung auf die Datenbank haben, da dann mehr als ein Client auf dieselbe Cash-Datei zugreifen würde.

Es ist möglich mehrere Clients auf einem Arbeitsplatz zu installieren. Dabei ist jedoch zu beachten, dass nur eine Installation pro Microsoft Dynamics NAV - Version gestattet ist. Der zweite Client der gleichen Version muss eine Kopie der ersten Installation und darf keine weitere Installation sein.

Der Name des neuen Verzeichnisses kann beispielsweise die Erweiterung A bekommen. Damit hat der Anwender bei mehreren Clients folgende Verzeichnisstruktur auf dem Arbeitsplatz:

Installation:	C:\NAV50\
Kopie:	C:\NAV50A\

Anschließend sollte in jedem der Verzeichnisse ein Unterverzeichnis „temp" angelegt werden. Dieses Verzeichnis ist unbedingt bei allen auf dem Arbeitsplatz befindlichen Verknüpfungseigenschaften der Microsoft Dynamics NAV-Icons als Startparameter zu hinterlegen.

Die Angabe des Parameters „temppath" ist immer dann erforderlich, wenn gleichzeitig mit mehreren Datenbanken (mehreren Navision-Clients) auf einem Arbeitsplatz gearbeitet wird. Dabei ist es nicht von Bedeutung, ob diese die gleiche Microsoft Dynamics NAV-Version haben oder nicht.

Die Angabe des Parameters „temppath" ist deshalb wichtig, da andernfalls beide Clients auf die selbe temp-Datei zugreifen. Wird dann auf beiden Datenbanken gearbeitet, kann so „Datensalat" entstehen.

7.7.2 Installation eines Servers

Die Installation des Servers kann über einen Dialog oder manuell durchgeführt werden.

Bei dialogorientierter Installation müssen die entsprechenden Einträge wunschgemäß beantwortet werden. Auf eine ausführliche Darstellung wird an dieser Stelle verzichtet. Einzelne Parameter und Einstellungen werden bei der manuellen Installation erläutert.

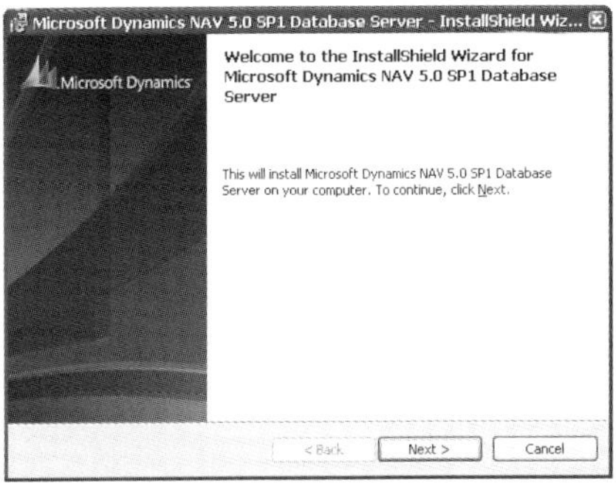

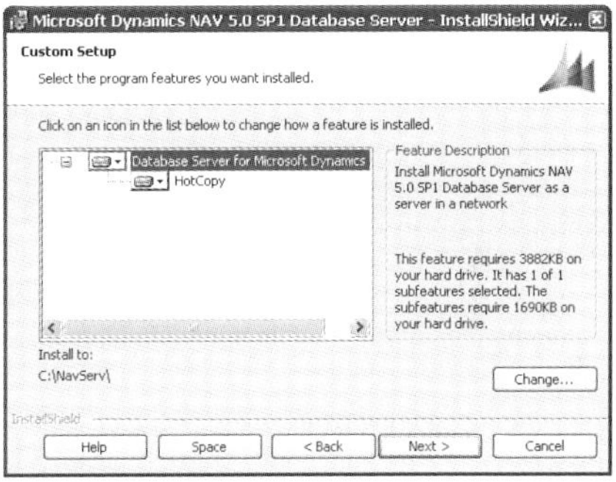

Bei der manuellen Installation ist wie folgt vorzugehen:

1. Alle Dateien aus dem Verzeichnis „\Server\NtIntel“ der Installations-CD werden in das Microsoft Dynamics NAV - Server-Verzeichnis auf dem NT-Server kopiert.

2. Die Lizenzdatei wird in das selbe Verzeichnis kopiert.

3. Für die Installation des Microsoft Dynamics NAV - Servers als Dienst wird folgende Befehlszeile benötigt: „..\server.exe database=<Pfad\Datenbankname>, nettype=tcps, Servername=<Servername>, Cache=<xxxx>, Commitcache=yes, Installasservice“

Die einzelnen Parameter haben dabei folgende Bedeutung:

- database=<Pfad\Datenbankname>
  Über den Parameter „database“ wird angegeben, welche Datenbankdatei durch den Server zur Verfügung gestellt werden soll. Bei einer aus mehreren Datenbankteilen bestehenden Datenbank wird hier der erste Datenbankteil angegeben.

- nettype=tcp
  Über „nettype“ wird angegeben, über welches Protokoll der Server und die Clients miteinander kommunizieren sollen. Dabei stehen die Optionen <tcp>

(TCP/IP normal), <tcps> (TCP/IP secure) und <netb> (NetBEUI) zur Verfügung.

- Servername=<Servername>
  Über den Parameter wird eingestellt, unter welchem Namen der Server im Netz laufen soll. Der Servername kann alternativ zur TCP/IP-Adresse des Servers benutzt werden und wird vor allem dazu verwendet, die Clients mit dem Server komfortabel zu verbinden.

- Cache=<xxxx> (z.B. „Cache=10000“ für 10 MB Cache)
  Durch den Parameter „Cache“ wird die Größe des Datenbank-Cache in KB eingestellt. Der Cache wird dazu verwendet, um Informationen im Hauptspeicher des Servers zwischenzuspeichern und somit die Antwortzeiten zu verkürzen. Die Cachegröße sollte bei 128 MB Hauptspeicher ca. 60 MB und bei 256 MB Hauptspeicher ca. 160 MB betragen. Ist der Server mit mehr Hauptspeicher ausgestattet, kann die Cachegröße auf maximal 1 GB erweitert werden.

- Commitcache=yes
  Über den Parameter „Commitcache“ wird gesteuert, ob bei Schreibvorgängen in die Datenbank ebenfalls der Cache genutzt werden kann. Das System wird dadurch schneller, da ein Vorgang abgeschlossen werden kann, bevor alle Daten auf die Festplatte geschrieben werden. Dabei besteht jedoch die Gefahr, dass im Falle eines Absturzes alle im Cache befindlichen Transaktionen verloren gehen und nach dem Neustart erneut durchgeführt werden müssen. Da die Gefahr eines Absturzes des Servers bei den entsprechenden Vorsorgemaßnahmen äußerst gering ist, sollte der Commitcache in der Regel aktiviert sein.

- Installasservice
  Durch den Parameter „Installasservice“ wird das Server-Programm als Dienst installiert. Beim ersten Start kann auf diesen Parameter verzichtet werden, da mit dem Start des Servers ein MS-DOS-Fenster geöffnet wird, in dem ggf. auftretende Fehlermeldungen angezeigt werden. Sind die Fehler bereinigt, sollte dieser Parameter auf jeden Fall gesetzt werden.

Neben der Installation und dem Start des Servers müssen folgende Einstellungen im Betriebssystem und bei der Hardwarekonfiguration beachtet werden:

- Es darf kein Software-RAID unter Windows installiert werden.

- Die Microsoft Dynamics NAV - Datenbank darf auf dem Windows-Server nur auf gespiegelten Platten betrieben werden, deren Spiegelung unter Nutzung eines RAID-Controllers durchgeführt wird. Alternativ ist RAID10 ebenfalls zulässig. Der Schreib-Cache auf dem RAID-Controller ist bei nicht Akku-gepufferten Controllern abzuschalten.

Ist ein Virenscanner auf dem Microsoft Navision - Server installiert, so sind die Dateiverzeichnisse der Microsoft Dynamics NAV - Datenbank und der Microsoft Navision - Server-Installation vom Scannen auszuschließen.

7.7.3 Einstellungen in der Services- und Host-Datei

Sollen auf einem Server-System mehrere Microsoft Dynamics NAV - Server zur Verfügung stehen, muss in der „Services"-Datei der Port für jeden weiteren Microsoft Dynamics NAV-Server konfiguriert werden, um eine Verbindung zwischen den Clients und dem gewünschten Server herstellen zu können.

Standardmäßig läuft der erste Microsoft Dynamics NAV-Server auf dem Port 2407. Zur Konfiguration der zusätzlichen Microsoft Dynamics NAV-Server wird der Name des Servers, der Port und das Protokoll eingestellt, z.B.:

```
.......
nav50A          2408/tcp          #Microsoft Dynamics NAV Server 2
.......
```

Diese Einstellung muss sowohl auf dem Server als auch bei allen Clients durchgeführt werden.

Neben der „Services"-Datei muss die TCP/IP-Adresse und der Name des Microsoft Dynamics NAV-Servers in der „HOST"-Datei eingetragen werden, z.B.:

```
.......
192.168.199.10:2408          nav50A       #Microsoft Dynamics NAV Server 2
.......
```

Wird innerhalb des Netzwerkes ein DNS-Server (**D**omain **N**ame **S**erver) eingesetzt, entfällt der Eintrag in der „HOST"-Datei auf den Client-Rechnern. Dieser Eintrag wird dann zentral vom DNS-Server verwaltet. Nachdem diese Angaben im DNS-Server manuell in der Regel vom Administrator eingetragen wurden.

7.7.4 Installation des Navision Application Server (NAS)

Der Navision Application Server (NAS) ist ein Serverdienst der in der Lage ist, sich in einem Microsoft Dynamics NAV Mandanten anzumelden und Prozesse (z.B. Berichte) zu starten.

Der NAS verhält sich im System, wie ein „normaler" Anwender, mit dem Unterschied dass dieser keine Oberfläche für die Bedienung des Programms zur Verfügung hat. Außerdem muss eine eigene Windows-Anmeldung für Microsoft Dynamics NAV für den NAS eingerichtet werden. Diesem Benutzer sind anschließend entsprechende Benutzerrechte in der Datenbank zuzuweisen.

Soll die neue Funktionalität der Projektwarteschlange (Job Queue) genutzt werden, ist es notwendig den Navision Application Server (NAS) zu installieren. Dieser Dienst meldet sich automatisch in Microsoft Dynamics NAV an und arbeitet die Einträge in der Projektwarteschlage nacheinander ab.

Im Folgenden wird die Vorgehensweise bei der Installation beschrieben. Weiterhin wird auf die Punkte eingegangen, die bei einer Zweitinstallation zu beachten sind.

Anlegen des neuen Benutzers unter Windows

Der NAS hat keine eigene grafische Oberfläche. Wenn er sich an der Datenbank anmelden soll, kann er dies nur über eine Windows-Anmeldung tun. Dazu ist ein neuer Benutzer unter Windows am Microsoft Dynamics NAV-Server anzulegen.

Bei der Vergabe des Benutzernamens ist es empfehlenswert die Funktion dieser Anmeldung mit einfließen zu lassen. Ein Name könnte daher z.B. NAS1_USER sein.

Weiterhin ist darauf zu achten, dass das Kennwort als <Läuft nie ab> gekennzeichnet wird. Außerdem sind diesem Benutzer Administrator-Rechte auf dem PC zu geben.

Einrichten des Benutzers in Microsoft Dynamics NAV

Dieser neu angelegte Benutzer muss nun auch in Microsoft Dynamics NAV als User angelegt werden, damit er sich an der Datenbank anmelden kann.

In der Datenbank ist über *Extras / Zugriffsrechte / Windows-Anmeldungen...* das entsprechende Formular zu öffnen. In der Spalte „ID" ist über den LookUp der zuvor angelegt Windows-Benutzer auszuwählen und einzufügen.

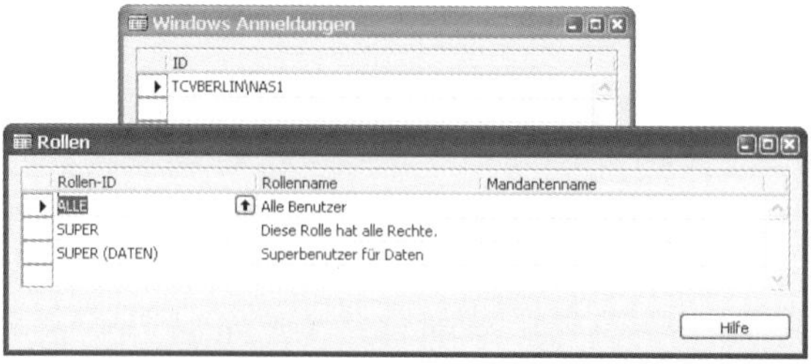

Anschließend sind diesem Benutzer über den Button Rollen die Rollen ALLE, SUPER und SUPER (DATEN) zuzuordnen.

Erstinstallation des NAS

Die Erstinstallation des NAS kann von CD erfolgen. Dazu ist im Verzeichnis NAS die setup.exe zu starten.

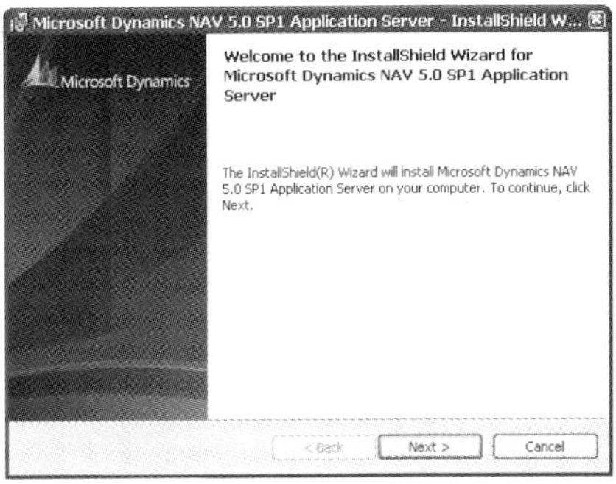

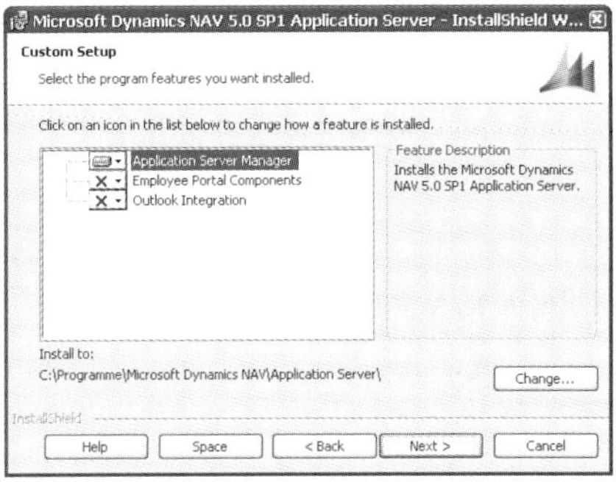

Nachdem die benutzerdefinierte Installation ausgewählt wurde, ist zur Verwendung des NAS für die Projektwarteschlange nur die Option für den Application Server Manager (ASM) zu aktivieren. Bei den weiteren Einstellungen ist das vorgeschlagene Installationsverzeichnis nicht zu ändern.

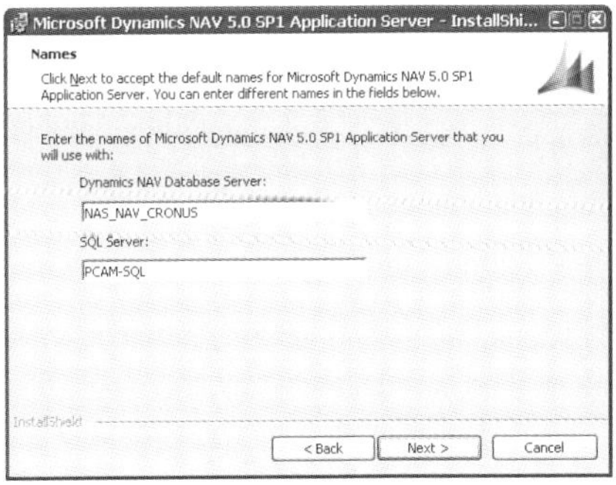

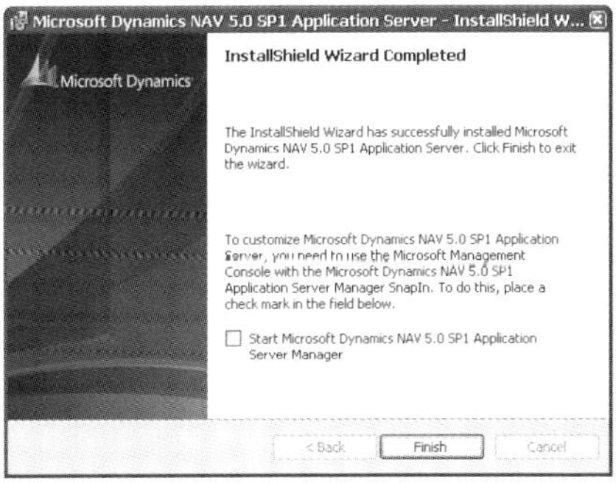

Bei den Vorgaben für die Namen der Dienste sollte ein „sprechender" Name gewählt werden, der den Mandanten und ggf. die Funktion enthält, um den richtigen Dienst bei mehreren Installationen bei Wartungsarbeiten leichter zu identifizieren.

Nach der Installation kann über den Wizzard der Microsoft Dynamics NAV Application Server Manager aufgerufen werden. Hier findet die weitere Konfiguration des NAS-Dienstes statt. Der Microsoft Dynamics NAV Application

Server Manager kann nachträglich über *Start / Programme / Microsoft Dynamics NAV / Application Server Manager* aufgerufen werden.

Mit der rechten Maustaste ist ein neuer Application Server einzurichten.

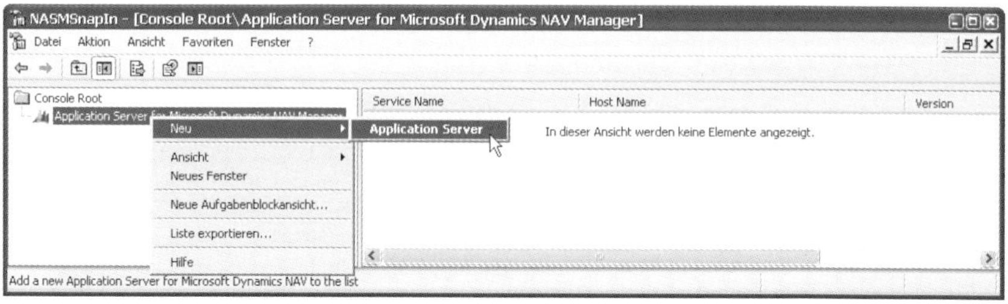

Im Feld „Host Name:" ist der Name des PCs einzutragen auf dem der NAS laufen soll. Der aktuelle PC-Name kann über die Windows-Eingabeaufforderung über den Befehl hostname ermittelt werden. Im Feld „Service Name:" ist der Dienstname anzugeben, der als Name angegeben wurde, hier NAS_NAV_CRONUS.

Auf der linken Seite wurde nach der Bestätigung unter dem Eintrag Application Server for Microsoft Dynamics NAV Manager ein neuer Eintrag angelegt. Für diesen werden nun die weiteren Eigenschaften definiert.

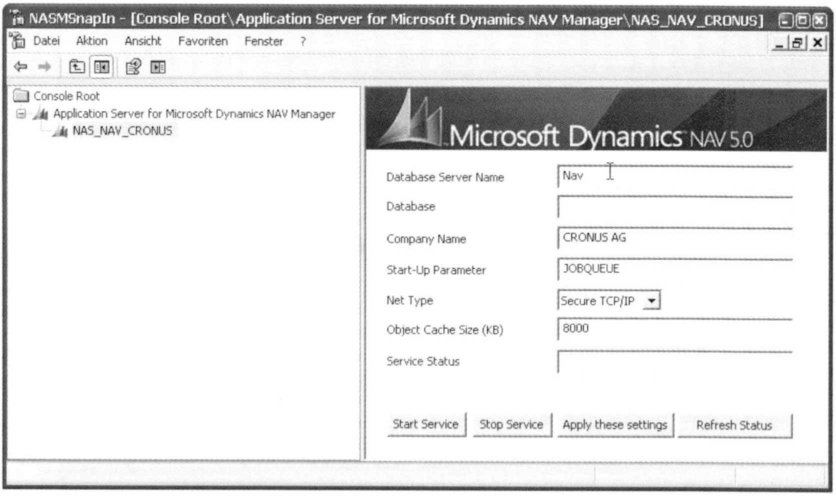

Im Feld „Database Server Name" ist der Dienstname des Microsoft Dynamics NAV-Servers oder die IP-Adresse einzugeben. Das Feld „Database" bleibt leer, wenn es sich bei der Datenbank um eine Server-Installation handelt. Als „Company Name" ist der Mandant anzugeben auf den der NAS zugreifen soll.

Unter „Net Type" ist die Option auszuwählen die auch als nettyp bei der Datenbankinstallation angegeben wurde, hier <TCP/IP>. Das Feld „Start-Up Parameter" enthält den Einsprungspunkt der für den NAS in der Codeunit 1 in der Datenbank definiert wurde. Für die Projektwarteschlange ist dies JOBQUEUE.

Zum Speichern der Eingaben und zum anschließenden Start des Dienstes sind nacheinander die Schaltflächen Apply these settings und Start Service zu aktivieren.

Im Ergebnis der Installation ist nun in der Dienste-Verwaltung bei den lokalen Diensten der Dienst *Microsoft Dynamics NAV Application Server NAS_NAV_ CRONUS* mit dem Status <Gestartet> aufgelistet. Der ebenfalls installierte Dienst Microsoft Dynamics NAV Application Server ...-SQL ist ggf. über die Eigenschaften zu deaktivieren.

Als letzter Schritt sind in den Eigenschaften des aktiven NAS-Dienstes im Register Anmelden die Anmeldedaten für die Microsoft Dynamics NAV-Datenbank zu hinterlegen. Dabei ist in der Option <Dieses Konto:> über Durchsuchen... der neu angelegte Windows-Benutzer mit dem eingegebenen Kennwort zu hinterlegen. Anschließend ist der Dienst neu zu starten.

Als Kontrolle, ob die Installation erfolgreich war, kann in der Microsoft Dynamics NAV-Datenbank in den Datenbanksessions geprüft werden, ob sich der NAS selbständig in der Datenbank angemeldet hat.

Installation eines weiteren NAS

Ein NAS kann sich in nur einem Mandanten anmelden. Die Installation eines weiteren NAS ist dann erforderlich, wenn in mehreren Mandanten je ein NAS genutzt werden soll. Dabei kann die zuvor beschriebene Installation von CD nicht noch einmal ausgeführt werden. Diese Installation und jede weitere muss manuell vorgenommen werden.

Dazu ist das komplette Verzeichnis *Application Server* unter *C:\Programme\ Microsoft Dynamics NAV* zu kopieren, so dass anschließend in dem Verzeichnis ein weiteres mit dem Namen *Application Server 2* entstanden ist.

Nun ist dieses neue Verzeichnis in der Windows-Eingabeaufforderung zu öffnen, um hier manuell den zweiten (bzw. den weiteren) NAS-Dienst zu installieren.

Bei der Installation müssen folgende zwei Parameter angegeben werden:

- installasservice
  Durch den Parameter „installasservice“ wird das Server-Programm als Dienst installiert.

- appservername=<Dienstname>
  Über den Parameter wird eingestellt, unter welchem Namen der Dienst im Netz laufen soll. Hier sollte wieder auf die Funktion des NAS und den Mandanten bei der Namensgebung geachtet werden.

Die vollständige Befehlszeile dazu hat dann folgende Syntax:

nas installasservice, appservername=NAS_NAV_CRONUS2

Nach dieser Installation ist der Microsoft Dynamics NAV Application Server Manager über *Start / Programme / Microsoft Dynamics NAV / Application Server Manager* zu öffnen. Die weiteren Schritte zur Einrichtung des zweiten NAS-Dienstes für den Zugriff auf die Microsoft Dynamics NAV -Datenbank sind mit der Erstinstallation identisch.

Im Endergebnis der Installation ist nun in der Dienste-Verwaltung bei den lokalen Diensten der zweite und jeder weitere auf diese Weise installierte NAS-Dienst unter dem Namen *Application Server for Microsoft Dynamics NAV NAS_NAV_CRONUS...* aufgelistet.

Da die Auflistung der Dienste in der Diensteverwaltung nach dem Alphabet erfolgt, stehen sie dort nicht untereinander, was die Wartung beeinflussen kann.

Application Server for Microsoft Dynamics NAV NAS_NAV_CRONUS2
Microsoft Dynamics NAV Application Server NAS_NAV_CRONUS

Soll diese Konstellation geändert werden, so ist der erste Dienst zu deinstallieren und über die Windows-Eingabeaufforderung wieder neu zu installieren.

Anhang A Neuerungen in den Versionen

Die Vielzahl von Highlights einer Softwareversion und deren Bedeutung lässt sich meist direkt an der Versionsnummer ausmachen. Die Ziffer vor dem Trennpunkt kündigt ein so genanntes "Major-Release" oder Upgrade an, was meist ein Feuerwerk an neuen Funktionen oder auch Technologien verspricht.

Änderungen nach dem Trennpunkt, werden als "Minor-Release" bezeichnet. Hierbei wird die grundsätzliche Philosophie und Strategie des Produktes beibehalten und Wert auf Vervollständigung und Komplettierung der Prozesse und Abläufe gelegt - ein so genanntes Update.

Für das ERP-Produkt Navision wurde mit jedem größeren Release-Wechsel in den letzten Jahren auch der Name geändert. Aus Navision Financials (Version 1.xx bis 2.xx) wurde Microsoft Business Solutions - Navision (Version 3.xx) und aktuell Microsoft Dynamics NAV (Version 4.xx und folgende). Mit der Version 4.xx wurde für die Aktualisierung der Software das „Minor-Release" durch eine Umstellung auf Service Packs abgelöst. Die aktuellste Version der Software erhielt als erstes NAV-Release statt der Versionsnummer die bei Microsoft übliche Jahreszahl - Microsoft Dynamics NAV 2009.

Die wichtigsten Neuerungen in den einzelnen Service Packs werden in diesem Teil des Buches aufgelistet, beginnend mit den Neuerungen zur 5.0.

MICROSOFT DYNAMICS NAV 5.0

Im Oktober 2004 veröffentlichte Microsoft das neue Major-Release für Microsoft Business Solutions, die ERP-Software für mittelständische Unternehmen, mit speziell auf deren Bedürfnisse zugeschnittenen Funktionen.

Bereich Finanzbuchhaltung

<u>Buchung und Nachverfolgung von Anzahlungen:</u>

Für die Abbildung von Anzahlungen (wenn Kunden vor der Lieferung eines Auftrags eine Anzahlung leisten) und Vorauszahlungen (wenn der Lieferant eine Anzahlung vor der Lieferung erwartet) wurde die Funktionalität der Anzahlung / Vorauszahlung implementiert.

Standardmäßig können Prozentsätze für Anzahlungen für Debitoren, Kreditoren und Artikel eingerichtet werden (analog zu Preisen und Rabatten).

Aus einem Auftrag oder einer Bestellung heraus können Anzahlungsrechnungen erstellt werden. Dabei können für die Verkaufs- oder Einkaufszeilen gleiche oder unterschiedliche Prozentsätze oder ein Gesamtbetrag für den Auftrag verwendet werden.

Automatischer Genehmigungsdurchlauf für Einkaufs- und Verkaufsbelege:

Die Funktionalität des Genehmigungssystems für Einkaufs- und Verkaufsbelege ermöglicht dem Anwender die Einhaltung von hierarchisch bedingten und betragsabhängigen Genehmigungen.

Mit dieser Funktionalität ist es möglich, Entscheider einzubinden, die speziell für diesen Beleg zuständig sind, z. B. einen Einkäufer oder Verkäufer der diesem Geschäftspartner zugeteilt ist.

Die Beleggenehmigung kann mit einer E-Mail Benachrichtigung verbunden werden – womit der Entscheider auch an überfällige Genehmigungen erinnert werden kann.

Mehr Flexibilität bei der Einrichtung von Kontenschemata:

In den Kontenschemazeilen wurden zwei neue Spalten („Zeilenart" und „Betragsart") eingeführt. Für die Zusammenzählung wurde ein neuer Operator („%") definiert. In der Zusammenzählungsart wurde die Option <Festgelegte Basis für Prozent> hinzugefügt. Und in den Spaltenlayouts kamen Filtermöglichkeiten für die Globalen Dimensionen und Geschäftseinheiten dazu.

Intercompanybuchungen für die Verteilung von Anschaffungskosten:

Mit dieser Erweiterung können die Kosten von einer Einkaufsrechnung auf einen oder mehrere IC-Partner verteilt werden. Wenn eine Einkaufsrechnung erfasst wird, kann in einer Zeile der Art <Sachkonto> der IC-Partner festgelegt werden, an den die Kosten weitergegeben werden sollen. Wird die Einkaufsrechnung gebucht, wird automatisch die Verteilung im Fibu-Buch.-Blatt gebucht, und es wird eine entsprechende IC-Fibu-Buch.-Blattzeile im IC-Ausgang erstellt, die dann an den IC-Partner gesendet werden kann.

Erweiterte Funktionalität bei der Annullierung von Schecks:

Bei der Annullierung von Schecks kann nun ausgewählt werden, ob der Ausgleich des Bankpostens und der entsprechenden Sachposten aufgehoben wird oder ob lediglich ein Storno durchgeführt werden soll. Das Ergebnis hängt davon ab, welche der Optionen ausgewählt wird.

Erweiterte XBRL-Funktionalität:

Mithilfe dieses Moduls können XBRL-Taxonomien (z.B. aus dem Internet) nach Microsoft Dynamics NAV importiert, den Taxonomyzeilen die entsprechenden Finanzbuchhaltungskonten zugeordnet und schließlich die Daten im XML-Format ausgelesen werden. XBRL ist eine XML-basierte Spezifikation für das Financial Reporting, also den Austausch von Informationen von und über Unternehmen, insbesondere von Jahresabschlüssen.

Bereich Relationship Management

Verbesserte Outlook Integration:

Die bestehende Outlook-Integration wurde durch die Nutzung eines Add-In ersetzt. Damit ist eine flexiblere Synchronisation in beiden Richtungen möglich.

Online Maps:

Es wurde eine neue Integration zum Online Map geschaffen. Damit ist es möglich, Kontakte, Debitoren, Kreditoren, ... direkt von Navision aus auf einer Karte anzeigen zu lassen. Alle Karten mit Adressinformationen haben diese Funktionalität erhalten.

Bereich Service Management

Job Sheduler:

Der existierende Job Scheduler wurde entfernt und durch den Applikation Job Queue ersetzt.

Bereich Supply Chain Management und Lagerverwaltung

Einrichtung von Lagerbuchungsperioden:

Mit der Einrichtung von Lagerbuchungsperioden können Zeiträume definiert werden, in denen Änderungen des Lagerbestandes gebucht werden können. Eine Lagerbuchungsperiode ist durch das Enddatum definiert. Wenn eine Lagerbuchungsperiode geschlossen wird, können vor diesem Enddatum weder Änderungen am Lagerbestand noch neue Werte gebucht werden. Wenn jedoch in der geschlossenen Periode offene Artikelposten exisitieren, können diese weiterhin mit ausgehenden Mengen verknüpft werden.

Eine Lagerbuchungsperiode kann erneut geöffnet werden, damit in der Periode wieder Buchungen möglich sind.

Bereich Allgemein

Datensatz Links:

Mit dieser neuen Funktion können zu jedem beliebigem Datensatz in der Formularansicht Verweise hinterlegt werden. Dazu wurde in der Symbolleiste ein neuer Button mit einer Büroklammer eingefügt. Ebenfalls kann dieser Punkt in der Menüleiste unter *Bearbeiten / Links...* aufgerufen werden.

Export von Daten via XML:

Diese Funktionalität ermöglicht es, Daten aus jedem Formular in eine andere Applikation zu exportieren. Die Daten werden im XML-Format unter der Nutzung einer Style Sheet - Vorlage exportiert. Standardmäßig können die Daten nach

Microsoft Word oder Microsoft Excel exportiert werden. Dabei ist es möglich, auch andere Programme dafür einzurichten. Für diese Funktionalität wurden in der Symbolleiste weitere neue Schaltflächen eingefügt.

Sonstige Änderungen

- Die Firmennotizen wurden entfernt
- Die Felder "Adresse" und "Adresse 2" in Anschriften wurden von 30 auf 50 Zeichen verlängert
- Zu den Liefer- und Zahlungsbedingungen können nun Übersetzungen eingerichtet werden

MICROSOFT DYNAMICS NAV 5.0 SP1

Im März 2000 erweiterte Microsoft mit dem Service Pack SP1 die Funktionalitäten von Microsoft Dynamics NAV nochmals:

Bereich Finanzbuchhaltung

<u>Sachkontoname in den Sachposten:</u>

Die Beschreibung für das in der Spalte "Sachkontonr." eingetragene Sachkonto, kann jetzt über *Ansicht / Spalte anzeigen...* in den Sachposten eingeblendet werden.

Bereich Einkauf

<u>Bemerkungen an Einkaufszeilen hinterlegen und archivieren:</u>

In allen Einkaufsbelegen ist es nun möglich für jede einzelne Einkaufszeile Bemerkungen zu erfassen, über *Zeile / Bemerkungen*. Diese Bemerkungen werden in die gebuchten und archivierten Belege übernommen.

<u>Automatische Archivierung von Einkaufsanfrage und -bestellung:</u>

In der Einrichtung (*Einkauf / Einrichtung / Kreditoren & Einkauf Einr.*) kann im Register Archivierung festgelegt werden, ob eine automatische Archivierung erfolgen soll, wenn aus einer Anfrage eine Bestellung erstellt wird. Die archivierten Belege wurden in das Hauptmenü (*Einkauf / Historie / Archivierte Einkaufsangebote* und *Archivierte Einkaufsaufträge*) eingebunden.

<u>Archivierung von Reklamationen:</u>

Reklamationen können nun manuell auf die gleiche Weise wie andere Dokumente im Einkauf archiviert werden. Hinweis: Reklamationen sind auch in der automatischen Archivierung enthalten.

<u>Erweiterung des DrillDown am Saldo auf der Kreditorenkarte:</u>

Der DrillDown im Feld „Saldo (MW)" auf der Kreditorenkarte zeigt beim Öffnen nun nicht mehr alle Posten, sondern nur noch die offenen Posten für den Kreditor an. Der Filter kann anschließend aufgelöst werden.

<u>Archivierte Dokumente drucken:</u>

Archivierte Anfragen, Bestellungen und Reklamationen können aus den archivierten Belegen erneut gedruckt werden.

<u>Festlegen des Standard-Buchungsdatums:</u>

In der Kreditoren & Einkauf Einrichtung (*Einkauf / Einrichtung / Kreditoren & Einkauf Einr.*) kann im Register Allgemein im Feld „Standardbuchungsdatum" festgelegt werden, ob das Buchungsdatum beim Erstellen von offenen Belegen mit dem <Arbeitsdatum> oder mit <Keinem Datum> vorbelegt wird.

Festlegen der Standardmenge:

In der Kreditoren & Einkauf Einrichtung (*Einkauf / Einrichtung / Kreditoren & Einkauf Einr.*) kann im Register Allgemein im Feld „Zu liefernde/zurück-zunehmende Standardmenge“ festgelegt werden, ob die Menge im Feld „Menge akt. Lieferung“ bzw. „Menge akt. Rechnung“ bei offenen Belegen nach dem Buchen von Teilmengen mit der <Restmenge> oder mit <leer> vorbelegt wird.

Informationsbereich bei den Einkaufsbelegen:

In den offenen Einkaufsbelegen wurde, analog zum Verkauf, jetzt ebenfalls ein Informationsbereich für den Kopf und für die jeweils aktuelle Artikelzeile eingefügt.

Einkaufshistorie von der Kreditorenkarte:

Auf der Kreditorenkarte unter der Schaltfläche Kreditor wurde ein neuer Punkt Einkaufshistorie eingefügt. Von hier aus kann die Einkaufshistorie für den Kreditor aufgerufen werden. Dabei wird unterschieden ob der Kreditor in den Belegen als „Einkauf von Kreditor“ oder als „Zahlung an Kreditor“ verwendet wurde.

Einkaufsanfragenummer in Belege weitergereicht:

Die Einkaufsanfragenummer wird beim Erstellen einer Bestellung aus einer Anfrage in das Feld „Angebotsnr.“ übertragen. Diese Angabe wird von der Bestellung beim Buchen in alle gebuchten Einkaufsbelege weitergereicht.

„Ausgleich mit Fälligkeitsdatum des Belegs“ im Zahlungsausgangs Buch.-Blatt:

Im Zahlungsausgangs Buch.-Blatt (*Finanzmanagement / Kreditoren / Zlg.-Ausg. Buch.-Blätter*) wurde eine neue Spalte „Ausgleich mit Fälligkeitsdatum des Belegs“ eingefügt. Hier wird das Fälligkeitsdatum des Beleges angezeigt, der ausgeglichen werden soll.

Bereich Verkauf & Marketing

Bemerkungen an Verkaufszeilen hinterlegen und archivieren:

In allen Verkaufsbelegen ist es nun möglich für jede einzelne Verkaufszeile Bemerkungen zu erfassen, über *Zeile / Bemerkungen*. Diese Bemerkungen werden in die gebuchten und archivierten Belege übernommen. Dort werden sowohl die Bemerkungen aus dem Kopf als auch die der Zeilen in nicht änderbaren Formularen angezeigt.

Automatische Archivierung von Angeboten und Aufträgen:

In der Einrichtung (*Verkauf & Marketing / Einrichtung / Debitoren & Verkauf Einr*) kann im Register Archivierung festgelegt werden, ob eine automatische Archivierung erfolgen soll, wenn aus einem Angebot ein Auftrag erstellt wird. Die archivierten Belege wurden in das Hauptmenü (*Verkauf & Marketing / Historie / Archivierte Verkaufsangebote* und *Archivierte Verkaufsaufträge*) eingebunden.

Reklamationen/Rücksendungen werden archiviert:

Rücksendungen können nun manuell auf die gleiche Weise wie andere Dokumente im Verkauf archiviert werden. Hinweis: Rücksendungen sind auch in der automatischen Archivierung enthalten.

Erweiterung des DrillDown am Saldo auf der Debitorenkarte:

Der DrillDown im Feld „Saldo (MW)“ auf der Debitorenkarte zeigt beim Öffnen nun nicht mehr alle Posten, sondern nur noch die offenen Posten für den Debitor an. Der Filter kann anschließend wieder aufgelöst werden.

Ausdruck von Verkaufsbelegen aus dem Archiv:

Archivierte Angebote, Aufträge und Rücksendungen können aus den archivierten Belegen erneut gedruckt werden.

Festlegen des Standard-Buchungsdatums:

In der Debitoren & Verkauf Einrichtung (*Verkauf & Marketing / Einrichtung / Debitoren & Verkauf Einr.*) kann im Register Allgemein im Feld „Standardbuchungsdatum“ festgelegt werden, ob das Buchungsdatum beim Erstellen von offenen Belegen mit dem <Arbeitsdatum> oder mit <Keinem Datum> vorbelegt wird.

Festlegen der Standard-Restmenge:

In der Debitoren & Verkauf Einrichtung (*Verkauf & Marketing / Einrichtung / Debitoren & Verkauf Einr.*) kann im Register Allgemein im Feld „Zu liefernde Standardmenge“ festgelegt werden, ob die Menge im Feld „Zu liefern“ und „Zu fakturieren“ bei offenen Belegen nach dem Buchen von Teilmengen mit der <Restmenge> oder mit <leer> vorbelegt wird.

Verkaufshistorie von der Debitorenkarte:

Auf der Debitorenkarte unter der Schaltfläche Debitor wurde ein neuer Punkt Verkaufshistorie eingefügt. Von hier aus kann die Verkaufshistorie für den Debitor aufgerufen werden. Dabei wird unterschieden ob der Debitor in den Belegen als „Verkauf an Debitor“ oder als „Rechnung an Debitor“ verwendet wurde.

Verkaufsangebotsnummern in gebuchten Belegen:

Die Verkaufsangebotsnummer wird beim Erstellen eines Auftrages aus einem Angebot in das Feld „Angebotsnr.“ übertragen. Diese Information wird vom Auftrag beim Buchen in alle gebuchten Verkaufsbelege weitergereicht.

Bereich Projekte

Dimensionen an den Projektaufgabenzeilen:

Es wurde die Möglichkeit geschaffen, Dimensionen für die einzelnen Projektaufgabenzeilen zu hinterlegen. Die eingetragenen Dimensionen werden in die WIP-Posten übernommen.

Bereich Anlagenbuchhaltung

Erweiterung der Abschreibung auf Anlagen:

Auf der Anlagen AfA-Buch Karte (*Finanzmanagement / Anlagen / Einrichtung / AfA-Bücher*) wurde im Register Allgemein ein neues Feld „Geschäftsjahr 365 Tage“ eingefügt. Wird hier ein Haken gesetzt, wird bei den Abschreibungen der Kalender mit 365 Tagen genutzt. Dabei hat jeder Monat die gleiche Anzahl an Tagen, wie beim „normalen“ Kalender. Die einzige Ausnahme ist der Februar mit 28 Tagen und nicht 29. Damit hat jedes Jahr, auch das Schalt-Jahr, 365 Tage.

Diese neue Option „Geschäftsjahr 365 Tage“ kann nicht zusammen mit der „Anlagenbuchungsart“ <Sonder-AfA> genutzt werden.

MICROSOFT DYNAMICS NAV 2009 CLASSIC CLIENT

Im November 2000 ist Microsoft Dynamics NAV 2009 erschienen, das als erstes NAV-Release statt der Versionsnummer die bei Microsoft übliche Jahreszahl erhielt. In dieser Version kann zwischen dem neuen rollenbasierten Client und dem aus den Vorversionen bekannten Client, der als Classic Client bezeichnet wird, gewählt werden.

Hinsichtlich des Funktionsumfangs sind die Versionen Microsoft Dynamics NAV 5.0 SP1 und Microsoft Dynamics NAV 2009 Classic Client identisch.

Der Unterschied zwischen dem Classic Client und dem rollenbasierten Client ist die genutzte Architektur. Mit dem „Classic Client" wird die bisherige Zwei-Schichten-Architektur (Zwei-Tier: Unterteilung in Server- und Client-Ebene) statt der neuen Drei-Schichten-Architektur (Drei-Tier: Unterteilung in Datenbank-, Server- und Client-Ebene) genutzt.

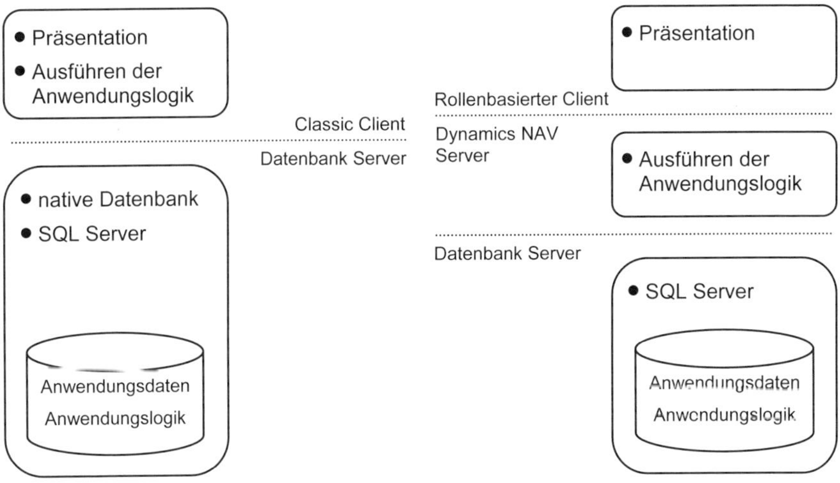

2 - Schicht - Architektur **3 - Schicht - Architektur**

Mit der geänderten Architektur geht beim neuen rollenbasierten Client auch eine Änderung der Benutzeroberfläche, z.B. neues Form-Design, Grafiken (Infoparts), Icons (Papierstapel), Action Panel, „Breadcrumb Bar", Command Bar einher.

Für die Version NAV 2009 mit dem neuen rollenbasierten Client wird Microsoft SQL Server 2005 (oder höher) vorausgesetzt, bei Verwendung des klassischen Clients kann sowohl der Navision Server als auch der SQL-Server eingesetzt werden.

Anhang B Einsatz von Filtern

In den Tabellen der Microsoft Dynamics NAV Datenbank können viele Datensätze gespeichert werden. Häufig soll jedoch nur eine Teilmenge davon betrachtet werden. Dies wird durch das Setzen geeigneter Filter ermöglicht.

TABELLENFILTER

In Berichten werden Tabellenfilter auf die ausgewählten Tabellen gesetzt. Im entsprechenden Register sind die Spalten wie folgt zu verwenden:

Spalte	Bedeutung
„Feld“	Es ist bereits eine Zeile für das Feld angelegt, in der sich der Cursor befand, als der Filter aufgerufen wurde. Wurden schon andere Filter definiert, werden diese ebenfalls angezeigt. Um einen neuen Filter auf ein neues Feld zu definieren ist mit F6 in die Field-List zu verzweigen, das gewünschte Feld auszuwählen und mit OK zu übernehmen.
„Filter“	In dieser Spalte werden die Filterbedingungen eingegeben. Mit F6 kann in die jeweilige Übersicht verzweigt werden, der gewünschte Wert markiert und mit OK übernommen werden. Sollen mehrere Werte ausgewählt werden, ist eine Zeichenfolge einzugeben.

Um die gesetzten Filter zu löschen, ist im Anforderungsfenster die entsprechende Zeile mit F4 zu entfernen und anschließend der Bericht normal zu starten.

FLOWFILTER

Während Tabellenfilter Auswirkungen auf die Anzahl der angezeigten Datensätze haben, wirken FlowFilter auf die Werte der FlowFields der Tabelle. Ein FlowField wird auf Basis von Einzelwerten zur Laufzeit berechnet. Ein FlowFilter grenzt auf die Datensätze ein, die zur Berechnung herangezogen werden sollen, so z.B. das Setzen eines Datumsfilters zum Auflisten der Bewegung innerhalb eines Zeitraums.

Das Setzen dieser Filter erfolgt bei den Berichten analog dem Setzen von Tabellenfiltern.

Hinweis: Nicht alle FlowFields werden von allen Flowfiltern beeinflusst. Welche Flowfilter sich auf den angezeigten Wert auswirken, kann in der Definition des Feldes mit dem Tabellen-Designer überprüft werden.

Generell gilt, dass Saldo-Felder („Debitorensaldo“, „Sachkontensaldo“) nicht von Datumsfiltern beeinflusst werden.

SATZMARKEN

Neben der gewohnten Markierung bzw. Filterung ermöglicht Microsoft Dynamics NAV noch eine andere Form: Die Satzmarke.

Die Satzmarke wird mit der Tastenkombination **Strg**+**F1** oder über *Bearbeiten / Satzmarke ein/aus* gesetzt bzw. entfernt. Ob ein Datensatz satzmarkiert ist, erkennt man in Tabellenfenstern an einer Raute im vorderen Bereich der Datensätze:

Die Verwendung der Satzmarke ist vor allem dann sinnvoll, wenn eine Vielzahl von Datensätzen selektiert werden soll und wenn auf die markierten Datensätze abgegrenzt werden soll. Mit dem Befehl *Ansicht / Nur Satzmarkierte* zeigt Microsoft Dynamics NAV nur noch die Datensätze an, bei denen die Satzmarke gesetzt ist.

Hinweis: Wenn man Datensätze satzmarkiert hat und das Fenster schließt, werden die Satzmarken gelöscht!

Wenn man mehrere Datensätze hintereinander satzmarkieren will, kann man diese zunächst „normal" z.B. mit der Maus markieren und anschließend einmal **Strg**+**F1** drücken, um bei allen markierten Datensätzen die Satzmarke zu setzen.

ZEICHENFOLGEN ZUM ERLEICHTERTEN SUCHEN UND FILTERN

Zur Verdeutlichung der Eingabe und Funktionsweise von Filtern sind im Folgenden Beispiele für Filterkriterien aufgeführt. Für die Eingabe von Filterkriterien sind folgende Zeichen in Ergänzung zur eigentlichen Zeichenkette zugelassen.

Zeichen	Bedeutung	Beispiel / Erläuterung
Ohne	Ist gleich	377 Nummer 377
*	Beliebig viele Zeichen (oder auch keines)	*Co* *Co Co* Texte, die die Zeichenfolge "Co" enthalten. Texte, die mit der Zeichenfolge "Co" enden. Texte, die mit der Zeichenfolge "Co" beginnen.
@ (AltGr + q)	Groß/Klein ignorieren	@Kostenstelle Texte wie KOSTENSTELLE, kostenstelle oder Kostenstelle

Zeichen	Bedeutung	Beispiel / Erläuterung
?	Unbekannter Buchstabe	Hans?n Texte wie z.B. Hansen oder Hanson
&	Und	<2000&>1000 Datensätze mit Nummern, die kleiner als 2000 und größer als 1000 sind (das Zeichen & kann niemals allein verwendet werden, da kein Datensatz zwei Nummern aufweist).
| (AltGr + <)	Entweder / oder	1200|1300 Datensätze mit der Nummer 1200 oder 1300. Sind beide vorhanden, werden beide angezeigt.
..	Intervall	1100 .. 2100 Datensätze von Nummer 1100 bis 2100
<	Kleiner als	<1200 Datensatznummern kleiner als 1200
<=	Kleiner/gleich	<=1200 Datensatznummern kleiner oder gleich 1200.
>	Größer als	>1200 Datensatznummern über 1200.
>=	Größer/gleich	>=1200 Datensatznummern ab einschließlich 1200 aufwärts.
<>	Ungleich	<>0 Alle Datensätze außer der Nummer Null.
‘ ‘	Leere Zeichenkette	
0	Null	
( )	Klammerberechnung	30|(>=10&<=20) Angaben mit der Zahl 30 oder mit einer Zahl zwischen 10 bis 20 (Ergebnis der Berechnung innerhalb des Klammerausdrucks)

Zeichen	Bedeutung	Beispiel / Erläuterung
Die verschiedenen Zeichen können auch miteinander kombiniert werden:		
| ..	5999|8100 .. 8490 Alle Datensätze mit der Nummer 5999 oder zwischen 8100 bis 8490.	
.. | ..	..1299|1400.. Alle Datensätze mit Nummern kleiner bzw. gleich 1299 oder mit Nummern größer bzw. gleich 1400, d.h. alle Datensatznummern außer 1300 bis 1399.	
> & <	>50&<100 Alle Datensätze mit Nummern größer als 50 und kleiner als 100, d.h. mit Nummern zwischen 51 und 99.	
* &	*C*&*D* Texte, die sowohl den Buchstaben C als auch D enthalten.	
@ * ?	@*pr?* Texte mit der Zeichenfolge pr., PR., Pr., Preis... (es muss die Zeichenfolge PR, pR, pr oder Pr gefolgt von mindestens einem, jedoch beliebig vielen weiteren Zeichen mit willkürlicher Groß-/ Kleinschreibung vorhanden sein).	

ZEICHENFOLGEN FÜR DATUMS- UND ZEITEINGABEN

Wenn eine Datums-/Zeitangabe eingegeben werden soll, muss zwischen dem Datum und der Zeiteingabe ein Leerzeichen eingefügt werden.

Die folgende Tabelle ist eine Übersicht, auf welche Arten Datums-/Zeitangaben eingegeben werden können und wie diese Eingaben interpretiert werden:

Zeichen	Bedeutung	Beispiel / Erläuterung
h	das aktuelle Tagesdatum	h Datum z.B.: 20.07.2009
a	Arbeitsdatum	a Datum z.B.: 30.07.2009
j	aktuelles Geschäftsjahr	j3 Das 3. angelegte Geschäftsjahr im System. (01.01.08..31.12.08)

Zeichen	Bedeutung	Beispiel / Erläuterung
p	aktuelle Buchungsperiode (meist ein Monat)	p-1 Die vorherige Buchhaltungsperiode zur aktuellen. (01.02.09..28.02.09)
m mo..	Montag	m Montag der aktuellen Woche bezogen auf das Arbeitsdatum (16.03.2009) f25 Freitag der 25. Kalenderwoche. (19.06.2009) do2596 Donnerstag der 25. Kalenderwoche des Jahres 1996 (20.06.1996)
d di..	Dienstag	
mi mi..	Mittwoch	
do do..	Donnerstag	
f fr..	Freitag	
s sa..	Samstag	
so so..	Sonntag	
11	11. Tag	11 11. Tag des aktuellen Monats und des aktuellen Jahres bezogen auf das Arbeitsdatum. (11.03.2009)
115	11. Tag 5. Monat	115 11. Tag des 5. Monats des aktuellen Jahres bezogen auf das Arbeitsdatum. (11.05.2009)
110510	11. Tag 5. Monat Jahr 1910	110510 Eingegebenes Datum (11.05.2010)

ZEICHENFOLGEN FÜR DATUMSFORMELN

Mit der Nutzung von Datumsformeln kann bestimmt werden, wie die Anwendung ein Datum berechnen soll. Datumsformeln können in verschiedenen Datumsfeldern, regelmäßig wiederkehrenden Feldern und wiederkehrenden Journalen eingegeben werden.

Für die Berechnungszeiträume in Datumsformeln bzw. um die Länge von Perioden, ausgehend von einem Datum festzulegen, können die folgenden Abkürzungen verwendet werden:

Zeichen	**Bedeutung**	**Beispiel / Erläuterung**
T W M Q J	Tag(e) Woche(n) Monat(e) Quartal(e) Jahr(e)	10T oder 2W bedeuten 10 Tage oder 2 Wochen
L	Laufend	LW oder LM bezeichnet die laufende Woche bzw. den laufenden Monat
TW	Wochentag	TW4 Am 4. Wochentag (Donnerstag)
Diese Möglichkeiten sind auch kombinierbar. Hier einige Beispiele:		
LM+10T	Laufender Monat plus 10 Tage	
-1J	Heute vor einem Jahr Um zu kennzeichnen, dass es sich um ein vergangenes Datum handelt, wird ein Minuszeichen benutzt.	
1T+1M-1T	Wenn man eine Buchung zum jeweils Letzten des Monats absetzen will, reicht es nicht aus, eine Wiederholungsrate von „1M“ zu verwenden. Nach der Februarbuchung würde das Datum auf den 28.3. bzw. 29.3. gesetzt werden. Stattdessen arbeitet diese Formel zuverlässig.	

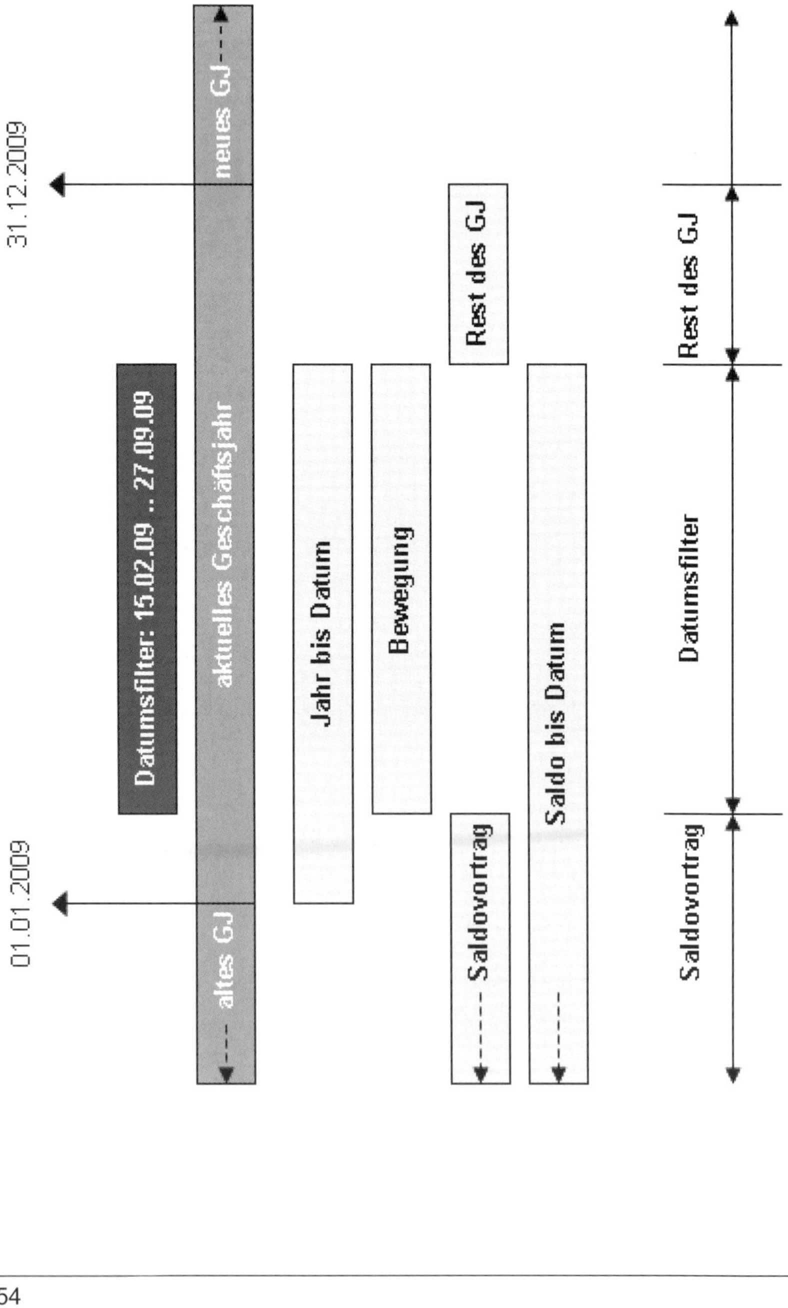
01.01.2009
31.12.2009
Datumsfilter: 15.02.09 .. 27.09.09
altes GJ
aktuelles Geschäftsjahr
neues GJ
Jahr bis Datum
Bewegung
Saldovortrag
Rest des GJ
Saldo bis Datum
Saldovortrag
Datumsfilter
Rest des GJ

Anhang C Funktionstasten und Dateitypen

Grundsätzlich können alle Funktionen und Fenster in Microsoft Dynamics NAV auch mit der Tastatur aufgerufen werden. Wenn dies eine Weile geübt und konsequent praktiziert wurde, wird man feststellen, dass man so wesentlich schneller arbeiten kann als bei Verwendung der Maus.

FUNKTIONSTASTEN

Tasten-kombination	Erläuterung
F1	Anfordern der Hilfe in Microsoft Dynamics NAV Wird die Taste **F1** gedrückt, so wird zu dem entsprechenden Feld, in dem sich gerade der Cursor befindet, die Hilfe angezeigt. Ist das nicht möglich, wird die Hilfe zu der entsprechenden Tabelle angezeigt.
Alt + **F1**	Anzeigen und Ausblenden des Hauptmenüs (Navigationsbereichs).
AltGr + **F1**	Übersicht der Funktionstasten Mit dieser Tastenkombination wird eine Übersicht geöffnet, in der die Funktionen der Funktionstasten dargestellt werden, die im aktuell aufgerufenen Formular möglich sind. Beim Drücken der Tasten **Groß** oder **Strg** werden die im Zusammenhang mit diesen Tasten möglichen Befehle angezeigt.
Strg + **F1**	Setzen und Löschen der Satzmarke auf einem Datensatz Die Verwendung der Satzmarke ist vor allem dann sinnvoll, wenn eine Vielzahl von Datensätzen selektiert und auf die markierten Datensätze abgegrenzt werden soll.
F2	Einfügemarke setzen Wechselt der Anwender in ein Feld mit Hilfe der Tastatur, so wird der Inhalt automatisch markiert. Jede Eingabe in diesem Zustand überschreibt den kompletten Inhalt des Feldes. Soll nur eine kleine Korrektur vorgenommen werden, kann mit der Funktionstaste **F2** der Cursor am Beginn des Feldes und bei nochmaliger Betätigung am Ende des Feldes positioniert werden.

Tasten-kombination	Erläuterung
F2	Werte neu holen Mit der Eingabe eines Wertes in ein Feld wird in Microsoft Dynamics NAV ggf. Quellcode durchlaufen, um andere Felder zu ändern, die Eingabe zu prüfen oder weitere Befehle auszuführen. Mit Betätigung der Funktionstaste F2 + Enter wird dieser Quellcode erneut durchlaufen, als wäre der Wert neu eingegeben worden.
F2	Felder editierbar machen Einige Felder in bestimmten Tabellen kann man erst nach Betätigung der Funktionstaste F2 editieren. Hierbei handelt es sich z.B. um das Feld „Fälligkeitsdatum" in den Debitorenposten. Damit wird sichergestellt, dass eine Änderung der Werte in diesen Feldern nicht „aus Versehen" erfolgen kann, sondern die Änderung bewusst herbeigeführt wurde.
F3	Anlegen eines neuen Datensatzes Egal in welchem Formular gerade gearbeitet wird, mit der Taste F3 wird dort ein neuer Datensatz angelegt. Voraussetzung dafür ist, dass die Rechte dazu vorhanden sind.
F4	Löschen eines Datensatzes Egal in welchem Formular gerade gearbeitet wird, mit der Taste F4 kann der aktuelle Datensatz gelöscht werden. Voraussetzung dafür ist, dass die entsprechenden Rechte dazu vorhanden sind.
F5	Öffnen des Übersichtsformulars Ist die aktuelle Position des Cursors in einem Kartenformular oder im Kopfbereich eines Beleges, so wird mit dieser Taste das entsprechende Übersichtsformular aufgerufen.
Groß + F5	Öffnen eines Kartenformulars Ist die aktuelle Position des Cursors in einem Übersichtsformular, so wird mit dieser Tastenkombination das entsprechende Kartenformular der aktuellen Zeile aufgerufen.

Tasten-kombination	Erläuterung
F6	Öffnen der Eingabehilfen Hat eine Textbox am rechten Rand eine Schaltfläche, wie einen Assist-Button, einen Lookup-Button, einen Drilldown-Button oder einen Options-Button so kann mit F6 die Auswahl zur Eingabehilfe geöffnet werden.
F7	Feldfilter setzen Am schnellsten kann man einen Filter auf eine Tabelle setzen, indem man den Cursor auf dem Feld mit dem zu filternden Kriterium positioniert, z.B. das Feld „Ländercode“ eines spanischen Debitors, und anschließend mit F7 und ENTER den Filter setzt.
Strg + F7	Tabellenfilter setzen Um auf mehrere Felder gleichzeitig einen Filter zu setzen bzw. um sich alle zur Zeit gesetzten Filter einer Tabelle anzeigen zu lassen, kann der Tabellenfilter mit Strg + F7 aufgerufen werden.
Groß + F7	Flowfilter setzen und entfernen Ein FlowField wird auf Basis von Einzelwerten zur Laufzeit berechnet. Ein FlowFilter schränkt die Datensätze ein, die zur Berechnung herangezogen werden. Wird z.B. im Sachkonto ein Datumsfilter auf das Jahr 2010 gesetzt, so wird in dem Feld „Bewegung“ der Wert aller Buchungen angezeigt, die im Jahr 2010 stattfanden.
Groß + Strg + F7	Auflösen von Tabellen- und Feldfiltern Mit dieser Tastenkombination können alle aktuell gesetzten Tabellen- und Feldfilter wieder aufgehoben werden, so dass alle verfügbaren Datensätze angezeigt werden.
F8	Zeilen kopieren Mit der Taste F8 kann in Tabellenfenstern der Wert aus der aktuellen Spalte der darüber liegenden Zeile in die Spalte der aktuellen Zeile kopiert werden.

Tasten-kombination	Erläuterung
Strg + F8	Zoom In den Bildschirmmasken von Microsoft Dynamics NAV werden nur die Felder zur Anzeige gebracht, die für die aktuelle Bearbeitung benötigt werden. Mit der Tastenkombination Strg + F8 werden alle Felder mit ihrer exakten Feldbezeichnung und dem Wert des aktuellen Datensatzes ausgegeben. Der Zoom kann nur aufgerufen werden, wenn die Benutzer-rechte dafür zugewiesen wurden.
F9	Statistik / Setzen der Ausgleichs-ID Für alle Stammdaten und Belege in denen diese verwendet werden hat Microsoft Dynamics NAV die Statistik-Funktion, die mit F9 aufgerufen werden kann. Hier werden nützliche Informationen übersichtlich dargestellt. In den Fibu Buch.-Blättern kann beim Erfassen von Zahlungen mit F9 die Ausgleichs-ID gesetzt werden.
F11	Ausführen der Buchungen Mit dem Buchen der erfassten Daten werden mit der Buchungsfunktion Posten erzeugt. Einmal erstellte Posten lassen sich nicht mehr verändern oder löschen. War eine Buchung versehentlich falsch, so muss diese storniert und erneut gebucht werden. Das Buchen wird durch die Taste F11 ausgelöst.
Groß + F11	Ausführen der Buchung und Drucken Nach dem erfolgreichen Buchungsvorgang wird anschließend ohne weitere Nachfrage bzw. Eingabe der entsprechende Aus-druck oder Beleg erstellt und auf dem Drucker ausgegeben.
F12	Ist ein Formular aktiv, so kann mit der Taste F12 das Hauptmenü für die weitere Navigation aktiviert werden.
Strg + F	Starten der Suchfunktion Mit dieser Tastenkombination wird die Suchfunktion gestartet. Dabei wird grundsätzlich in dem Feld gesucht, in dem man sich beim Aufruf der Suchfunktion befunden hat. Entsprechend der ausgewählten Optionen werden die Datensätze nach den eingegebenen Kriterien durchsucht.

Tasten-kombination	Erläuterung
Strg + Pos1	Gehe zum ersten Datensatz Mit der Tastatur kann mit dieser Tastenkombination zum ersten Datensatz navigiert werden.
Strg + Ende	Gehe zum letzten Datensatz Analog zur oben dargestellten Tastenkombination kann mit dieser der letzte Datensatz der Tabelle aufgerufen werden.
Bild↑ Bild↓	Gehe zum nächsten / vorherigen Datensatz Mit diesen Tasten kann in Kartenformularen zwischen den Datensätzen geblättert werden. Dabei ist immer darauf zu achten, wo sich der Cursor gerade befindet. In Tabellenformularen wird mit diesen Tasten seitenweise geblättert.
Strg + Bild↑ Strg + Bild↓	Gehe zum nächsten / vorherigen Register im Kartenformular Beim Blättern mit der Tastatur zwischen den Registern eines Kartenformulars sind diese Tastenkombinationen zu nutzen.
Strg + ↑	Springe aus den Zeilen wieder in den Kopf Arbeitet man vorrangig mit der Tastatur, kann mit der Cursor-Taste „Nach-Unten“ aus dem Kopfbereich z.B. beim VK-Angebot, in den Zeilenbereich gesprungen werden. Allerdings gelangt man mit der Cursor-Taste „Nach-Oben“ nicht wieder zurück. An dieser Stelle hilft die Strg-Taste.
Strg + ↓	Gehe aus den Zeilen zu den Schaltflächen Ist der Cursor im Zeilenbereich, z.B. bei den VK-Aufträgen, gelangt man mit dieser Tastenkombination zu den Buttons am unteren Rand des Formulars. Das ist besonders dann hilfreich, wenn der Button keinen unterstrichenen Buchstaben besitzt.
Alt + unter-strichener Buchstabe	Schnellauswahl der Menü- bzw. Command-Button Ist in Menüs bzw. Schaltflächen ein Buchstabe unterstrichen, kann dieses Menü durch Drücken der Alt- und anschließend der unterstrichenen Buchstabentaste geöffnet werden.

Tasten-kombination	Erläuterung
Strg + ⭾	Zwischen geöffneten Fenstern blättern Wie in den meisten Windows-Anwendungen können auch in Microsoft Dynamics NAV mehrere Fenster gleichzeitig geöffnet werden. Über diese Tastenkombination kann das nächste Formular aktiviert werden.
Alt + D + 1	Zuletzt geöffnete Datenbank / geöffneten Mandanten öffnen Diese Tastenkombination schließt die aktuelle Datenbank und öffnet die zuletzt genutzte Datenbank wieder. Damit kann ein schneller Wechsel zwischen User-Anmeldungen in der Datenbank vorgenommen werden.
Strg + O	Mandant wechseln / öffnen Mit dieser Tastenkombination kann zwischen den Mandanten in der geöffneten Datenbank gewechselt werden.

Formular zur Übersicht der Funktionstasten, das über AltGr + F1 aufgerufen werden kann. Aus diesem Formular heraus kann auch die entsprechende Funktion ausgeführt werden.

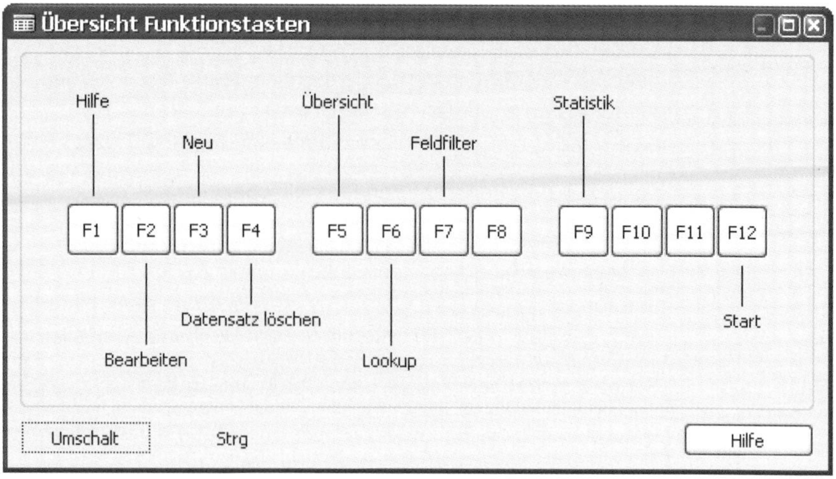

Die nächste Seite ist eine Kopiervorlage, um eine Tastaturschablone für die Funktionstasten zu erstellen.

Strg+Taste	Satzmarke ein / aus	Designer						Tabellen-filter	- Teil 2 ankleben
Groß+Taste	Direkthilfe	Assist Edit				Karte		FlowFilter	
Taste	Hilfe	Editieren Werte neu	Datensatz anlegen	Datensatz löschen		Übersicht	Assist Edit	Feldfilter	
	F1	F2	F3	F4		F5	F6	F7	

Teil 1

Zoom				Freigeben	Arbeits-bereich
Sortieren			Kontextm. öffnen	Buchen & Drucken	
Zeilen kopieren		Statistik / Ausgleichs-ID		Buchen	Hauptmenü
F8		F9	F10	F11	F12

Teil 2

TASTENKOMBINATIONEN FÜR DEN NAVIGATIONSBEREICH

In der folgenden Aufstellung werden die Tastenkombinationen, die im Zusammenhang mit dem Navigationsbereich stehen, übersichtlich in einer Tabelle zusammengefasst. Dabei werden globale und lokale Tastenkombinationen unterschieden. Globale Tastenkombinationen sind unabhängig vom aktiven Bereich von Microsoft Dynamics NAV. Die lokalen Tastenkombinationen sind nur verfügbar, wenn der Navigationsbereich aktiv ist.

Ausgewählte globale Tastenkombinationen

Tasten-kombination	Erläuterung
F12	Navigationsbereich aktivieren Ist ein Formular aktiv, so kann mit der Taste F12 das Hauptmenü für die weitere Navigation aktiviert werden.
Strg + F12	Arbeitsbereich aktivieren Ist der Navigationsbereich aktiv, so kann mit dieser Tastenkombination der Arbeitsbereich wieder aktiviert werden.
Alt + F1	Navigationsbereich ein-/ ausschalten Um einen größeren Arbeitsbereich zu haben, kann mit dieser Tastenkombination der Navigationsbereich aus- bzw. wieder eingeblendet werden.
Strg + 0	Direktes Aufrufen der Shortcuts Die Shortcuts können immer mit der Tastenkombination Strg + 0 aktiviert werden, egal an welcher Stelle das Menü in der Navigationsleiste angeordnet wurde.
Strg + 1 … Strg + 9	Direktes Aufrufen der Hauptmenüpunkte Über diese Tastenkombinationen können die ersten 9 Hauptmenüpunkte direkt aufgerufen werden. Diese Tasten sind unabhängig von der Reihenfolge der Hauptmenüpunkte.
Alt Gr + ↓ Alt Gr + ↑	Blättern zwischen den Hauptmenüpunkten Werden mehr als 9 Hauptmenüpunkte angezeigt, kann ebenfalls mit den Tastenkombinationen AltGr + ↑ bzw. ↓ zwischen den einzelnen Bereichen gewechselt werden.

ausgewählte lokale Tastenkombinationen

Tasten-kombination	Erläuterung
Pos1	Ersten Eintrag in der Hauptmenügruppe aktivieren Um zum ersten Eintrag Innerhalb der geöffneten Hauptmenügruppe zu gelangen, kann diese Taste genutzt werden.
Ende	Letzten Eintrag in der Hauptmenügruppe aktivieren Analog zur vorherigen Taste, kann diese Taste dazu genutzt werden, um schnell zum letzten Eintrag Innerhalb des geöffneten Hauptmenüs zu gelangen.
↓ bzw. ↑	Nächsten / vorhergehenden Eintrag auswählen Mit diesen beiden Tasten ist die schrittweise Navigation zwischen den Menüpunkten mit der Tastatur möglich.
→ bzw. ←	Menügruppe auf- / zuklappen Gelangt man bei der Navigation mit den beiden vorhergehenden Tasten auf eine Menügruppe, kann diese mithilfe der Cursortasten nach rechts bzw. links geöffnet bzw. geschlossen werden.
Strg + Groß + ↑ Strg + Groß + ↓	Verschieben einzelner Menüpunkte Soll der aktive Menüpunkt innerhalb der Hauptmenügruppe verschoben werden, so können diese Tastenkombinationen dazu verwendet werden, um diesen Punkt schrittweise nach oben bzw. nach unten zu verschieben.
F2	Menüpunkt umbenennen (**nur Shortcuts**) In der Hauptmenügruppe der Shortcuts können die einzelnen Menüeinträge mit F2 umbenannt werden.
Entf bzw. Einf	Menüpunkt löschen bzw. neu erstellen (**nur Shortcuts**) Nur in den Shortcuts können mit diesen beiden Tasten neue Menüpunkte erstellt bzw. vorhandene gelöscht werden.
Strg + Einf	Menügruppe erstellen (**nur Shortcuts**) Wird die Strg-Taste zum Einfügen mit verwendet, wird eine neue Menügruppe erstellt. Diese Tastenkombination steht nur in den Shortcuts zu Verfügung.

DATEITYPEN FÜR MICROSOFT DYNAMICS NAV

Im Folgenden werden die unterschiedlichen Dateitypen und deren Bedeutung für Microsoft Dynamics NAV näher erläutert:

Erw.	Aktion	Bemerkung
*.exe	Programmdatei	Diese Datei ist das eigentliche Programm Microsoft Dynamics NAV. Auf diese Datei wird die Verknüpfung erstellt.
*.flf	Lizenzdatei (**f**inancials **l**icense **f**ile)	Mit der Installation von Microsoft Dynamics NAV werden alle Module und Funktionen in der Datenbank implementiert. Um diese verwenden zu können, müssen sie zuvor durch den Erwerb der entsprechenden Lizenz „freigeschaltet“ werden. Diese Lizenz wird in der fin.flf – Datei gespeichert.
*.zup	Benutzerspezifische Einstellungen (setup)	Alle benutzerspezifischen Einstellungen, wie Fenstergröße, Filter, Spaltenbreite oder eingeblendete Spalten, werden in dieser Datei gespeichert.
*.fbk	Datensicherungsdatei (**f**inancials **b**ac**k**up)	Eine komplette Datensicherung enthält alle Daten und Objekte der Datenbank.
*.fdb	Datenbankdatei (**f**inancials **d**ata**b**ase)	Alle Tabellen sowie der Quellcode für die einzelnen Fenster, Berichte und Funktionen werden in der Microsoft Dynamics NAV Datenbank meist in einer einzigen Datei abgespeichert. (Es sind auch mehrere Datenbankteile möglich.)
*.fob	Objektdatei (**f**inancials **ob**jects)	Zum Exportieren bzw. Importieren von Objekten in eine Datenbank stehen zwei verschiedene Formate zur Verfügung in denen die Objekte gespeichert werden. Das Microsoft Dynamics NAV eigene Objektformat („.fob“ **F**inancials **Ob**jects“) wird in der Regel verwendet.
*.hh *.chm	Dateien für die Online-Hilfe	Mit diesen Dateien wird die Online-Hilfe für Microsoft Dynamics NAV gesteuert. Sie enthalten die Linkeinträge und die entsprechenden Erläuterungen, die dann als Hilfe angezeigt werden.

Register

- *A* -

- B -

- *N* -

- *O* -

- *P* -

DIE WELT VON JET REPORTS

Flexible Auswertungen mit Jet Reports® für Microsoft Navision

Grundlagen, Anwendung und praktisches Wissen

KINDERMANN TCV

190 Seiten
EURO 39,90 (D)
ISBN 3-939520-15-2

Zum Inhalt:

Mit Jet Reports® steht ein einzigartiges Werkzeug zur Verfügung, um individuelle und flexible Auswertungen und Berichte für Microsoft® Dynamics™ NAV und alle vorhergehenden Versionen von Navision zu erstellen.

Dieses Buch vermittelt das notwendige Wissen zu Excel, zu Navision und zu Jet Reports. Der Anwender wird in die Lage versetzt auch anspruchsvolle Auswertungen ohne Programmierkenntnisse und ohne externe Dienstleister zu erstellen.

Schritt für Schritt werden Beispiele aufgebaut um Daten zu dem werden zu lassen was sie sein sollten: Informationen - aussagefähig, aktuell und genau so aufbereitet wie sie für das tägliche Geschäft benötigt werden.

Auf einen Blick:

- Grundlagen von Microsoft Excel als Voraussetzung für die Nutzung der Jet Reports
- Jet Reports Grundlagen: Designer, Jet-Funktionen, Funktionsassistent
- Jet Reports Aufbauwissen: Schüsselwörter, automatische Berichtausführung, Gruppierungen, Einbinden von Bildern
- Viele Beispiele für Berichte und Auswertungen
- Komplexe Beziehungen in Jet Reports: Kriterien, Filtern über die Link-Funktion, Arrays, EVAL-Funktion
- Befehlsbeschreibung: Die Funktionen NL, NF und GL
- Filter und Tastaturkürzel